에코힐링을 위한

뷰티응용테라피

이동자 · 김명심 · 김은애 · 김주리 · 박장호 · 이애란 · 최성임

교육과학사

|머리말|

평균수명이 늘어난 현대인들에게 건강하고 아름다운 삶을 유지하고 싶은 욕구는 신체적, 정신적 건강과 함께 미적 가치를 추구하기에 이르기까지 관심의 폭이 넓어지고 있으며, 이는 대중적인 인식과 관심에 맞물려 뷰티산업은 가장 빠른 속도로 성장하는 산업분야로 자리매김하고 있다.

아름다움을 위해서는 건강관리가 가장 기본적이며 필수적인 요소로서 테라피(Therapy)라는 치료개념의 어휘에 다양한 뷰티의 테크닉이 융합되어 건강관리를 위한 고유한 대체 보완 요법으로 재생산되었고, 현대인들이 겪는 몸과 마음의 다양한 문제점들을 이 대체 보완요법 등을 활용하여 인체의 항상성 유지를 통한 면역력 증진과 심신의 안정을 이루어 전인적인 건강을 도모할 수 있도록 활용되고 있다.

이 책에서는 한방약초테라피, 로터스테라피, 아로마테라피, 하이드로테라피, 스톤테라피, 메디컬스킨테라피, 휠링테라피 등을 폭넓게 다루고 있어 뷰티테라피스트들이 현장에서 전문적으로 활용할 수 있으며 전신미용 테라피에 관심 있는 분들에게 좋은 길잡이가 될 수 있을 것이다. 특별히 여기에 소개되는 한국 고유의 테라피 내용들은 전 세계로 퍼져나가서 많은 테라피 센터와 스파 분야에서 트리트먼트로 제공되기를 기대한다.

또한 이 책이 대학 관련학과 교재로 활용되기를 바라며 미진한 부분은 계속 연구 및 노력하여 보완해 나갈 것을 약속드린다. 끝으로 이 책이 출간되기까지 힘써 주신 교육과학사 김동규 사장님과 박재인 상무님, 편집부 직원분들께 감사를 드린다.

2013년 8월 30일

저자일동

| C O N T E N T S |

Chapter 01

한방약초테라피

로터스테라피

Chapter 02

|C O N T E N T S|

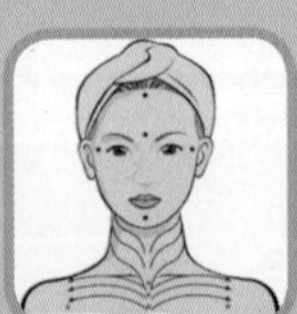

| C O N T E N T S |

아로마테라피

Chapter 03

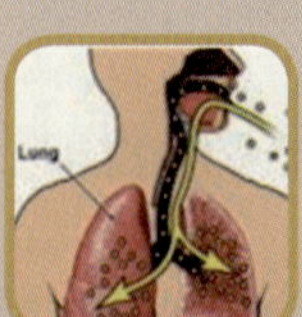

하이드로테라피

Chapter 04

| C O N T E N T S |

스톤테라피

Chapter 05

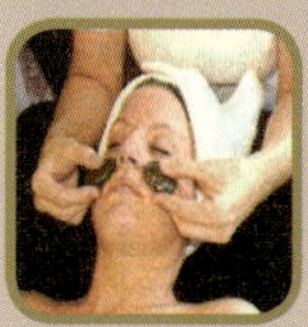

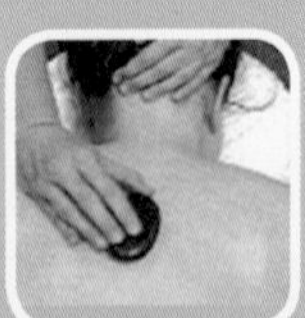

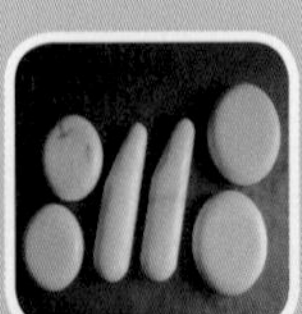

| C O N T E N T S |

Chapter 06

메디컬스킨테라피

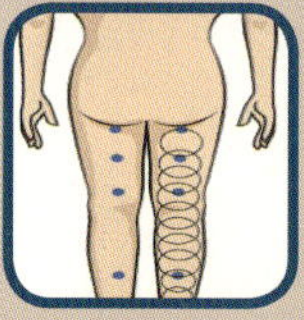

휠링테라피

Chapter 07

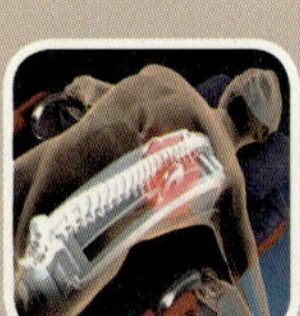

| C O N T E N T S |

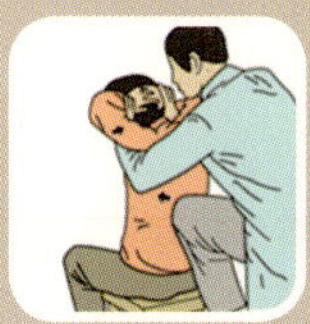

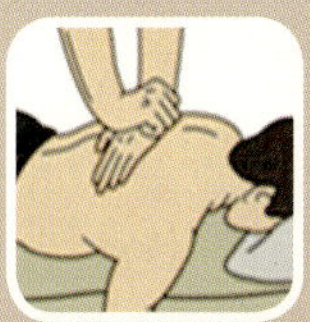

ON
OFF

| C O N T E N T S |

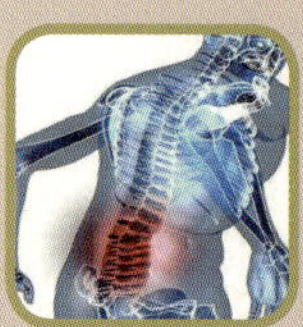

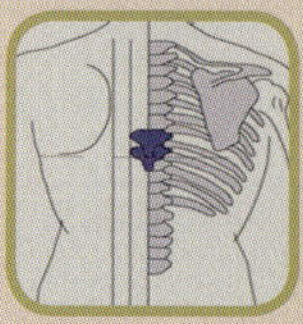

한방약초테라피

chapter 01

1. 한방미용 약초요법의 개념

한방미용 약초요법은 한방의학이론과 동양의학의 특유한 인체의 미학이론 아래에서 외모 손상성 질병예방과 치료, 생리적 결함을 감추거나 교정에 대한 연구를 통해 질병을 예방하고 신체의 건강을 아름답게 하여 나이가 들어감에도 얼굴의 노화진행을 억제하고 인체의 신(神: 마음)과 체형(體型: 몸)의 美를 유지하고 보호하여 건강을 창조하는 데 목적을 가진 전문적 학문 중 하나이다.

Tip 외모 손상성 질병과 생리적 결함

▶ 외모 손상성 질병: 인체의 미학에 비교적 큰 영향을 주는 질병을 말한다.
(예: 여드름, 딸기코, 황갈반, 기미, 새치, 비만 등)

▶ 생리적 결함: 생리기능은 정상적이나 각자 외부 표면으로 들어나는 결함으로 나타나는 표증(表症)을 말한다 사람의 시각(視覺), 청각(聽覺), 촉각(觸覺)으로 인체의 정보를 전달해주는 역할도 한다.
(예: 암냄새, 점, 피부 건조, 쉰 음성, 모공확대 등)

또한 한방미용학은 좁은 의미의 미용(狹義)와 넓은 의미의 미용(廣義)으로 나눌 수 있는데, 한방미용학이 추구하는 미용은 넓은 의미의 미용을 말하고 있다. 이 미용은 건강을 기초로 한 미용으로서 건강과 미용학의 표준을 근거로 인체의 외형과 내재적 정신인 기질, 풍모 등 종합적인 평가의 결과물로 진행된다.

즉, 한방미용학의 연구대상은 표면적 아름다움뿐만 아니라 인체의 건강한 아름다움까지도 추구하고 있다.

Tip 한방미용 약초란?

약초의 내복(內服)과 외용(外用)을 통하여 외모 손상성 질병을 치료하고 인체를 보호하는 미용방법을 말한다. 한방미용 중 가장 중요하고 자주 사용하며 경험이 풍부한 방법이다.

한방미용 약초요법은 내복법(內服法)과 외용법(外用法)으로 나눌 수 있다.

▶ 내복법: 전신의 조절을 통하여 국부치료 또는 보익을 목적으로 하고 심신건강과 국소 부위의 美를 조절한다. 이는 본(本)을 치료, 조절하여 근본적인 원인을 제거하고 신체를 건강하게 하여 老化을 늦추며 얼굴을 늙지 않게 조절함을 말한다.

▶ 외용법: 약초를 이용하여 체표국부에 직접적인 작용을 통해 치료 혹은 개선과 보건미용에 목적을 둔다. 직접적으로 병이 난 곳에 약물을 바르기 때문에 성능 효과가 빠르다.

한방미용 약초학의 연구의 기본 목적은 다음과 같다.

① 질병치료 및 질병으로 인한 외모적 결함을 보완하여 인체의 아름다움을 유지 개선 및 보호하는 데 있다.

② 질병예방과 인체의 건강을 유지, 보호한다.

③ 老化시기를 늦추고 아름답고 동안(童顔)을 유지하며 인체의 아름다움을 재창조한다.

④ 신체와 정신의 건강한 아름다움을 추구한다.

2. 한방미용의 변증

1) 한방미용 변증(韓方美容辨證)

(1) 변증(辨: 판단, 분별, 證 : 증상)

사진(四診: 네 가지 진단방법)을 통하여 수집된 자료(증: 증상)를 근거로 한방미용학 기초이론을 분석, 종합하여 외모손상성 질병과 생리적 결함의 원인, 성질, 부위 및 변화과정을 변(변: 판단, 분별)하고 개괄하여 증(증: 증후)을 변(변: 판단, 분별, 진단)하는 진단사유과정을 말한다.

(2) 사진(四診): 네 가지 진단방법

① 망(望): 얼굴색, 피부, 배설물, 분비물 등을 관찰한다.

② 문(問): 생활상태, 가족병력 및 증상 등 관찰한다.

③ 문(聞): 소리나 냄새를 맡는다.

④ 절(切): 맥(脈)이나 촉진을 통하여 관찰한다.

(3) 증(症: 증상), 증(證: 증후), 병(病: 질병)의 비교

① 증(症) = 증상(症狀): 환자가 주관적으로 불편하거나 아픈 느낌이 나고 의사가 검사로 인해 나타나는 비정상적 현상이다.

예) 오한, 두통, 근육통, 땀이 나지 않고 부맥(부맥)과 긴맥(긴맥)이 뛴다.

② 증(證) = 증후(證候): 질병과정 중 일정한 한 단계를 개괄적 표현이다. 병인(病因), 병기(病機) 등을 종합적으로 포괄하고 있다.

예) 풍한표증(風寒表證)

③ 병(病) = 질병의 작용 아래 정기(精氣)와 사기(士氣)의 성쇠(盛衰), 음양(陰陽)의 불균형으로 인해 생긴 병리변화 과정이다.

예) 감기

▣ 결론 = 증(症: 증상), 증(證: 증후), 병(病: 질병)

즉, 한방의학 기본이론은 정체관과 변증론치의 기본 특징들을 강조하고 있다.

※ 변증론치(辨證論治) = 변증(辨證) + 론치(論治)

Tip 변증의 중요 요소

① 병인(病因: 질병이 일어나는 원인): 육음, 칠정, 병리적 생산물(담음, 어혈), 기타요인(음식섭취의 불균형, 불규칙적인 생활방식, 외상, 칼, 총, 동물, 동상, 화상)

② 병위(病位: 질병 발생위치)
- 표(表) → 외부에서 침범하여 발생한 질병초기(외감병)
- 리(裏) → 장부, 기혈, 골수 등으로 표현(內傷病) 혹은 外感病 중 후기

③ 병성(病性 : 질병의 성질)
- 한(寒) → 정기가 부족한 경우(정기부족)
- 열(熱) → 양이 성하거나 음이 허한 경우(陽盛陰虛)

④ 사정(邪正: 사기와 정기)의 관계
- 허(虛) → 정기가 부족한 경우(正氣不足)
- 실(實) → 정기가 부족하지 않지만 사기가 과도하게 강할 경우(邪氣盛)

2) 장부변증(臟腑辨證)

(1) 장부변증의 정의

장부의 생리기능과 병리적 표현에 근거하여 병의 증상을 분석하고 병리변화를 연구하여 질병의 부위와 성질 등을 판단하는 변증방법이다. 한방미용 변증의 중요한 변증방법으로 피부미용 질환과 장부, 경락의 소속 관계를 반영한다. 외모 손상성 질병과 생리적 결함을 진단하는 장부변증은 장부의 생리기능 및 병리적 변화로 표현된 체표의 미용손상에 대하여 병인(病因), 병위(病位), 병성(病性)과 사정(邪正)의 관계를 판단할 수 있다.

(2) 장부변증(臟腑辨證)의 분류

장부변증은 오장의 변증으로 육부의 변증, 장과 부의 변증으로 분류할 수 있다. 그중에서 오장의 변증이 가장 중요한 내용으로 장과 부의 표리관계로 병리적으로 서로 영향을 받으므로 육부의 변증 내용은 비교적 적다.

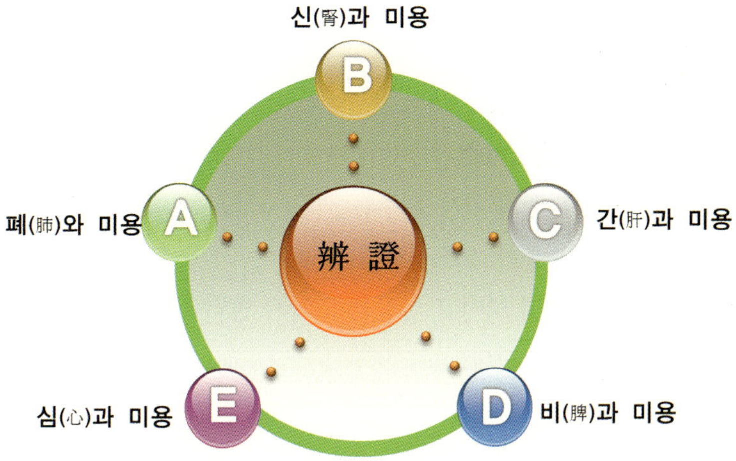

[그림 1-1] 오장(五臟)의 변증

① 심(心)과 미용: (火)양중의 양 — 상초(上焦)

가. 생리기능: 心은 혈맥을 주관한다(心主血脈).

心은 신을 저장한다(心臟神).

나. 생리특성: 心은 장(陽)으로 陽氣를 주관한다. 심기(心氣)·심장의 氣는 여름의 氣와 상응한다.

다. 형체관규와의 관계: 오체·脈, 오화·얼굴(面), 관규·혀(舌)

라. 오지, 오액과의 관계: 오지·喜, 오액·汗

마. 미용방면에서의 응용

- 얼굴색과 광택은 미용방면에 직접적인 영향을 준다.
  - 혈액순환이 양호하고 신진대사가 왕성함을 표현한다.
- 심장은 神(생명활동, 정신)을 주관한다.
  - 이는 정신, 정서, 수면을 통하여 특히 전신의 피부미용방면 영향을 준다.

심장, 소장이 약할 때 나타나는 통증 및 증상 등이 혀, 주관절, 얼굴, 피, 혈관에 영향을 미치며 얼굴이 초췌해지고 다크서클, 눈의 처짐, 머리가 나빠지는 등의 미용적 문제를 유발시킨다.

② 폐(肺)와 미용: (金) 양중의 陰·상초

가. 생리기능

- 肺는 氣를 주관한다(호흡의 氣를 주관한다).
  - 淸氣흡수 및 濁氣배출
- 肺는 宣發과 肅强의 기능을 주관한다.
- 肺는 水道를 소통하고 조절시킨다.
- 肺는 百脈은 폐에 모이고 심장을 도와서 혈액을 운행시킨다.
- 肺는 治節을 주관한다.

나. 생리특성

- 肺는 화계(華蓋)이다.
- 肺는 교장이다.
- 肺氣: 肺의 氣는 가을의 氣와 상응한다.

다. 형체관규와의 관계

- 오체·근육, 지방, 피하조직
- 오화·입술, 관규·입(口)

라. 오지, 오액과의 관계: 오지·슬픔(悲), 근심, 오액·콧물

마. 미용방면에서의 응용

- 衛氣를 선발한다.
  얼굴색과 광택은 미용방면에 직접적인 영향을 준다.
  (혈액순환이 양호하고 신진대사가 왕성함을 표현한다.)
- 진액(津液)을 선발한다.
  피부에 진액부족(津液不足)이면 피부건조, 피부노화 및 주름이 생기는 중요한 원인이 된다.
- 폐음부족(肺陰不足)은 건성피부에서 흔히 보이는 체질이다.

③ 비(脾)와 미용: (土) 陰중의 至·중초

가. 생리기능

- 脾는 運化를 주관한다(수곡과 수액을 운화한다).
  - 淸氣흡수 및 濁氣배출

- 脾는 血을 생성하고 통솔한다.
- 脾는 昇淸을 주관한다.

나. 생리특성

- 脾는 위로 상승해야 건강하다.
- 脾는 건조함을 좋아하고 습함을 싫어한다.
- 脾氣: 脾의 氣는 늦여름 氣와 상응한다.

다. 형체관규와의 관계

- 오체·근육, 지방, 피하조직,
- 오화·입술, 관규·입(口)

라. 오지, 오액과의 관계

- 오지·생각(思), 오액·군침(涎)

마. 미용방면에서의 응용

- 脾는 후천적인 근본, 기혈의 생성과 변화의 원천으로 전신건강과 미용에 중요한 영향을 준다
- 脾는 "형체의 비만과 마름, 팔, 다리 근육의 무기력증, 피부와 모발의 건강, 얼굴색과 입술색"에도 직접적인 관련이 있다.
- 脾胃가 음식물을 운화되지 못해 적체되면 열로 변화하여 피부가 기름지고 비만, 변비, 구취, 여드름, 피부 알레르기 증상을 유발시킨다.
- 脾는 수액을 운화하여 수액대사를 조절하는 기능이 있는데, 순조로운 수액대사와 충분한 수분공급은 피부로 하여금 부드럽고 탄성이 있도록 만들어 준다.

④ 간(肝)과 미용: (木) 음중의 양-下焦

(체음용양(體陰用陽): 근본은 혈을 저장하고 간기(肝氣)의 소설 기능을 가지고 있다.)

가. 생리기능

- 소설(疎泄)을 주관한다.
  - 기기조절(氣機調節)
  - 정서변화를 조절한다.

- 소화, 흡수를 촉진한다.
- 기혈의 운행을 유지시킨다.
- 수액대사를 조절한다.
- 생식기능을 조절한다.

- 혈액저장
  - 출혈을 방지
  - 혈류량을 조절

나. 생리특성

- 뻗어나가고 통하는 것을 좋아하지만 막혀서 정체되어 있는 것을 좋아하지 않는다.
- 肝은 강장(强臟)이다.
- 체음용양
- 肝의 氣는 봄의 氣와 상응한다.

다. 형체관규와의 관계

- 오체·힘줄, 인대, 근막
- 오화·손톱과 발톱
- 관규·눈
- 오지, 오액과의 관계 : 오지·분노, 오액·눈물

라. 미용방면에서의 응용

- 肝은 소설을 주관하고 혈액을 저장하며 근(筋)을 주관한다. 소설기능이 저하되면 생리불순이 시작되면서 여드름이 나거나 피부가 거칠어지고 주름이 생기며, 피부노화, 황갈반 등 얼굴미용에 손상을 준다.
- 肝과 미용과의 관계는 주요하게 얼굴, 손톱, 발톱, 근, 월경에서 표현된다.

⑤ 신(腎)과 미용: (水) 음중의 陰 — 하초(下焦)

가. 생리기능

- 精을 저장한다.
- 腎은 水液을 주관한다.

- 腎은 氣를 들이마신다 = 납기(納氣)

나. 생리특성

- 腎은 폐장(閉藏)이다.
- 腎은 인체의 陰, 陽을 주관한다.
- 腎氣: 腎의 氣는 겨울의 氣와 상응한다.

다. 형체관규와의 관계

- 오체·뼈
- 오화·머리털
- 관규·귀, 배뇨, 생식기관, 대변 배설통로(이음)

라. 오지, 오액과의 관계

- 오지·두려움, 놀람
- 오액·침(타액)

마. 미용방면에서의 응용

- 腎은 精을 저장하고 생장, 발육 및 생식을 촉진시켜 혈액의 생성에 참여한다. 모든 인체 자연스러운 아름다움의 근본이 된다.
- 腎精不足 시 주름이생기고 윤기가 없고 거칠며 조백(早白) 및 脫毛, 노인 반점 등 피부와 골격의 발육에 영향을 주어 형체적 美에도 영향을 준다.
- 水液代謝의 기능에 문제가 생기면 얼굴과 팔, 다리 부종이 생긴다.

3) 피부미용 변증(皮膚美容辨證)

피부미용 변증이란 장부(臟腑), 경락(經絡), 기혈진액(氣血津液)이론을 모두 결합한 한방미용 변증에서만 볼 수 있는 변증방법이다. 이는 대표적으로 얼굴색 변증(顏面色)이 있는데, 이는 세 가지 종류로 구분해볼 수 있다.

(1) 창백한 얼굴색

① 양기허증(陽氣虛症)

가. 전신무력하고 쉽게 피로하다.

나. 추위를 잘 타고 손발이 차며 자한(自汗)이 나타난다.

다. 소변량이 많고 소변색이 맑으며 입술색도 연하다.

② 영혈부족증(營血不足症)

가. 머리가 어지럽고 현기증이 나타난다.

나. 불면증, 심계(心悸), 기억력이 저하된다.

다. 손, 발이 저리고 월경량이 적으며 입술색이 연하다.

(2) 누런 얼굴색

① 비위기허증(脾胃氣虛症) = 영혈부족(營血不足)

가. 식욕부진 및 식후에 배가 더부룩하다.

나. 몸이 무겁고 축 늘어진다.

다. 대변이 무르거나 딱딱하다.

라. 입술색이 연하고 머리카락이 푸석하고 갈색으로 변한다.

② 비허불운증(脾虛不運證) = 수습내성(水濕內盛)

가. 얼굴과 눈이 붓는다(水腫).

나. 팔, 다리가 무겁고 늘어진다.

다. 소변량이 적고 대변이 무르고 대하량(帶下量)이 많다.

③ 빈혈(貧血)

가. 머리카락이 갈색으로 변한다.

나. 팔, 다리가 저리고 감각이 없다.

다. 손발톱이 얇고 잘 부러지고 월경량이 적다.

(3) 어둡고 칙칙한 얼굴색

① 신양허증(腎陽虛症)

가. 허리와 무릎이 시리고 아프다.

나. 귀울림(耳鳴)과 이롱(聽覺障碍)이 나타난다.

다. 추위를 잘 타고 대변이 무르고 소변량이 많다.

라. 남성은 양위(陽萎), 여성은 불임이 나타난다.

② 신정허증(腎精虛症)

가. 피부가 건조하고 특히 귓바퀴 부위가 심하다.

나. 신체적으로 마르고 탈모가 진행된다.

다. 입이 마르고 치아가 흔들리고 오심번열(五心煩熱: 가슴, 양손, 양 발바닥에서 열이 나고 답답하다)이 나타난다.

③ 어혈내조증(瘀血內阻證)

가. 피부가 건조하고 가렵고 튼다.

나. 머리카락이 푸석하고 갈라진다.

다. 입술과 혀 색이 어둡고 생리불순이 나타난다.

4) 체질, 체형변증(體質, 體形辨證)

이는 장부의 기혈성쇠(氣血盛衰)를 기초로 사람마다 체형, 얼굴색, 피부, 모발, 소변, 대변 등을 근거로 하여 아홉 종류의 체질로 분류하여 변증하는 방법이다. 또한 같은 병이라도 환자의 체질에 따라서 그 증세가 다르게 나타나기 때문에 본초, 약선, 추나, 침구, 심리, 음악, 운동 등을 다르게 응용할 수 있으며, 체질변증의 분류는 다음 아홉 가지로 나누어 볼 수 있다.

① 음허체질(陰虛體質)

② 양허체질(陽虛體質)

③ 양성체질(陽盛體質)

④ 기허체질(氣虛體質)

⑤ 기허담습체질(氣虛痰濕體質)

⑥ 기울체질(氣鬱體質)

⑦ 습열체질(濕熱體質)

⑧ 혈허체질(血虛體質)

⑨ 혈어체질(血瘀體質)

(1) 음허체질(陰虛體質)

① 형성 원인

가. 매운 음식을 즐겨먹고 심신 및 신체를 과로시킨 경우

나. 과도한 출혈 혹은 임산부는 유산한 경우, 습관성 유산

② 임상 피부표현

가. 가요 증상

- 입이 건조하고 조열(燥熱)발생

나. 동반 증상

- 신체적으로 보통 팔, 다리, 목이 길고 마른 사람들이 음허체질이 많다.
- 얼굴색이 붉거나 빰 주위가 붉으며 코와 인후, 입술이 건조하고 자주 트고 갈라진다.
- 눈충혈, 안구건조증 및 사물을 볼 때 흐릿하다.
- 탈모, 변비, 소변량이 적고 소변색이 붉다.
- 마르거나 주름이 생기고 불면증, 사춘기 여드름, 황갈반(노년성피부)이 발생한다.
- 성격이 급하고 자주 화를 낸다.

(2) 양허체질(陽虛體質)

① 형성 원인

가. 선천적이거나 나이가 들면서 양기가 점점 소모되고 약물, 차가운 음료 과다 섭취 시

나. 체내에 한(寒), 습(濕), 담(痰), 사기(邪氣)가 머물러 있는 경우

② 임상 피부표현

가. 주요 증상

- 추위를 잘 타고 소변량이 많고 소변색이 맑다.

나. 동반 증상

- 신체적으로 보통 팔, 다리, 목이 짧고 뚱뚱한 사람들이 양허체질이 많다.

- 얼굴색이 새하얗고 광택이 없으며 머리카락이 빠진다. 코 끝이 차갑고 색이 약간 파랗다.
- 눈이 자주 붓고 다크서클이 생기며 입술색이 연하다.
- 손, 발이 차고 자주 웅크리며 등, 배 부위에 추위를 자주 탄다.
- 성적욕구가 감퇴하고 따듯한 음식을 좋아하며 대변이 무르다.
- 성격은 차분하고 내성적이다.
- 마르거나 주름이 생기고 불변증, 사춘기 여드름, 황갈반(노변성 기미)이 발생한다.
- 성격이 급하고 자주 화를 낸다.

(3) 양성체질(陽盛體質)

① 형성 원인

가. 매운 음식을 즐겨먹고 심신 및 신체를 과로시킨 경우

나. 과도한 출혈 혹은 임산부는 유산한 경우, 습관성 유산

② 임상 피부표현

가. 주요 증상

- 선천적으로 양(陽)이 성(盛)한 경우
- 매운 음식과 술이나 담배를 하는 경우

나. 동반 증상

- 변비, 입이 쓰고 혀가 붉다.
- 얼굴색이 약간 붉고 피부가 후끈거리며 뜨겁다.
- 마음이 답답하고 조급하게 돌아다닌다.
- 목소리가 크고 숨이 가쁘다.
- 식욕왕성하고 구취, 사춘기 여드름, 지루성 피부염, 비만 등이 나타난다.

(4) 기허체질(氣虛體質)

① 형성 원인

가. 오랫동안 병으로 인해 누워 있거나 나이가 들어서 체력이 저하된 경우

나. 만성적 과로

② 임상 피부표현

가. 주요 증상

- 전신 무기력증 및 피로감이 쉽게 온다.

나. 동반 증상

- 얼굴색이 창백하거나 혹은 누렇다.
- 지성피부가 많고 코 끝이 약간 노랗고 입술이 윤기가 없다.
- 머리카락이 푸석하고 윤기가 없다.
- 눈과 얼굴에 수종이 생긴다.
- 단 음식을 좋아하고 소화가능이 약하다.
- 변비나 설사를 하고 대변을 본 후 시원하지 않으며 소변량이 많다.
- 춥고 더운 것 모두 잘 견디지 못하나 특히 추위를 견디지 못한다.
- 안정된 것을 선호하고 말하기 귀찮아한다.

(5) 기허담습체질(氣虛痰濕體質)

① 형성 원인

가. 장기간 규칙적이고 균형 잡힌 음식을 섭취하지 않은 경우(기름지고 단 음식 위주)

나. 불규칙한 생활(밤샘 작업, 운동부족 등)

② 임상 피부표현

가. 주요 증상

- 뚱뚱하고 호흡이 짧다.

나. 동반 증상

- 얼굴색이 약간 누렇고 칙칙하고 어둡다.
- 목이 자주 쉬고 목소리에서 가래 섞인 소리가 나며 코 주위가 약간 검다.
- 쉽게 피로해지고 몸이 무겁다.
- 기름지고 단 음식을 좋아하며 술과 차의 애호가들이 많다.
- 춥고 더운 것을 모두 잘 견디지 못하나 특히 추위를 견디지 못한다.
- 안정된 것을 선호하고 말하기 귀찮아한다.

(6) 기울체질(氣鬱體質)

① 형성 원인

가. 매운 음식을 즐겨먹고 심신 및 신체를 과로시킨 경우

나. 과도한 출혈 혹은 임산부는 유산한 경우, 습관성 유산

② 임상 피부표현

가. 주요 증상

- 선천적으로 성격이 우울하고 생각이 많거나 스트레스를 받은 경우
- 정신적 자극 및 작업 스트레스를 많이 받은 경우

나. 동반 증상

- 성격이 내성적이고 심장이 뛰고 가슴이 답답하게 나타난다.
- 자주 화를 내고 인후부에 매핵기(梅核氣)가 나타난다.
- 목에 종양 또는 혹이 생긴다.

(7) 습열체질(濕熱體質)

① 형성 원인

가. 과도한 정신적 스트레스를 받은 경우

나. 기름지고 튀긴 음식을 자주 섭취한 경우

② 임상 피부표현

가. 주요 증상

- 목, 등, 두피, 얼굴(이마, 볼) 등 한 군데만 집중적으로 여드름이 발생한다.

나. 동반 증상

- 신체적으로 큰 특징이 없다.
- 얼굴이 뿌옇거나 반지르하게 기름기가 있다.
- 코 주위에 모공확장 등 게으르고 더위를 참지 못한다.
- 성격이 급하고 자주 화를 낸다.
- 기름지고 튀긴 고열량 음식을 좋아한다.
- 대변이 굳고 소변량이 적고 소변색이 붉다.

(8) 혈허체질(血虛體質)

① 형성 원인

가. 선천적으로 혈부족, 비위기능 저하, 후천적으로 혈액이 생성되지 못한 경우

나. 급, 만성출혈 혹은 오랫동안 병으로 인한 음혈손상시(陰血損傷時)

② 임상 피부표현

가. 가요 증상

- 입이 건조하고 조열(潮熱)발생

나. 동반 증상

- 입술색이 연하고 윤기가 없으며 손발톱 및 모발이 건조하고 푸석하다.
- 불면증, 심계(心悸), 현기증이 발생한다.
- 신체적으로 마른편으로 얼굴색이 약간 누렇고 건성피부가 많다.
- 눈에 총기가 없으며 안구건조증이 있다.
- 식욕부진 및 식후에 배가 더부룩하다.
- 불면증, 가려움증, 탈모, 주름, 다크서클, 유방이 늘어지고 위축된다.

(9) 혈어체질(血瘀體質)

① 형성 원인

가. 매운 음식을 즐겨먹고 심신 및 신체를 과로시킨 경우

나. 과도한 출혈 혹은 임산부는 유산한 경우, 습관성 유산 등

② 임상 피부표현

가. 주요 증상

- 장기간 스크레스를 받거나 생각이 많아진 경우
- 운동부족과 차가운 음료를 즐겨 마시는 경우
- 얼굴색이 청자색이거나 어둡다.

나. 동반 증상

- 신체적으로 보통 마른 사람이 많다.
- 피부가 건조해지고, 살이 트고 광택이 없고 탈모가 진행된다.

- 피부에 반흔과 결절이 생기고 눈이 움푹 들어가고 다크서클이 생긴다.
- 황갈반, 딸기코가 생기며 성격이 급하나 특이하게 나타나지 않는다.
- 식욕이나 대변, 소변에서 특이한 이상증상이 나타나지 않는다.

Tip 건강하고(健) 아름다운(美) 체형(體形)

① 건강한 체중 감소: 뚱뚱한 체형의 증후 분류

가. 비허담습(脾虛痰濕)
나. 비위실열(脾胃實熱)
다. 기체혈어(氣滯血瘀)
라. 비신양허(脾腎陽虛)
마. 음허내열(陰虛內熱)

※ 뚱뚱한 체형 → 건강한 체중 감소

가. 비허담습증(脾虛痰濕證)
ⓐ 중년 여성에게 많이 나타난다.
ⓑ 몸이 축 늘어지며 움직이는 것을 싫어한다.
ⓒ 얼굴이 붓고 광택이 없으며 현기증이 심해진다.
ⓓ 식후 배가 더부룩하고 변비 혹은 설사증세 및 대하량(帶下量)이 많아진다.

나. 비위실열증(脾胃實熱證)
ⓐ 청장년층에서 많이 나타난다.
ⓑ 근육량이 증가한다.
ⓒ 입, 혀가 건조하고 변비가 생긴다.
ⓓ 고혈압이 있고 화를 자주 낸다.

다. 기체혈어(氣滯血瘀證)
ⓐ 여성에게 많이 나타난다.
ⓑ 화를 자주 내고 신경질이 많다.
ⓒ 식욕이 왕성하고 생리불순이 나타난다.
ⓓ 대변이 약간 굳다.

라. 비신양허(脾腎陽虛證)
ⓐ 근육량이 없고 피부색이 창백하다.
ⓑ 추위를 잘 타고 피로감이 쉽게 온다.
ⓒ 성기능 감퇴, 발뒤꿈치 통증이 온다.
ⓓ 머리카락이 빠지고 탈모가 진행된다.

마. 음허내열(陰虛內熱證)
ⓐ 얼굴이 붉고 두통 및 현운증(眩暈證)이 생긴다.
ⓑ 심번(가슴이 답답하고 열이 남)이 나타난다.
ⓒ 오심번열(五心煩熱): 가슴, 양 손바닥, 양 발바닥에서 답답하면서 열이 난다.

② 건강한 체중 증가: 마른 체형의 증후 분류

가. 비위기허(脾胃氣虛)
나. 기혈허약(氣血虛弱)
다. 폐음부족(肺陰不足)
라. 기체혈어(氣滯血瘀)
마. 간신음허(肝腎陰虛)

※ 마른 체형 → 건강한 체중
가. 비위기허증(脾胃氣虛證)
ⓐ 근육량이 적고 식욕이 부진하여 식후에 배가 더부룩하다.
ⓑ 대변의 질이 무르고 전신이 나른하고 무기력하다.
ⓒ 얼굴색이 약간 누렇고 말하기 귀찮아한다.

나. 기혈허약증(氣血虛弱症)
ⓐ 얼굴색은 누렇고 입술색이 연하다.
ⓑ 손, 발톱, 모발이 푸석하고 광택이 없다.
ⓒ 면역력이 저하되어 감기에 잘 걸린다.
ⓓ 불면증 및 현기증이 나타난다.

다. 폐음부족증(肺陰不足證)
ⓐ 여성에게 많이 나타난다.
ⓑ 성격은 우울하고 내성적이다.
ⓒ 목이 길고 어깨가 왜소하며 유방이 편평하다.
ⓓ 오심번열(五心煩熱): 가슴, 양 손바닥, 양 발바닥에서 답답하면서 열이 난다.
ⓔ 생리불순이 나타난다.

라. 기체혈어(氣滯血瘀)
ⓐ 여성에게 많이 나타난다.
ⓑ 생리불순, 식욕부진 및 배가 더부룩하다.
ⓒ 자주 화를 내고 표정이 항상 우울하다.
ⓓ 변비 혹은 대변이 부르다.

마. 간신음허(肝腎陰虛)
ⓐ 중, 노년에게 많이 나타난다.
ⓑ 불면증, 현운(眩暈) 및 두통이 나타난다.
ⓒ 대변이 굳고 소변량이 적고 소변색이 붉다.

Tip 한의학적인 관점에서 본 피부와 피부이상의 원인

① 사기(邪氣)는 피부로부터 들어온다.

② 피부에 생기는 질병

가. 반진: 부분적으로 점이 있고 부풀어 오른 것을 말하며, 반진은 대체로 열로 인해 생기는 질병이다.

나. 은진: 벌겋게 딱지나 부스럼 같은 것이 피부에 나타나지만 붓거나 아프지는 않고 가렵기만 한 것을 은진이라고 한다.

다. 단독: 갑자기 몸에 연지를 바른 것 같이 벌겋게 된 상태를 단독(丹毒)이라 한다.

라. 뾰루지, 땀띠

마. 마목: 살이 뻣뻣해지면서 감각이 없어지는 증상을 마목(痲木)이라 한다.

바. 색택증: 피부에 윤기가 사라지는 증상

사. 자전풍, 백선풍, 백철: 몸의 피부색이 붉게 변한 증상을 자전풍이라 하며, 하얗게 되는 증상을 백전풍이라고 한다. 백철은 피부에 흰 점이 생겨 점점 커진 후 버짐 같은 증상을 말한다.

아. 검은 사마귀와 기미: 주근깨 중에서 빛이 검고 큰 것을 기미라고 한다.

③ 한방에서 보는 피부이상의 원인

	내적요인	외적요인
한방에서 보는 건조의 원인	과도한 스트레스, 긴장, 신장, 비장의 기능 약화, 혈부족	풍, 습, 한 열 등의 혈액에 침투하여 열독을 만들어 그 화가 얼굴로 나타나는 것으로 봄
한방에서 보는 노화의 원인	신장과 신체의 기능이 저하되어 인체에 호르몬과 혈액을 공흡하는 자음(滋蔭)기능과 선발(宣發)	외적요인바람(諷), 열(熱), 기(氣), 혈(血)의 부족, 경락(經絡)의 부조화 등도 원인
한방에서 보는 여드름의 원인	비기허형(脾氣虛型) 습담열형(濕痰熱型) 어혈형(瘀血型)	
한방에서 보는 기미의 원인	위장과 심장을 중심으로 혈액순환 이상 시 발생	외부로부터 차가운 바람이나 열(熱)등의 접촉, 외부의 나쁜 氣가 기혈(氣血)의 순행을 깨뜨려 발생

3. 피부분석별 약초성분

1) 중성피부(中性皮膚)

(1) 중성피부의 특징

① 가장 이상적인 피부로 보습상태가 적절하여 육안으로 보아도 전반적으로 피부가 부드러워 보이고 깨끗하다.

② 피지분비상태가 정상적이고 피부 표면이 번들거리지 않고 피부 조직이 약간 섬세해 보인다. 피부가 부드럽고 탄력이 있다.

가. 자외선이나 기후 변화에 비교적 민감하지 않으며 피부질환이 비교적 적다.

나. 중성피부는 성장 발육단계인 청소년기나 건강한 성인에게서 많이 볼 수 있다.

(2) 중성피부의 변증

① 음양평형(陰陽平衡)상태이며 오장(五臟)의 협조로 기혈순행(氣血循行)이 원활하며 칠정(七情)이 안정되어 있다.

② 중성피부는 건강한 내장의 기혈(氣血)을 반영한다.

2) 건성피부(乾性皮膚) 및 노화피부(老化皮膚)

(1) 건성피부 및 노화피부의 특징

① 모공이 적거나 거의 보이지 않는다.

② 피부결이 섬세하고 광택이 없고 탄력이 부족하다.

③ 각질이 들뜨고 주름 발생과 노화가 쉽다.

④ 예민성 피부로 변하기 쉽다.

(2) 건성피부및 노화피부의 변증

① 기혈허약증(氣血虛弱症)

가. 피부색이 창백하고 연하다.

나. 머리카락이 푸석하고 갈라지며 변색된다.

다. 입술, 손발톱에 건조하고 윤기가 없다.

라. 자주 피로감을 느끼고 몸이 마른다.

마. 면연력 저하로 감기에 잘 걸린다.

② 기체혈어증(氣滯血瘀證)

가. 성격이 내성적이고 우울해진다.

나. 흉협부가 붓고 자주 한숨을 쉰다.

다. 위완부 통증이 나타나고 입이 쓰고 생리불순이 생긴다.

③ 음허화왕증(陰虛火旺證)

가. 성격이 급하고 다혈질이다.

나. 입술색이 약간 빨갛고 마른 체형이다.

다. 불면증을 동반하며 탈모가 나타난다.

라. 입이 마르고 오심번열(五心煩熱)증상이 나타난다.

마. 소변이 약간 붉고 대변이 굳다.

콜라겐	·피부에서는 진피의 주 성분이나 화장품으로 사용시는 고분자 단백질로서 보습용이 우수하고 사용감은 촉촉하며 보습력이 우수한 편이나 열에 약하여 파괴되기 쉽다. ·3중 나선구조로 만들어진 형태 ·식물성 콜라겐: 피부자극이 거의 없으므로 최근 많이 사용 ·마린 콜라겐: 해양에서 추출한 식물성 콜라겐 종류
해초	·대표성분은 알긴간(조류)으로서 제품의 형상은 젤 타입 ·보습, 순환능력 및 요오드를 함유하고 있으므로 독소제거 효과가 탁월하다.
알로에 베라잎즙	·선인장과의 식물로 무향, 무색 ·수분을 잡는 능력이 우수하여 보습력이 대표적인 효능 ·그 외에도 항염증, 항미생물, 진정, 치유작용 ·건성, 노화피부에는 보습 염증성 여드름 및 예민 피부진정과 치유작용

마치현 추출물	·강력한 수분공급을 한다(쇠비름나물이라고도 한다). ·비타민 B군이 있어 피부트러블 예방에도 효과적이다. ·해열작용, 항균작용, 지혈효과가 있다.
황금	·피부보습효과 ·천연방부제 효능
진피	·말린 귤껍질로 피부보습 및 진정효과가 우수하다. ·보습, 순환능력 및 요오드를 함유하고 있으므로 독소제거 효과가 탁월하다.

〈표 1-1〉 건성피부(乾性皮膚) 및 노화피부 성분

3) 지성피부

(1) 지성피부의 특징

① 피부 두께가 일반적으로 두껍다.

② 모공이 보이고 코 부위에 블랙해드가 발생한다.

③ 피부결이 거칠고 여드름 발생 가능성이 높다.

④ 피부가 번들거리는데 특히 코, 이마, 턱 부위가 심하다.

⑤ 탄력이 뛰어나 주름이 쉽게 생기지 않는다.

⑥ 온도변화와 계절변화에 적응력이 뛰어나다.

(2) 지성피부의 변증

① 비위건운증(脾胃健運證)

가. 피부가 봄, 여름에 번들거린다.

나. 신체가 건강하며 비만하지도 마르지도 않다.

다. 소화력이 뛰어나고 대변도 정상이다.

② 비위습열증(脾胃濕熱證)

가. 피부색이 번들거리고 뿌옇다.

나. 담습(痰濕), 양성(陽盛)체질에서 많이 나타난다.

다. 비만이 발생하고 기름지고 튀긴 음식을 좋아한다.

라. 구취, 구강궤양, 암내가 발생한다.

마. 소변이 붉고 대변을 본 후 시원하지 않으며 여성의 경우 대하색(帶下色)이 노랗다.

③ 간기울결증(肝氣鬱結證)

가. 불면증이 나타나고 항상 억압되고 긴장한다.

나. 입이 마르고 쓰며 옆구리와 복부가 더부룩하고 잘 먹지 않는다.

다. 생리불순과 대변이 굳다.

4) 예민성 피부

(1) 예민성 피부의 특징

① 화장품, 목욕용품, 해산물 등 쉽게 트러블이 발생한다.

② 장시간 찬바람이나 자외선에 노출되면 가렵고 트러블이 발생한다.

③ 모세혈관 확장이 보이고 심하게 예민해지면 열 반응에 의하여 수분이 감소되어 피부가 당기고 시간이 지나면서 각질이 들뜰 수 있다.

④ 예민이 반복되면서 색소침착이 발생한다.

(2) 예민성 피부의 변증

① 습열내온증(濕熱內蘊證)

가. 음식섭취가 불규칙하고 과도한 음주와 매운 음식을 즐긴다.

나. 피부가 번들거리고 가려우며 각질이 일어나며 쉽게 트러블이 발생한다.

다. 변비 혹은 설사가 발생한다.

② 혈허풍조증(血虛風燥證)

가. 피부색은 창백하고 건조하며 모세혈관이 확장되고 신체적으로 마르고 대변이 굳는다.

③ 어혈내조증(瘀血內阻證)

가. 피부색이 어둡고 칙칙하며 건조하고 가렵다.

나. 입술, 손발톱색이 어둡고 광택이 없으며 각질이 들뜬다.

은행잎	·은행잎에서 추출 ·항산화, 항노화 성분으로 혈액순환촉진 효과, 혈관벽에 긍정적인 보호작용
아줄렌	·항염증, 진정작용이 탁월해 부종을 방지하는 효과 ·예민, 염증성 여드름 피부에 주로 사용 ·캐모마일에서 주로 추출하며 지용성 성분으로 파란색상을 나타낸다.
당 귀	·부종환화, 혈액순환촉진 및 모세혈관 탄력 강화 ·진통작용 및 피부보습, 잔주름 예방, 피부 미백효과 등
지 황	·부종완화, 이뇨작용, 진통작용
병 풀	·상처치유 및 피부 트러블 예방
녹 두	·피부자극 완화 및 트러블 예방
잇꽃씨	·거칠어진 피부를 촉촉하게 만들어즈는 보습 성분(비타미니 E 함유)이 있다. ·민감한 아토피성 피부를 진정 시켜 주는 효과 외에 항산화 작용

〈표 1-2〉 예민성 피부의 한방성분

캠 퍼	·사출나무에서 주로추출 ·피지조절, 항염증, 살균, 수렴, 냉각작용이 대표적 효능 ·여드름 및 지성피부에 사용하며 향기는 유칼립투스와 비슷하다. ·간혹 혈액 순환촉진 작용과 관련 다크서클용 눈가제품에도 자주 활용한다.
고 삼	·항염증작용 및 항트러블 작용
버드나무 추출물	·염증세포 활성억제 및 항염효과 제공
문주란	·염증이나 알레르기 완화 효능
영 지	·과도한 피지로 탁해진 피부에 안색을 맑게 변화시키는 효능
어성초	·강력한 살균 및 항염작용
삼백초	·강력한 살균 및 항염작용
송진가루	·피지 분비조절기능, 살균효과
녹 두	·해열과 해독작용으로 염증성 여드름의 열을 내리고 모공수축, 미백, 살균작용
작 약	·염증 및 항균작용을 통해 여드름 호전

〈표 1-3〉 민감성 피부(예민성 피부)의 한방성분

5) 미백용 성분(피부미백효과가 있는 약물)

(1) 피부미백효과가 있는 약물

율무, 산약, 백복령, 곤포, 천화분, 백급, 백선피, 해조, 백강잠, 금은화, 황기, 백작약 등이 있다.

(2) 피부영양효과가 있는 약물

황기, 인삼, 대추, 천화분, 구기자, 산수유, 석곡, 천문동, 맥문동, 용안육, 감초, 하수오, 백자인 등이 있다.

4. 본초의 효능별 분류(本草效能別 分類)

1) 보익약류(補益藥類)

인체의 기혈이나 음양의 부족함을 보충해 줄 수 있는 약물로서 보기약물, 보혈약물, 보음약물, 보양약물을 통칭 보익, 보양약물이라 부른다.

- 종 류: 인삼, 황기, 산약, 백출, 백편두, 대조, 감초, 봉밀, 호도, 두충, 복분자, 하수오, 당귀, 백작약, 구기자, 천문동, 맥문동, 석곡, 백복령, 택사

(1) 인삼(人蔘)

- 기 원: 오가과에 속하는 다년생초본인 인삼의 근원이다.
- 학 명: Panax Schinseng Ness(=Panax Ginseng C.A. Meyer)
- 종 류: 야생삼(산삼)과 재배삼의 2종이 있다.
- 채취시기: 7월 전후에 채취한다.
- 성 미: 감(甘), 미고(微苦), 미온(微溫), 무독(無毒)
- 귀 경: 비, 폐
- 효 능: 대보원기(大補元氣), 보비익기(補脾益氣), 생진(生津), 영신익기(寧神益氣)

(2) 황기(黃芪)

- 기 원: 두과에 속하는 다년생초본인 단너삼의 근원이다.
- 학 명: Astragalus membranaceus Bunge
- 채취시기: 9~10월에 채취하여 쇄건한다.
- 성 미: 감(甘),미온(微溫), 무독(無毒)
- 귀 경: 비, 폐
- 효 능: 보기승양(補氣升陽), 고표지한(固表止汗), 탁독배농(托毒排膿), 이수퇴종(利水退腫), 소아백병(小兒百病)

(3) 산약(山藥)

- 기 원: 서여과에 속한 다년생 만생초본인 서여(마)의 괴근이다.
- 학 명: Dioscorea batatas decaisne
- 채취시기: 추계의 상강후, 동지에 채취하여 쇄건 또는 풍건한다.
- 성 미: 감(甘), 평(平), 무독(無毒)
- 귀 경: 비, 위, 폐, 신
- 효 능: 보비위(補脾胃), 익폐신(益肺腎)

(4) 백출(白朮)

- 기 원: 국화과(엉겅시과)에 속한 다년생초본인 삽주의 괴근이다.
- 학 명: Atractylis japonica koidzumi = A. Koreana Nakai
- 채취시기: 10~11월에 채취하여 채근 또는 경엽을 제거 항건 또는 쇄건한다.
- 성 미: 고(苦), 감(甘), 미온(微溫), 무독(無毒)
- 귀 경: 비, 위
- 효 능: 보비익기(補脾益氣), 조습이수(燥濕利水), 고표지한(固表止汗)

(5) 백편두(白扁荳)

- 기 원: 두과 속한 1년생 만초인 변두콩의 종자이다.
- 학 명: Leguminosae 또는 Dolichos lablab Linee
- 채취시기: 추계에 성숙한 종자를 채취하여 채취한다.
- 성 미: 감(甘), 미온(微溫), 무독(無毒)
- 귀 경: 비, 위
- 효 능: 화중화습(和中化濕), 보비지사(補脾止寫)

(6) 대조(大棗)

- 기 원: 서이과에 속한 낙엽관목 혹은 소교목인 대추나무의 성숙한 과실이다.
- 학 명: Zizyphus jujuba Mill
- 채취시기: 추계에 완전성숙한 과실을 채취하여 쇄건한다.
- 성 미: 감(甘), 온(溫), 무독(無毒)
- 귀 경: 비, 심
- 효 능: 보비화위(補脾和胃), 익기생진(益氣生津), 안신(安神)

(7) 감초(甘草)

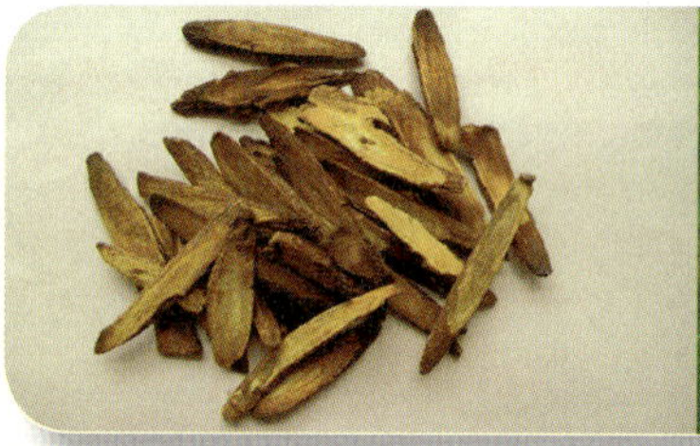

- 기 원: 두과에 속한 다년생초본인 감초의 근이다.
- 학 명: Glycyrhiza uralensis Fischer
- 채취시기: 춘, 추의 양계절에 채취하여 쇄건 혹은 홍건한다.
- 성 미: 감(甘), 평(平), 무독(無毒)
- 귀 경: 십이경 통행
- 효 능: 보비익기(補脾益氣), 청열해독(淸熱解毒), 윤폐지해(潤肺止咳), 조화제약(調和諸藥)

(8) 봉밀(蜂蜜)

- 기 원: 봉와중에서 점차적으로 형성된 당류물질의 정제된 꿀이다.
- 학 명: Apis Chinensis
- 종 류: 재래종과 외래종의 2종이 있다.
- 채취시기: 봉밀을 채취하는 때는 봄, 가을인데 특히 봄에 채취한 꿀이 적기로 좋다.
- 성 미: 감(甘), 평(平), 무독(無毒)
- 귀 경: 폐, 비, 대장
- 효 능: 윤폐보중(潤肺補中), 활장(滑腸), 완급(緩急), 해독(解毒)

(9) 호도(胡桃)

- 기 원: 호도과에 속한 낙엽교목인 호두나무 과실의 핵인이다.
- 학 명: Juglans regia L. Var. Sinensis De Candolle
- 채취시기: 10월경 성숙과실을 채취하여 피육을 제거한 핵이다.
- 성 미: 감(甘), 온(溫), 무독(無毒)
- 귀 경: 폐, 신
- 효 능: 보신강요슬(補腎强腰膝), 임폐정천(淋閉定喘)

(10) 두충(杜沖)

- 기 원: 두충과에 속한 낙엽교목인 두충의 수피
- 학 명: Eucommia ulmoides oliver
- 채취시기: 추계에 과실이 완전 성숙 시 채취하여 쇄건한다.
- 성 미: 감(甘), 미신(微辛), 온(溫), 무독(無毒)
- 귀 경: 간, 신
- 효 능: 보간신, 장근골, 안태

(11) 복분자(覆盆子)

- 기 원: 장미과에 속한 낙엽관목인 딸기나무의 미성숙한 과실이다.
- 학 명: Rubus Palmatus Thunberg
- 채취시기: 7~9월경에 과실이 미성숙하여 푸른 것을 채취해서 쇄건한다.
- 성 미: 감(甘), 산(酸), 미온(微溫), 무독(無毒)
- 귀 경: 간, 신
- 효 능: 보간신(補肝腎), 삽정축익(澁精縮溺)

(12) 하수오(何首烏)

- 기 원: 요과(여뀌과)에 속한 다년생만초인 하수오의 괴근이다.
- 학 명: Polygonm multiflorum Thunberg
- 채취시기: 가을에는 엽이 고된 뒤와 봄에는 발아전에 채취하여 쇄건 한다.
- 성 미: 고(苦), 삽(澁), 미온(微溫), 무독(無毒)
- 귀 경: 간, 신
- 효 능: 능보간신(能補肝腎), 제숙(製熟), 익정혈(益精血)

(13) 당귀(當歸)

- 기 원: 미나리과에 속한 다년생초본인 승검초의 뿌리이다.
- 학 명: Angelica gigas Nakai
- 채취시기: 주로 추계에 채취하여 건조한다.
- 성 미: 감(甘), 신(辛), 온(溫), 고(苦), 무독(無毒)
- 귀 경: 간, 심, 비
- 효 능: 보혈화혈(補血和血), 조경지통(調經止痛), 윤장통변(潤腸通便)

(14) 백작약(白芍藥)

- 기 원: 미나리아제비과에 속한 다년생초본인 함박꽃과 산작약근이다.
- 학 명: Paeonia lactiflora Pallas. Paeonia obovIata Maxim(산작약)
- 채취시기: 7월 이후가 적당하며 재배종은 재배 후 3~4년 이후에, 야생종은 8~10년 이후에 채취하여 쇄건한다.
- 성 미: 고(苦), 산(酸), 미한(微寒), 무독(無毒)
- 귀 경: 간, 비
- 효 능: 유간지통(柔肝止痛), 양혈염음(養血斂陰), 평앙간양(平仰肝陽)

(15) 구기자(枸杞子)

- 기 원: 가과(가지과)에 속한 낙엽관목인 구기자나무의 과실이다.
- 학 명: Lycium chinense Miller
- 채취시기: 7~8월경에 성숙한 과실을 채취하여 쇄건한다.
- 성 미: 감(甘), 고(苦), 평(平), 무독(無毒)
- 귀 경: 간, 신
- 효 능: 자보간신(滋補肝腎), 익정명목(益精明目)

(16) 천문동(天門冬)

- 기 원: 백합과(나리과)에 속한 다년생 만성초본인 천문동의 괴근이다.
- 채취시기: 추계에 채취하여 쇄건한다.
- 성 미: 감(甘), 고(苦), 한(寒), 무독(無毒)
- 귀 경: 폐, 신
- 효 능: 양음청열(養陰清熱), 윤조생진(潤燥生津)

(17) 맥문동(麥門冬)

- 기 원: 백합과(나리과)에 속한 다년생 만성초본인 천문동의 괴근과 동과에 속한 대엽맥문동의 괴근이다.
- 학 명
  ① Liriope graminifolia·Baker(맥문동)
  ② Ophiopogon japonicus Ker·Gawler(대엽맥문동)
- 채취시기: 7~8월경에 채취하여 쇄건한다.
- 성 미: 감(甘), 미고(微苦), 미한(微寒), 무독(無毒)
- 귀 경: 심, 폐, 위
- 효 능: 자음청열(滋陰清熱), 윤폐생진(潤肺生津), 강심이뇨(降心利尿)

(18) 석곡(石斛)

- 기 원: 난과(난초과)에 속한 다년생 상록초본인 석곡 또는 동속식물의 경이다.
- 학 명: Dendrobium monile Kraenzy
- 채취시기: 춘계~추계에 채취하여 신선한 것을 사용하고자 할 경우에는 세사내에 보존하고 그 이외는 쇄건한다.
- 성 미: 감(甘), 담(痰), 미한(微寒), 무독(無毒)
- 귀 경: 폐, 위, 신
- 효 능: 자양위음(滋養胃陰), 청열생진(淸熱生津), 선자(鮮者)는 청열자음(淸熱滋陰)의 효과가 더욱 양호하다.

(19) 백복령(白茯苓)

- 기 원: 송수근에 기생한 부정형의 균체인 복경이다.
- 학 명: Polia cocos yalf(Pachyma hoelen Rumph)
- 채취시기: 3~5년 8월 사이에 채취하여 음견한다.
- 성 미: 감(甘), 담(痰), 평(平), 무독(無毒)
- 귀 경: 심, 폐, 비, 위, 신
- 효 능: 백복령·이수삼습(利水滲濕). 건비보중(健脾補中), 영심안신(寧心安神) 적복령·분리습열(分利濕熱), 복령피·이수소종(利水消腫), 복신·영심안신(寧心安神)

(20) 택사(澤瀉)

- 기 원: 택사과에 속한 다년생 소택식물인 침택사 또는 길경의 택사의 근경이다.
- 학 명: Alisma Plantago L. var. Parviflorum Torr
- 채취시기: 동계에 채취하여 발근한다.
- 성 미: 감(甘), 담(痰), 미한(微寒), 무독(無毒)
- 귀 경: 신, 방광
- 효 능: 이수삼습(利水滲濕), 설열(泄熱)

2) 청열약류(清熱藥類)

대개 청열양혈작용을 하는 약물을 가리킨다. 열자한치(熱者寒治)의 치료원칙에 의거하여 약물의 성미가 한량하다. 청열약물은 인체 내부의 열독에 의한 제반 증상, 즉 발열, 이질, 종기, 발진 등을 치료한다.

- 종 류: 석고, 치자, 죽엽, 결명자, 적작약, 금은화, 연교, 백선피, 토복령, 녹두, 활석, 익모

(1) 석고(石膏)

- 기 원: 황산염류강에 속한 천연의 함수황산 칼슘인데, 연, 경의 2종이 있으나 내복으로는 연석고를 사용하고 있다.
- 성 미: 감(甘), 신(辛), 미한(微寒), 무독(無毒)
- 귀 경: 위, 폐, 삼초
- 효 능: 청열강화(淸熱降火), 제번지갈(除煩止渴)

(2) 치자(梔子)

- 기 원: 서초과(꼭두서니과)에 속한 치자나무의 성숙한 과실이다.
- 학 명: Gardenia jasminoides Ellis
- 채취시기: 하계, 추계에 성숙한 과실을 채취하여 건한다.
- 성 미: 고(苦), 한(寒), 무독(無毒)
- 귀 경: 위, 폐, 심, 간, 삼초
- 효 능: 사화제번(瀉火除煩), 설열이습(泄熱利濕), 지혈(止血)

(3) 죽엽(竹葉)

- 기 원: 죽과(대나무과)에 속한 다년생식물인 솜대의 연엽이다.
- 학 명: Lophatherum gracile Brongniart
- 채취시기: 6~7월경 어린잎을 채취하여 말린다.
- 성 미: 감(甘), 한(寒), 무독(無毒)
- 귀 경: 심, 위
- 효 능: 청열제번(淸熱除煩)

(4) 결명자(決明子)

- 기 원: 두과(콩과)에 속한 1년생초본인 초결명의 성숙한 종자이다.
- 학 명: Cassia tora Linne
- 채취시기: 9~10월경에 성숙한 과실을 채취하고 종자만을 채취해서 음건한다.
- 성 미: 감(甘), 고(苦), 함(鹹), 미한(微寒), 무독(無毒)
- 귀 경: 간, 담
- 효 능: 청간명목(淸肝明目)

(5) 적작약(赤芍藥)

- 기 원: 백작약과 같은데 내색이 적색을 띤 것을 말한다.
- 학 명: Paeonia lactiflora pallas
- 성 미: 고(苦), 미산(微酸), 미한(微寒), 무독(無毒)
- 귀 경: 간, 비
- 효 능: 양혈활혈(瘍血活血), 소옹산종(消癰散腫)

(6) 금은화(金銀花)

- 기 원: 인동과(겨우살이덩굴과)에 속한 다년생 만성등본인 인동덩굴의 화관이다.
- 학 명: Lonicera japonica Thunberg
- 채취시기: 하절, 개화 시에 채취하여 쇄건한다.
- 성 미: 감(甘), 한(寒), 무독(無毒)
- 귀 경: 간, 위, 심
- 효 능: 청열해독(清熱解毒)

(7) 연교(連翹)

- 기 원: 목서과(물푸레나무과)에 속한 낙엽관목인 개나리나무과의 과실이다.
- 학 명: Forsythia Koreana Nakai
- 채취시기: 추계에 과실이 완전 성숙 시 채취하여 쇄건한다.
- 성 미: 고(苦), 미한(微寒), 무독(無毒)
- 귀 경: 심, 담
- 효 능: 청열해독(淸熱解毒), 소옹산결(消癰散結)

(8) 백선피(白鮮皮)

- 기 원: 운양과(산초과)에 속한 다년생초본인 백선피의 근피이다.
- 학 명: Dictamnus dasycarpus Turez
- 채취시기: 5월경에 채취하여 쇄건한다.
- 성 미: 고(苦), 한(寒), 무독(無毒)
- 귀 경: 비, 위
- 효 능: 청열해독(淸熱解毒), 제습거풍(除濕祛風)

(9) 토복령(土茯苓)

- 기 원: 백합과(나리과)에 속한 반록성관목인 청미래덩굴의 근이다.
- 학 명: Smilax china Linne
- 채취시기: 추말 동초에 채취하여 생용 혹은 쇄건한다.
- 성 미: 감(甘), 담(痰), 평(平), 무독(無毒)
- 귀 경: 간, 위
- 효 능: 청열해독(清熱解毒), 제습(除濕), 이관절(利關節)

(10) 녹두(綠豆)

- 기 원: 두과(콩과)에 속한 1년생초본인 녹두의 종자이다.
- 학 명: Phasolus radiatus Linne
- 채취시기: 하계, 추계에 성숙한 종자를 채취하여 쇄건한다.
- 성 미: 감(甘), 한(寒), 무독(無毒)
- 귀 경: 심, 위
- 효 능: 청열해독(清熱解毒), 소서(消暑)

(11) 활석(滑石)

- 기 원: 단사정계의 인편상 혹은 사방주상의 일종인 광석, 즉 곱돌이다.
- 성 미: 감(甘), 한(寒), 무독(無毒)
- 귀 경: 위, 방광
- 효 능: 이수통림(利水通淋), 청해서열(淸解暑熱)

(12) 익모초(益母草)

- 기 원: 순형과(꿀풀과)에 속한 1년생 혹은 2년생초본인 익모초의 전초이다.
- 학 명: Leonurus Sibiricus Linne
- 채취시기: 6~8월경 개화 시에 채취하여 생용 혹은 쇄건한다.
- 성 미: 신(辛), 미고(微苦), 미한(微寒), 무독(無毒)
- 귀 경: 간, 심포
- 효 능: 행혈거어(行血祛瘀), 소수해독(消水解毒), 선자해서(鮮者解暑)

3) 안신약류(安神藥類)

심장신(心臟神), 간장혼(肝臟魂)의 한방이론에 의거한 스트레스 및 신경성 질환에 응용하는 약물을 말한다. 心의 혈허나 신경성에 의한 체내의 열을 효과적으로 보완하여 주면 심신이 편안함을 되찾을 수 있다. 그러므로 약물의 효과는 보혈, 보음, 강화의 작용이 있다.

- 종 류: 산조인, 백자인

(1) 산조인(酸棗仁)

- 기 원: 서이과(갈매나무과)에 속한 낙엽관목인 산도(멧대추나무)의 종자이다.
- 학 명: Zizphus Spinosus Hy
- 채취시기: 추계에 과실이 완전 성숙한 과실을 채취하여 조육을 제거하고 전파핵한 뒤에 종자를 취해서 쇄건한다.
- 성 미: 감(甘), 산(酸),평(平), 무독(無毒)
- 귀 경: 심, 비, 간, 담
- 효 능: 보간담(補肝膽), 영심안신(寧心安神), 영한(斂汗)

(2) 백자인(柏子仁)

- 기 원: 편백과(측백나무과)에 속한 상록침엽교목인 측백나무 과실의 종인이다.
- 학 명: Biota Orientalis (L.) Endlicher
- 채취시기: 추계에 완전성숙한 과실을 채취하여 외곡을 제거한 종인을 취하여 쇄건한다.
- 성 미: 고(苦), 미감(微甘), 평(平), 무독(無毒)
- 귀 경: 심, 간, 신, 비
- 효 능: 양심안신(養心安神), 윤장통변(潤腸通便)

4) 이혈약류(理血藥類)

이혈의 뜻은 체내의 혈액을 바르게 한다는 뜻으로 출혈이나 어혈을 치료하는 것이다. 혈액이 내부로나 외부로 출혈이 생기면 지혈해 주고 혈액이 잘 통하지 못할 때에는 원활하게 움직이게끔 하는 파어(破瘀), 거어(祛瘀), 행혈(行血)작용을 하는 약물을 말한다.

- 종 류: 삼칠근, 백급, 도인, 곤포, 해조

(1) 삼칠근(三七根)

- 기 원: 오과과에 속한 다년생초본인 삼칠의 근이다.
- 학 명: Panax Pseudo·ginseng Walich
- 채취시기: 추말~동초에 채취하여 쇄건한다.
- 성 미: 감(甘), 미고(微苦), 온(溫), 무독(無毒)
- 귀 경: 간, 위
- 효 능: 활혈거어(活血祛瘀), 소종지혈(消腫止血)

(2) 백급(白給)

- 기 원: 난과(난초과)에 속한 다년생초본인 백급의 지하괴근이다.
- 학 명: Bletilla Striata Reichenbach fil
- 채취시기: 추계에 채취하여 쇄건한다.
- 성 미: 고(苦), 감(甘), 미한(微寒), 무독(無毒)
- 귀 경: 간, 폐, 위
- 효 능: 수렴지혈(收斂止血), 소종생기(消腫生肌)

(3) 도인(桃仁)

- 기 원: 앵도과에 속한 낙엽교목인 복숭아나무 과실의 핵인이다.
- 학 명: Prunus Persica(Linne) Batsch
- 채취시기: 과실이 성숙한 때 과핵을 수집하여 다시 그 인을 채취하여 쇄건한다.
- 성 미: 고(苦), 감(甘), 평(平), 무독(無毒)
- 귀 경: 심, 간, 대장
- 효 능: 파혈거어(破血祛瘀), 윤조활장(潤燥滑腸)

(4) 곤포(昆布)

- 기 원: 곤포과에 속한 해조류의 단년생초본인 다시마의 엽이다.
- 학 명: Laminaria japonica Areschoung
- 채취시기: 전년에 모두 채취하여 쇄건한다.
- 성 미: 함(鹹), 한(寒), 무독(無毒)
- 귀 경: 간, 위, 신
- 효 능: 소담결(消痰結), 산영류(散癭瘤)

(5) 해조(海藻)

- 기 원: 마미조과에 속한 해초류인 다년생초본인 해자의 건조된 전초이다.
- 학 명: Sargassum tortile C. Agardh
- 채취시기: 하계에 채취하여 행핵을 파쇄하고 인을 취해서 쇄건한다.
- 성 미: 감(甘), 고(苦), 온(溫), 유소독(有小毒)
- 귀 경: 폐, 대장
- 효 능: 지해정천(止咳定喘), 윤장통변(潤腸通便)

5) 해표약류(解表藥類)

땀 분비를 촉진시켜 인체 표면에 있는 사기(邪氣)를 제거하는 약물을 말한다. 땀을 분비시키는 약물의 대부분은 신미(辛味), 즉 자극성이 강하므로 사용에 주의를 요한다. 피부에 약물을 붙였을 때 쉽게 발적을 일으킨다.

- 종 류 : 상엽, 감국, 대두황권

(1) 상엽(桑葉)

- 기 원: 상과(뽕나무과)에 속한 낙엽교목인 뽕나무의 엽이다.
- 학 명: Morus alba Linne 외에 수종의 근록식물의 엽을 모두 약용한다.
- 종 류
  - ① 꼬리뽕나무(M. bombycis Koidzumi var. caudatifolia Koidzumi)
  - ② 가새뽕나무(M. b. k. F. dissecta Nakai),
  - ③ 섬뽕나무(M. b. k. var. maritima koidzumi)
- 채취시기: 추계의 강로 후에 채취하여 쇄건한다.
- 성 미: 감(甘), 고(苦), 한(寒), 무독(無毒)
- 귀 경: 폐, 간
- 효 능: 소산풍열(消散風熱), 청간명목(淸肝明目)

(2) 감국(甘菊)

- 기 원: 두과에 속한 다년생초본인 감초의 근이다.
- 학 명: Chrysanthemum indicum Linne
- 채취시기: 9~10월경에 채취하여 쇄건한다.
- 성 미: 감(甘), 고(苦), 미한(微寒), 무독(無毒), 야국(野菊)=苦, 辛, 凉, 無毒
- 귀 경: 폐, 간

- 효 능: 소산풍열(消散風熱), 청간명목(淸肝明目), 청열해독(淸熱解毒), 평간양(平肝陽)

(3) 대두황권(大豆黃卷)

- 기 원: 두과(콩과)에 속한 1년생초본인 흑대두(검정콩)가 발아한 것이다.
- 학 명: Lahyus maritimus Bigel
- 귀 경: 감(甘), 평(平), 무독(無毒)
- 효 능: 청해표사(淸解表邪), 분리습열(分利濕熱)

6) 사하약류(瀉下藥類)

대변과 소변을 잘 나오게 하며 내부장기에 뭉쳐 있는 덩어리를 치료하는 약물로, 변비증상을 치료함에 있어 설사를 일으킬 정도의 강력한 약물과 대변의 수분 부족을 보충시켜 부드럽게 나오게 하는 약물이 있다.

- 종 류: 행인, 로회

(1) 행인(杏仁)

- 기 원: 장미과에 속한 낙엽교목인 살구나무의 과실인 살구의 핵이다.
- 학명·종류: Prunua armeniaca Linne외에 개살구나무(P. Mand shurica)와 털개살구나무(P. M. Koehue)의 과실의 핵인을 모두 약용한다.
- 채취시기: 6~7월경에 채취하여 행핵을 파쇄하고 취해서 쇄건한다.
- 성 미: 감(甘), 고(苦), 온(溫), 유소독(有小毒)
- 귀 경: 폐, 대장
- 효 능: 지해정천(止咳定喘), 윤장통변(潤腸通便)

(2) 로회(蘆薈)

- 기 원: 백합과에 속한 상록식물인 로회의 엽편기부을 절단하여 그 액즙을 유출하여 농축해서 건조한 것이다.
- 학 명: A loevera L
- 채취시기: 수시로 채취하여 포제법이 없다.
- 성 미: 고(苦), 한(寒), 무독(無毒)
- 귀 경: 간, 위, 대장
- 효 능: 사열통변(瀉熱通便), 살충(殺蟲), 양간(凉肝)

7) 지사약류(止瀉藥類)

대변설사를 치료하는 약물로서 설사를 일으키는 원인은 비위허약으로 수분대사 작용의 저하로 대장의 수분 흡수능력이 떨어졌을 때, 또는 대장의 염증으로 장운동이 약화됐을 때 설사를 일으킨다. 지사약물은 삼습(滲濕), 이수(利水), 건비(健脾), 온중의 효과가 있다.

- 종 류: 의이인, 적석지, 오미자, 백반

(1) 의이인(薏苡仁)

- 기 원: 화본과에 속한 1년생초본인 율무의 종인이다.
- 학 명: Coix Lachryma·Jobi Linne
- 채취시기: 9~10월경에 채취하여 쇄건한다.
- 성 미: 감(甘), 담(淡), 미한(微寒), 무독(無毒)
- 귀 경: 비, 위, 폐
- 효 능: 이수삼습(利水滲濕), 제습비(除濕痺), 청폐배농(淸肺排膿), 건비지사(健脾止瀉)

(2) 적석지(赤石脂)

- 기 원: 고령토, 즉 도토의 일종인데 장석의 熱과 탄산함유의 수에 의하여 침습(浸濕)을 받아 분해되어 생기는 찰흙이다.
- 성 미: 감(甘), 산(酸), 삽(澁), 온(溫), 무독(無毒)
- 귀 경: 위, 대장
- 효 능: 삽장지사(澁腸止瀉), 수렴지혈(收斂止血)

(3) 오미자(五味子)

- 기 원: 목란과에 속한 다년생 낙엽 관목인 오미자 또는 개오미자, 흑오미자의 성숙한 과실이다.
- 학 명: Schizandra chinensis Baillon
- 채취시기: 9~10월경 과실의 성숙 시에 성숙한 과실을 채취하여 쇄건한다.
- 성 미: 산(酸), 온(溫), 무독(無毒)
- 귀 경: 폐, 신
- 효 능: 염폐자신(斂肺滋腎), 생진염한(生津斂汗), 삽정지사(澁精止瀉)

(4) 백반(白礬)

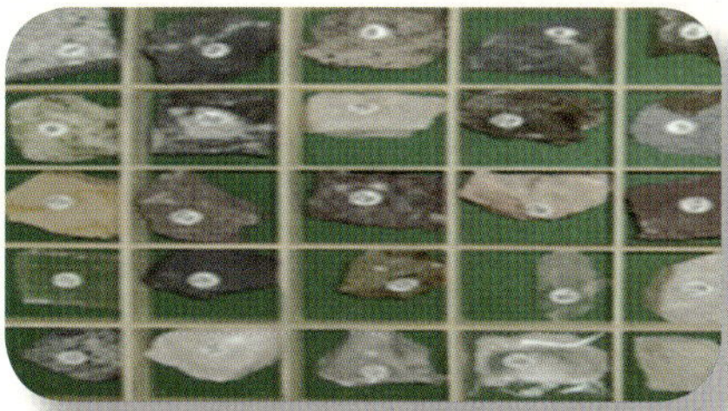

- 기 원: 삼방정계의 명반석을 가공제련하여 만든 것이다.
- 성 미: 산(酸), 한(寒), 무독(無毒)
- 귀 경: 비
- 효 능: 지혈지사, 거담, 외용으로는 조습지양

8) 삼습이수약류(滲濕利水藥類)

소변의 양이 줄어들어 몸에 부종현상이 일어났을 때 쓰는 약물로 이뇨제라고 볼 수 있다.

- 종 류: 상백피, 적소두, 동과자, 동규자

(1) 상백피(桑白皮)

- 기 원: 상과(뽕나무과)에 속한 낙엽교목인 뽕나무의 상피이다.
- 학 명: Morus alba Linne
- 채취시기: 사계 모두 가능하나 동계에 채취한 것이 양품이다.
- 성 미: 감(甘), 한(寒), 무독(無毒)

- 귀 경: 폐경
- 효 능: 사폐평천(瀉肺平喘), 행수소종(行水消腫)

(2) 적소두(赤小豆)

- 기 원: 두과(콩과)에 속한 1년생초본인 이팥의 종자이다.
- 학 명: Phaseolus angularis Wight
- 채취시기: 추계에 종자가 완전성숙시에 채취하여 쇄건한다.
- 성 미: 감(甘), 산(酸), 평(平), 무독(無毒)
- 귀 경: 심, 소장
- 효 능: 행수소종(行水消腫), 해독배농(解毒排膿)

(3) 동과자(冬瓜子)

- 기 원: 호로과(박과)에 속한 1년생초본인 동아호박의 종자이다.
- 학 명: Benincasa hispida(Thunberg) Cogniaux
- 채취시기: 9~10월경에 채취하여 쇄건한다.
- 성 미: 감(甘), 한(寒), 무독(無毒)
- 귀 경: 폐, 위, 대장, 소장
- 효 능: 청리습열(淸利濕熱), 화담배농(化痰排膿)

(4) 동규자(冬葵子)

- 기 원: 규금과(아욱과)에 속한 1년생초본인 아욱의 종자이다.
- 학 명: Abutilon avicennae Gaertner
- 채취시기: 추계에 과실이 완전성숙시 채취하여 쇄건한다.
- 성 미: 감(甘), 한(寒), 활(滑), 무독(無毒)
- 귀 경: 대장, 소장
- 효 능: 이수통림(利水通淋), 윤장(潤腸), 하유(下乳)

9) 지갈약류(止渴藥類)

갈증을 일으키는 원인으로 인체 내에 열이 많다든지 혈허, 음허 현상이 있으면 나타나는 현상으로 지갈약물은 보혈, 보음, 청열효과를 낸다.

- 종 류: 천화분

(1) 천화분(天花粉)

- 기 원: 호로과(박과)에 속한 다년생만초인 하늘타리의 괴근이다.
- 학 명: Trichosanthes kirilowi Maximowicz
- 채취시기: 춘, 추의 양 계절에 채취하여 쇄건한다.
- 성 미: 감(甘), 미고(微苦), 산(酸), 미한(微寒), 무독(無毒)
- 귀 경: 폐, 위
- 효 능: 청열생진(淸熱生津), 청폐화담(淸肺化痰), 소종배농(消腫排膿)

10) 화담지해약류(化痰止咳藥類)

담이란 호흡기계의 병변으로 인한 가래를 뜻하기도 하고, 만성질환으로 생기는 인체 내의 불필요한 대사산물을 의미하기도 한다.

- 종 류: 죽역, 죽여

(1) 죽역(竹瀝)

- 기 원: 죽과(대나무과)에 속한 다년생식물인 신선한 담죽을 적하여 적출된 즙이다.
- 성 미: 감(甘), 한(寒), 무독(無毒)
- 귀 경: 심, 위
- 효 능: 청열화담(淸熱化痰), 진경(鎭警)

(2) 죽여(竹茹)

- 기 원: 죽과에 소한 다년생 상록식물인 담죽의 녹색외피를 먼저 제거하고 경의 중간층의 것을 긁어 모은 것이다.
- 학 명: 청열사화약류의 죽엽 참조
- 성 미: 감(甘), 미한(微寒), 무독(無毒)

- 귀 경: 폐, 위
- 효 능: 청열화담(淸熱化痰), 강역화위(降逆和胃)

11) 기타 약류

- 종 류: 구인, 백강잠

(1) 구인(蚯蚓)

- 기 원: 환절동물인 구인과(지렁이과)의 지렁이의 총체이다.
- 학 명: Perichaeta sieboldii Horst
- 채취시기: 무시로 채취하여 재장을 제거하고 쇄건한다.
- 성 미: 함(鹹), 한(寒), 무독(無毒)
- 귀 경: 위, 비, 신, 간
- 효 능: 청열식풍(淸熱息風), 통락(通絡), 평천(平喘), 이수(利水)

(2) 백강잠(白彊蠶)

- 기 원: 잠아과(누예과)에 속한 곤충인가잠의유충인 백강균이 감염되여 죽은 잠체이다.
- 학 명: Batrytis bassiana Bals
- 채취시기: 춘계. 추계에 채취하여 쇄건한다.
- 성 미: 함(鹹), 신(辛), 평(平), 무독(無毒)
- 귀 경: 간, 폐
- 효 능: 식풍해경(息風解驚), 소산풍열(消散風熱), 화담산결(化痰散結)

5. 피부본초의 피부종류별 분류

1) 습성피부약초(濕性皮膚藥草)

율무, 황기, 백출, 백복령, 토복령, 산약, 천화분, 석고, 활석, 택사, 곤포, 해조, 상백피, 적소두, 백반, 동과자, 동규자, 백강잠, 적석지, 오미자

2) 열성피부약초(熱性皮膚藥草)

백편두, 백작약, 천문동, 맥문동, 석곡, 석고, 치자, 죽엽, 결명자, 금은화, 연교, 백선피, 녹두, 활석, 익모초, 감국, 노회, 죽역, 죽여, 감초

3) 건조성피부약초(乾燥性皮膚藥草)

인삼, 당귀, 백급, 하수오, 백작약, 천문동, 맥문동, 구기자, 산수유, 용안육, 대추, 감초, 석곡, 죽엽, 결명자, 녹두, 산조인, 백자인, 도인, 행인, 노회, 죽역, 죽여

4) 습열성피부약초(濕熱性皮膚藥草)

▣ 습성약과 열성약을 증상에 따라 배합하여 사용한다.

① 피부미백효과가 있는 약물: 율무, 산약, 백복령, 곤포, 천화분, 백급, 백선피, 해조, 백강잠, 금은화, 황기, 백작약

② 피부영양효과가 있는 약물: 황기, 인삼, 대추, 천화분, 구기자, 산수유, 석곡, 천문동, 맥문동, 용안육, 감초, 하수오, 백자인

6. 冷 · 熱 체질별 분류(體質分類)

NO	분 류	냉체질(冷體質)	열체질(熱體質)
1	체형	마른 체형	뚱뚱한 체형
2	피부 트러블	백색면포성 여드름	화농성 여드름
3	피부 타입	건성 피부	지성 피부
4	혈압	저혈압	고혈압
5	더위 정도	에어컨을 싫어한다.	더위를 싫어한다.
6	음식선호도	따듯한 음식을 좋아한다.	차가운 음식을 좋아한다.
7	수분 섭취량	물을 잘 안 마신다.	물을 자주 마신다.
8	활동 성향	저녁 활동에 강하다.	오전 활동에 강하다.
9	장 문제	설사	변비

〈표 1-4〉 냉체질과 열체질의 분류

1) 냉체질 피부(冷體質): 1년 내내 창백하고 건조하다.

(1) 혈액순환과 각질제거를 세심하게 관리한다.

(2) 깨끗한 피부를 위한 곡식 클렌징: 콩가루, 현미가루, 율무가루, 옥수수가루

(3) 피부를 건강하게 하는 한방 세안

① 쑥물 세안

가. 물 2리터에 약쑥 한 움큼을 넣고 끓여 그 물을 냉장 보관한다.

나. 마지막 헹구는 물에 쑥물 1컵을 섞는다.

다. 얼굴 전체를 손바닥으로 톡톡 두드려 주어 쑥물이 스며들도록 한다.

라. 미지근한 물로 깨끗하게 헹군다.

② 대추 물 세안

가. 물 2컵에 대추 3개를 넣고 약한 불에서 졸여 물이 반으로 줄어들면 체에 걸러 물만 받는다.

나. 마지막 헹구는 물에 대추 물 1컵을 섞는다.

다. 얼굴 전체를 손바닥으로 툭툭 두드려 주어 쑥물이 스며들도록 한다.

라. 미지근한 물로 깨끗하게 헹구거나 스킨으로 가볍게 닦아낸다.

③ 청주 세안

가. 세안대에 미지근한 물을 채우고 청주 1/3컵을 넣어 섞는다.

나. 1~2분 정도 얼굴에 끼얹은 다음 잘 스며들도록 부드럽게 마사지한다.

다. 미지근한 물로 깨끗하게 헹군다.

※ 맑고 투명한 피부를 위한 경혈 지압: 소부, 용천, 관원

1	항상 추위를 느끼고 몸이 차다.
2	물을 잘 안 마신다. 따듯한 음료나 음식을 좋아한다.
3	평소 땀을 잘 안 흘린다.
4	소화기능이 약하다.
5	차가운 음식이나 채소 쌈을 먹으면 설사를 한다.
6	머리가 무겁고 어지럽다.
7	어깨가 자주 결린다.
8	알레르기 비염이 있다.
9	감기에 걸리면 맑은 콧물과 재채기가 심하다.
10	얼굴빛이 창백하거나 누렇다.
11	피부에 탄력이 없고 윤기가 없으며 건성 피부이다.
12	건선, 굳은살 등의 피부 질환이 잘 생긴다.
13	전체적으로 마른 편이거나, 상체는 말랐으나 하체는 살집이 있는 편이다.
14	어깨가 좁고 목이 가늘고 길다.

15	평소 아침잠이 많고 오후에 활동력이 강하다.
16	저혈압, 무기력하고 현운(眩暈) 등 기능저하 증상이 많다
17	변비보다는 설사가 잦다.
18	소변을 자주 보고 색이 희고 맑으며 소변량이 많다.
19	몸에 근육이 별로 없는 편이다.
20	쉽게 피로를 느끼고 생리통이 심하고 생리혈이 검고 양도 적은 편이다.
21	아랫배나 손발이 차다.
22	질 내부가 건조하고 분비물이 적으며 불감증이 있다.
23	꼼꼼한 성격이고 스트레스를 받으면 잘 풀지 못한다.
24	여름보다는 겨울을 싫어한다.

〈표 1-5〉 냉체질(冷體質) 자가 진단표

(1) 영양 공급보다는 피부청결이 최우선이다.

(2) 깨끗한 피부를 위한 곡식 클렌징: 보리가루, 팥가루, 통밀가루, 메밀가루

(3) 피부를 건강하게 하는 한방 세안: 쌀뜨물 세안, 숯물 세안, 우유 세안

2) 열체질 피부(熱體質): 여드름이 잘 생기고 번들거린다.

※ 맑고 투명한 피부를 위한 경혈 지압: 천추, 이간, 대추

① 쌀뜨물 세안

가. 쌀을 씻은 두 번째 물을 받아 준비한다.

나. 쌀뜨물에 뜨거운 물을 조금 섞어 미지근하게 한 후 1~2분 정도 얼굴에 끼얹어준다.

다. 마지막에 찬물로 헹구어 모공을 조여준다.

② 숯물 세안

가. 세안 물에 숯가루 1작은 스푼을 섞는다.

나. 숯가루 물로 얼굴을 두드리며 닦아준다. 마사지를 해주어도 좋다.

다. 숯가루가 모공에 남지 않도록 미지근한 물로 깨끗하게 씻는다.

라. 찬물로 여러 번 헹구어 얼굴의 열기를 가라앉힌다.

③ 우유 세안

가. 우유를 살짝 데우거나 뜨거운 물에 섞어 미지근하게 만든다.

나. 클렌징폼으로 세안 후 준비한 우유로 얼굴을 적셔 두드려준다.

다. 2~3분간 부드럽게 마사지한 후 미지근한 물로 깨끗하게 씻는다.

라. 마지막에 찬물로 헹구어 모공을 조여준다.

마. 맑고 투명한 피부를 위한 경혈 지압: 천추, 이간, 대추

1	스스로 열이 많다는 것을 느낀다.
2	시원하고 찬 음식을 좋아한다.
3	차가운 물을 자주 마신다.
4	평소 땀을 많이 흘리는 편이다.
5	식욕이 좋다.
6	성격이 급하고 큰 소리로 화를 잘 낸다.
7	얼굴이 검붉고 얼굴에 기름기가 많다.
8	얼굴이나 몸에 종기나 부스럼이 잘 생긴다.
9	피부발진, 태열, 여드름등 피부 트러블이 쉽게 생긴다.
10	상열감으로 가슴이 답답할 때가 많다.
11	체격이 건장하다.
12	조금만 움직여도 숨이 찬다.
13	입냄새 등 몸에서 냄새가 많이 나는 편이다.
14	입과 코가 건조하며 혀가 붉다.

15	잠이 적고 오전에 활동력이 강하다.
16	고혈압, 비만, 당뇨 등 성인병이 많다.
17	변비 및 소변을 잘 안 보고 양이 적고 소변색도 진하다.
18	근육이 단단하다.
19	생리통이 심하지 않고 색도 붉고 양도 많은 편이다.
20	냉의 색이 누렇고 냄새가 많이 난다.

〈표 1-6〉 열체질(熱體質) 자가진단표

(1) 피지제거와 수분공급에 집중한다.

(2) 깨끗한 피부를 위한 곡식 클렌징: 녹두가루, 황토가루, 율피가루, 쌀겨가루

(3) 피부를 건강하게 하는 한방 세안: 녹차 물 세안, 홍차 물 세안, 진피물 세안

3) 냉열체질 피부(冷熱體質): 피부가 예민하고 트러블이 많다.

※ 맑고 투명한 피부를 위한 경혈 지압: 천추, 이간, 대추

① 녹차 물 세안

가. 클렌징폼으로 깨끗하게 세안한다.

나. 미지근한 물에 녹차 가루 1티스푼을 섞는다. 녹차 티백을 우려 사용해도 된다.

다. 마지막에 찬물로 헹구어 모공을 조여준다.

② 홍차 물 세안

가. 따뜻한 물 1컵에 홍차 티백을 우려낸다.

나. 미지근한 물에 홍차 우린 물을 섞는다.

다. 클렌징 후 홍차 물로 헹구어 준다.

③ 진피 물 세안

가. 말린 감귤껍질 한 움큼과 물 2리터를 냄비에 넣고 끓여 물이 반으로 줄어들면 체에 걸러 냉장고에 보관한다.

나. 세안 물에 진피 물 1컵을 섞는다.

다. 진피 물이 피부에 잘 스며들도록 얼굴을 두드려 준다.

라. 미지근한 물로 깨끗하게 헹구어 준다.

※ 맑고 투명한 피부를 위한 경혈 지압: 백회, 삼초수, 음곡

1	감정의 기복이 크다.
2	금방 숨이 차고 체력이 달린다.
3	추위를 많이 타지만 갑자기 열이 날 때가 많다.
4	날씨가 추우면 손발이 차갑지만 여름에는 많이 차갑지는 않다.
5	손발이 뜨거워서 겨울에도 손발을 차가운 곳에 내놓고 잔다.
6	따듯한 곳에 있으면 곧 따듯해진다.
7	피부가 창백하면서도 허열로 자주 붉어진다.
8	아랫배가 차갑다.
9	간혹 가슴이 답답하여 시원한 물을 마신다.
10	불면증, 두통이 자주 온다.
11	꿈을 많이 꾼다.
12	손발이 저리거나 잘 붓는다.
13	평소 저혈압이며 입속에 염증이 잘 생긴다.
14	생리불순, 생리통 등 생리질환이 있다.
15	생리 전 여드름이 심해진다.
16	놀라지도 않았는데 자주 가슴이 두근거린다.
17	한숨을 쉬면 편안하게 느껴진다.
18	다른 사람들은 괜찮다는데 혼자만 더워서 얼굴이 화끈거린다.
19	눈이 침침하고 피로가 눈으로 오고 뒷목이 뻣뻣하다.

〈표 1-7〉 냉열체질(冷熱體質) 자가진단표(몸은 차갑지만 熱症이 있다)

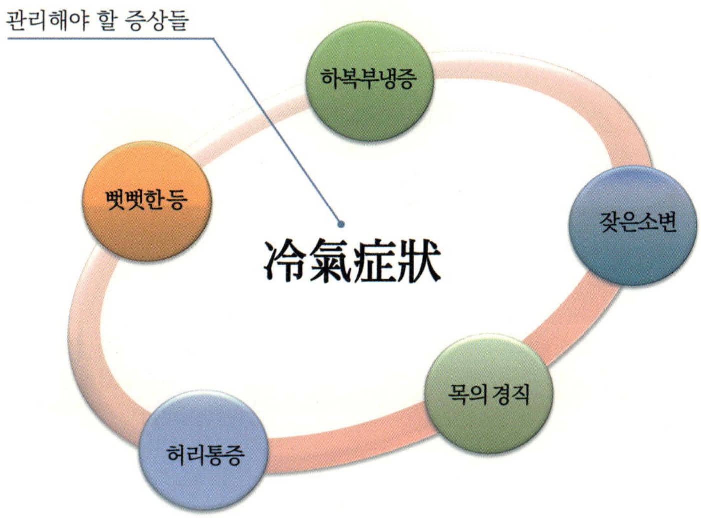

[그림 1-2] 과도한 냉기(冷氣)가 일으키는 증상들

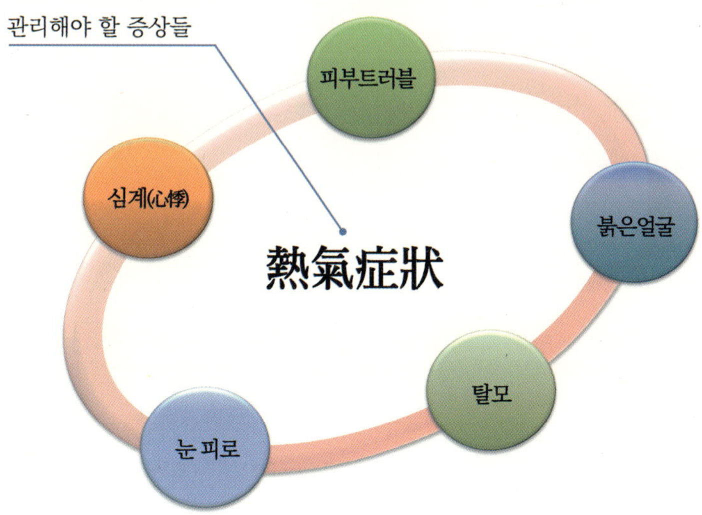

[그림 1-3] 과도한 열기(熱氣)가 일으키는 증상들

[그림 1-4] 노화를 예방하는 한방 생활습관

1	스팀 타올로 모공을 연다.
2	스킨으로 피부결을 정리한다.
3	화장솜을 스킨에 적셔 눈위에 올려 놓는다.
4	입술에 입술전용크림을 바른다.
5	거즈를 물에 적셔 꼭 짠 다음 얼굴에 덮는다.
6	거즈 위에 한방 팩제를 눈, 입가를 제외한 부분에 발라둔다.
7	20~30분 후 팩제를 제거한다.
8	미지근한 물로 깨끗하게 닦아 준다.
9	찬물로 한번 더 헹구어 준다.
10	스킨을 화장 솜에 묻혀 닦아내듯 발라 준다.
11	에센스를 발라 준다.
12	아이크림과 입술크림을 바른다.

〈표 1-8〉 한방팩으로 피부트러블 잠재우기

1	살구씨팩 - 미백, 각질제거
2	메밀팩 - 피지흡착작용
3	맥반석팩 - 피부청결제
4	해초팩 - 수분공급
5	율피팩 - 모공수축, 주름예방
6	과일팩 - 잡티제거
7	양배추팩 - 피부재생
8	꿀팩 - 수분공급 및 보습
9	감자, 오이팩 - 탄력강화, 미백
10	알로에팩 - 피부진정팩
11	티트리, 알로에팩 - 항염작용, 수분공급, 과다 피지분비억제
12	카올린팩 - 피지흡착작용

〈표 1-9〉 한방팩 종류

Tip 한방팩 사용방법 및 종류

① 여드름 피부: 청결한 피부로 되살아난다.
· 염증성 여드름에 탁월한 삼백초팩
· 살균과 진정효과가 뛰어난 어성초팩
· 피지흡수 작용이 뛰어난 메밀팩
· 열체질의 화농성 여드름에 좋은 알로에팩
· 피부를 청결하게 해주는 맥반석팩

② 미백: 눈처럼 하얀 피부로 만든다.
– 미백에 좋은 5가지 한방팩
· 투명한 하얀 피부 상백피팩
· 우윳빛 피부로 만들어 주는 녹두팩
· 피부에 좋은 비타민C가 풍부한 당근팩
· 미백 효과가 뛰어난 비타민C가 많은 오렌지팩

· 칙칙한 피부를 투명하게 하는 사과팩

③ 기미 & 잡티: 맑고 투명하게 가꾼다.
· 어혈성 기미와 잡티에 좋은 천궁팩
· 피부를 윤기 있고 생생하게 하는 작약팩
· 부작용 없는 뛰어난 미백효과를 가진 도인팩
· 멜라닌 색소 형성을 억제하는 박강잠팩
· 피부 대사를 촉진하는 시금치팩

④ 노화 & 주름: 젊고 탄력 있는 피부가 된다.
· 잔주름 예방효과가 뛰어난 참깨팩
· 피부에 활력을 불어넣는 더덕팩
· 10년 더 어려 보이는 피부를 만드는 로얄젤리팩
· 최고의 피부 영양제인 검은깨팩
· 궁중 여인들의 피부를 만드는 오약 인삼팩

⑤ 건조 & 각질: 피부가 촉촉하고 윤이 난다.
· 미백과 각질제거를 동시에 하는 살구씨팩
· 알긴산이 피부를 촉촉하게 하는 다시마팩
· 모공의 때와 각질을 제거하는 흑설탕팩
· 비타민과 미네랄이 풍부한 아보카도팩
· 트러블 없는 최고의 보습제 바나나팩

⑥ 아토피: 열독을 내리고 부스럼을 치료한다.
· 피부 가려움증을 완화하는 고삼팩
· 아토피로 칙칙해진 피부를 맑게 하는 감초팩
· 열독을 내리고 피부를 재생시키는 황금팩
· 열체질의 화농성 여드름에 좋은 알로에팩
· 열체질 아토피에 좋은 우방자팩
· 항균과 소독효과에 뛰어난 국화팩

※ 그 밖의 방법들
- 전신 아토피에 좋은 백귤체 목욕
- 신체 면역력을 높여주는 티트리 아로마테라피
- 머릿속 아토피를 위한 차조기 두피팩

Tip 여드름 피부 관리방법

※ 여드름 피부 관리의 5대 법칙
1. 철저하게 이중 세안하기
2. 오일프리 화장품 사용하기
3. 파우더 사용하기
4. 안전하게 여드름 짜기
5. 여유로운 마음 갖기

① 7대 생활습관
가. 말을 적게 해서 기운을 아낀다.
나. 기름진 음식을 먹지 않아 혈기를 아낀다.
다. 일부러 침을 뱉지 않아 오장의 기운을 보충한다.
라. 화를 자주 내지 않아 간의 기운을 아낀다.
마. 자극적이지 않은 음식을 규칙적으로 먹어 기운을 보충한다.
바. 너무 많은 고민과 걱정을 피해서 심기를 아낀다.
사. 성생활이 지나치지 않도록 조절하여 정기를 잃지 않도록 한다.

② 좋은 습관으로 좋은 피부 만들기
가. 장을 깨끗이 한다.
나. 육류, 밀가루 = 장을 처지게 하는 장하수(臟下受) 유발
다. 잠을 충분히 자고 피부를 청결하고 따듯하게 한다
라. 물을 많이 마시고 자궁을 따듯하게 한다.

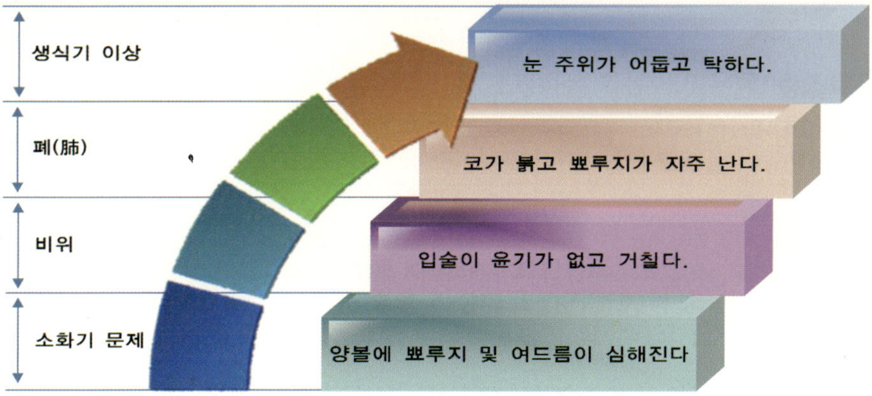

[그림 1-5] 오장육부의 거울

※ 자궁냉기로 인한 어혈(於血): 생리 전 트러블이 심해지고 입술과 턱 아래 부분에 여드름 발생

로터스테라피

LOTUS THERAPY

chapter 02

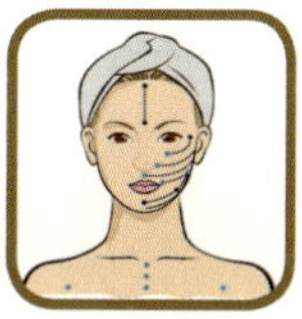

1. 로터스테라피의 정의
2. 로터스테라피의 연구 목적
3. 로터스테라피의 이론
4. 로터스도자기
5. 오행오일
6. 로터스테라피의 특징 및 효능
7. 로터스도자기의 기능
8. 로터스테라피 실기

1. 로터스테라피의 정의

로터스(Lotus)는 연꽃(蓮), 테라피(Therapy)는 요법(명사)을 말하며, 이는 병을 고치는 방법을 뜻한다.

그리스신화에서 로터스는 그 열매를 먹으면 이 세상의 괴로움을 잊고 즐거운 꿈을 꾼다고 여겨진 상상의 식물로 로터스(Lotus)는 연꽃 총칭어이다. 또한 로터스테라피는(Lotus Therapy)는 연 요법이다.

연은 전 세계 사람들로부터 사랑을 받고 있고 건강과 많은 관련이 있다. 연생(連生), 즉 다자(多子) 연꽃(蓮花)은 더러운 물에서 자라지만 맑고 깨끗한 꽃을 피워 아주 오래 전부터 많은 민족에게 사랑받아 온 꽃이다. 이집트에서는 태양, 인도에서는 힘과 생명의 창조를 상징했으며, 고대 여러 종교에서 신의 탄생과 관련한 꽃으로 신성시되어 왔다. 연꽃은 또한 흙탕물에서도 깨끗한 꽃을 피우는 모습이 세속에 물들지 않는 군자의 모습에 비유된다. 연꽃은 군자 또는 불교적인 상징성 외에 민간에서는 주로 다산(多産)의 상징으로 여겨졌다. 보통 대부분의 식물이 꽃이 진 후에 열매를 맺는 데 반하여 연꽃은 꽃과 열매가 동시에 생장하기 때문에 '연이어 귀한 자식을 낳으라(連生貴子)'는 상징을 가지게 되었다. 또한 연꽃을 뜻하는 연(蓮)이 연생귀자(連生貴子)의 연(連)과 동음인 것도 상징을 강화시킨 한 요인이다. 우리나라에 연꽃 무늬가 등장하기 시작한 것은 불교의 유입이 이루어지는 삼국시대부터이며, 고구려 고분벽화의 연화문을 초기 연꽃 무늬의 예로 들 수 있다. 이후 연꽃을 소재로 한 문양은 와전, 건축물의 화반과 반자, 창살을 비롯 연은 연꽃과(蓮—科, Nelumboaceae)에 속하는 다년생 수초로서 뿌리는 둥근 막대형으로 옆을 향해 길게 뻗으며 마디가 많다. 연녹색을 띠는 둥근 형태의 잎은 지름이 40㎝ 정도이고 뿌리줄기에서 나와 물위를 향해 1m 정도 높이 솟는데, 물에 젖지 않는다. 잎맥은 방사상으로 뻗어 있다. 연한 분홍색 또는 흰색의 꽃은 7~8월경 꽃대 1개에 1송이씩 핀다. 꽃받침은 녹색이고, 해면질의 꽃받기(花托)는 원추를 뒤집은 모양으로 길이와 높이가 각각 10㎝ 정도로 크며 윗면은 편평하다. 씨는 길이 2㎝ 정도의 타원형으로 10월에 익는데 꽃받기의 편평한 윗면 구멍에 여러 개의 씨가 파묻혀 있다.

씨는 수명이 길어 3,000년이 지나도 발아할 수 있다. 원산지는 열대 아시아로 농가에서 재배하기도 하지만 연못에 관상용으로 더 많이 심는다.

비대한 뿌리와 잎자루 및 열매는 식용으로, 꽃받기는 꽃꽂이로, 잎은 수렴제 및 지혈제로 이용되고 민간에서는 야뇨병 치료에 사용한다. 뿌리는 강장제로, 열매는 부인병 치료나 강장제로도 사용한다. 연뿌리를 달인 물은 입안 염증이나 편도선염에 좋고 연뿌리의 즙은 폐결핵, 각혈, 하혈 치료에 좋다. 이외에 씨는 정력보강에 이용된다. 뿌리줄기는 아스파라긴(Asparagine), 아르기닌(Arginine), 레시틴(Lecithin) 그리고 많은 녹말을 함유하고 있다. 연 요법은 이러한 효능을 가지고 있는 연과 원적외선 및 음이온의 기능을 갖고 있는 도자기를 이용한 테라피이다.

2. 로터스테라피의 연구 목적

1) 로터스의 이미지와 명칭

로터스(Lotus)는 진흙 속에서 천상의 아름다움을 피워 내는 연꽃의 이미지와 품격을 배경으로 탄생되었다.

연꽃을 중심으로 아름다운 문향과 인간 태초인 흙을 주제로 하여 보석처럼 아름다운 인체를 만들고자 로터스테라피(Lotus Therapy)라는 이름으로 불리게 되었다.

2) 로터스테라피 탄생배경

연꽃은 더러운 진흙 속에서 자라지만 꽃이 맑고 아름다워 사람들의 사랑을 한 몸에 받고 있다.

연꽃은 한여름 아침에 피는 싱그러움과 더러운 물속에서도 깨끗하고 청초하게 자라 수명은 길고 강인함을 지닌 씨앗을 만든다. 어느 하나 버려지지 않고 인간에게 쓰이는 연꽃을 흠모하며 각박한 현대사회에서 연 테라피를 통해 연꽃이 주는 의미와 아름다움, 사랑, 행복, 건강을 모든 사람들과 나누고자 한다.

3) 로터스도자기 미용도구

로터스테라피(Lotus Therapy)의 도구는 가장 한국적인 형태를 만들려고 노력하였으며, 가장 천연적인 소재인 흙과 돌을 분쇄 및 결합하여 동양적인 이미지인 연꽃을 상징으로 하여 만들었다.

그동안 피부 관리에 사용하고 있는 보조기구들을 한곳에 모아 불편함과 경제적인 부분을 최대한 줄여서 인체에 가장 좋은 효과를 가지고 있는 천연의 흙과 돌의 성분을 소재로 하였다. 이는 1,300도 내외의 불을 이용하여 구워 만들 도자기로서 국내외 널리 사용하고 있는 괄사나 보조도구들을 하나로 모아 이것 하나만으로 모든 관리를 할 수 있도록 통합하여 제작하였다.

3. 로터스테라피의 이론

로터스테라피는 경험의학인 한의학 중 경락에 근거를 두었으며, 또한 밖으로는 근육의 방향과 림프 흐름을 중심에 두고 시술하는 테라피이다.

1) 경락

경락(經絡)은 온몸에 두루 퍼져 있는데 인체의 기, 혈, 진액이 운행하는 주요 통로이며, 인체의 각 부분을 서로 연결하는 길로서, 『난경(難經)』에서 '경맥은 혈과 기를 운행시키고 음양을 통하게 하여 몸에 영양을 공급한다'라고 했다. 즉 경락은 인체의 연결계통, 반응계통, 조절계통으로 특유의 연락계통을 형성하여 장부, 조직, 기관, 피모, 근육, 골격 등의 조직을 소통시키고 연결시켜 인체의 생리와 병리, 질병의 진단과 치료에 중요한 근거가 된다. 또한 인체와 자연계의 상응관계에서 중간 매개체 역할을 하여, 인간과 자연이 상호대사하며 살아나가는 데 중요한 바탕을 형성하고 있다. 그러므로 『영추경별론(靈樞經別論)』에서 '12경맥은 오장육부가 천도(天道)에 상응하는 것이다'라고 했고, 또한 '12경맥은 사람이 살 수 있는 바탕이고, 병이 생길 수 있는 바탕이며, 또한 사람이 병을 치료할 수 있는 바탕이고, 병이 나을 수 있는 바탕이다'라고 했다. 『영추경맥편(經脈篇)』에서도 '경맥은 생사를 결정하고 만병을 다스리며 허실을 조화시키므로 통달해야 한다'라고 하여, 인체의 생리와 병리, 질병의 발생과 진단과 치료에서 경락이 중요한 관건이 됨을 강조했다.

2) 근육학

- 근세포들이 모여서 된 집단으로 가로무늬근 조직과 민무늬근 조직, 심근조직 등이 있다.
- 조직이란 같은 기능과 구조를 가진 세포들의 모임으로 동물에서는 상피조직, 결합조직, 근육조직, 신경조직 등이 있으며 식물에서는 분열조직,

영구조직 등이 있다.

- 근육조직은 많은 근세포들로 구성되어 있으며 이들 근세포에는 수축성이 좋은 세포질 필라펜트가 많이 함유되어 있어 우리 몸의 운동기능을 담당한다. 근육조직은 가로무늬근 조직, 민무늬근 조직, 심근 조직으로 구분한다.

3) 림프

- 림프(lymph)란 임파, 림프액이라고도 한다. 조직세포 간극에 존재하는 액체를 조직액이라 하는데, 이것이 림프관에 들어가면 림프라고 한다. 원래 조직액은 혈장성분이 모세혈관을 통해 베어 나온 것이다. 이는 순환계에 해당하며 혈관계와 림프계가 있다.
- 림프는 인체에 고루 분포하며 신체대사에 중요한 물질로서, 세포로부터 영양액을 운반하는 간질성 림프뿐만 아니라 간접적으로 수억 만개의 세포원형질내를 순환하는 세포내액을 포함하기도 한다. 적혈구가 산소와 이산화탄소를 운반하는 수송수단으로 작용하는 것처럼 림프는 비타민, 호르몬, 혈종 혹은 다른 조직손상으로 인한 대사노폐물, 기초 대사물질, 영양물질로서 세포에 필요한 거의 모든 혈장단백질 구성물질을 포함한다. 이러한 대분자량의 물질은 그 어느 것도 정맥벽을 통과할 수 없으므로 림프체계에 의해서만 수송될 수 있고, 이는 생명유지에 필수적인 것이다.

4. 로터스도자기

1) 로터스도자기 제조

로터스도자기 마사지용 지압기구의 제조방법은 석고 틀 준비단계(S1), 슬립성형단계(S2), 건조단계(S3), 초벌구이단계(S4), 시유단계(S5), 내화판성형단계(S6), 재벌구이단계(S7)로 구성되어 제조된다.

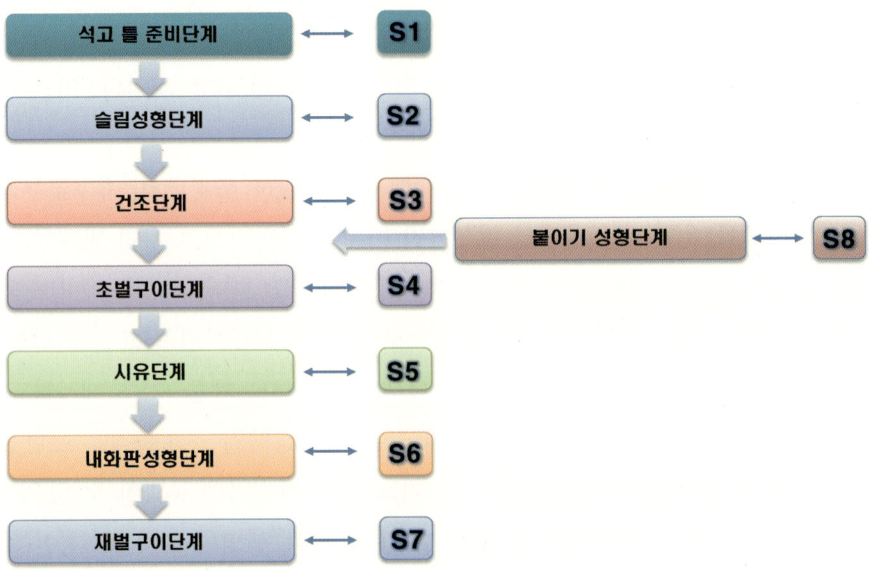

〈표 2-1〉 로터스도자기 제조방법

(1) 준비단계(S1)

생산될 지압기구와 같은 모양의 기물의 석고 틀을 만든다.

석고 틀에 사용하는 석고는 결정수를 함유한 황산칼슘으로서 곱게 분쇄하여 이것을 150도로 구워서 수분을 없앤 소석고를 사용한다.

석고 틀을 만들 때는 견고함이 전제되는 기물원형일 경우에는 소석고와 물의 비율을 1:1로 하고 주입성형의 석고 틀의 경우에는 수분을 많이 흡수할 수 있도록 소석고와 물의 비율을 1:1.2정도로 하는 것이 바람직하다.

(2) 슬립성형단계(S2)

석고 틀에 슬립을 붓고 석고의 흡수성을 이용하여 일정한 두께의 진흙지압기구를 굳혀서 성형하게 하는 것으로서 석고 틀에 너무 오래 놓아두면 점토가 급속도로 건조하여 갈라지기 때문에 응고의 속도에 따라 석고 틀에서 분리하여야 한다.

(3) 건조단계(S3)

상기 슬립성형단계(S2)를 통하여 형성된 진흙지압기구는 건조단계(S3)를 통하여 진흙지압기구에 가소수를 제거하며, 가소수를 완전히 제거하기 위해서는 진흙지압기구를 실온의 그늘에서 날씨에 따라 차이가 있지만 5일~7일 정도 자연 건조하여야 한다.

(4) 초벌구이단계(S4)

가마에서 800~900℃에서 9~11시간 가열하여 초벌구이를 하게 되는데, 진흙지압기구에의 열변형 수용이나 가소수를 완전히 제거하기 위하여

① 60분에 40~50℃씩 6시간 정도 온도를 상승시키고

② 60분에 100~110℃씩 상승시켜 약 900℃까지 상승시키고,

③ 800~900℃에서 9~11시간 가열하여 초벌구이를 한다.

(5) 초벌지압기구단계(S5)

초벌구이된 초벌지압기구가 갑자기 냉각되는 것을 방지하기 위하여 가마 속에서 24시간 자연 냉각하여 꺼내게 된다.

시유단계(S5)상기의 초벌구이단계(S4)를 통하여 생산된 초벌지압기구의 표면에는 유약을 도포하는 시유단계(S5)를 거치게 된다.

이와 같은 시유는 도자기의 표면에 유약을 입히는 과정으로, 유약은 도자기 소지의 표면에 엷게 융착되는 유리질 또는 유리질과 결정질로 된 균질의 균산염 혼합물로서 제품에 청량감을 주고 아름답게 할 뿐 아니라 내부를 보호하는 한편 단단하게 할 목적으로 한다.

(6) 내화판성형단계(S6)

상기와 같이 시유된 시유지압기구는 내화판성형단계(S6)를 거쳐 내화 판의 중앙에 받침 돌기를 형성하고 시유지압기구의 내부와 연통되도록 내화판의 중앙에 연통 공을 형성한 내화판에 안치한다.

이렇게 내화판에 시유지압기구를 엎어서 쌓는 이유는 지압기구의 지압이나 마사지면을 매끄럽게 하기 위함이며, 소성 중 내부의 열기가 연통 공을 통하여 빠져나가도록 하여 소성 시 지압기구가 파손되는 것을 방지하기 위해서이다.

(7) 재벌구이단계(S7)

상기와 같은 방법으로 가마에 시유 지압기구를 적층한 상태에서 재벌구이단계(S7)를 통하여 시유 지압기구를 재벌하여 지압기구를 생산한다.

재벌구이단계(S7)는 내화판을 가마 내부에 내장하고 시유지압기구의 개구부가 엎혀지도록 쌓아 놓고,

① 1,200~1,300℃에서 12~13시간 동안 가열한 후,
② 가마에서 48시간 동안 자연 냉각하는 단계로서
③ 5시간 동안 1,000℃가 되도록 온도를 점차 상승시킨 후,
④ 1~2시간을 유지하며 5~6시간 동안 1,250℃까지 상승시킨 후,
⑤ 1시간을 유지하면서 재벌구이를 하게 된다.

(8) 재벌구이의 방법

소성 시 가마 내부에 충분한 산소를 공급하면서 소성하는 방법인 산화염과 가마 내부에 산소의 공급을 차단하는 환원염 및 가마 내부에 약간의 산소만을 공급하여 불의 흐름이 고정된 상태로 소성하는 중성염 등으로 나눌 수 있다. 상기 재벌구이단계는 환원염으로 소성하여 지압구와 유약의 용해작용으로 인하여 발색이 투명하며 색상이 미려하고 강도가 뛰어나도록 제작하고 있다.

2) 로터스도자기의 성분

로터스도자기는 청자점토, 백자점토, 고령토, 견운모, 토르말린 등 주 성분 외에 여러 가지 보석가루가 소량 포함되어 있다.

(1) 청자점토

우리나라에서 옛부터 사용해 왔던 청자점토는 철분이 섞여 있는 전남,전북지방의 황토와 점토, 고령토 등을 적절히 혼합하여 물에 풀어서 체로 걸러 앙금을 가라 앉혀 노천에 건조시키는 수비방법으로 제토한다. 청자점토는 외국의 석기점토와 비슷하지만 그보다 입자가 곱고 보다 더 자기질화하기 때문에 청자토는 자기와 석기의 중간 정도라 할 수 있다.

소생온도는 1,200~1,300℃ 전·후반이다.

(2) 백자점토

도자기 중 최고 온도의 소성범위를 갖는 백자점토는 입자가 곱고 부드러워 소성 후 매끄럽고 약간 투광성이며 강도가 강한 것이 특정이다. 백자점토는 가장 섬세하고 미세한 부분까지 표현해 낼 수 있으며, 무게가 가벼운 반면 매우 단단하기 때문에 식기를 비롯한 생활자기 전반에 걸쳐 사용되어 왔다. 우리나라 조선백자는 환전한 자기질이라기보다는 불투광성인 반자기질에 해당하는 점토로서 주로 양구 백토, 하동 고령토, 제천 규석, 안양 장석이 주원료였다.

(3) 고령토

태토로는 고령토(Kaolin)를 사용한다. 고령토라 함은 원래 중국 절강성 의 경, 덕진 부근의 고릉에서 고급의 자토가 산출되었던 것에서 유래했다. 자기는 손으로 두드리면 맑은 소리를 내며, 흰색 계열의 색상으로 아름다운 색상을 내주는 도자기 중의 도자기라 할 수 있는 아름다운 색상과 강도를 가지고 있다. 이는 백선토, 백악이라고도 하며 백색의 점토로 도자기를 만드는 데 쓰는 흙으로 주 원료는 카올리나이트와 할로이사이트이다.

고령토(高嶺土, kaolin)는 고령석(카올리나이트)과 할로이사이트가 주성분으로, 장석류가 탄산과 물에 의한 화학적 풍화작용을 거쳐 생성된다. 순백색 또는 약간 회색이며 도자기의 원료로, 백자, 분청사기, 청자상감자기에 사용된다. 카올린 고령토, 백도토(白陶土: china clay)라고도 한다.

그 주성분은 카올리나이트 Al2O3, 2SiO2, 2H2O와 할로이사이트 Al2O3, SiO2, 4H2O이다.

바위 속에 있는 장석, 정장석, 소다장석, 회장석 같은 장석류는 탄산 또는 물에 의해 화학적으로 분해되는 풍화에 의해 생성된다. 보통 원성토(原成土)로 된 바위 위에 수 미터의 두꺼운 층이 생겨 발달한다. 도자기의 원료로 사용되며 중국의 가오링(高陵)에서 많이 산출되었기에 고령토라 불리게 되었다.

(4) 견운모(絹雲母, Sericite)

견운모(絹雲母)는 세리사이트(Sericite)라고도 한다.

'Sericite'라는 말은 비단이라는 뜻의 그리스어에서 연유한다. 이는 단사정계(單斜晶系)에 속하며, 백색 또는 회백색에 진주광택이 있다.

원래는 결정편암, 특히 견운모편암의 주성분 광물을 말하였으나, 오늘날에는 열수작용(熱水作用)으로 생긴 점토 모양의 미세한 백운모를 가리킨다. 화학성분은 백운모와 거의 같으나, 일반적으로 칼륨 K는 백운모보다 적고 수분 H_2O가 다소 많다. 장석, 근청석(菫靑石), 홍주석(紅柱石) 등의 2차적 변질물로서 생성되고, 가벼운 동력변성작용을 받은 천매암질 점판암 또는 천매암의 가장 흔한 구성광물이다. 도석(陶石)은 화산암의 변질로 인해 생기는데, 석영(70%)과 견운모(30%)로 이루어졌다. 견운모는 도자기나 내화벽돌의 혼입재로 쓰이며, 그 밖에 도료, 전기절연체, 활마재(滑摩材), 화장품용 등 용도가 다양하다.

- 돌비늘(性平味甘無毒主五勞七傷虛損少氣安五藏益子精明目補中止痢)

돌비늘이란 성질은 평하고 맛은 달며 독이 없는데, 주로 오로칠상 허손으로 기가 적고(숨결이 약하고 기운이 없음), 오장을 편안하게 하고 정을 보충하고 눈을 밝게 하며 중초를 보하고 이질을 그치게 하는 데 쓰인다.

- 在處有之以色白明透輕薄如蟬冀者爲上(本草)

도처에 있는데 매미의 날개처럼 색이 희고 투명하며 엷어 가벼운 것이 좋다(본초강목).

- 火燬紅醋淬七次研水飛望乾更硏如粉入藥(入門)

불에 벌겋게 달군 다음 식초에 담그기를 일곱 번 반복하여 수비해서 햇볕에 말려 분같이 곱게 갈아서 쓴다(의학입문).

(5) 토르말린

토르말린이란 화학성분은 철, 마그네슘, 알칼리금속 등과 알루미늄의 복잡한 붕규산염이다. 대개는 6각 또는 9각 때로는 3각 주상(柱狀)을 이루며, 주(柱)의 상하에서 결정형을 달리하는 경우도 있다. 또 상하가 편평한 능면체나 침상(針狀), 모상(毛狀)을 나타내며, 때로 입상(粒狀), 괴상(塊狀)을 이루기도 한다. 쪼개짐은 분명하지 않고 단구(斷口)는 평탄하지 않거나 패각상(貝殼狀)이다. 굳기는 7.0~7.5, 비중은 2.98~3.20이다. 유리광택 또는 수지광택이 있다. 마찰에 의해서 전기가 생기며, 가열하면 양끝이 양, 음으로 대전(帶電)하기 때문에 이 이름이 붙여졌다. 철이 많은 것을 철전기석이라 하며, 흑색을 띠며 육안으로는 불투명한 것이 많다.

석영, 백운모, 장석 등과 함께 화강암 질 페그마타이트 속에서 산출된다. 마그네슘이 많은 것은 고토(苦土)전기석 또는 마그네슘전기석이라 하는데, 갈색을 띠며 반투명하다. 주로 접촉변성암, 광역변성암에서 산출된다. 알칼리금속이 많은 것은 귀전기석(貴電氣石) 또는 알칼리전기석이라 하며, 무색, 홍색, 청색, 황색 등 여러 가지 색을 띠며 투명한 것이 많다. 그 중에서 특히 홍색인 것을 홍전기석(루벨라이트), 남청색(藍青色)인 것을 남전기석(인디고라이트), 녹색인 것을 녹전기석(벨데라이트 또는 브라질에메랄드)이라 하여, 아름다운 것은 보석으로 사용된다. 흔히 결정주(柱)의 양끝이나 안쪽과 바깥쪽에서 색을 달리하는 경우가 있다. 브라질, 미국(캘리포니아주), 남아프리카공화국 등지에서 아름다운 것이 산출되며, 화강암질 페그마타이트나 기성작용(氣成作用)에 의한 광맥 등에서 산출된다.

① 전기적 특성

유전체라는 것은 전기장에 놓으면 전기분극이 생겨서 표면에 전하를 띠는 물질이다. 하지만 외부로부터 전기장이 가해지지 않더라도 처음부터 전기분극을 갖고 있는 결정이 있다. 이것을 극성결정체라고 한다.

극성결정체는 그 결정의 단위격자의 플러스 전하의 중심과 마이너스 전하의 중심이 본래 위치로부터 약간 벗어나 있다. 이 때문에 결정의 양단이 전극을 만든다. 토르말린의 플러스 전극과 마이너스 전극은 반드시 평행을 취하는 것이 아니고 항상 불안정한 상태가 되어 마이너스 극에서부터 끊임없이 플러스 극을 향하여 전자가 흐르는 것이다. 이것이 정전기이다.

토르말린이 직류 정전기를 계속 발생하는 것은 태양으로부터 전자가 끊임없이 들어오고 있기 때문이다. 이 전자에는 양이온과 음이온이 함께 있으나 플로톤이라 불리우는 양이온은 지구의 대기권을 통과하지 못하고 태양풍 중 음이온만 통과한다.

태양으로부터 온 음이온이 토르말린의 플러스 전극에 흡수되어 마이너스 극으로 운반된다. 자연적으로 마이너스 전극 측에서 음이온 전자 하나가 밀려나게 되어 이것이 플러스전극의 전기력선을 따라 튀어나가서 영구적인 전기의 흐름이 되는 것이다. 이 전류는 0.06mA의 미약전류이고 인간의 신체에 가장 적합한 전류가 된다.

② 물의 전기분해

토르말린의 결정은 미약 전류를 계속 발생시키므로, 결정에 수분(H_2O)이 닿으면 순간적으로 물을 전기 분해한다. 토르말린은 공기 중에 포함된 수분(H_2O)에도 작용하여 전기분해를 일으킨다. 이때의 전기분해는 물리작용에 의한 것으로, 지속적이며 안전하므로 활력 있는 물로 변화시킨다.

- 지속적인 음이온 발생

토르말린 원석이나 분말은 수분에 닿으면 순간적으로 수분에 방전을 한다. 이때 물은 전기분해되고 물분자(H_2O)는 수소이온(H^+)과 수산이온(OH^-)로 분리된다. 분리된 수소이온(H^+)은 마이너스 전극에 끌려서 거기에서 방출되는 전자와 결합되어 중화되고 수소가스(H_2)가 되어 증발한다. 즉, 물이 알칼리 이온화가 된다. 또 수산이온(OH^-)은 주변의 물분자와 결합하여 히드록실(H_3O_2) 음이온이라고 하는 계면활성물질이 된다.

③ 원적외선의 발생

일반적으로 적외선이란 빛의 영역에서 가시광선 범위 밖의 장파장을 말한다. 열에너지를 많이 함유하여 흔히 열선(熱線)이라고도 한다. 원적외선이란 5㎛ 이상의 장파장의 적외선으로 물질의 분자진동과 같은 파장대를 가지고 있어 물질에 흡수되어 나타나는 열효과가 뛰어나다. 토르말린의 원적외선의 발생량은 경이적으로 높은 수치를 나타내며, 강력한 열효과와 높은 침투력으로 인체에 혈액순환촉진 및 혈전용해 효과가 있다.

(6) 규석

화학성분은 무수규산(無水硅酸) SiO_2이다. 순도가 높고 흰색의 것을 백규석이라 하며, 페그마타이트, 석영맥(石英脈), 규암, 처트(chert)에서 산출된다. 규산분은 95~97% 이상이다. 특히 페그마타이트에 포함된 것은 장석과 함께 채굴되므로 장규석(長硅石)이라 한다. 백규석은 주로 유리, 도자기, 규소, 페로실리콘의 원료이다.

연규석(軟硅石)은 석영질 암석이 풍화하여 토상(土狀)을 이룬 것으로 다소 점토가 섞여 있다. 이는 내화(耐火) 모르타르나 시멘트의 혼합재로 사용되며 규산분이 90% 정도이다. 노재(爐材) 규석은 처트의 일종으로, 철분을 함유하므로 적색을 띠는 각력(角礫)이 있으며 내화벽돌의 주원료이다. 내장석(內張石)은 규석의 작은 조각으로, 지름이 5~15cm이며 도자기 원료 분쇄용 볼밀(ball mill)의 내장용에 사용된다.

로터스도자기는 위의 성분 외에도 여러 가지 보석가루가 소량 포함되어 있다.

3) 로터스도자기의 기능

(1) 로터스도자기의 원적외선

① 원적외선의 정의

빛의 파장 영역 중 3~1,000㎛ 범위로써 가시광선보다 강한 열작용을 하며 방사에너지가 직접적이고 순간적인 열 전달로 빠르게 가열되어 에너지 절약효과가 크며 건조가열, 난방, 온열치료, 건강용품, 식품가공, 건축내장재, 생활용품 및 동식물의 생체적 작용 등에 널리 이용되고 있다. 이러한 적외선은 원자단이나 분자의 회전 및 진동운동 에너지 영역에 해당되며 원소의 종류, 분자의 크기, 그 배열상태 및 결합력의 차이 등에 따라 고유한 진동과 회전 주파수를 갖게 된다.

② 원적외선의 발생원리

진동과 회전에 의한 쌍극자 변화는 대부분의 전자 전이가 가시광선과 자외선 영역의 에너지를 필요로 하며, 적외선은 여러 가지 진동과 회전상태 사이의 에너지 차이가 작은 분자에만 주로 국한되어 일어나고 적외선 복사선을 흡수 또는 방출하려면 그 분자는 진동과 회전운동에 의한 쌍극자 모멘트의 변화를 일으켜야 한다. 여기에 같은 파장의 적외선을 조사하면 공명현상에 의해 적외선의 에너지는 분자에 흡수되어 그 분자 또는 분자 단은 여기 상태로 된다. 이것에 대해 이 분자의 고유진동 수가 일치하지 않는 파장의 적외선은 분자 내를 투과 또는 반사하게 된다.

이러한 조건 하에서 복사선의 전기장은 분자와 작용할 수 있고 분자의 진동 및 회전운동에 변화를 일으킬 수 있으며, 방사선의 진동수가 분자의 자연진동수와 일치할 때는 에너지의 전이가 일어나고 분자진동의 진폭이 변한다. 그 결과 방사선의 흡수 또는 방출이 일어나게 된다. 이와 비슷하게 비대칭 분자가 그 질량 중심의 주위로 회전할 때 주기적 쌍극자 변동이 일어나고 복사선과 상호작용을 할 수 있게 된다.

적외선은 학문적으로 파장 0.75~4마이크론인 근적외선과 파장이 4~1,000마이크론인 원적외선으로 나눠지며 파장의 길이로 구분된다. 이는 다시 파장대의 길이에 따라 근, 중, 원적외선으로 구분되며, 그중에서도 5~15마이크론의 파장대가 인체에 가장 유익한 작용을 하며, 우리가 흔하게 이용하는 맥반석 사우나의 효과도 있다고 할 수 있다.

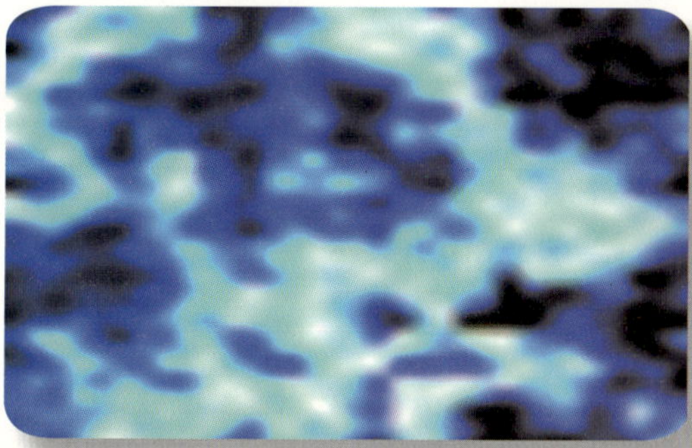

[그림 2-1] 원적외선의 활성

③ 원적외선의 발견

독일의 과학자 '허셀'에 의해 확인된 적외선은 가시광선의 적색보다 긴 파장 쪽에 나타나며, 그중 5.6um~1000um 사이를 원적외선이라 하며, 강한 열작용을 하는 신비의 광선으로 1976년 원적외선을 이용하여 병을 치료한 이래로 지금까지 원적외선의 탁월한 효능이 많이 발견되었다.

④ 원적외선이 인체에 미치는 효과

원적외선이 인체에 미치는 효과는 피하층의 온도상승, 미세혈관의 확장, 혈액순환의 촉진, 혈액과 인체와 기타 조직과의 신진대사 강화, 혈액장애의 일소, 조직의 재생능력이나 항경련 능력의 증가 등으로 나타나며 동시에 지각신경의 이상 흥분억제, 자율신경의 기능 조정효과도 있는 것으로 밝혀졌다.

우리는 본능적으로 추우면 따뜻한 곳을 찾고 더우면 시원한 곳을 찾는다. 이것은 아마도 자연의 섭리일 것이다. 따라서 우리는 기분 좋은 온도를 선택하며 살아간다. 기분 좋은 온도는 인체에 적정한 파장을 말하며 그것은 8~14마이크론의 원적외선을 말한다. 이는 인체에 원적외선을 방사하며, 피부 40mm까지 침투하여 생체 에너지를 증가시켜 근육의 피로를 회복시켜주고, 땀을 냄으로써 혈액순환 및 땀샘을 통해 피부 깊숙이 세포에 남아 있는 노폐물과 젖산 등을 배출시켜 신진대사를 왕성하게 한다.

특히 원적외선의 최대장점은 짧은 시간에 피로회복 및 스트레스 해소의 효과를 느낄 수 있으며, 인체에 유익을 주는 대표적인 작용은 다음과 같다.

⑤ 원적외선이 인체에 미치는 6대 영향

가. 온열작용

인체의 체온을 적정체온으로 유지시켜 준다. 신체표면 온도보다는 몸속의 온도를 따뜻하게 하는 작용이 있다. (이 특성이 고온에 약한 암세포 박밀법으로 응용되고 있다.) 근육의 피로를 푸는 작용을 한다.

나. 숙성작용

인체의 성장을 촉진시켜 준다. 열상, 화상의 진통작용 및 상피 형성 작용이 굉장히 왕성하기 때문에, 치유기간이 짧고 흉터가 남지 않는다.

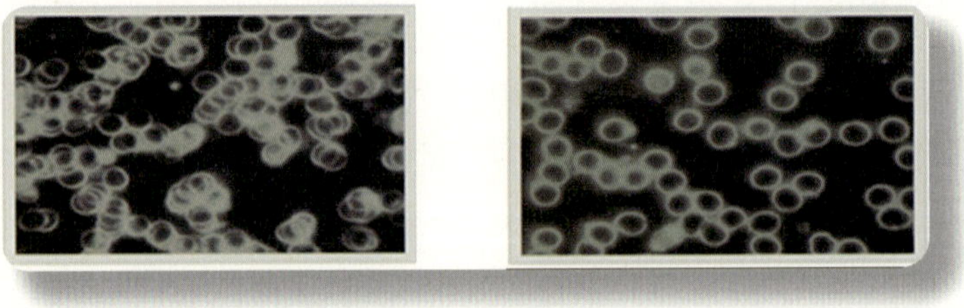

[그림 2-2] 초기상태 (적혈구가 뭉쳐 있어 좋지 않은 상태)

[그림 2-3] 기능성 효과 적용 후 상태 (제품을 통해 기능성이 인체에 미친 상태)

출처: 한국원적외선협회

다. 자정작용

인체 내에 혈액순환을 좋게 하여 영양분 공급의 균형을 이루어 준다.

라. 건습작용

인체에 적정 수분을 유지시켜 준다.

마. 증화작용

인체 내의 노폐물 배설촉진 및 냄새를 증화시켜 준다. 왕성한 발한작용에 의해 체내에 축적된 노폐물이나 유해 중금속류, 농약, 유해색소 등을 여분의 지방분과 함께 체외에 배설해 준다. 특히 성인병의 원인이 되는 과잉 염분을 감소시켜 준다. 피부 깊숙히 스며 있는 불순물이나, 땀구멍을 막아서 신진대사를 약하게 하는 원인이 되는 화장품 찌꺼기를 땀과 배설시켜, 피지선에도 피하지방의 과잉분을 배설시켜 광택 있는 젊은 피부를 재생시켜 준다.

바. 공명작용

인체의 각종 영양을 분해하여 영양의 균형을 유지시킨다.

⑥ 원적외선과 인체의 치유

가. 암의 예방

암세포는 그 특성으로 고온에 약하고 어혈이 현저하고, 종양조직의 혈류량이 적고, 열을 발산하기 어려울 뿐만 아니라 청산에 대항하는 효소가 결여되어 있다. 적외선 방사열은 근처의 정상세포를 손상하지 않는 허용 온도 내에서 작용하기 때문에 효과적이다. 적외선에 의해 효소의 생성은 촉진되어 혈류가 개선되어 어혈의 병세에서 해방된다.

나. 임파선

인체의 임파는 피로할 때 수소이온농도가 저하하여 산성으로 기울어지기 때문에 신경을 자극하여 통증, 동통, 마비 등의 이상감각을 동반하는 여러 가지 스트레스 증상을 나타나게 된다. 작용원리는 파장 7~30마이크론의 적외선이 공명, 흡수, 심층 침투력에 의해 피하에 도달한다. 그래서 피하심층의 온도상승, 미세혈관의 확장, 혈액순환 촉진 등이 일어난다.

다. 위염, 전립선 비대, 치핵증

치핵증의 치료에는 적외선 치료기의 도너츠형 쿠션을 사용하여 항문과 골반 일부의 선골부에 30분간 조사한다.

라. 갱년기 장애

난소의 기능이 저하하면 에스트로겐의 생산도 감소하고, 성기능을 지배하고 있는 내분비선 간에 호르몬 평형에 재조정이 일어난다. 에스트로겐의 방출이 감소하면, 시상하부의 신경이나 혈관의 기능에 이상이 일어나 혈관운동장해가 일어나고, 폐경기의 특유한 증상인 흥분증상이 일어난다. 하수체의 신진기능도 변화하여 혈증이나 요중의 난포자극 호르몬량이 증가한다.

마. 대상포진

병원균은 바이러스설이 유력하나 아직 확인되고 있지 않다. 병원 바이러스는 피부와 신경을 침범하기 때문에 일정한 신경의 지배구역에 작은 수포가 발생하여 대상으로 배열한다. 가장 중증이 되는 것은 심한 안장해가 일어나는 경우가 있다. 대부분 치유기간은 보름 정도이지만 그중에는 몇 개월의 긴 시간이 걸리는 경우도 있다

바. 요통, 냉증

요통의 원인은 어깨 결림과 마찬가지로 각종 신체적인 뒤틀림과 질병에서 일어나고 있다. 적외선은 심달력이 강하고, 온열 효과도 크기 때문에 몸을 속에서부터 따뜻하게 하며, 혈행을 좋게 하고 충혈도 해소한다. 따라서 요통과 냉증도 쉽게 처리된다.

사. 냉, 대하

자궁수축의 물리요법으로는 적외선을 능가할 치료법이 없다. 많은 병원들이 출산 후에 적외선을 사용하고 있다. 반면에 심하던 냉 및 대하도 계속 사용함으로써 탁월한 효과를 볼 수 있다.

1회에 7~8정도가 좋으며 조사 후에는 상쾌함과 성감이 상당히 촉진됨을 알 수 있다.

(2) 로터스도자기의 음이온

① 음이온의 정의

1833년 영국이 페러데이 박사가 발견한 전기분해법칙에 의한 대전원소(帶電元素)의 (+)전기를 띤 양이온과 (-)전기를 띤 음이온을 말한다.

산소, 탄산가스 등의 여러 가지로 섞여 있는 이온은 양이온과 음이온의 형태인데 기상조건에 따라 변화를 보이며 저압 때는 양이온이 증가하고, 이 영향으로 인체 내의 음이온이 감소함으로써 신경통, 천식, 뇌졸증 등의 발생률이 높아진다. 한의학 열풍을 몰고 온 김홍경 씨가 '음양 조화가 돼야 건강을 지킨다'고 주장(한국경제, 2001. 1. 20.)하는 원리도 같은 맥락에서인 것이다. 음이온 요법은 적용증상의 범위가 상당히 넓은 것이 장점으로 전신의 세포와 조직을 부활시켜 젊어지게 하고, 또한 장애나 부작용의 위험이 없고 자생력을

높임으로써 일어나는 자연 현상적 결과이므로 이상체질에서 발생하는 여러 가지 병까지도 근본적으로 호전시킬 수 있는 요법이어서 일종의 대체의학적 체질개선 요법이라고 할 수 있다. 오늘날 우리가 숨 쉬는 공기 중에는 음·양이온 정상비율 1.2:1에서 도리어 1:1.2로 뒤바뀐(미국발표) 공기를 호흡함으로써 자생력, 자정능력의 한계를 위협받고 있는 실정이며 일본의 한 가정의 이온 측정 결과는 500:0이란 경악할 수치가 있었다고도 한다. 미 버클리 대학의 Krueger 박사, 미시간 대학 Moor 박사, 일 동경대학 山野井 卑 박사(마이너스 이온의 健康學)는 음이온의 작용 자율신경의 조정작용 자율신경이란 인체의 모든 기관에 의지와는 관계없이 반응하는 기관을 통제하는 신경이라고 한다. 이는 생명을 유지하는 데 없어서는 안 될 생명신경을 말한다. 음이온은 자율신경에 따라 움직이는 모든 혈관, 내장 등이 인체에 유리하도록 조절해 준다. 이와 같이 음이온은 인체의 모든 기관, 신경계통, 혈액, 세포, 임파액 등에 생기(생명력의 기)를 주어 악화된 기를 전환시키고 활력을 불어넣는 역할을 한다. 혈액의 미네랄 성분인 칼슘, 나트륨, 칼륨 등의 이온율을 상승시켜 혈액이 바이러스에 의한 감염도를 떨어뜨리고 생체에 바이러스에 대한 저항력을 높이는 정화작용을 한다. 특히 음이온은 칼슘의 밸런스를 회복시켜 각종 질병에 의해 산성화되어 현대인의 체질을 건강하게 바꾸어주는 역할이 있다. 우리 몸의 세포는 60조 개 이상으로 구성되어 있다. 이 세포의 막에 전기적 물질교류가 촉진되어 세포 내에 영양공급을 원활하게 해주고 세포 밖으로 노폐물을 배출하게 해준다. 우리 몸에 음이온이 증가하면 결국 세포의 신진대사를 왕성하게 하여 칼슘 등 무기질이 증가하게 되고, 이로 인해 특히 심장의 근육활동을 왕성하게 하여 심장을 튼튼하게 하는 등 세포의 활성을 돕는다.

또한 체내에 음이온이 증가함에 따라 혈액 중의 감마그로피린도 함께 증가하게 되어 저항력의 증진효과를 일으킨다. 감마그로피린이란 혈청에 함유되어 있는 단백질의 일종으로 성분 중에는 면역력을 가진 항체를 가지고 있다. 감마그로피린이 증가함에 따라 갖가지 병에 대한 저항력과 자연치유력이 증가되어 몸이 건강해지는 것이다. 환자의 요양시설이 숲 속에 있으면 상쾌하고 몸이 가벼워짐을 느끼게 되는 것은 다 이와 같은 원인 때문이다. 통증 완화작용 음이온은 이온화된 칼슘을 증가시키고 엔도르핀, 엔케피린이라는 물질을 발생시키는 작용을 한다.

혈청 속에 칼슘과 나트륨의 이온화율이 상승하면 혈액이 깨끗이 정화되고 피로회복, 체력의 회복뿐만 아니라 강한 통증이 있던 부분의 세포를 건강하게 활성화시켜 통증이 완화된다.

② 음이온이 인체에 미치는 효과

가. 공기정화작용

공기 중에는 존재하는 여러 가지 오염물질 즉, 담배 연기, 아황산가스(SO_2), 질소산화물(NOx), 일산화탄소(CO) 및 각종 유기물질은 양이온을 형성하고 있는데 음이온(anion)은 이들 양이온에 흡착 침전되어 제거하므로 공기를 깨끗하고 신선하게 유지해 준다.

나. 먼지제거 및 살균작용

양이온은 세균이나 먼지, 꽃가루, 곰팡이, 오염된 입자들을 자유롭게 떠다니도록 해 공기를 혼탁하게 만들지만, 음이온(anion)은 이들을 중화 및 살균 제거해 준다.

다. 세포의 활성화

인간의 세포(細胞)는 세포막(細胞膜)으로 둘러싸여 있다. 이 막(膜) 속에는 나트륨, 칼륨-ATP 아제라고 하는 산소가 존재한다. 이 산소가 세포 속의 칼륨이온과 세포 표면에 있는 나트륨이온을 서로 교환시켜서 세포에 영양과 산소가 공급 및 흡수되고 이산화탄소(二酸化炭素)와 노폐물(老廢物)이 배출된다. 체내 흡수된 음이온은 세포막에 작용하고 이와 같은 세포의 이온교환을 돕는 일을 한다.

라. 혈액의 정화

세포활성화에 의해서 신진대사가 활발하게 되면 혈액은 정화된 상태를 유지한다. 또한 음이온은 동맥경화(動脈硬化) 등의 성인병을 유발시키는 혈청(血淸)콜레스테롤을 억제하는 등 직접적으로 작용하는 것이 확인되고 있다. 혈액 중의 세균(細菌)을 감싸 살균(殺菌)하는 물질생성을 활성화에 의해 면역계(免役系)를 높이는 효과도 있다.

마. 면역력 강화.

음이온은 자율신경계의 활동을 안정화시키고, 전신(全身)의 세포를 활성화시킨다. 그 결과 면역력, 적어도 병에 대하여 싸워 이길 수 있도록 해 준다. 또한 음이온이 증가함에 따라 혈액중의 감마그로피린도 함께 증가하게 된다. 감마그로피린이란 혈청에 함유되어 있는 단백질의 일종으로 면역력을 가진 항체를 가지고 있다.

감마그로피린이 증가함에 따라 갖가지 병에 대한 저항력도 증가하게 되어 몸이 건강해지는 것이다.

바. 피로 회복

음이온은 체내로 흡수되면 체액이 약알카리성으로 되어 몸의 전신(全身)의 신진대사가 활발하게 되고, 그 결과 몸은 축적된 피로물질(疲勞物質)을 완전 연소함으로써 피로회복이 되는 것이다.

사. 자율신경의 안정

사람 몸의 장기(臟器)는 그 활동을 활발하게 하는 교감신경(交感神經)과 그 활동을 억제시키는 부교감신경(副交感神經)이라고 하는 자율신경(自律神經)에 의해 지배되고 있다.

이 2가지의 신경밸런스가 무너지면 여러 가지 장기(臟器)에 장해(障害)현상이 발생한다. 음이온과 같은 자율신경에 작용하여 그 활동을 안정화시키는 효과가 있다.

아. 정신의 안정

β엔도르핀은 뇌내(腦內)에서 분비되는 호르몬으로 행복감, 편안한 느낌을 느낄 수 있도록 호르몬 분비에 작용하여 정신적 안정을 찾을 수 있도록 한다.

자. 통증 완화

양이온이 체내로 흡수되면 체액이 산성화하고, 혈액의 흐름이 방해를 받는다. 그 때문에 신진대사가 악화되고, 통증의 원인이 되는 물질이 환부(患部)에 머물러 버리게 된다. 음이온을 의식적으로 체내로 흡수하면 체내의 이온밸런스가 빨리 회복되고, 통증을 완화 또는 제거해 준다.

차. 알레르기 체질개선을 한다.

음이온은 호흡기계의 알레르기와 식물성 알레르기에 대하여 좋은 효과가 있는 것이 확인되고 있다. 자율신경(自律神經)에 작용하여 알레르기에 대한 저항력(抵抗力)을 높이는 치료를 통해 체질도 개선된다.

③ 인체의 0.06mA 미약 전류의 기능(神經機能)

가. 혈액의 약알카리성, 혈관의 확장, 혈압의 정상화

나. 뼈를 튼튼하게 하고, 이뇨작용 촉진

다. 호흡기 안정, 맥박의 정상화, 심장강화

라. 피로회복촉진, 자율신경의 진정화

마. 발육촉진, 수분정화, 냄새제거

사. 진정효과, 숙면효과, 식욕증진효과

아. 세포활성화, 면역력 증진

④ 양이온의 체내축척과 작용

항목	체내 과다 흡수	작용
혈관	양이온이 체내로 흡수되면	수축
혈압	양이온이 체내로 흡수되면	상승
혈액	양이온이 체내로 흡수되면	산성경향
뼈	양이온이 체내로 흡수되면	약해진다.
소변	양이온이 체내로 흡수되면	이뇨작용이 억제, 소변량이 감소
맥박	양이온이 체내로 흡수되면	증가현상
심장	양이온이 체내로 흡수되면	활동저조
피로	양이온이 체내로 흡수되면	피로회복이 늦다.
자립신경	양이온이 체내로 흡수되면	기능이 긴장
발육	양이온이 체내로 흡수되면	발육방해

⑤ 음이온의 미약전류에 의한 흡착효과와 반발효과

가. 전극에 의한 흡착작용과 반발작용

나. 멕키현상을 이용한 살균효과와 항균효과

다. 금속의 부식방지효과

라. 중금속의 이온을 흡착, 고정

마. 미약전류에 의한 안면효과(安眠效果)

바. 탈취효과

사. 영구전극에 의한 계속력(繼續力)과 영구성(永久性)의 향상

⑥ 음이온과 의학

가. 대자연의 에너지

날씨가 좋지 않을 때 교통사고 등 다양한 인위적인 사고가 많이 발생한다. 이것은 대기 중의 양이온이 급격히 많아지고, 이와 반대로 음이온이 급격히 감소하기 때문이다. 그리고 이때 우리 몸에서는 평상시보다 더 많은 유산을 분비, 축적함으로써 체질은 더욱 산성화되어 인체의 모든 조직이 긴장하기 때문이다.

대기 중에 양이온이 많아지면 혈액 중의 양이온 또한 많아지고, 인체와 조직의 세포가 산성화 체질로 변함으로써 세포가 세포막으로 흐름이 나빠져 기본적으로 인간의 생명유지활동에 필요한 신진대사활동이 약해진다. 사람의 인체를 구성하는 60조 개의 모든 세포의 기능 및 활동으로 인하여 면역력이 약해짐으로써 병에 대한 저항력이 떨어지고, 쉽게 병에 걸리며, 빨리 노화현상이 올 수 있다.

[그림 2-4] 자연의 음이온 발생 환경

이와 반대로 대기의 조건이 좋은 맑은 날에는 공기 중에 음이온이 많아 모든 사람이 정신적 안정과 즐거운 마음을 갖으며, 신체의 신진대사 활동이 활발하게 작용하여 세포의 활성화와 인체 생리작용에 좋으므로 자연히 병에 대한 자연 치유력이 좋아진다.

나. 인체의 생리작용

음이온이 많아지면 인체의 생리작용이 활발하고, 자연 치유력인 면역력이 좋아지며, 또한 세포의 활동을 활성화시킨다. 그리고 신진대사가 활발하게 되어 생명력을 강하게 한다. 오염되지 않은 나무가 많은 산림이나 전원에서 병이 빨리 치유되는 것은 이 때문이다.

음이온에 관해서는 연구소의 최신 검사기기를 사용하는 데 연구한 결과와 연구 과정에서 놀랄만한 사실을 발견하였다. 음이온에는 모든 병에 있어서 80~90%가 최초 발병원인이 '활성산소'에 있다고 한다. 그런데 음이온이 이 활성산소를 억제하는 힘이 있고, 활성산소 제거에 대한 효과가 있다는 것이 입증된 것이다.

음이온이 활성산소를 부활화(不活化)시키는 효소 SOD(항산화 물질)를 단시간에 활성화하여 증대시키는 것이 임상자료로 확인되었다. 지금까지 막연하게 물적증거와 확증이 없었던 '음이온이 생체에 미치는 영향'에 관한 것들이 오랜 기간에 걸친 각종 실험, 연구, 임상자료로 확인된 것이다.

다. 공기 중에 양이온이 많을 경우

신체가 양이온의 영향을 많이 받게 된다면 세포막에 있어서 나트륨, 칼륨 등의 전해질과 노폐물의 통과가 어려워지고, 영양성분도 세포 내로의 공급이 제대로 되지 않아 나쁜 노폐물의 독소가 몸속에 쌓이며, 이로 인하여 병에 걸리고 노화가 촉진된다.

공기 속에 양이온이 많으면 기분이 불쾌해지고 짜증을 내며, 작은 일에도 화를 낸다(불쾌지수). 그리고 흔히 비가 오려고 날씨가 잔뜩 흐려있으면 근육통, 관절통, 신경통, 두통, 요통, 불면증 등의 증상이 나타나는 것을 흔히 주위에서 볼 수 있다.

라. 공기 중에 음이온이 많을 경우

주위 공기 속에 음이온이 많아지면 생체조식을 구성하고 있는 60조 개의 세포들의 작용이 활발해지고, 세포막을 사이에 두고 물질의 수송이나 교환이 활발하게 되어 신진대사 기능이 강화되며 신체의 생명력이 강해진다. 옛날부터 병약한 환자들이 나무가 많은 곳이나 물가에서 요양을 하게 되면, 빨리 몸을 회복하는 것을 '전지 요양'이라고 한다.

⑦ 음이온의 인체 작용과 음이온 요법

가. 신체에서의 음이온 작용

ⓐ 생체를 산화시키는 활성산소의 독성을 무력화시켜 주는 물질을 'Scavenger'이라고 한다.

- 제1의 Scavenger ⇒ 음이온(MINUS-ION)
- 제2의 Scavenger ⇒ 효소(酵素)
- 제3의 Scavenger ⇒ 비타민 A, C, E

ⓑ 혈관, 모세혈관(동맥, 정맥)

혈관, 모세혈관의 길이는 지구를 2바퀴 반의 길이로서, 심장으로부터 보내진 혈액은 동맥으로부터 몸 전체의 세포들에게 산소와 영양분을 공급하고, 세포의 노폐물을 정맥이 받아 배설, 심장으로 다시 운반하는 작용을 한다.

ⓒ 허파(폐)

허파는 정맥으로부터 되돌아온 혈액을 정화하여 심장으로 다시 보내며, 심장은 깨끗한 혈액을 다시 한 번 동맥을 통하여 몸 전체에 보낸다. 허파는 3억 개의 구상포(球狀胞)로 이를 넓이로 계산하면 테니스 코트의 면적과 같다.

ⓓ 세포

세포는 성인을 기준으로 약 60조 개가 있다고 하며, 1개 세포의 크기는 직경 1/100㎜이다.

ⓔ 세포막

세포막은 비타민 A, C, E, 카로틴으로 합성되어 체질의 산화를 막을 수 있다.

나. 음이온과 양이온의 인체에서의 작용

항목	음이온의 작용	양이온의 작용
혈관	확장된다.	축소된다.
혈압	정상화된다.	높아진다.
혈액	알카리성으로 변한다.	산성으로 변한다.
뼈	튼튼하게 된다.	약해진다.
소변	이뇨작용이 촉진된다.	이뇨작용이 억제된다.

호흡	편안해 진다.	불규칙해 진다.
호흡기관	면역기능 강화	병균살균 면역기능 약화
맥박	감소시킨다.	증가시킨다.
피로	회복이 빠르다.	회복이 늦다.
자율신경	기능을 진정화한다.	기능을 긴장시킨다.
발육	촉진된다.	지연된다.

다. 음이온이 인체에 미치는 안면(安眠) 효과

- 산화된 체질이 건강한 알카리성으로 환원됨으로써 편안해 진다.
- 침정(沈靜) 효과로 흥분된 신경이 안정을 찾아 깊은 잠을 잘 수 있게 된다.
- 숙면은 스트레스 해소에도 도움이 된다.

라. 부교감신경의 활성 작용을 돕는다.

ⓐ 정신안정작용

- 기분을 안정시키고, 행복한 느낌을 증폭시켜 주는 '베타엔도르핀' 분비를 촉진시킨다.
- 뇌내(腦內) 베타엔도르핀은 정신적 안정과 면역력을 높이는 역할을 한다.

ⓑ 자율신경조정작용

- 불면증, 두통, 관절염, 어깨 결림, 요통, 만성피로, 신경통 등의 증상은 양이온과 관련이 있다.
- 음이온은 자율신경의 균형을 찾고, 두뇌(頭腦)는 정신적 안정과 수족(手足)을 따뜻하게 한다. 즉, 머리는 차갑게, 다리는 뜨겁게 하는 것이 건강에 좋다.

ⓒ 혈액 정화작용

- 건강한 혈액은 약 알카리성이다. 그러나 양이온은 혈액을 산성으로 바꾸기 때문에 만병의 원인을 제공한다.
- 산성화된 혈액을 정상적인 음이온으로 환원하기 위해 양이온이 가지고 있는 독성을 중화시킴으로써 산성화가 정지되고, 건강한 사람의 체질에서 나타나는 알카리성으로 변하게해 준다.

마. 음이온과 당뇨병

ⓐ 당뇨병(糖尿病)은 당질(糖質)이 혈액 중에 너무 많이 증가해서 소변 속에 포함되어 배설되는 병이다.

ⓑ 건강한 사람의 경우 당질이 체내에서 잘 이용되도록 췌장(膵臟)으로부터 인슐린이라는 물질이 분비된다.

ⓒ 당뇨병을 앓고 있는 사람은 췌장에서 충분한 인슐린이 분비되지 않거나, 분비된다 하더라도 인슐린의 효력이 떨어져 좋지 않기 때문에 당(糖)이 혈중에 고여 있는 상태가 된다.

ⓓ 당뇨병이 악화되면 영양공급을 하더라도 흡수가 되지 않는 이유로 체력 체중은 저하되고, 건강이 악화되기 시작한다.

ⓔ 당뇨병은 합병증으로 신경장애, 수족마비, 근육위축, 빈혈, 현기증, 망막의 파괴, 백내장, 녹내장, 신부전증 등을 유발하는 무서운 병이다.

※ 최근 연구결과 당뇨병의 원인이 되는 인슐린 분비기능의 저하는 생체 및 세포 간질액의 산성화 경향이 그 원인이 될 수 있다고 한다. 또한 활성산소에 의해 세포조직이 산화되고 정상적인 기능을 잃어 인슐린 분비기능이 저하됐기 때문이라고 한다.

음이온은 생체를 약 알카리성으로 바꿔주고, 활성산소를 억제하며, 생체세포의 산화를 정지하도록 작용하기 때문에 췌장(膵臟)이나 인슐린을 받은 조직(근육, 지방, 간장 등)의 세포막의 산화억제에 의해 신진대사가 왕성한 세포로 개선되고, 혈당의 컨트롤이 좋아진다.

※ 음이온요법에 의해 당뇨병 환자들은 식사요법 제한이 완화된다.

더욱이 음이온 요법은 세포막의 파괴를 막고 세포막의 기능을 정상화하여 세포 내외의 전해질의 이온화 양을 조정함과 동시에 SOD효소활성을 높인 사이클릭AMP의 생산을 증대한다. 그 결과 인슐린의 생합성(生合成)과 유리(遊離)가 촉진된다. 인슐린 분비작용이 높아지면 세포, 적혈구 및 뇌세포로의 당이 원활하게 작용한다. 또한 말초혈관의 혈류(血流)를 활발하게 하고, 전신에 혈액순환의 기능도 좋아져 15분간의 요법으로 1시간의 조깅과 같은 신진대사의 활발한 작용을 기대할 수 있다.

바. 음이온과 만성간염

간장(肝臟)은 오른쪽 복부 위에 위치하고, 무게는 약 1,200g이며, 주된 작용은 크게 5가지이다.

ⓐ 당분, 단백질, 지방분, 미네랄, 비타민, 효소 등의 합성 또는 분해작용

ⓑ 유해한 물질을 무해한 물질로 바꾸어 해독시켜 주는 작용

ⓒ 담즙을 만들고 배설 시키는 작용

ⓓ 태아에서는 혈액을 만드는 장소

ⓔ 혈액의 순환을 조절해 주는 작용

※ 최근 간염(肝炎)을 앓고 있는 환자가 급격히 증가하고 있는 추세에 있다. 간염의 원인으로 B형 간염 또는 C형 간염 바이러스에 의한 것이 많고, 이러한 바이러스형 간염은 만성 간염으로부터 간경변이 간암으로 발전하는 경향이 있다. 간암이 발생하는 것은 지속적인 자극에 의한 간세포의 염증으로 인하여 간염 바이러스가 침입하면 이를 막기 위해 매크로살균 바이러스로부터 활성산소가 방출되고, 바이러스를 공격한다. 하지만 간염 바이러스에게 감염된 간세포뿐만 아니라 정상적인 간세포까지 활성산소의 공격을 받아 염증이 확산될 수도 있게 된다. 활성산소는 간염 바이러스를 공격하기도 하지만 정상적인 간세포를 산화변성을 일으키게 하고, 간세포의 핵의 DNA을 손상시켜 암을 유발한다.

※ 음이온 요법은 간염 바이러스를 직접적으로 죽이지는 못하지만, 임파구의 기능을 높이거나 세포활성을 높임으로써 간염 바이러스의 증식을 억제하는 것이 가능하다고 할 수 있다. 세포는 체외로부터 침입해 오는 바이러스나 체내의 암세포를 억제하는 작용이 있다.

5. 오행오일

1) 오행체질의 정의

오행체질론은 황제내경에 기초하여 뿌리를 두고 있다. 모든 사람의 체질은 목형, 화형, 토형, 금형, 수형 등 다섯 종류의 체질로 나누어 판단한다는 체질론이다.

음양학설은 기(氣) 일원론에서 출발하여 고대의 유물론과 변증법의 방법론에 의하여 세계는 물질적인 정체로서, 음양이기(陰陽二氣)의 대립과 통일에 의하여 형성된 결과라고 보고 있다. 또한 오행(五行)이란 목(木), 화(火), 토(土), 금(金), 수(水)의 다섯 가지 물질의 운동을 가리키는 것이다. 오행학설은 옛 사람들이 생활과 생산활동에서 목, 화, 토, 금, 수를 없어서는 안 되는 가장 기본적 물질로 인식하여 왔고, 세상의 모든 물질은 모두 목, 화, 토, 금, 수의 다섯 가지 기본 물질 사이에서 운동변화에 의하여 형성되었다고 보는 것이다.

2) 오행의 특성

오행의 특성은 옛 사람들의 목(木), 화(火), 토(土), 금(金), 수(水)의 다섯가지 물질에 대한 소박한 인식을 기초로 하여 추상적이며 점차적으로 형성된 개념이며, 이것으로 각종 사물의 오행속성을 분석하고 사물 사이의 상호관계를 연구하는 기본법칙이다.

오행의 특징은 목, 화, 토, 금, 수에서 온 것이지만 사실상 목, 화, 토, 금, 수의 구체적인 물질자체에서 벗어나 더 광범위한 뜻이 포함되어 있다.

3) 사물의 오행속성의 소속

이는 오행속성에 귀납시킨다. 이때문에 사물의 오행속성은 목, 화, 토, 금, 수 그 자체인 것이 아니라 사물의 성질 및 작용을 오행의 특성과 비교하여 얻어진 사물자체의 오행속성인 것이다. 예를 들면, 어떤 사물과 목의 특성을 비교하여 이에 유사하면 목에 소속시키고 화의 특성과 유사한 것을 화에 소속시키는 것이다.

유사하여 동을 목에 소속시키고, 남방은 덥기 때문에 화(火)의 특성과 유사하여 남을 화에 소속시킨고, 해는 서쪽으로 지므로 금의 숙강 특성과 유사하여 서를 금에 소속시킨다.

사물의 속성은 위의 설명한 것처럼 결정하는 방법 외에 간접적인 방법으로도 결정할 수 있다. 예를 들면 간은 목에 소속되는 것이므로 간이 근(筋)을 주관하고, 그 기능활동이 눈에 나타나므로 근(筋)과 목(目)도 목에 소속되는 것이다.

이외에 오행학설은 오행속성이 동일한 사물이 모두 상호 연계되는 것이다. 예를 들면 방위의 동쪽, 자연의 풍(風), 목(木), 산미(酸味)를 가진 물질들은 모두 간과 관계된다.

4) 인체의 오행속성 귀납

사물을 오행의 특성으로 분석, 귀납, 추연(추론하여 결론을 내리고 연역함)한다면, 자연계의 천변만화한 사물은 물론, 인체에 있어서도 인체의 각종 조직과 기능을 오장을 중심으로 하는 다섯 개의 생리, 병리계층으로 귀납할 수 있다.

오행학설은 사람과 자연환경과의 통일을 설명하는 기초로서 생리현상과 병리현상을 규율하는 중요한 개념 중의 하나이다.

5) 목(木)형 체질의 특징

간의 기능은 주로 소설(疏泄), 장혈(藏血), 근(筋)을 주관하는 생리기능을 갖고 있는데, 간의 기능이 실조되면 기울혈체의 증상들이 나타나게 된다. 간의 병증은 대단히 광범위하며, 증상의 변화도 복잡하다. 주 증상으로는 우울하고, 입이 쓰며 목이 건조하고 식욕부진, 원기가 없고 무력하며 월경이 불조하고 머리가 어지럽고 눈이 빠질듯이 아프고, 한열이 교차하며, 만성간염이나 만성위염, 흉막염, 신경쇠약 등의 병증이 나타난다.

방제는 흉협부에 울체된 기를 풀어주면 눈과 두정부에 달하는 경맥이 통하게 되어 간기울결이나 초조하거나 화를 잘 내는 일, 우울감, 두통, 목현, 생리불순, 맥이 현허한 증상을 해소시킴으로써 간기를 조달시켜 간의 소설작용을 원활히 한다.

- 처방: 시호, 박하, 백작약, 당귀, 백출, 복령, 감초, 건강, 산치자, 목단피

(1) 목형 체질의 생리기능

① 얼굴이 긴 사람이 대부분이다.

② 성격이 인자하고 매우 학문적이며 근본적으로 부드러운 사람이다.

③ 봄에 자라나는 나무같이 키가 훤칠하니 크고 매사를 서글서글하게 처리하는 사람들이 대체적이다.

④ 간장과 담낭의 기운이 세서 비장과 위장을 상하는 경우가 많은데 위산과다증으로 속이 쓰리거나 아프다.

(2) 목형 체질의 병리변화

① 근육경련이나 쥐가 잘 나고 야뇨증이 생긴다.

② 한숨을 잘 쉬고 눈물이 흐른다.

③ 편두통이 있고 옆구리가 결린다.

④ 화를 잘 내고 결벽증이 있으며 폭언, 욕설을 잘한다.

⑤ 시력이 저하되고 사시가 생긴다.

⑥ 얼굴에는 푸른빛이 돌며, 닭살같이 피부에 먼지를 끼얹은 것 같다.

⑦ 피곤하고 항상 긴장된 상태이다.

(3) 로터스 오행 목오일의 성분 및 효능

- 목 오일의 성분: 당귀, 감초, 목단피, 인삼, 귤껍질, 연꽃뿌리, 동백, 호호바 등

① 당귀

- 성분: 베르갑텐, 이소핌피넬린, 정유, 니코틴산, 비타민B12, 쿠마린, 노다 케니케네린, 움베릴페론, 노다케닌 등

- 효능: 생리불순, 무월경, 변비, 이뇨작용, 자궁발육부진, 신경쇠약, 조혈작용, 단백질 합성, 진정작용, 소염작용이 있다.

② 감초

- 성분: 글리시리진산, 플라보노이드, 글리브리딘 등
- 효능: 암과 종양의 발생을 억제, 콜레스테롤 감소, 항암, 항산화효과, 멜라닌 생성 억제효과, 위의 보호, 약의 독성중화 등이 있다.

③ 목단피

- 성분: 파에오놀, 옥시파에오니프로린, 벤조일파에오니프로린, 아스트라갈린 등
- 효능: 어혈제거, 진정, 해열, 항경련, 항염증, 항알러지, 위액분비억제, 소염작용이 있다.

④ 인삼

- 성분: 사포닌, 단백질, 펩티드, 아미노산, 핵산, 다당류, 수용성 비타민 등
- 효능: 원기회복, 노화방지, 항산화 작용이 있다.

⑤ 진피

- 성분: 껍질에는 정유, 헤스페리딘, 나린진, 네오헤스, 페리딘 등
- 효능: 건비, 조습, 화담, 조중의 효능이 있으며, 흉복창만, 소화불량, 식욕부진에 효과가 있다.

⑥ 연꽃뿌리

- 성분: 뮤신, 탄닌, 셀룰로오스, 로에메린, 누시페린, 노르누씨페린, 아스파라긴, 아르기닌, 탄닌, 수지, 티로신, 아스코르빈산, 탄수화물 등 식물성 섬유가 풍부하다.
- 효능: 소염작용 우수(점막 조직의 염증 억제-건위, 코피지혈, 모세혈관 강화) 기침, 천식, 쉰 목소리의 개선, 항산화작용, 불면증, 야뇨증 치료, 자양강장, 피로회복에 효과가 있다.

⑦ 동백

- 성분: 감마 리놀레익산, 올레인산, 트리글리세리드
- 효능: 이뇨작용, 지혈작용, 피부친화력, 예민피부 진정효과 등이 있다.

⑧ 호호바오일

- 성분: 비타민E, 미네랄, 단백질, 스테롤효소, 비타민 등
- 효능: 항염, 보습, 재생, 피지억제, 여드름 피부, 아토피성 피부 등 피부를 보호한다.

6) 화(火)형 체질의 특징

심은 주로 혈맥을 주관하며, 신지(神志)를 장(藏)하는 생리기능을 갖고 있어 일반으로 심의 음양, 기혈실조에 기인하는 혈맥의 운행장애나 정신적, 정서적 이상은 항상 심의 병증에 속한다. 주 증상으로는 피로, 숨이 참, 자한, 동계, 맥이 결대하게 되며, 각종 부정맥, 협심증 등이 나타난다. 방제는 익기, 자음, 양혈하는 약물로 구성되어 심장의 기혈과 심신을 자양하고, 심지를 자양하며, 심지를 안정시켜, 혈액을 추동하여 전신에 시키는 작용이 있다. 이로 인해 숨이 차거나, 동계, 심번, 불면, 구갈, 변비, 설질담홍과 맥결대 증상, 심신불안의 증상이 해소되어 심혈을 보하고 심장의 허화를 맑게 하는 작용이 있어 정신, 의식, 사유, 정서를 안정시켜 준다.

- 처방: 구감초, 인삼, 생지황, 천문동, 맥문동, 산조인, 천궁, 백자인, 복령, 황련, 죽엽

(1) 화형 체질의 생리기능

① 얼굴형이 역삼각형이다.

② 성격이 정열적이고 폭발적이다.

③ 뒤끝이 없고 화끈한 편이다.

④ 불꽃이 사방으로 퍼져나가는 형상과 같아 주위를 역동적으로 만들어 신이 나고 흥분하게 만든다.

⑤ 비염과 천식, 각종 피부병이 생기기 쉽다.

(2) 화형 체질의 병리변화

① 가슴이 두근거리고 습관성 유산을 한다.

② 명치 끝이 아파서 소화가 잘 안되는 것 같다.

③ 심장이 아프고 등이 당긴다.

④ 팔꿈치 관절통이 있어 무거운 것을 들기 힘들다.

⑤ 혓바늘이 생기고 식은땀도 흘리며 말을 하기 힘들다.

⑥ 성격이 급하고 폭발적이다.

⑦ 얼굴에는 붉은빛이 돌며, 딸꾹질을 잘한다.

(3) 로터스 오행 화오일의 성분 및 효능

- 화오일의 성분: 맥문동, 석창포, 감국꽃, 길경, 호호바, 황련, 황백, 황금, 치자, 연꽃뿌리 등

① 맥문동

- 성분: 사포닌, 17종의 아미노산, 홍삼과 이소플라본 물질, 올리고당 등이 함유되어 있다.
- 효능: 이뇨작용, 강심작용, 영양작용, 체력강화, 피로회복, 피부건조증, 여드름에 효과적이다.

② 석창포

- 성분: 정유(β아사론), α아사론, 카리오필렌, 시스-메칠이소오이게놀, 팔미트산, 페놀성 물질, 미량원소 등
- 효능: 항암효과, 진정작용, 해독작용, 습진, 가려움증에 효과가 있다.

③ 감국꽃

- 성분: 정유, 리나린, 루테오린, 배당체, 크리산데민, 다당류, 쿠마린 등
- 효능: 열감기, 몸살, 폐렴, 두통, 장염, 종기, 해독, 항염작용이 있다.

④ 길경

- 성분: 사포닌, 알파-스피나스테롤, 푸라티코도닌, 베투린, 이눌린, 당질, 칼슘, 철분 등
- 효능: 염증완화, 천식, 복통, 냉대하, 당뇨병, 산후병, 부인병, 동맥경화 등의 성인병에도 효과가 있다.

⑤ 호호바

- 성분: 비타민E, 미네랄, 단백질, 스테롤효소, 비타민.
- 효능: 항염, 보습, 재생, 피지억제, 여드름 피부, 아토피성 피부 등 피부를 보호한다.

⑥ 황련

- 성분: 알카로이드 성분, 팔미틴, 코프티신, 웨레이닌
- 효능: 신경불안, 신경과민으로 생기는 질환을 진정시키고, 위염, 장염, 구내염 등의 염증을 치유한다.

⑦ 황백

- 성분: 베르베린, 페로덴드린, 자이로피닌 등
- 효능: 황달, 노폐, 임탁, 대하, 열리, 설사, 혈변, 치루, 족슬종통 옹종 창독을 치료한다.

⑧ 황금

- 성분: 티로시나저, 바이칼린, 바이칼레인 등
- 효능: 해열, 이뇨, 지사, 이담, 지혈, 자궁출혈, 안태(安胎) 등에 효과가 있다.

⑨ 치자

- 성분: 베르베린, 팔마틴, 마그노플로린, 야테오리진, 구아니딘, 트리테르페 노이드, 페라무린, 탄닌(껍질) 등
- 효능: 혈압강하작용, 자궁수축작용, 이담작용, 혈당량감소, 건위작용이 있다.

⑩ 연꽃뿌리

- 성분: 베타인, 시토스테롤, 비타민C 등이 다량 함유
- 효능: 고혈압, 고지혈, 동맥경화, 성인병 예방, 숙변제거, 기미, 주근깨, 여드름에도 효과가 있다.

7) 토(土)형 체질의 특징

비장은 주로 음식물의 운화를 주관하며, 통혈, 기혈을 화생하는 원천으로서 역할을 하는 생리기능을 가졌으며, 일반적으로 소화, 흡수, 수포, 배설의 장해, 만성 허한성 출혈증상, 기혈의 생성부전 등의 병리변화는 항상 비장의 병증에 속한다. 위기가 부족하면 수납작용이 실조되어 식욕이 감퇴하며, 비기가 허하면 운화작용에 지장을 일으켜서 연변이나 하리를 하게 된다. 중토(中土)가 허하면 수납작용과 운화작용이 실조되어 기혈의 생성이 부족하며, 식욕부진, 안면 창백 또는 위황색이 되고, 수족에 힘이 없고, 말수도 적어지고, 말할 기운이 없어진다. 위장기능의 감퇴, 소화불량, 만성위염, 십이지장궤양 등의 병증이 나타난다. 방제는 운화기능의 저하로 인한 식욕부진, 위기가 하강되지 않아 탁음이 동반하여 상역함으로써 생기는 오심, 구토, 비기의 승청기능 저하로 인한 하리증상이나, 근육을 주관하는 비위의 기가 허함으로 오는 사지무력감 등이 해소되고, 중초의 습사를 제거하여 소화불량이나 만성위염 증세가 사라지게 된다.

- 처방: 황기, 인삼, 백출, 복령, 구감초, 생강, 대조, 진피, 승마, 시호, 당귀

(1) 토형 체질의 생리기능

① 얼굴이 둥근형이다.
② 대부분 남의 눈치를 안 보고 비위가 좋다.
③ 현실적인 성격으로 땅의 기운처럼 포용력이 있어 이해심이 깊다.
④ 남에게 신뢰감을 주는 성격을 가지고 있다.
⑤ 땅의 기운을 받아서 윗배가 크다.
⑥ 허리와 종아리가 굵어 넉넉해 보이는 경우가 많다.
⑦ 몸이 잘 붓고 요통이나 골수염에 걸리기 쉽다.

(2) 토형 체질의 병리변화

① 몸이 무겁고 게으르며 만사가 귀찮다.
② 무릎 관절염, 개기름이 흐른다.
③ 피부빛이 노랗고 입병이 잘나며, 수족이 떨린다.

④ 입맛을 모르고 무엇이나 잘 먹어 비만증이 있다.

⑤ 대변이 흙처럼 풀어지고 물에 뜬다.

⑥ 의심이 많아진다.

(3) 로터스 오행 토오일의 성분 및 효능

- 토오일의 성분: 인삼, 참당귀, 귤껍질, 연꽃뿌리, 동백, 호호바 등

① 인삼

- 성분: 사포닌, 단백질, 펩티드, 아미노산, 핵산, 다당류, 수용성비타민 등
- 효능: 원기회복, 노화방지, 항산화 작용이 있다.

② 참당귀

- 성분: 베르갑텐, 이소핌피넬린, 정유, 니코틴산, 비타민B12, 쿠마린, 노다 케니케네린, 움베릴페론, 노다케닌 등
- 효능: 생리불순, 무월경, 변비, 이뇨작용, 자궁발육부진, 신경쇠약, 조혈작용, 단백질 합성, 진정작용, 소염작용이 있다.

③ 귤껍질

- 성분: 껍질에는 정유, 헤스페리딘, 나린진, 네오헤스, 페리딘 등
- 효능: 건비, 조습, 화담, 조중의 효능이 있으며, 흉복창만, 소화불량, 식욕부진에 효과가 있다.

④ 연꽃뿌리

- 성분 : 베타인, 시토스테롤, 비타민C 등이 다량 함유
- 효능 : 고혈압, 고지열, 동맥경화, 성인병예방, 숙변제거, 기미, 주근깨, 여드름에도 효과가 있다.

⑤ 동백

- 성분: 감마 리놀레익산(GLA), 올레인산(oleic acid), 트리글리세리드 등
- 효능: 이뇨작용, 지혈작용, 피부친화력, 예민피부 진정효과 등이 있다.

⑥ 호호바

- 성분: 비타민E, 미네랄,단백질, 스테롤효소, 비타민 등
- 효능: 항염, 보습, 재생, 피지억제, 여드름 피부, 아토피성 피부, 피부를 보호한다.

8) 금(金)형 체질의 특징

습이 체내에 많거나, 불규칙한 일상생활에서 폭음, 폭식 등이 계속된 경우에는 담음이 속에 잠복하게 되어 풍한이나 외감에 의하여 잠복하고 있던 담음이 사기와 뭉쳐서 폐에 정체하게 되고 그것이 내부의 폐에 영향을 주면 한사가 기를 수축시켜 진액도 응집하게 된다. 그리하여 폐기의 선산, 숙강이 실조되어 호흡곤란이나 해수를 하게 된다. 진액이 기부에 넘치게 되면 신체나 안면에 부종이 나타나게 된다. 방제는 표에 있는 한기를 흩어지게 하고, 폐를 따뜻하게 하여 담음을 화하고, 해수를 주치한다.

- 처방: 마황, 백작약, 오미자, 세신, 건강, 계지, 감초, 갈근, 작약

(1) 금형 체질의 생리기능

① 얼굴이 정사각형으로 네모난 경우가 많다.
② 대부분 성격이 규칙적이고 권위가 있어 보이는 의리파 사람이 많다.
③ 기상이 고고하고 지조가 있다.
④ 주위에 벗이 많지 않은 편이나 본성적으로는 남을 잘 이끄는 스타일이다.
⑤ 비판적이며 결벽증의 성향을 가지고 있기도 하다.
⑥ 편두통이나 탈장이 되기 쉽고 허리가 구부러지기가 쉽다.

(2) 금형 체질의 병리변화

① 창백한 얼굴이고 표정이 차다.
② 콧물이 흐르거나 코가 막힌다.
③ 알레르기성 비염이나 축농증이 있다.
④ 손목이 시큰거리거나 굳어 있다.

⑤ 숨이 차고 헐떡거린다.

⑥ 대변이 묽거나 설사를 자주 한다.

⑦ 염세주의적이며 눈물이 많다.

(3) 로터스 오행 금오일의 성분 및 효능

- 금오일의 성분: 감초, 병풀, 산수유, 오미자, 매실, 연꽃뿌리, 동백, 호호바 등

① 감초

- 성분: 글리시리진, 파상풍, 뱀독, 복어독 등의 해독작용, 부종억제작용, 리큐리티게닌, 사포닌, 이솔리큐리티게닌 등
- 효능: 해열제, 이뇨제, 거담, 진해, 해독작용, 진통제등에 효과가 있다.

② 병풀

- 성분: 사포닌, 아시아티코사이드, 마테코글리코사이드
- 효능: 피부상처, 낭창, 위궤양, 정신치료, 치매예방, 항염, 진정, 수분공급, 재생, 알러지 피부, 아토피 피부에 효과적이다.

③ 산수유

- 성분: 코르닌, 로가닌, 사포닌, 포도산, 사과산, 비타민A 등
- 효능: 당뇨병, 성인병, 이뇨작용, 항암작용, 생리불순에 효과가 있다.

④ 오미자

- 성분: 시잔드린, 고미신, 시트럴, 사과산, 시트르산, 비타민C, E 등
- 효능: 해독작용, 원기회복. 자양강장, 항노화, 지능활동 개선, 자궁수축 효과가 있다.

⑤ 매실

- 성분: 비타민C, 칼슘, 구연산, 유기산, 화박산, 사과산 등
- 효능: 해열작용, 해독작용, 살균작용, 위장작용, 정장작용, 피로회복, 혈액순환, 피부탄력, 보습효과가 있다.

⑥ 연꽃뿌리

- 성분: 베타인, 시토스테롤, 비타민C 등

- 효능: 고혈압, 고지열, 동맥경화, 성인병예방, 숙변제거, 기미, 주근깨, 여드름에도 효과가 있다.

⑦ 동백

- 성분: 감마리놀레익산(GLA), 올레인산(oleicacid), 트리글리세리드(triglycerides) 등
- 효능: 이뇨작용, 지혈작용, 피부친화력, 예민피부 진정효과 등이 있다.

⑧ 호호바

- 성분: 비타민E, 미네랄, 단백질, 스테롤효소, 비타민 등
- 효능: 항염, 보습, 재생, 피지억제, 여드름 피부, 아토피성 피부 등 피부를 보호한다.

9) 수(水)형 체질의 특징

신은 정을 장하고, 골과 수(髓)를 주관하며, 뇌(腦)에 통하고 있다. 신음은 인체의 음액의 근본이며, 오장육부는 항상 신음의 자윤, 유양을 받음으로 해서 정상적인 각종 생리기능을 유지하고 있다. 노화에 동반하는 몸의 쇠약, 장기질환에 의한 실조, 과도한 성생활, 열성질환 후기의 음액의 소모, 온조상음약을 과도히 복용, 타 장부의 음허가 신당에 미치는 등은 언제나 신음을 불러오게 하고, 신수(腎水)를 부족하게 하는 결과를 갖게 된다. 신음이 부족하면 다리와 허리가 무력하고 나른하며, 머리가 휘청거리며, 목현, 이명, 난청 등의 증상이 나타난다. 음허로 내열이 생기면 골증조열이나 수족의 번열이 보인다. 음허로 인하여 허화가 상염하면 설이 건조, 인통, 이빨이 움직이며, 치통의 증상이 나타난다. 허화가 속을 문란하게 하면 음이 속을 지키지 못하게 되므로, 도한, 유정 등이 생긴다. 신은 수를 주관하므로 신의 기화작용에 이상이 생겨서 정기도 부족하게 되어 신허불고의 상태가 되어서 다뇨, 소갈이가 생긴다. 방제는 신수가 부족하고 허화가 내생하는 모든 병증을 치료한다. 당뇨병, 고혈압, 만성신염, 신경쇠약 등에 주치한다.

- 처방: 숙지황, 산약, 산수유, 택사, 복령, 목단피, 연자, 구기자, 오미자, 국화, 지모

(1) 수형 체질의 생리기능

① 머리에서 턱 쪽으로 삼각형의 모양을 가진 사람이다.
② 대부분 성격이 사근사근하고 참을성이 많다.
③ 뚝심이 강해보이는 체질의 사람이다.
④ 얼굴이 자주 붓거나 땀이 많으며 어깨 신경통에 걸리기 쉽다.
⑤ 뼈와 골수, 허리 등에 이상이 생기면 공통적으로 발목이 시큰거리고 잔뇨감이 있고 이명증이 나타난다.

(2) 수형 체질의 병리변화

① 얼굴이 검은색을 띤다.
② 귀에서 소리가 나고 중이염, 난청이 생긴다.
③ 허리가 굽고 아프고, 척추 뼈가 아프다.
④ 소변이 자주 마렵고 탁하다.
⑤ 발목이 시큰거리고 저리다.
⑥ 정수리가 아프고 원시가 된다.
⑦ 오금이 당기고 종아리가 아프다.

(3) 로터스 오행 수오일의 성분 및 효능

- 수오일의 성분: 캐모마일, 목단피, 서양민들레, 의이인, 구기자, 산수유, 연꽃뿌리, 동백, 호호바 등

① 캐모마일
- 성분: chamazulene, farnesene, bisabolol, cadinene
- 효능: 상처, 화상, 뾰루지, 두드러기, 피부염, 피부질환, 생리작용 조절,질염, 폐경기 외음부소양증에 효과가 있다.

② 목단피
- 성분: 파에오노엘, 파에오니플로린, 파에오노시드, 피토스테롤 등
- 효능: 소염, 두통, 요통, 건위, 지혈, 월경통, 부스럼 등에 효과가 있다.

③ 서양민들레
- 성분: 타락사스테롤 콜린, 이눌린펙틴, 타락솔, 타락세롤, 베타-아미린 등

- 효능: 염증완화, 피로회복, 항암효과, 노화억제, 비만방지에 효과가 있다.

④ 의이인

- 성분: 단백질을 구성하는 아미노산(amino acid), 로이신(leucine), 글루탐산(glutamic acid), 발린(valine), 티로신(tyrosine) 등
- 효능: 모공이 넓은 피부, 각질이 많은 피부, 보습이 떨어지는 건성피부, 소염작용과 배농작용, 피부속 노폐물을 배출시키는 데 뛰어난 약리작용을 한다.

⑤ 구기자

- 성분: 루틴, 베타인, 시토스테롤, 비타민C 등
- 효능: 혈액을 맑게 하고 숙변제거, 기미, 주근깨, 여드름 등도 없애준다.

⑥ 산수유

- 성분: 수분과 탄수화물, 당분, 능금산 등
- 효능: 당뇨병, 성인병, 이뇨작용, 항암작용, 생리불순에 효과가 있다.

⑦ 연꽃

- 성분: 베타인, 시토스테롤, 비타민C 등이 다량 함유
- 효능: 고혈압, 고지열, 동맥경화, 성인병예방, 숙변제거, 기미, 주근깨, 여드름에도 효과가 있다.

⑧ 동백

- 성분: 감마리놀레익산(GLA), 올레인산(oleicacid), 트리글리세리드(triglycerides) 등
- 효능: 이뇨작용, 지혈작용, 피부친화력, 예민피부 진정효과 등이 있다.

⑨ 호호바

- 성분: 비타민E, 미네랄, 단백질, 스테롤효소, 비타민 등
- 효능: 항염, 보습, 재생, 피지억제, 여드름 피부, 아토피성 피부 등 피부를 보호한다.

6. 로터스테라피의 특징 및 효능

1) 로터스테라피 시술의 정의

경락의 흐름과 오행의 상생, 상극의 원리에 의하며 그중 오수혈을 기본으로 하고 있다. 경락의 운행은 오행법칙에 따라 장부간을 서로 보완(상생)하고 상호 견제(상극)하여 장부간의 음양조화는 인체의 길항작용을 돕고 있다. 이 오수혈이란 팔꿈치와 무릎 아래에 분포된 혈로 오행법칙에 따라 병증을 처치하는 가장 빠른 효능을 발휘하는 혈이다.

오수혈은 인체 내외의 증상들을 팔과 다리의 혈들만을 가지고 치료가 가능하며, 위험부담이 전혀 없는 독특한 기능을 가지고 있다(동의보감).

2) 로터스테라피의 기본 시술방법

시술방법은 기본적인 14경맥을 위주로 하였으며, 오수혈을 중심으로 시술한다. 그 방법은 다음과 같다.

① 근육의 기시점과 기종점의 방향에 따라 시술한다.
② 림프의 순환, 배출 방향을 따라 시술한다.
③ 인체의 시술 방향은 발-발끝에서 서혜부 쪽으로 배출을 위주로 시술한다.
④ 손-손끝에서 액와로 말초신경자극과 노폐물 배출을 위주로 시술한다.
⑤ 등은 경추부분에서 둔부 쪽으로 독맥과 방광1, 2선을 중심으로 근육의 이완과 독맥의 혈점 및 방광선의 배출을 위주로 관리한다.
⑥ 복부는 우에서 좌로 장부 흐름에 맞추어 시술한다.
⑦ 얼굴은 얼굴 축소혈를 이용하는 기본적인 흐름을 따랐다.

3) 로터스테라피의 장점

① 누구나 사용할 수 있다.
② 전기를 사용하지 않고 따뜻하게 관리할 수 있다.

③ 몸의 어디에 사용해도 좋다.
④ 언제 어디서나 자유롭게 사용할 수 있다.
⑤ 자연으로 만든 자연제품이다.
⑥ 관리사의 건강을 위한 테라피이다.
⑦ 관리사나 손님 모두를 위한 테라피이다.
⑧ 누구나 사용해도 부작용이 없다.
⑨ 누구나 사용해도 효과를 볼 수 있다.
⑩ 간편하고 편리하게 사용할 수 있다.

[검사기관: 한국원적외선 협회, 사용목적: 교육용]

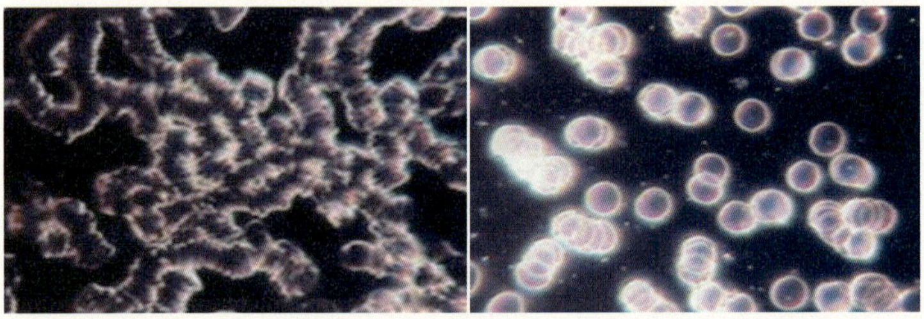

[관리 전] [로터스테라피 20분 관리 후]

[그림 2-5] 로터스테라피의 관리 전과 20분 관리 후 비교

4) 로터스테라피의 효과

① 원적외선의 효과
② 음이온의 효과
③ 온열 효과
④ 혈액순환의 효과
⑤ 진정효과
⑥ 오장육부의 활성화 효과
⑦ 근육이완의 효과
⑧ 지방 분해 효과
⑨ 림프 배농 효과
⑩ 주름개선효과

(1) 로터스테라피가 인체에 미치는 효과

① 원적외선과 음이온을 방출하여 신진대사 촉진, 혈액순환 원활, 독소 배출, 노폐물 정화, 지구유해전자파(수맥) 차단기능

KIFA 사단법인 한국원적외선협회
부설 한국원적외선응용평가연구원

시험성적서

시험결과

방사율 (5 ~ 20 ㎛)	방사에너지 (W/㎡·㎛, 37℃)
0.919	3.54×10^2

2010년 6월 9일

한국원적외선응용평가연구원장

[그림 2-6] 원적외선의 작용

이는 공진, 공명작용이 있어 치유파동을 방출시켜 인체 스스로 질병에 저항할 수 있는 힘을 길러주어 현대인에게 필요한 건강석이다.

원적외선의 온열 효과로 근육이 가장 두터운 곳인 둔부근육, 어깨근육, 대퇴부 근육 속까지 온 열감이 도달하므로 골반통, 좌골신경통, 견비통 등의 통증치료에 효과적이다.

인체는 하루에 약 300만 가지의 효소반응을 일으켜 물질을 분해, 합성, 산화, 환원 등 다양하게 작용을 한다.

ⓐ 원적외선 효과: 원적외선 방출량이 가장 우수한 천연광물로 혈액순환 촉진, 신진대사 활발, 통증 완화, 노폐물 배출 및 해독 효과

ⓑ 치유파동 효과: 해독 효과 및 질병치유 효과

ⓒ 음이온 효과: 혈액정화작용, 항균 작용

ⓓ 탈취효과: 나쁜 체취 제거

② 음이온의 작용

공기 중에 매우 약한 전기를 입은 여러 가지 양상의 미립(이온)이 떠돌고 있는데, 그중에서도 마이너스에 대전(帶電)하고 있는 물질을 마이너스 이온, 플러스에 대전하고 있는 물체를 플러스 이온이라 한다.

물질의 어떤 원자와 원자단 분자에 대전하는 플러스와 마이너스의 전하를 띠는 극히 작은 입자, 즉 '전기의 미립자'를 의미한다.

③ 음이온 활성이란?

대기 중의 산소를 흡수하여 인체 내에는 0.06mA의 미약 전류를 영구적으로 발생시키는 것이다.

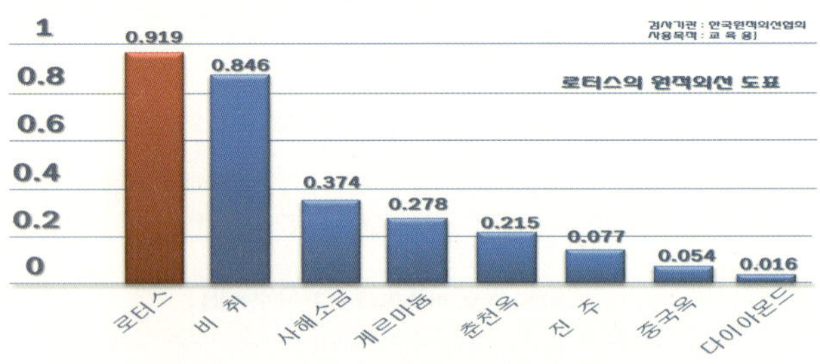

〈표 2-2〉 로터스의 원적외선 도표

[그림 2-7] 로터스테라피 시술 시 발생 음이온

가. 음이온은 삼림과 폭포 주변, 초원, 공원의 분수 근처, 해변에 매우 많이 존재하고 있으며 사람은 이러한 자연에 접촉하면 상쾌감과 휴식감을 감지하게 됨.

나. 음이온은 자기 스스로의 전자를 활성산소에 주므로 세포에 있어서 치명적인 활성산소의 과잉적인 발생과 세포의 산화를 억제시키는 작용(환원작용)을 함(건강 유지 활동을 활발하게 촉진)

다. 음이온에는 혈액을 전화하여 주는 작용이 있어, 산성화되고 있는 혈액을 약 알칼리성으로 만들어줌(신진대사를 활발히 하고 각 세포의 기능을 활성화시켜 피로회복을 촉진).

라. 자율신경의 기능이 좋아지므로 내분비선의 기능도 양호하게 되며, 중추신경이나 말초신경에도 좋은 영향을 주어 조혈기능을 증진(저항력 증대로 신체의 방어기능이 증강되어 여러 종류의 감염에 대한 저항력이 증가하여 신체 전체의 밸런스가 좋게 되고, 질병에 걸리지 않게 됨).

마. 체액, 세포, 신경계통에 좋은 영향을 주어 모든 장기와 조직기능을 양호하게 하며, 자율신경과 내분비 기능의 밸런스를 조절함.

바. 음이온이 갖는 항산화 기능과 소취(消臭), 살균 기능에 의하여 생선류나 꽃 등의 선도유지 효과도 보고되고 있음.

사. 음이온은 공기의 비타민임.

④ 음이온의 4대 생리적 효능

가. 혈액정화

공기 중의 음이온이 인체의 피부나 폐를 통해 흡수되면 혈액 속의 생체 이온과 인체 내 미네랄(Ca(칼슘), Na(나트륨))의 이온화율이 높아지므로 혈액, 체액의 약 알칼리화가 진행된다.

나. 세포 신진대사의 활성화

혈액, 체액 속에 음이온이 증가하면 세포의 전기적 물질교환, 교류가 활발하여 세포의 기능이 현저하게 활성화되므로 세포의 영양분 섭취와 노폐물배출이 촉진되고 순환기능의 극대화로 세포의 신진대사를 높인다.

다. 저항력 증강

음이온이 증가하면 혈액 속의 감마글로브린이 증가하여 면역성 항체 반응이 민감해지고 증가되므로, 질병에 대한 저항력이나 면역력이 강화되어 질병으로부터 신체를 지켜 준다.

라. 자율신경조정

자율신경은 인체의 혈관활동을 주관하는 불수의 신경 음이온이 증가하면 내분비선이 활성화되어 증혈 작용이 높아지므로 혈액, 체액, 세포, 신경 등 신체의 모든 조직을 조정하는 기능을 높여 준다.

7. 로터스도자기의 기능

1) 하늘

바닥부분이 돌기가 없이 평평한 형태로 되어 있어 테라피 시작단계에서 오일도포를 유용하게 해주고, 따뜻한 온열 효과로 인하여 원적외선이 피부 속 세포를 부드럽게 풀어주며 혈액순환을 원활하게 해준다.

2) 파도

바닥 부분에 굵은 돌기가 있어서 뭉친 근육을 풀어주는 데 효과적이며, 부종이나 셀룰라이트로 인한 흐트러진 라인을 잡아주는 기능이 뛰어나며 윗부분에 있는 물결모양이나 파도모양, 민무늬의 선들은 인체 공학적으로 만들어져서 어떠한 부분에도 꼭 맞는 테라피를 구사할 수 있다.

3) 별

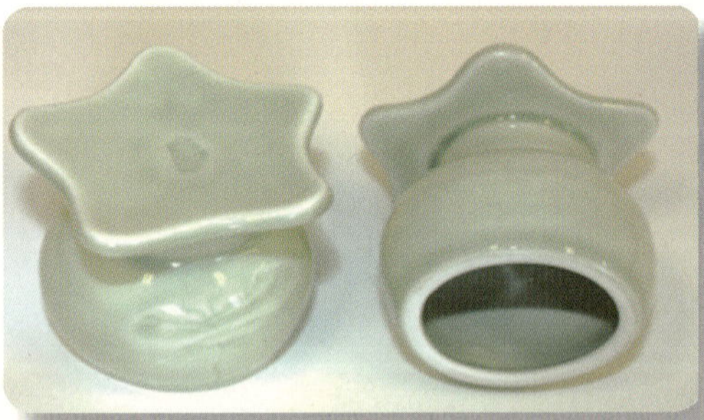

윗부분의 별 모양은 오목한 부분이 각기 크기가 달라서 인체의 각이 있거나 뼈가 가까이 있는 부분까지도 관리가 용이하며, 아래쪽의 구멍이 뚫려 있는 부분은 근육을 압축하여 잡았다 풀어주었다 하는 석션 기능이 자연스럽게 이루어진다. 이로 인해 혈액순환은 물론 강력한 노폐물 배출효과가 높으며, 또한 바이브레이션 기능과 펌핑 기능까지 갖추어졌기 때문에 피부의 탄력강화에 한몫을 톡톡히 하고 있다.

4) 사슴

바닥부분의 돌기가 파도보다는 좀 더 작게 만들어졌기 때문에 뭉친 근육 속의 작은 부분까지도 노폐물을 제거할 수 있으며, 특히 윗부분의 사슴의 뿔 모양 부분은 혈점을 지압할 때 힘이 들거나 불편함 없이 사용할 수 있으며 물결 무늬로 이어지는 부분은 라인을 관리할 때 더욱 효과적이다.

5) 향료

향로는 향로 자체로 음이온과 원적외선을 방출하며, 윗부분은 로터스의 온도 조절을 위하여 로터스 크기에 맞추어 제작되어 있다. 로터스테라피는 기본적인 체온에 맞추어 테라피를 할 수 있으나, 로터스 밑면의 높은 온도를 원할 때 개개인의 온도를 맞추기 위하여 아랫부분에 양초를 넣어 사용한다. 또한 물이나 아로마를 한 방울 떨어뜨려 향기요법으로 사용해도 좋다. 아래에는 손잡이가 있는 양초 받침이 있어 초를 넣기 편하게 되어 있다.

8. 로터스테라피 실기

1) 얼굴 관리

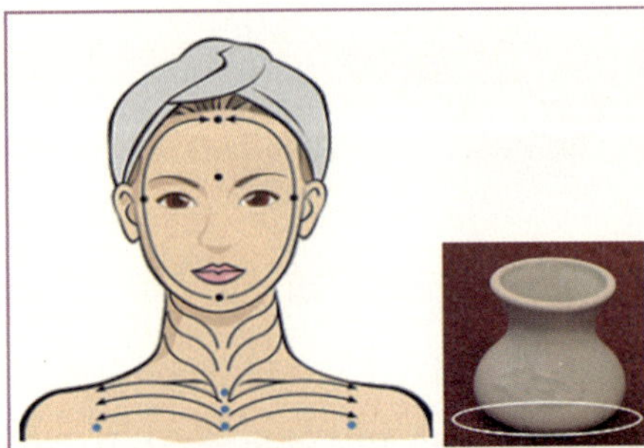

(1) 데콜테부터 얼굴 전체를 오일도포한다.

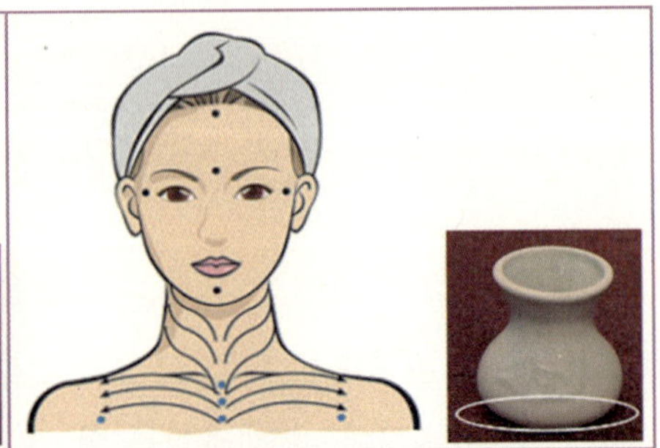

(2) 데콜테, 어께, 뒷목 부분을 중점적으로 모여 있는 노폐물을 제거한다.

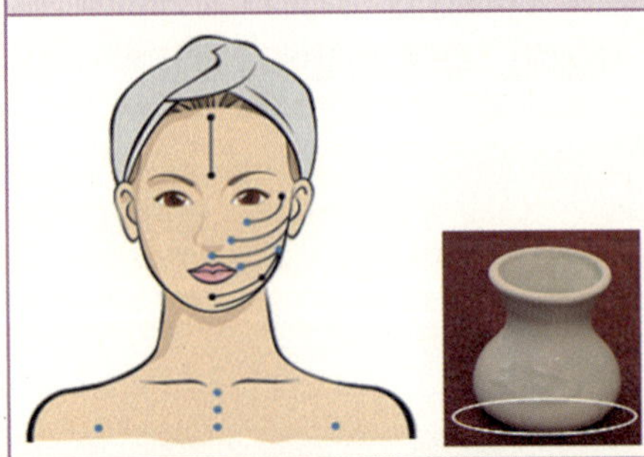

(3) 염천→예풍, 승장→예풍, 인중→청궁, 영양→청궁, 사백→동자료 순으로 이마 노폐물을 모은다.

(4) 인당 사선으로 태양으로 쓸어주고 천궁, 예풍을 지나 데콜테를 빼준다.

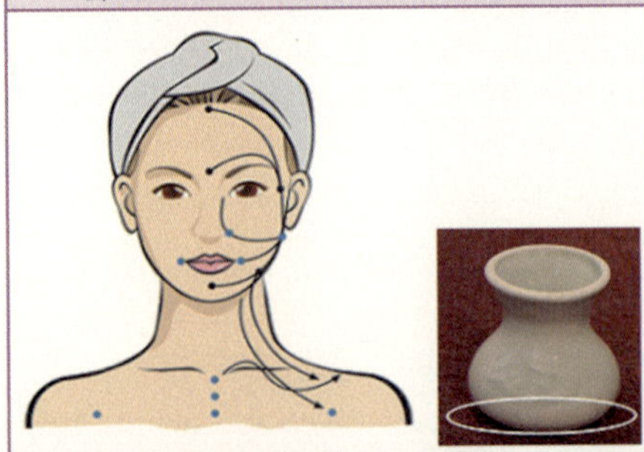

(5) 목과 얼굴, 데콜테 전체의 노폐물을 제거한다.

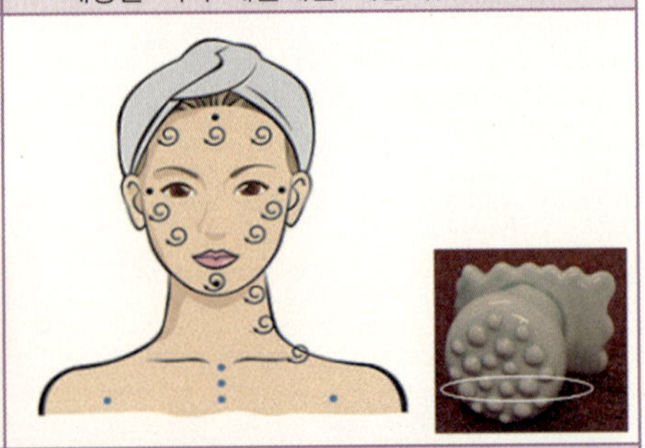

(6) 엠보 모양으로 뒷목 승모근을 원을 그리며 전체를 쓸어주고 이마를 중심으로 좌우로 쓸어준다.

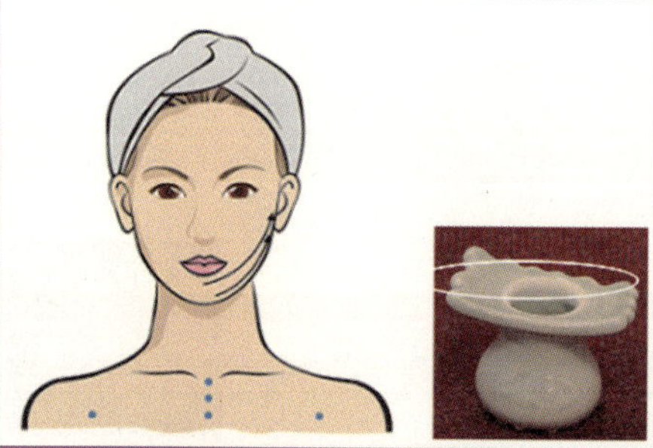

(7) 파도 모양을 이용하여 아래턱과 교근을 자극하여 귀 뒤쪽으로 끌어올린다.

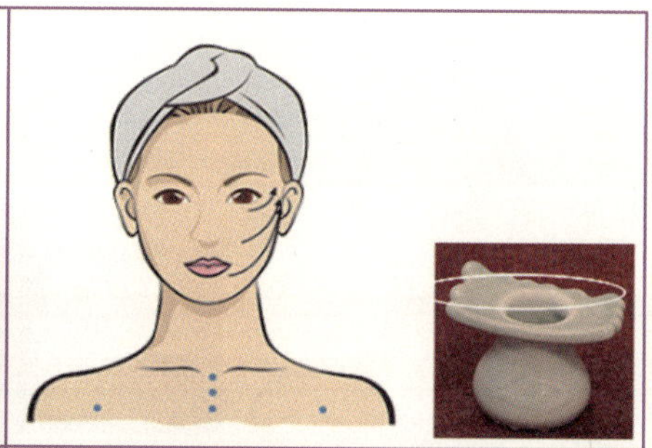

(8) 물결무늬를 이용하여 구륜근과 교근 눈밑을 동자료혈 쪽으로 끌어올린다.

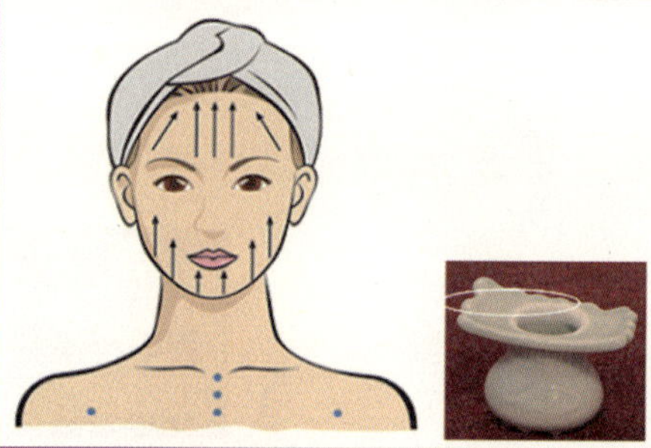

(9) 넓은 파도 부분으로 턱-볼-이마 전체를 쓸어올린다.

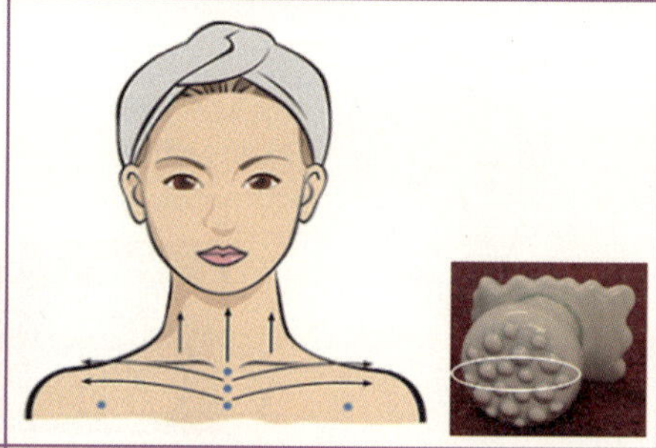

(10) 엠보를 이용하여 목과 어깨 승모근을 쓸어 주고 넓은 파도무늬를 이용하여 쓸어준다.

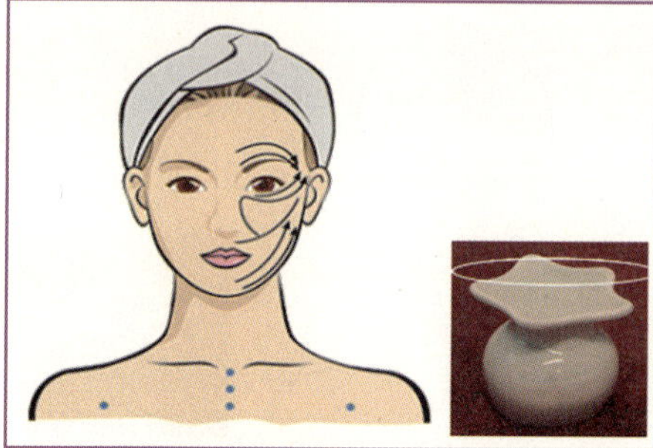

(11) 별모양을 이용하여 볼 전체를 아래턱-눈밑 -눈썹 동자료를 쓸어준다.

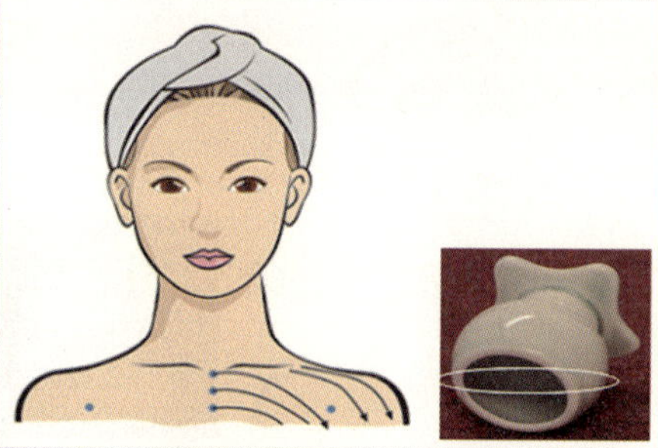

(12) 흡입법을 이용하여 액와 부분의 대흉근과 팔외, 내측을 흔들어서 액와로 빼준다.

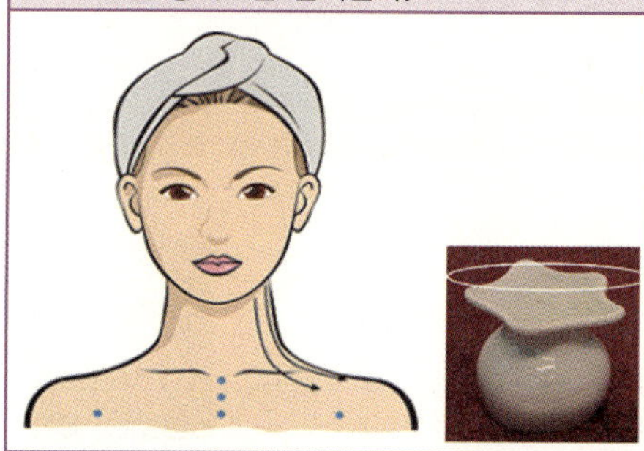

(13) 목을 반대로 하여 뒷목과 귀 뒤쪽을 쓸어준다.

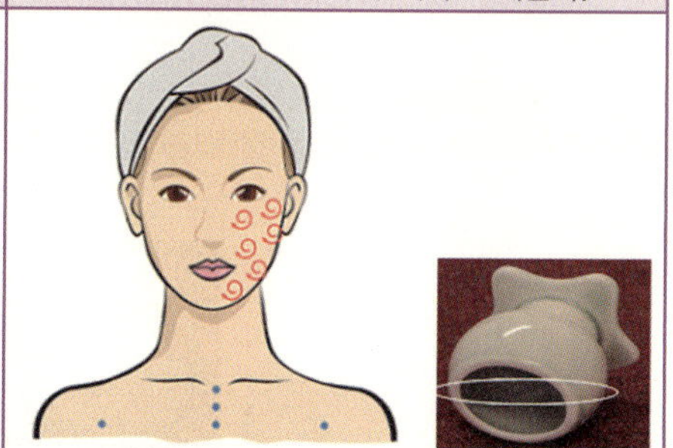

(14) 흡입법을 이용하여 볼 전체를 구륜근, 교근, 관골근 전체를 흡입하여 빼준다.

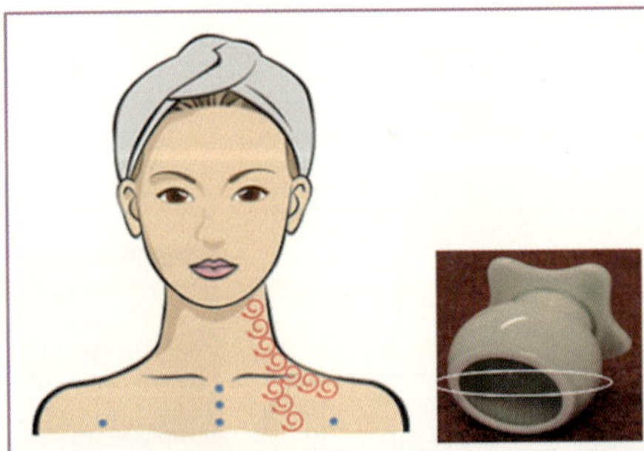

(15) 목과 데콜테 전체를 흡입하여 액와로 빼준다.

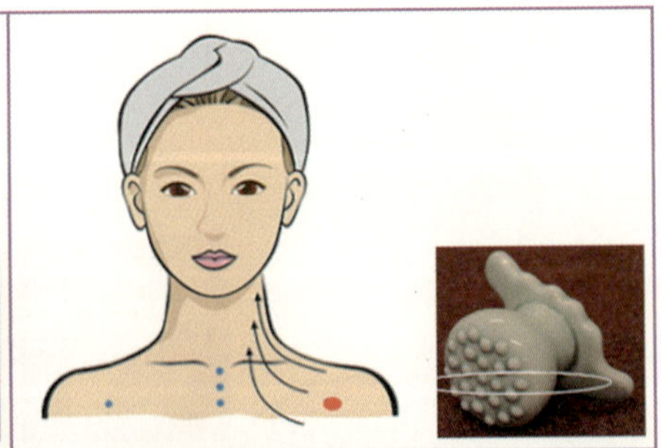

(16) 엠보를 이용하여 중부를 지압하고 뒷목과 흉쇄유돌근 뒤쪽을 마사지한다.

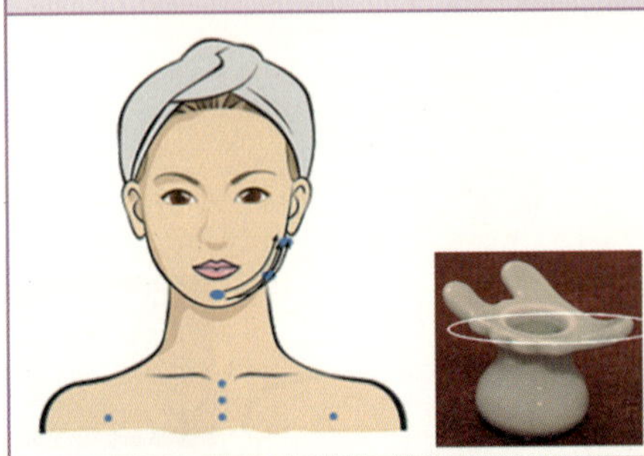

(17) 따봉을 이용하여 승장-대영-예풍을 지압하고 사슴뿔로 끌어올린다.

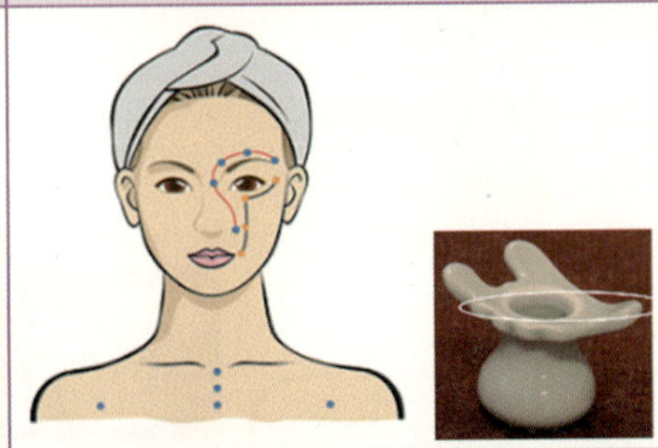

(18) 따봉을 이용하여 지창-거료-승읍-동자료 영양-정명-찬죽-어요-사죽공-동자료 사슴뿔로 광대뼈를 감싸고 돌려 끌어올린다.

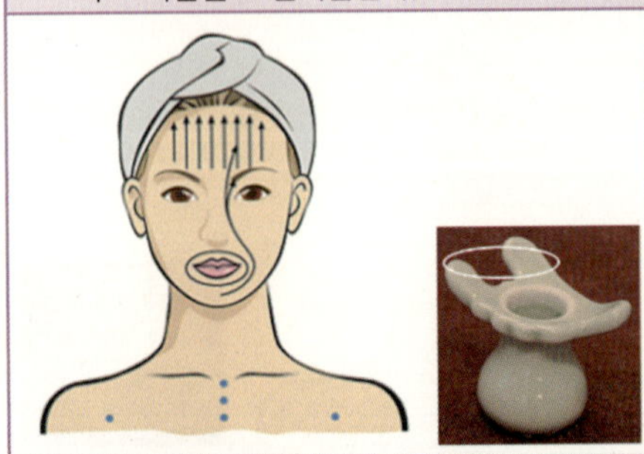

(19) 사슴뿔을 이용하여 승장-예풍 하악관-구륜근-턱-코벽 타고 올라와 이마와 눈썹을 쓸어준다.

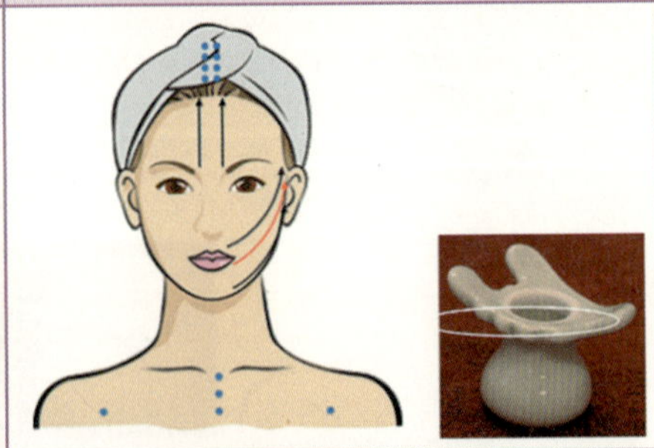

(20) 꽃무늬로 보조개부위를 끌어올린 다음 민무늬로 전체를 끌어올린 다음 찬죽부터 사신총 자리를 지압 후 두피 전체 마사지한다.

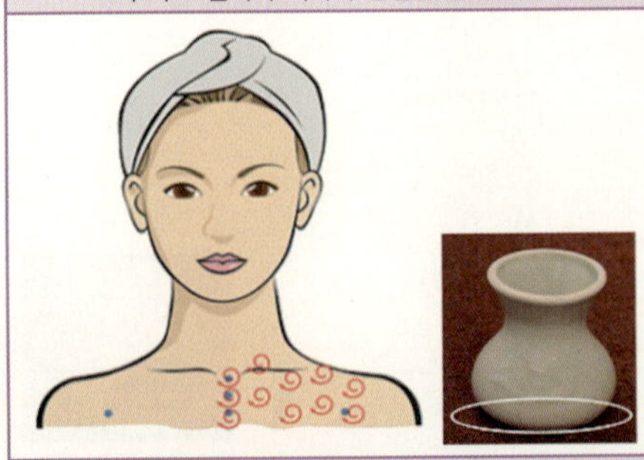

(21) 임맥부위를 중심으로 원을 그리며 팔 쪽으로 모아 액와로 빼준다.

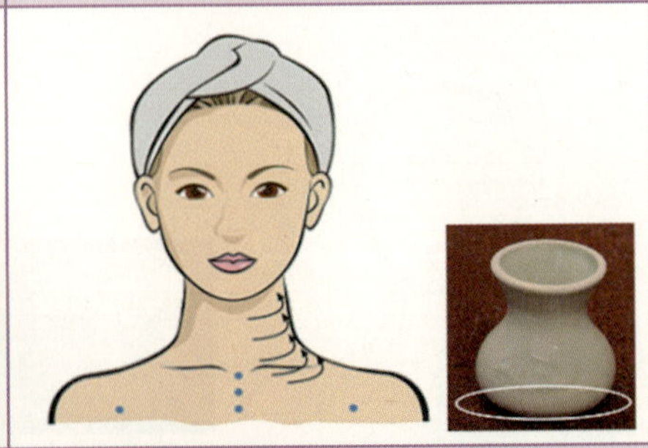

(22) 흉쇄 유돌근을 중심으로 목 앞뒤를 전체 문지르기한다.

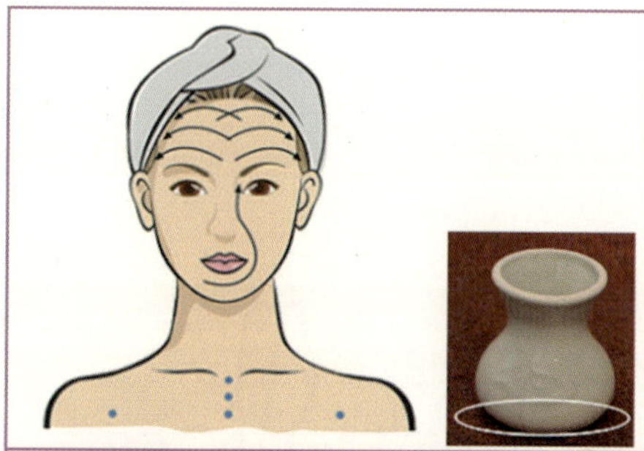

(23) 구륜근 돌리고 코벽 타고 올라와 이마를 상하좌우로 쓸어준다.

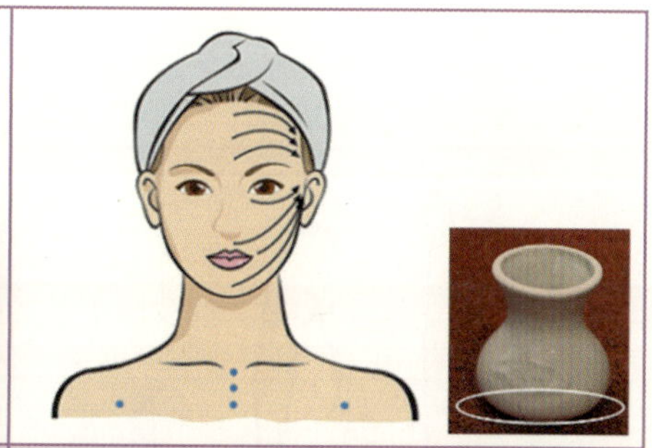

(24) 볼 전체를 동자료 쪽으로 끌어올린다.

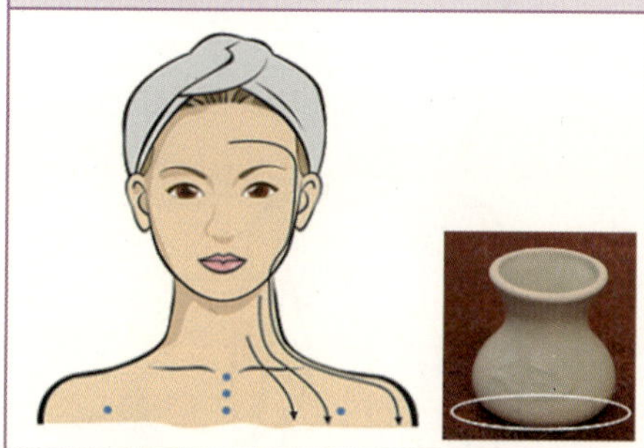

(25) 전체를 쓸어 내려와서 액와로 쓸어준다.

2) 등 관리

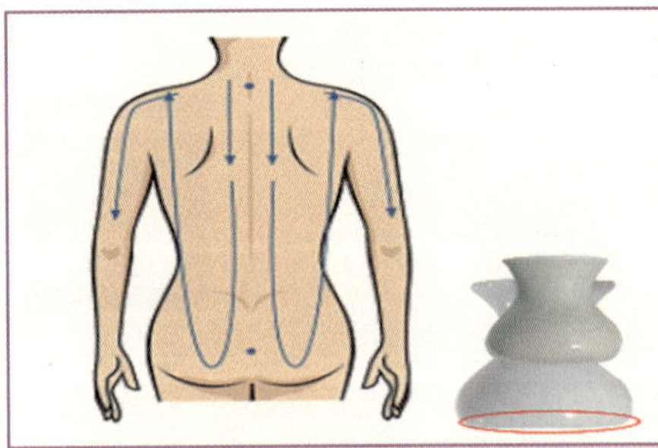

(1) 등 전체를 오일 도포한다.

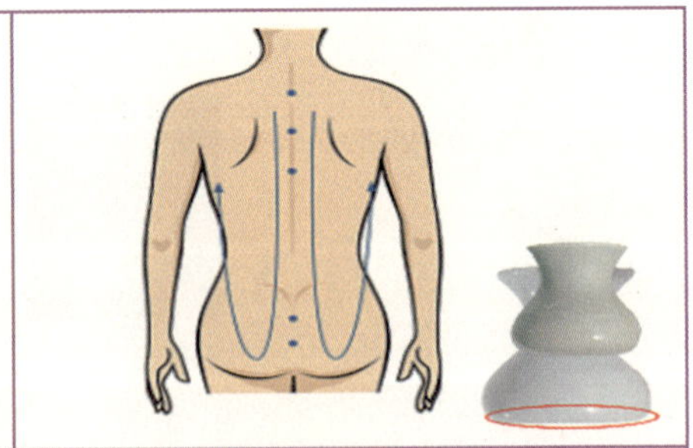

(2) 독맥을 따라 윗쪽 대추혈~장강혈까지 천천히 밀어주듯이 미끄러지듯 내려간다.

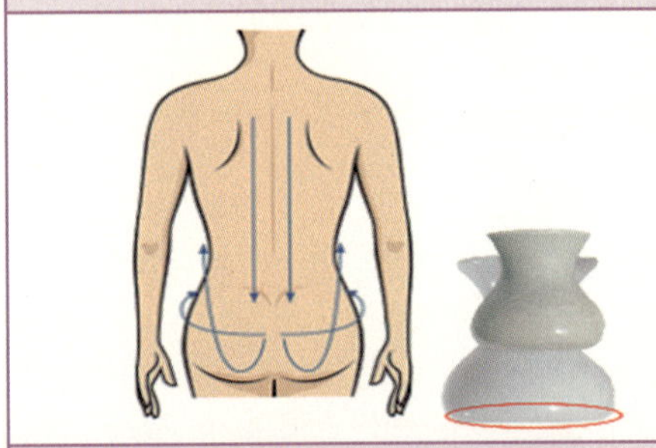

(3) 방광1선과 2선을 따라 내려가서 둔부를 감싸고 옆구리로 올라와 액와로 빼준다.

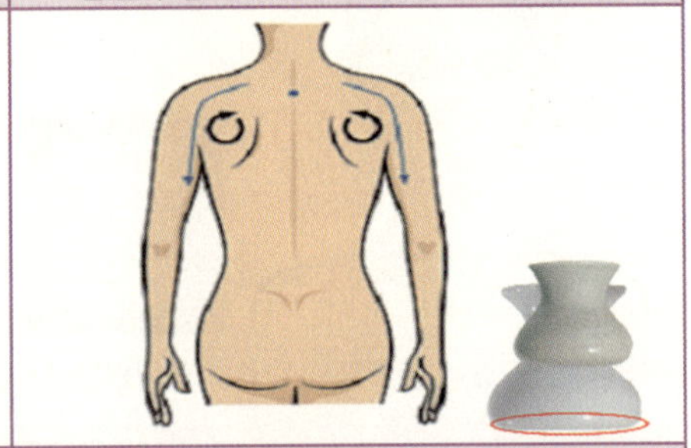

(4) 견갑골 부위를 큰 원부터 작은 원을 그리며 노페물을 액와로 빼준다.

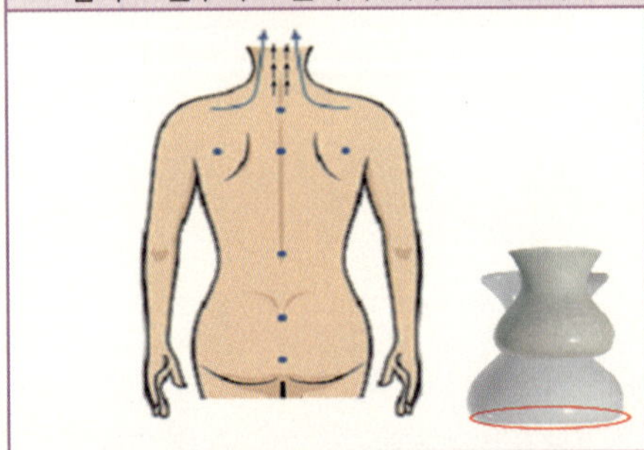

(5) 승모근과 경추 목 주위를 끌어올려 준다.

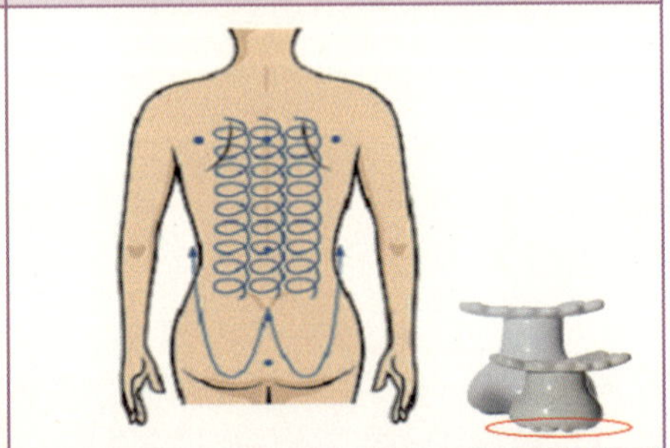

(6) 엠보를 이용하여 독맥 라인과 방광 1,2선을 용수철 모양으로 내려가서 옆구리로 올라온다.

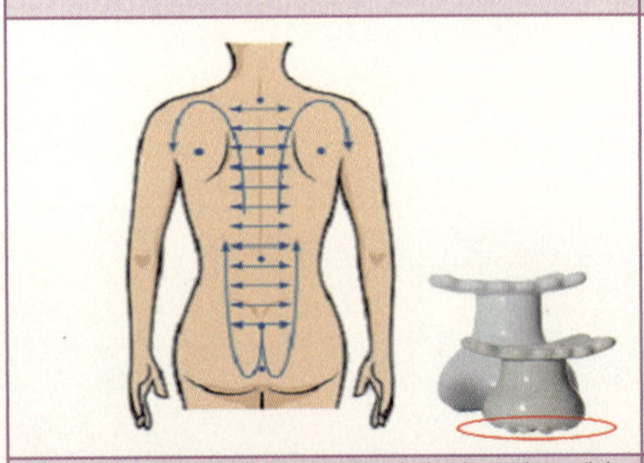

(7) 독맥 경추 7번 대추혈을 따라 요유혈까지 지그재그 모양으로 내려 갔다가 방광2선을 타고 올라와 견갑골에서 지압한다.

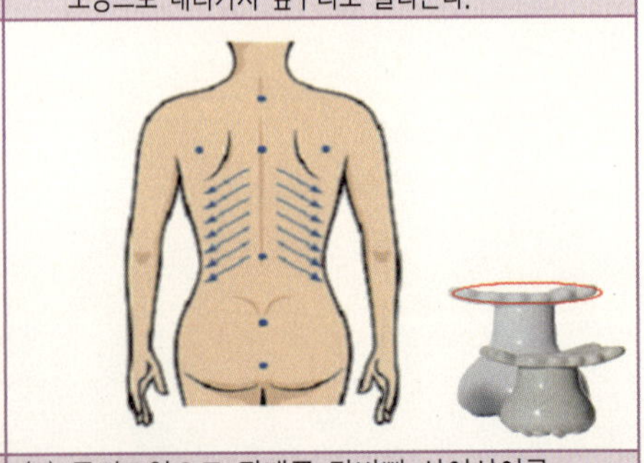

(8) 물결모양으로 광배근 갈비뼈 사이사이를 사선으로 밀어준다.

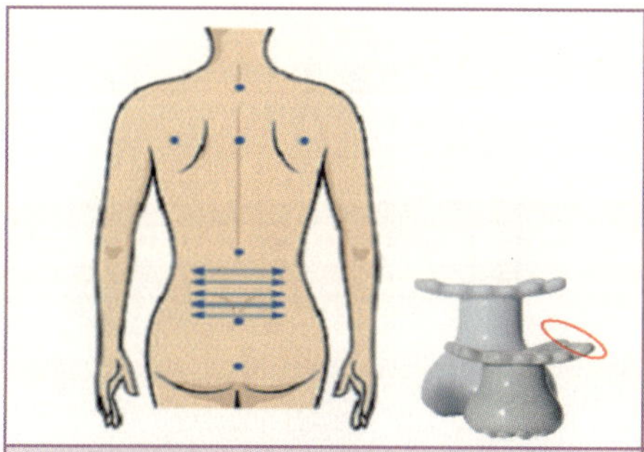

(9) 파도모양을 이용하여 상료-차료-중료 -하료-요유 부위를 횡찰법을 이용한다.

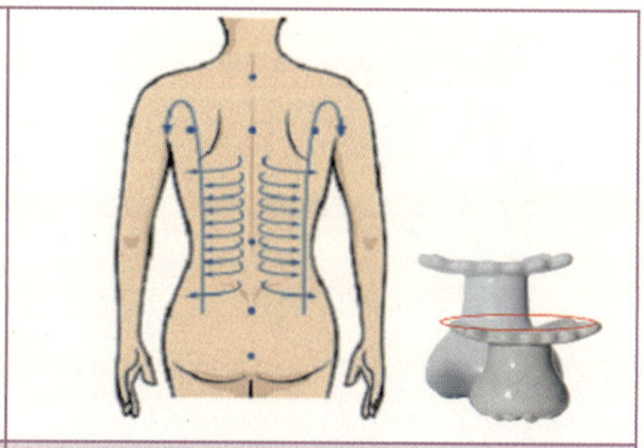

(10) 민무늬를 이용하여 전체를 사선으로 쓸어 내린 다음 옆구리로 올라와 액와로 빼준다.

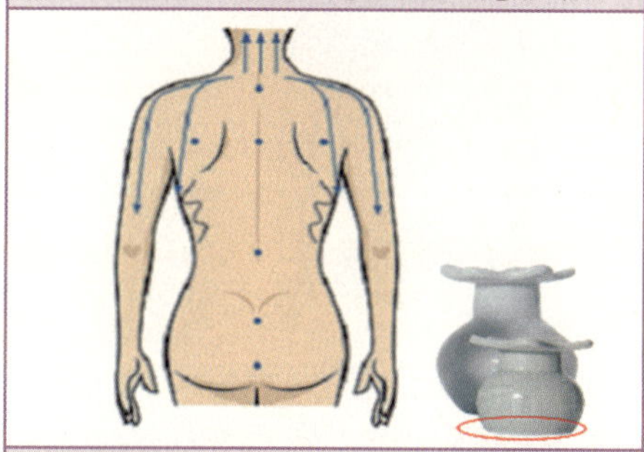

(11) 승모근 견갑골 아래 전체를 흡착법을 이용한다.

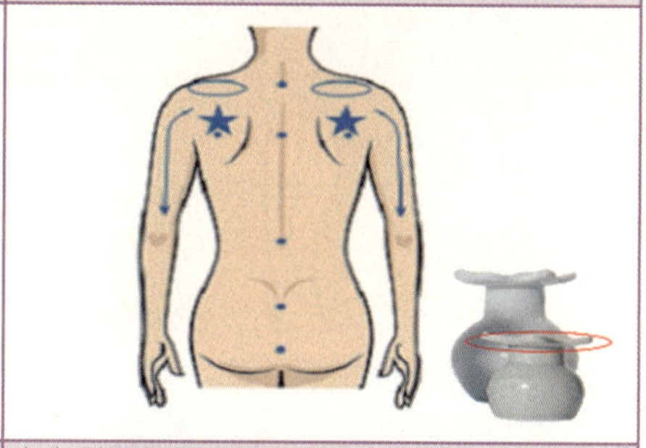

(12) 천종을 중심으로 견갑골 액와등을 별모양을 이용한다.

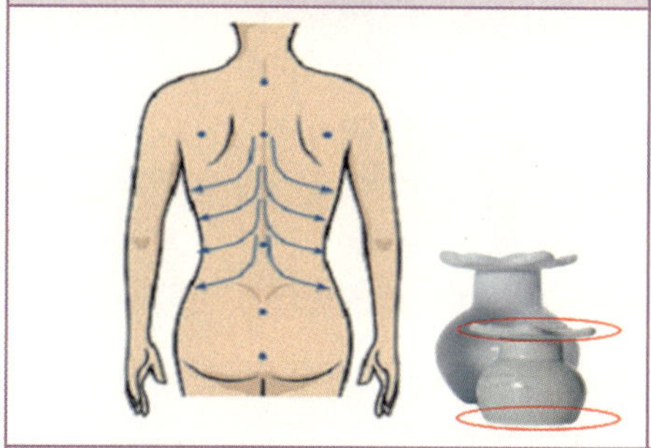

(13) 외복사근과 장골능을 따라 별모양과 흡착법을 이용한다.

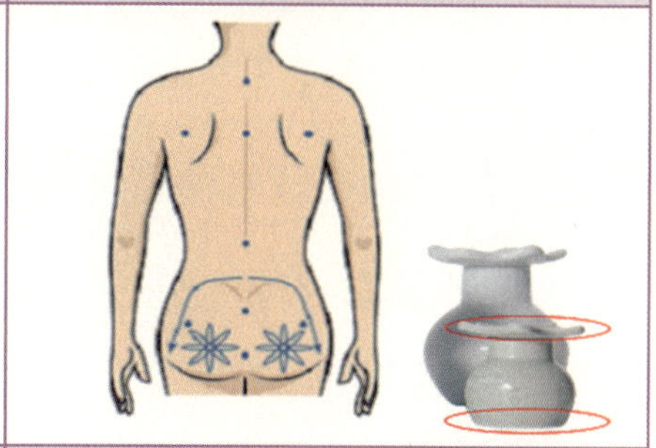

(14) 환도부위를 위주로 둔부 전체를 별모양과 흡착법 이용하고 타법을 사용한다.

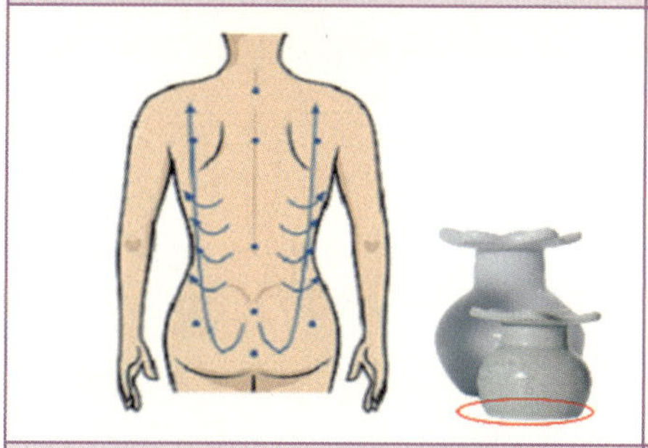

(15) 옆구를 흡착법을 이용하고 등 전체를 끌어올린다.

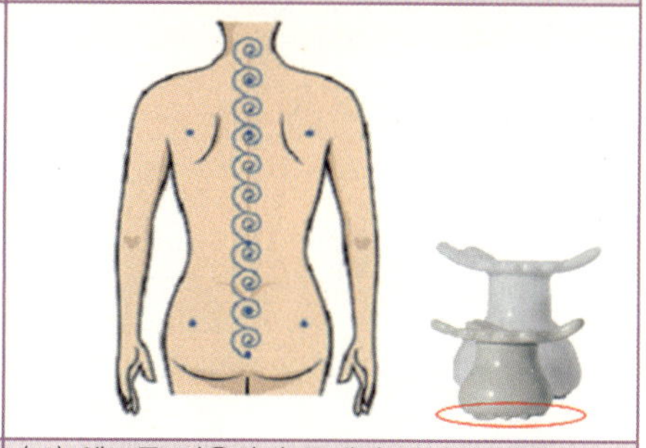

(16) 엠보를 이용하여 독맥과 방광1, 2선을 고정원 그리기하여 요유혈까지 내려간다.

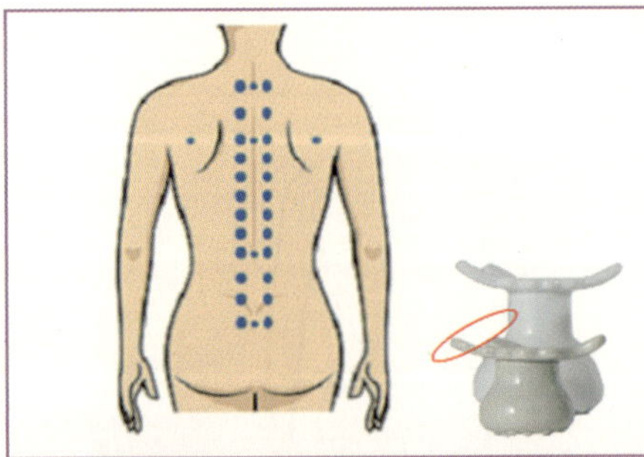

(17) 사슴뿔로 척추뼈 사이사이 방광 1선을 지압한다.

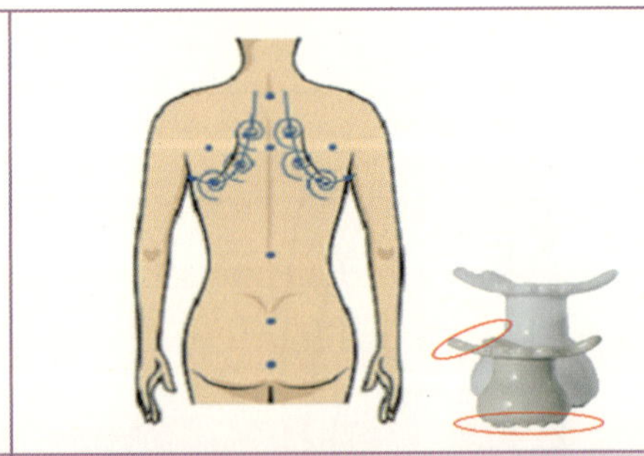

(18) 견갑골 사슴뿔로 타원형 그리고 엠보를 이용하여 승모근과 소원근, 대원근을 이완시킨다.

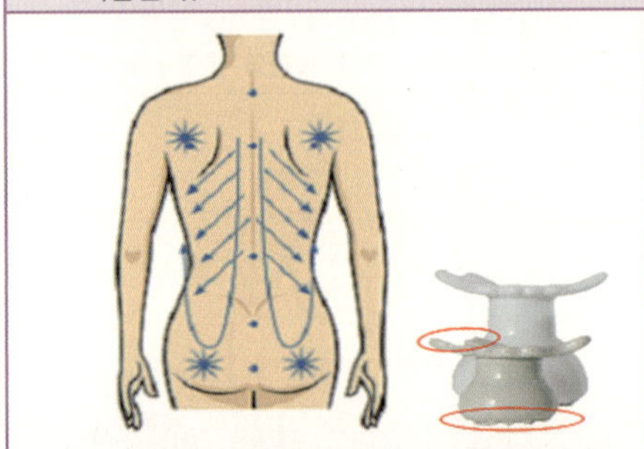

(19) 사슴뿔을 이용하여 등 전체를 사선으로 쓸어내리고 엠보를 이용하여 견갑골과 둔부를 원을 그리면서 풀어준다.

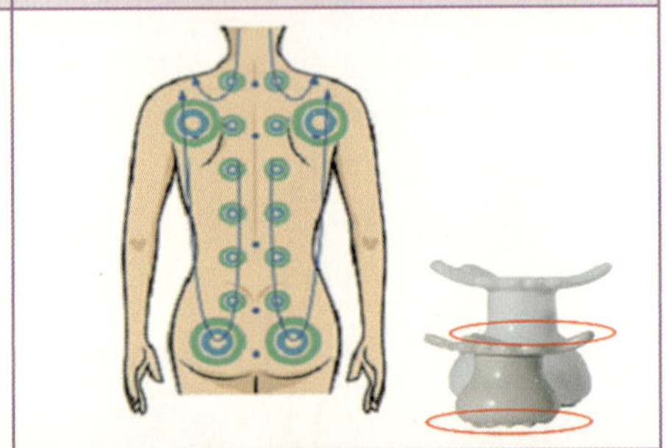

(20) 방광1, 2선을 고정원으로 지압 후 옆구리로 내려 민무늬를 사용하여 액와로 끌어올린다.

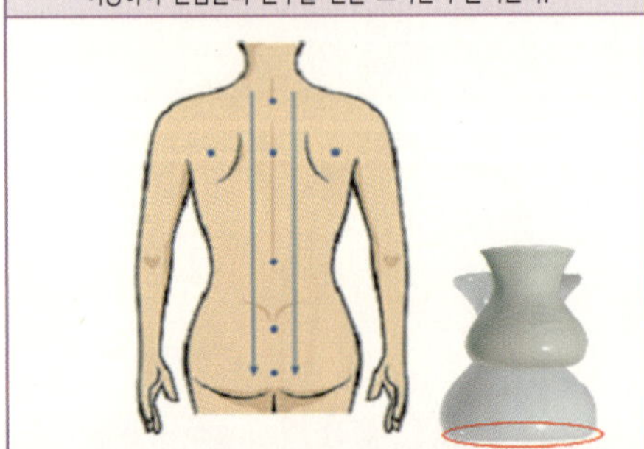

(21) 독맥경추~장강까지 쓸어준다.

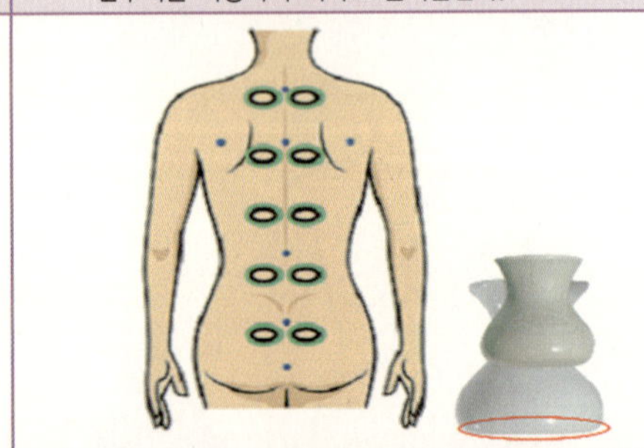

(22) 방광경 1, 2선을 원형으로 쓸어준다.

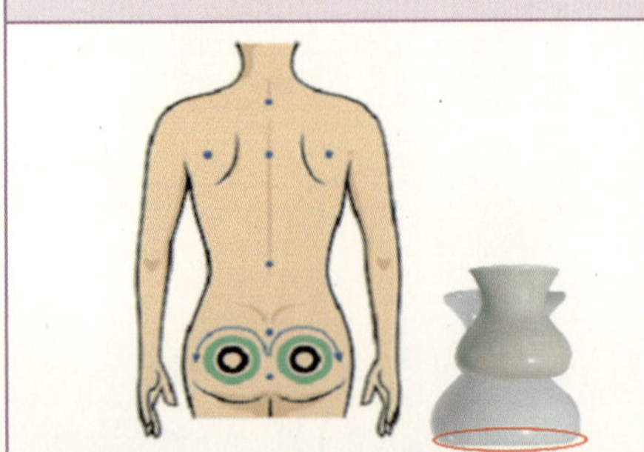

(23) 둔부 전체 원형으로 쓸어준다.

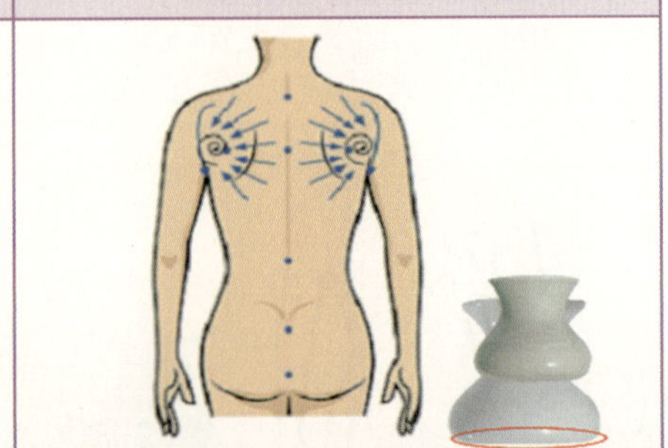

(24) 견갑골에서 액와로 원형으로 쓸어준다.

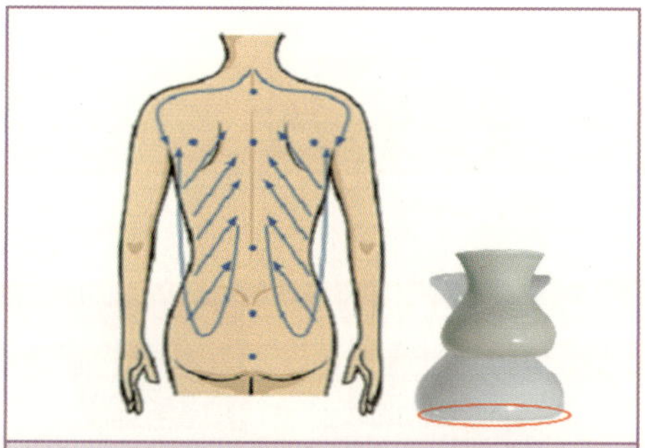

(25) 등 전체를 끌어올려 액와로 빼준다.

3) 하지 후면 관리

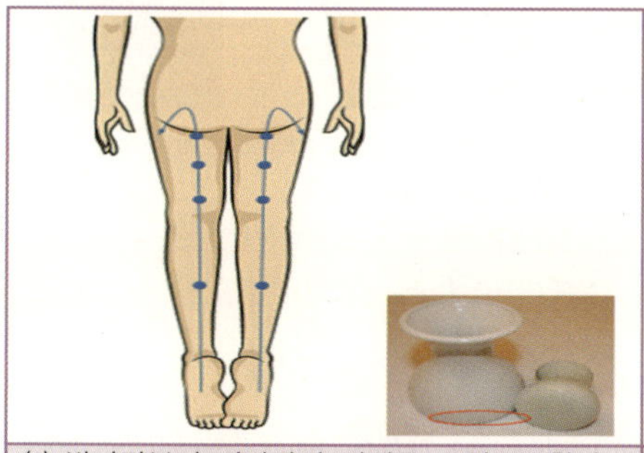

(1) 발바닥부터 시작하여 전체를 오일도포한다.

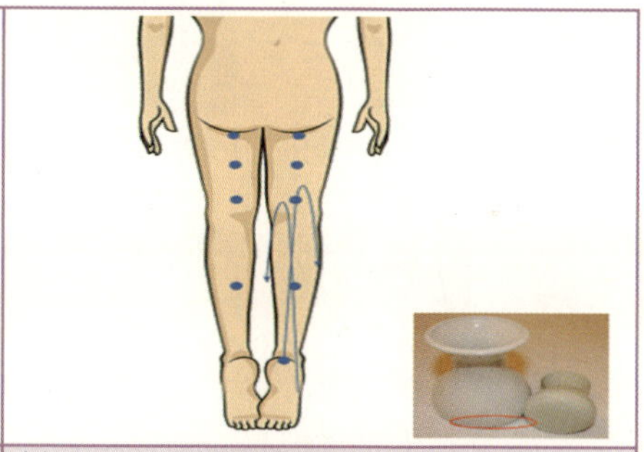

(2) 곤륜-승산-함양을 지나 양경과 음경을 교대로 내려온다

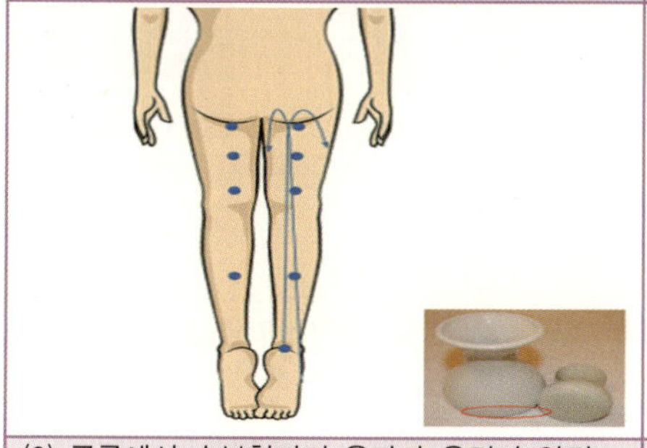

(3) 곤륜에서 승부혈까지 올라가 음경과 양경으로 내려온다.

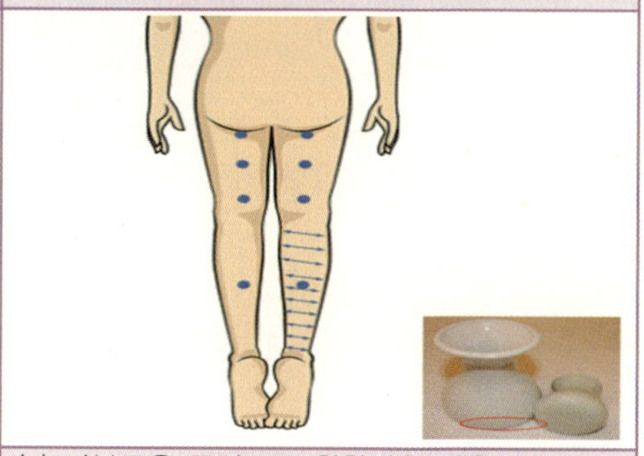

(4) 비복근을 중심으로 횡찰법을 이용하여 종아리 부위를 실시한다.

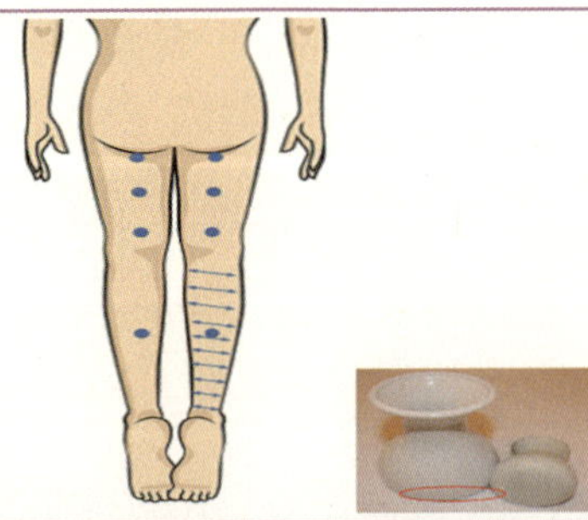

(5) 발바닥을 쓰다듬고 용천부위 지압을 실시한다.

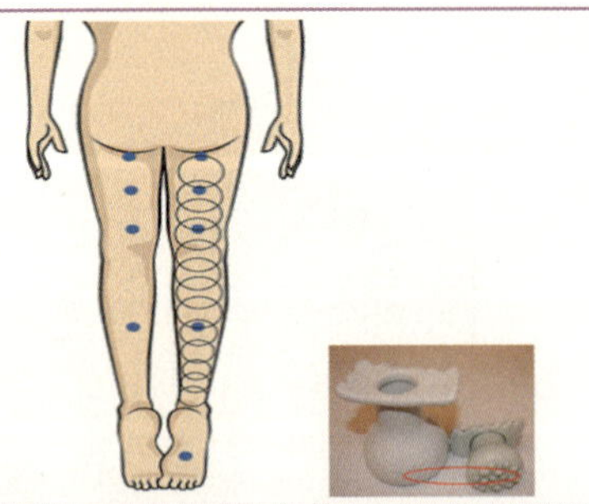

(6) 엠보를 이용하여 발바닥부터 용천부위 중심으로 전체적으로 원형법을 사용하여 쓸어준다.

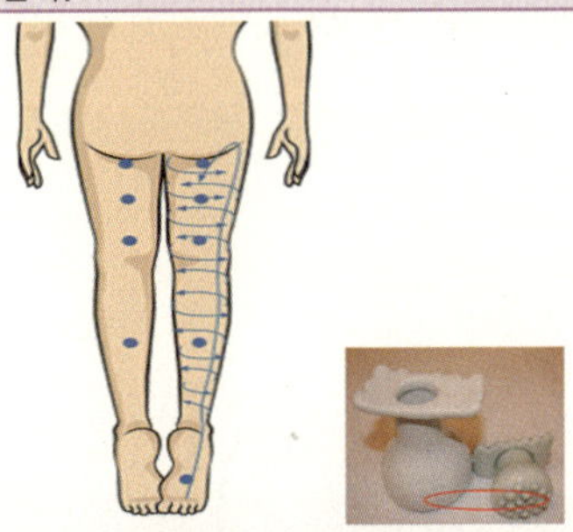

(7) 엠보를 이용하여 곤륜-승산-은문-승부까지 나선형을 사용하여 올라갔다가 족소양담경으로 내려온다.

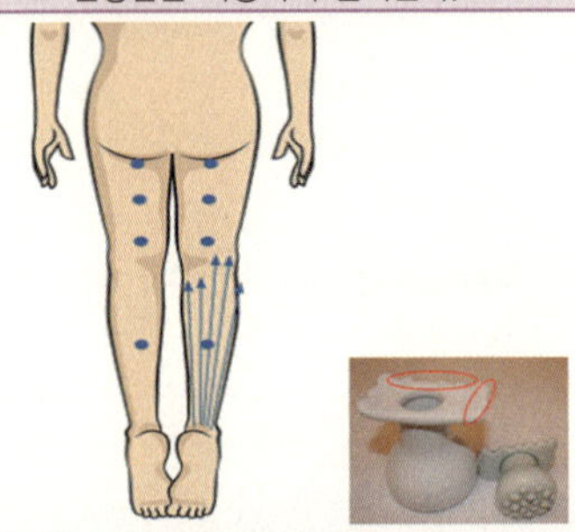

(8) 오수혈을 위주로 파도 무늬를 이용하여 자극한다(족양명방광경 뒷굼치-정중앙, 족소양담경 바깥쪽의 정중앙-족소음신경-뒷꿈치 안쪽 족궐음 간경-발내측 중앙, 족태음비경-발 내측 안쪽).

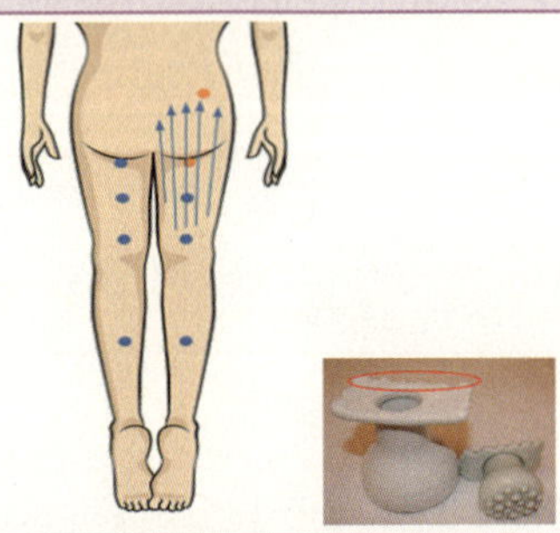

(9) 물결무늬를 이용하여 승부혈-회양-환도 부위까지 대퇴부위 전체를 쓸어올려 준다.

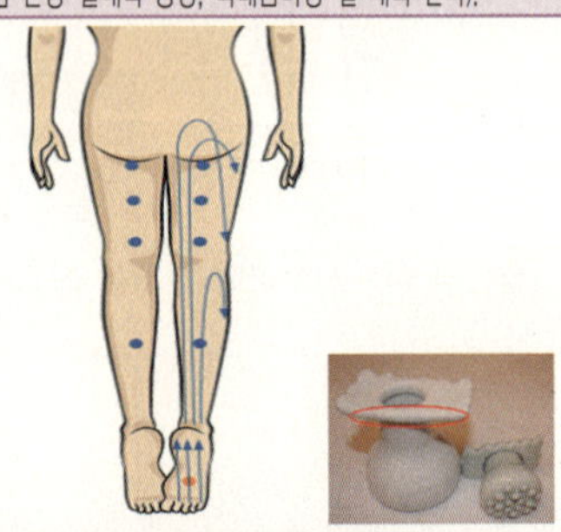

(10) 민무늬를 이용하여(발바닥의 용천은 민무늬 옆면을 사용하여 지압) 다리전체를 끌어올린다.

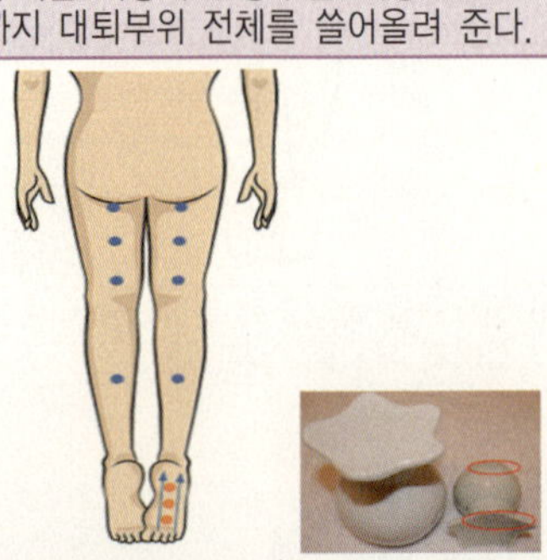

(11) 발바닥을 흡착법을 이용하여 쓸어주고 별모양을 이용하여 발의 옆면 내외측을 문지른다.

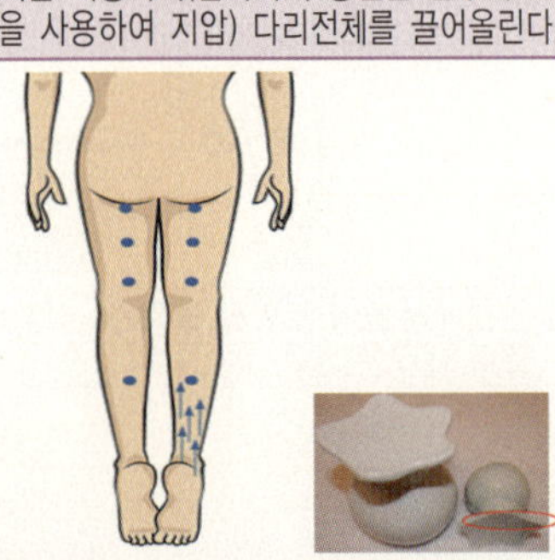

(12) 별모양을 이용하여 생식기 부위와 아킬레스건을 문지른다.

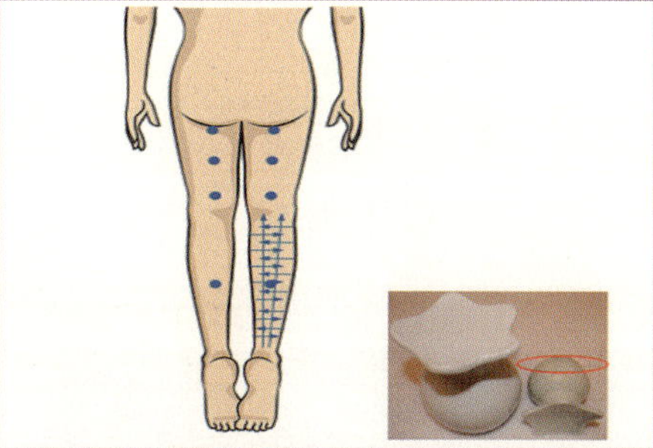

(13) 흡입법을 이용하여 비복근을 상하좌우로 흔든 다음 오금부위로 빼준다.

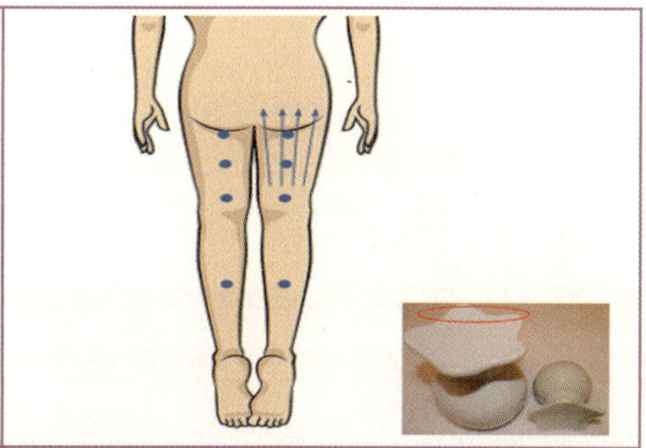

(14) 흡입부위을 이용하여 대퇴부위와 대둔근을 전체적으로 흔든 다음 서혜 부위로 빼준다.

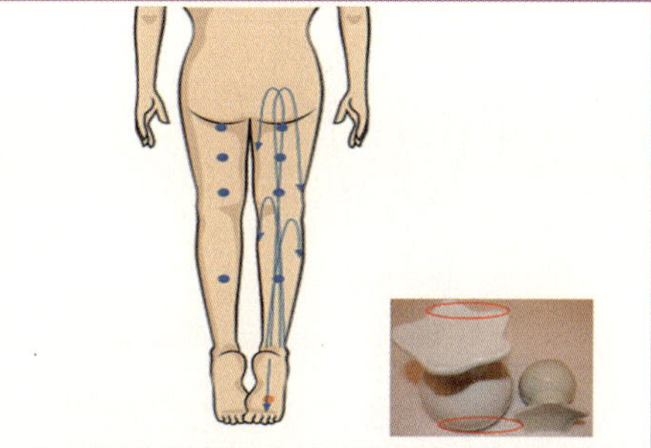

(15) 별모양과 흡착 부위를 이용하여 다리전체를 쓰다듬고 내려와 용천부위에 지압 후 발가락으로 내려온다.

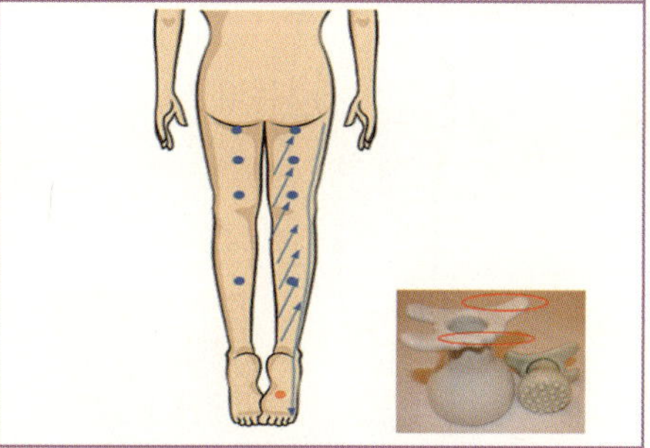

(16) 따봉을 이용하여 용천지압 후 신장-수뇨관-방광-생식선 라인을 쓰다듬고 아킬레스건으로 빼준다.

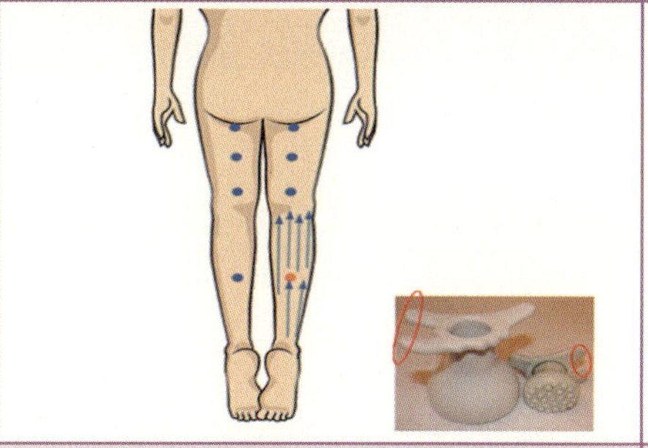

(17) 사슴뿔을 이용하여 아킬레스건을 문지르고 승산 지압 후 오금까지 문지르고 올라간다.

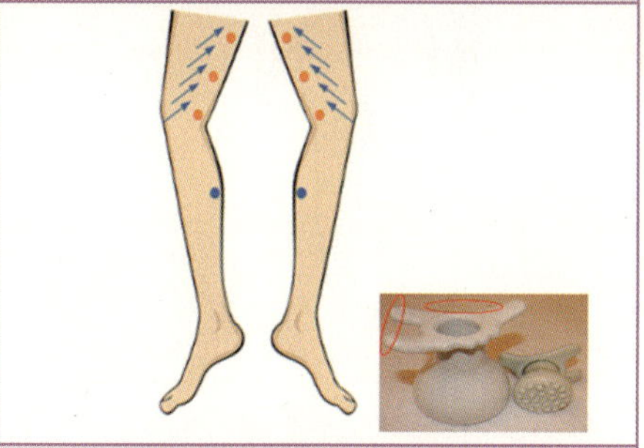

(18) 다리를 옆으로 눕혀서 민무늬와 사슴 뿔을 이용하여 대퇴부위를 번갈아 문지른다.

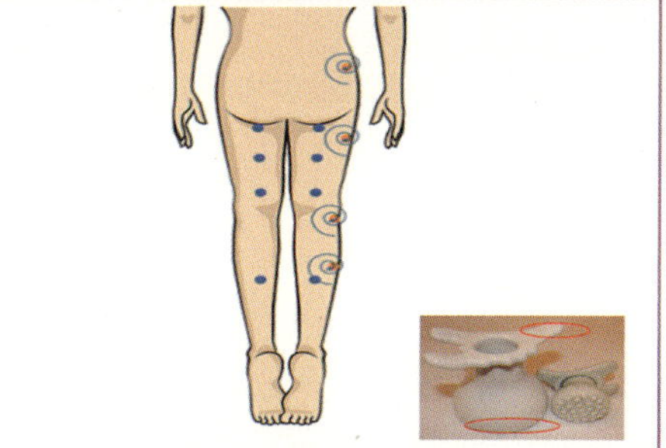

(19) 양교-양릉천-풍시-환도 지압하고 원을 그리며 부위를 풀어준다.

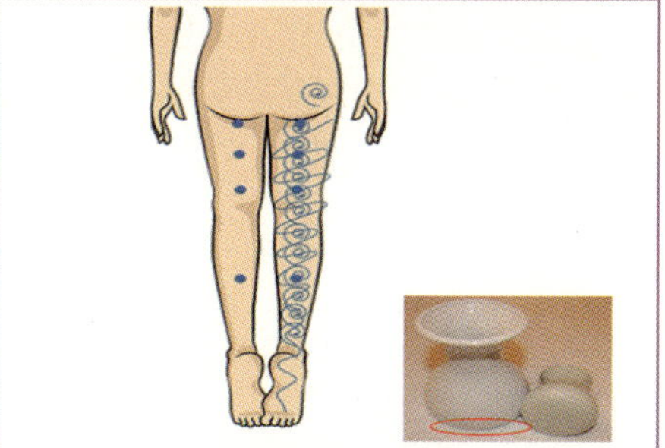

(20) 바닥으로 다리 전체를 사선으로 쓸어준다.

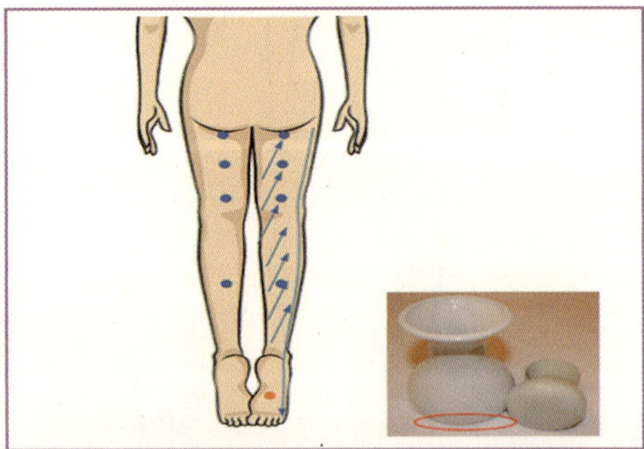

(21) 다리 전체를 안쪽에서 밖으로 사선으로 이용하여 쓸어주고 양경으로 내린다.

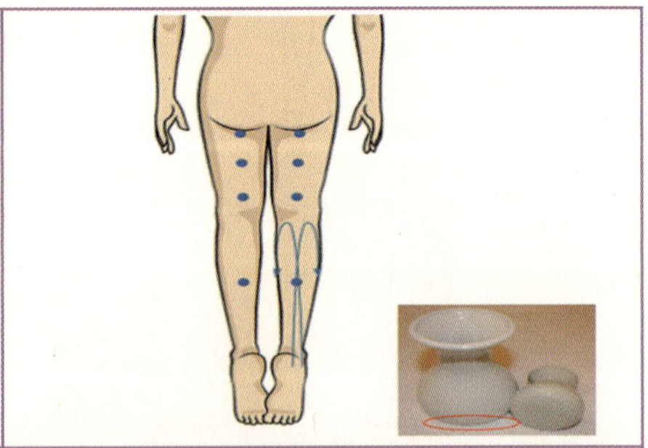

(22) 비복근을 중심으로 양경과 음경으로 문지른다.

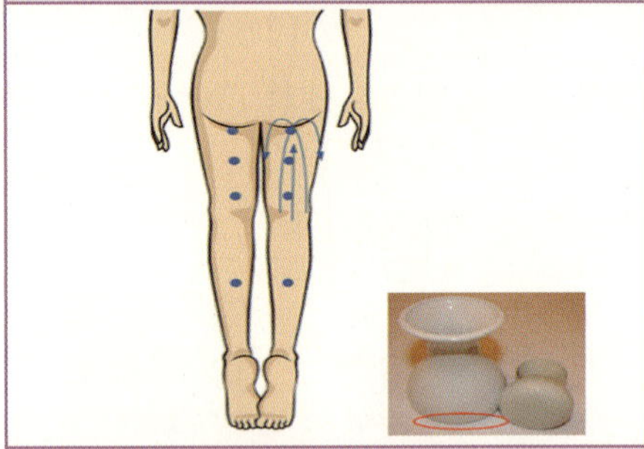

(23) 대퇴근을 중심으로 전체를 음경과 양경으로 내린다.

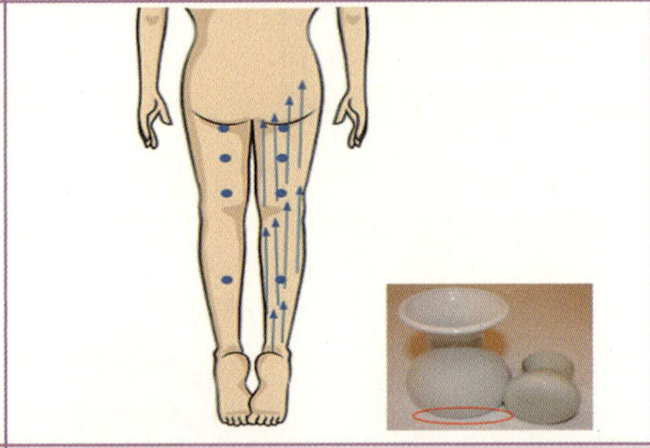

(24) 대퇴부는 서혜부로 종아리는 오금 쪽으로 노폐물을 빼준다.

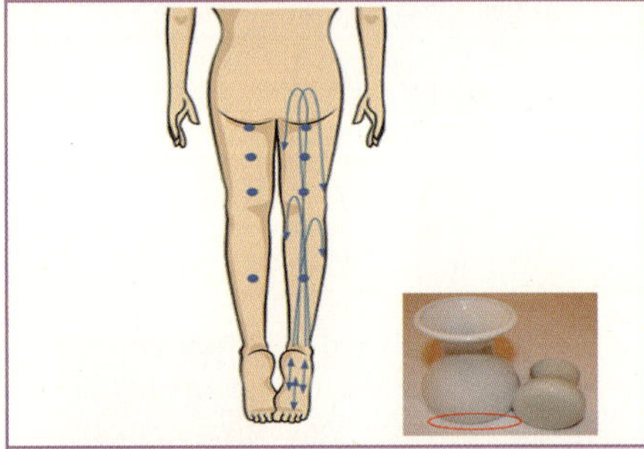

(25) 다리 전체를 음경으로 올라가 양경으로 내려와 발바닥까지 문지르며 마무리한다.

4) 하지 전면 관리

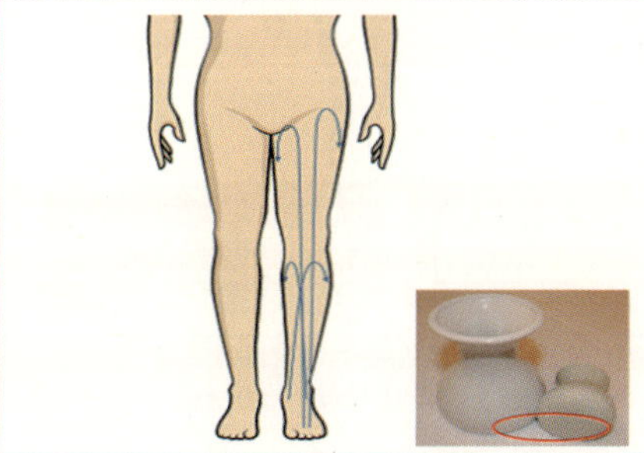

(1) 발등과 다리전체를 오일 도포한다.

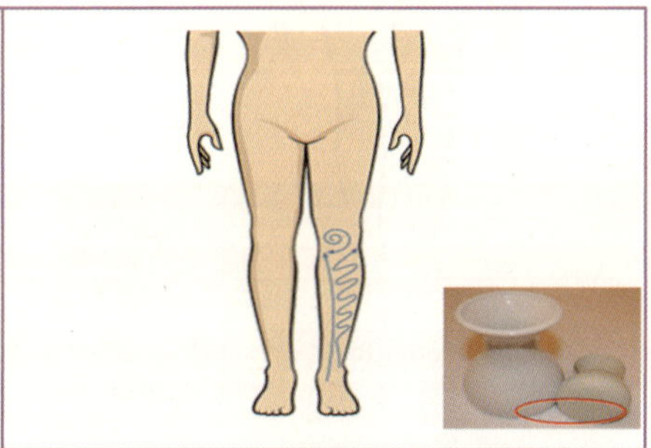

(2) 위경을 중심으로 직선으로 슬개골 부위에 원을 그리고 올라가 내외측 광근을 쓸어준다.

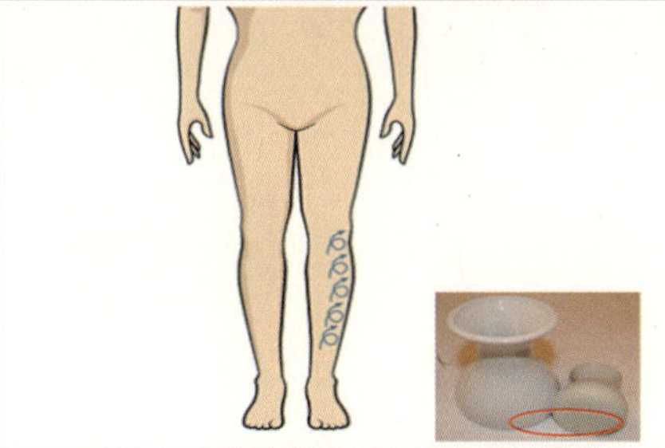

(3) 장골근과 비골을 중심으로 나선형을 그린다.

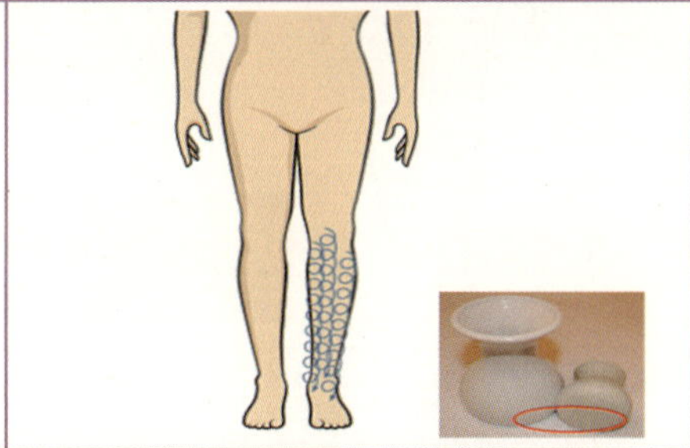

(4) 족소양담경, 족양명위경, 족궐음간경을 나선형으로 문지른다.

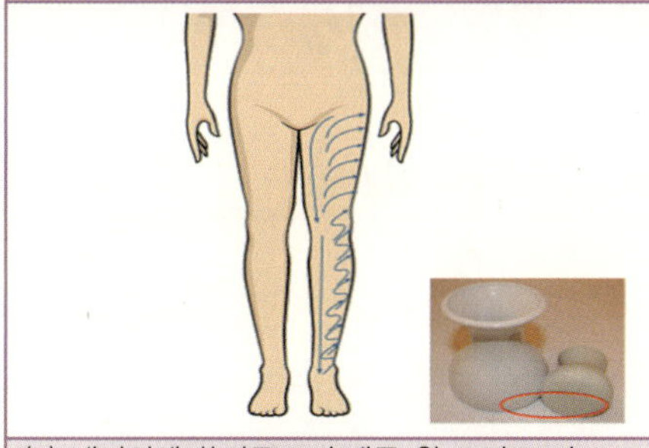

(5) 대퇴전체 쓸어주고 슬개골 원 그리고 비, 장골을 직선으로 쓸어주고 발등으로 내려온다.

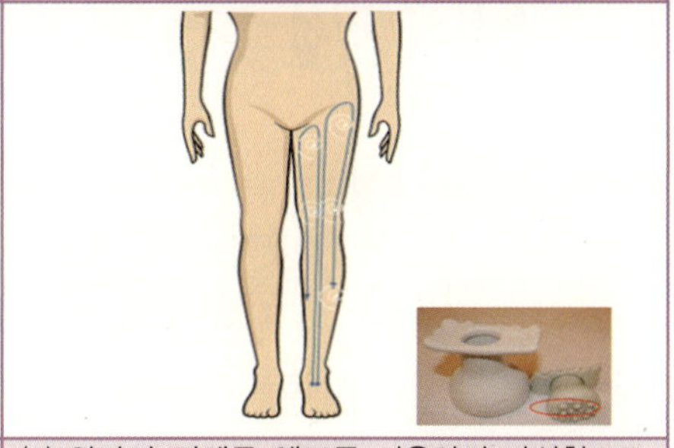

(6) 앞다리 전체를 엠보를 이용하여 나선형으로 쓸어준다.

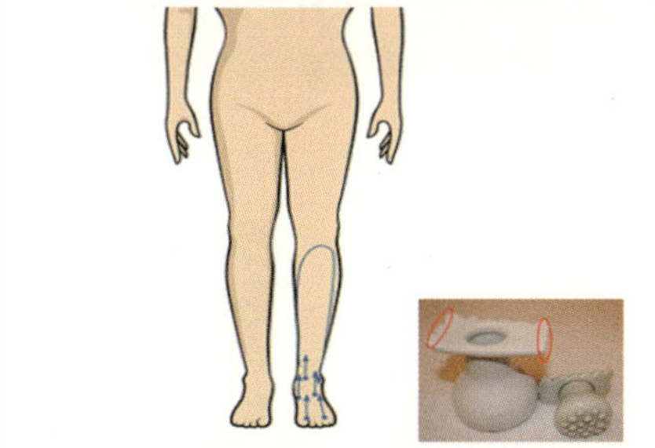

(7) 물결모양으로 발등과 복숭아뼈 주위 전체를 문지르고 음경인 신경을 따라 올라가서 양경인 담경을 따라 내려온다.

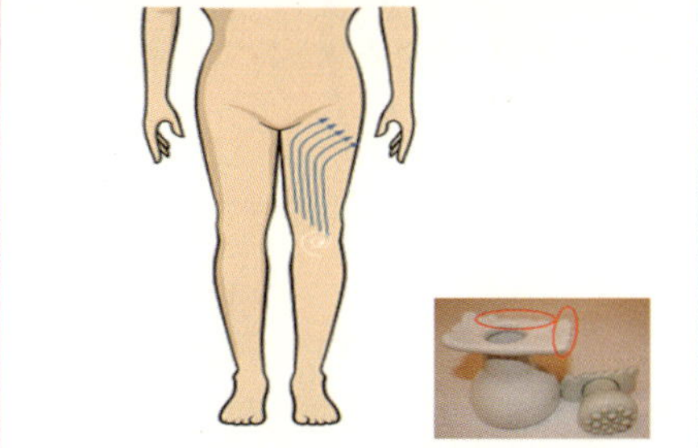

(8) 대퇴 부위를 물결과 파도무늬를 이용하여 내전근 부근으로 올라가 담경을 따라 내려온다.

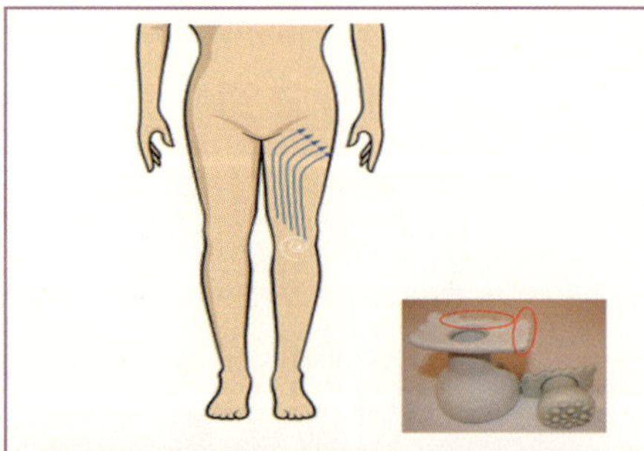

(9) 민무늬를 이용하여 음경인 신경을 따라 올라가 사선으로 다리 전체를 쓸어내린다.

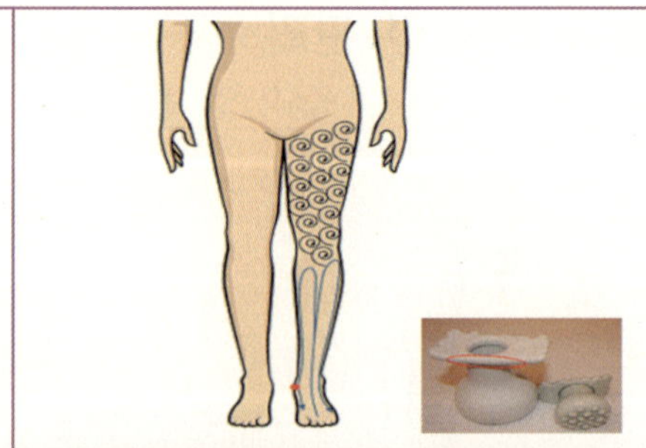

(10) 허벅지를 엠보 바닥을 이용하여 원을 그리며 풀어 주고 오수혈 부위를 쓸어내린다.

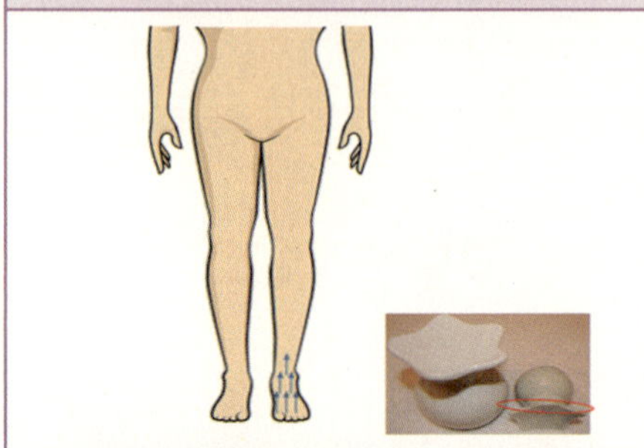

(11) 별모양을 이용하여 발가락 사이사이를 쓸어올리고 발등 전체를 쓸어올려 준다.

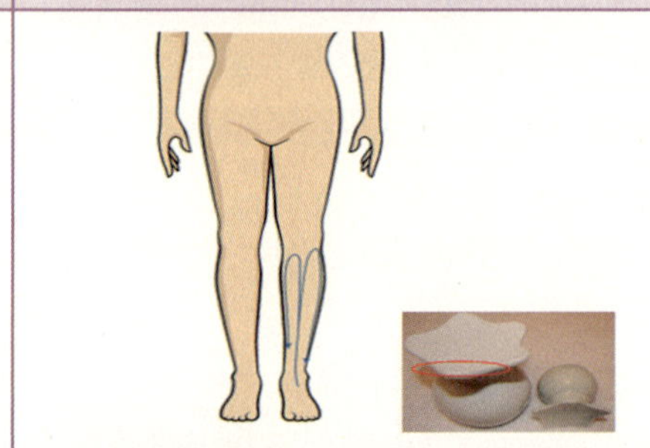

(12) 별모양으로 위경을 따라 올려서 음경과 양경으로 쓸어내린다.

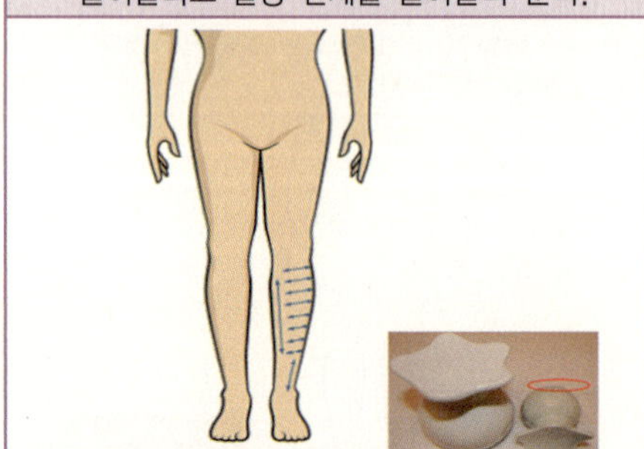

(13) 경골을 중심으로 흡입법을 이용하여 담경으로 쓸어준다.

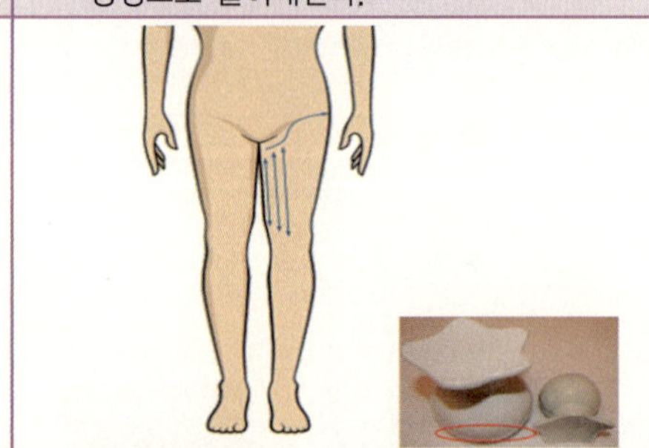

(14) 흡입법을 이용하여 대퇴부위를 족음경, 비경, 간경, 신경을 서혜부로 쓸어준다.

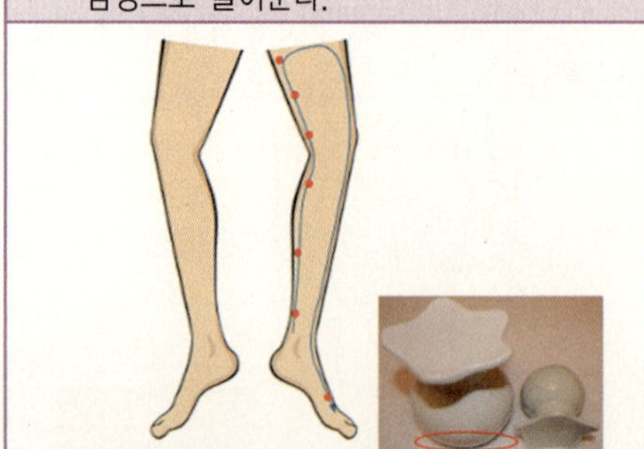

(15) 흡입법을 이용하여 삼각다리를 만들어 용천-삼음교-지기-혈해-족오리-서혜부를 지나 위경으로 내려온다.

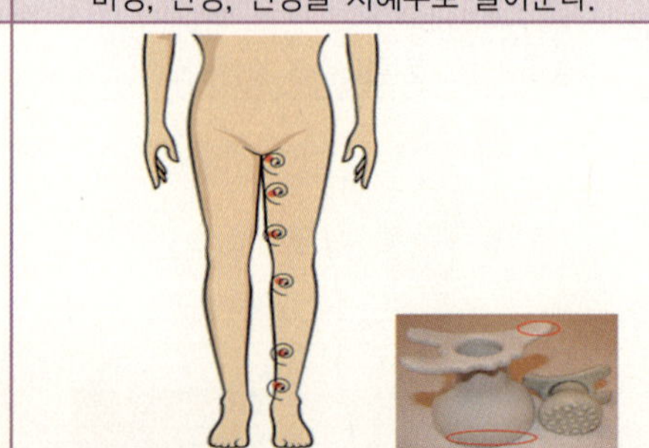

(16) 용천-조해-삼음교-음릉천-혈해-기문-음렴을 지압하고 원을 그리며 풀어준다.

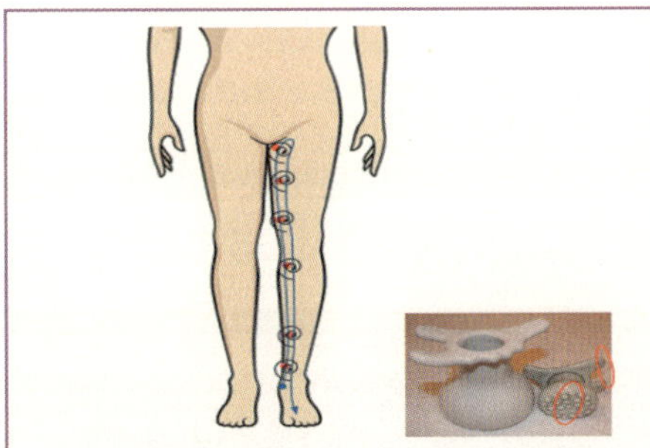

(17) 사슴뿔을 이용하여 용천-조해-삼음교-음릉천 -혈해-기문-음렴을 따라가며 쓸어올린다.

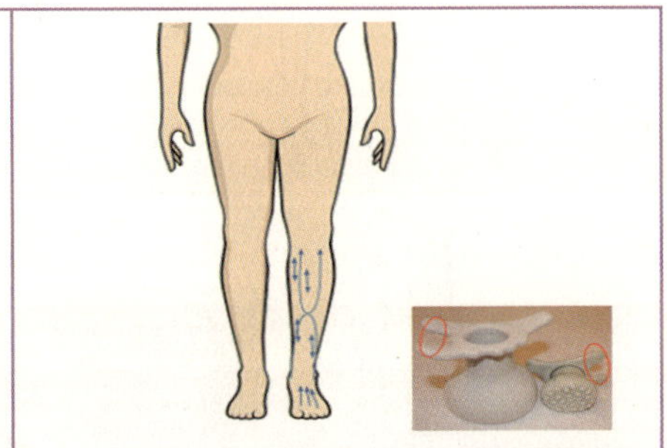

(18) 발가락 사이와 장골, 비골을 따라 사슴뿔과 엠보 면을 이용하여 반복해서 쓸어준다.

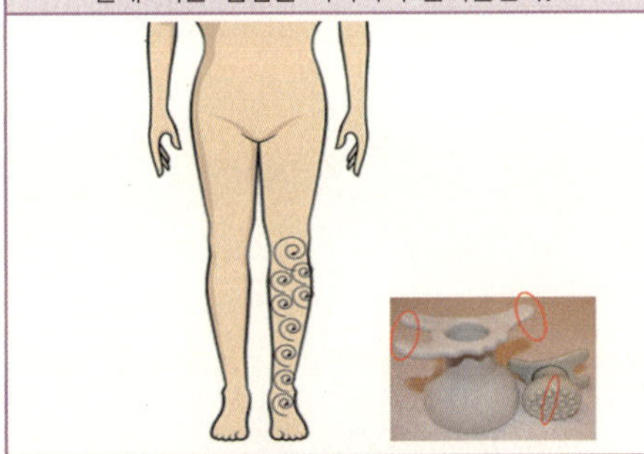

(19) 사슴뿔과 따봉을 이용하여 다리를 펴고 발등부터 슬개골까지 쓸어준다.

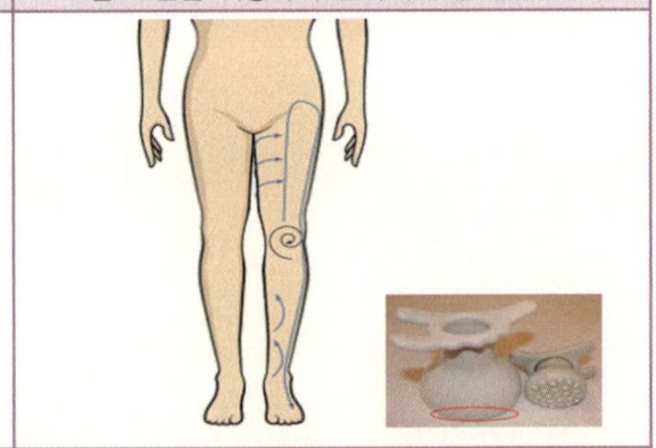

(20) 앞다리 전체 음경으로 올라가 슬개골 원 그리고 대퇴근을 쓸어주고 담경을 타고 내려온다.

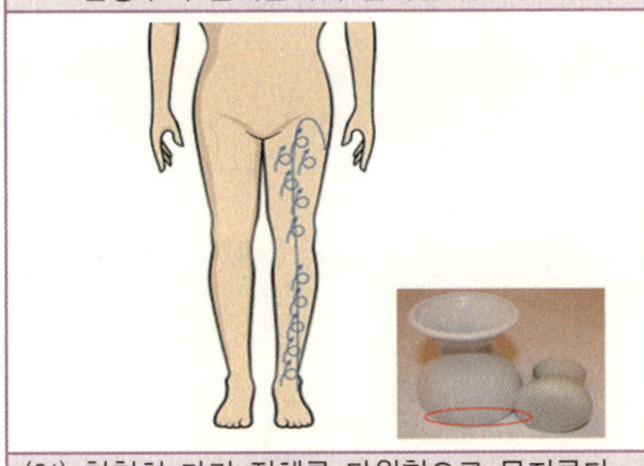

(21) 천천히 다리 전체를 타원형으로 문지른다.

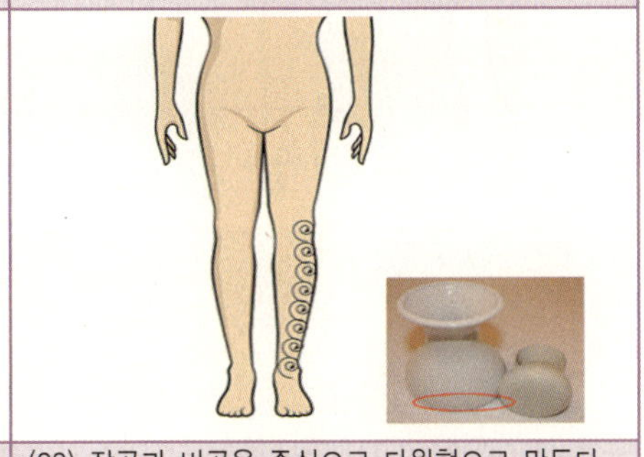

(22) 장골과 비골을 중심으로 타원형으로 만든다.

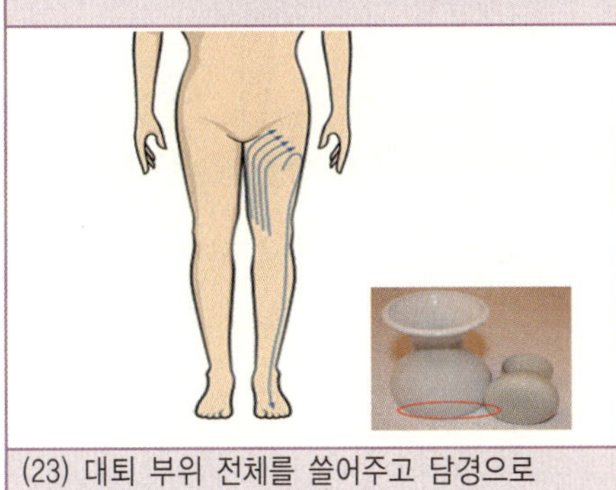

(23) 대퇴 부위 전체를 쓸어주고 담경으로 내려온다.

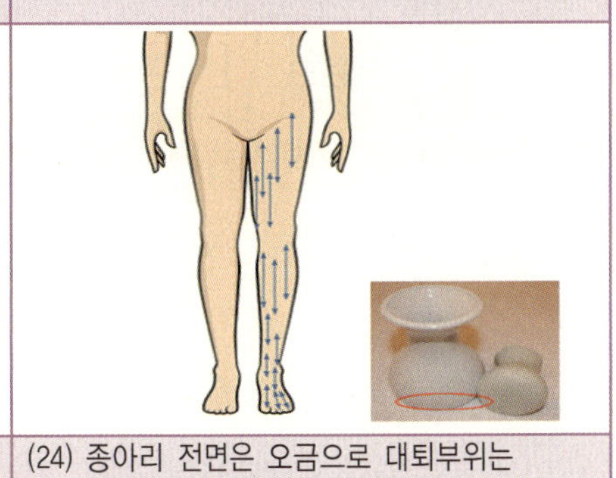

(24) 종아리 전면은 오금으로 대퇴부위는 서혜부로 노폐물을 빼준다.

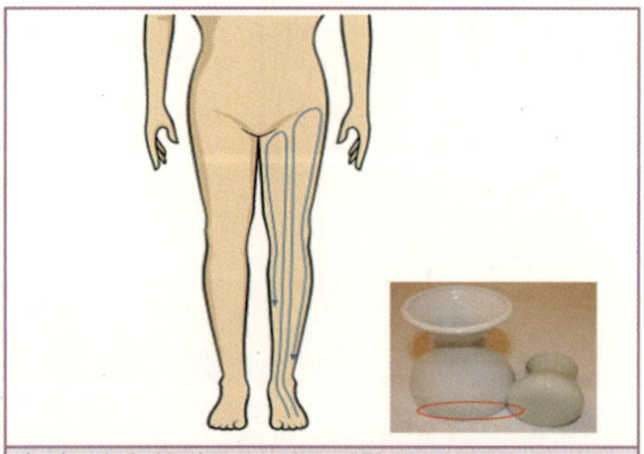

(25) 전체 쓸어주고 마무리한다.

5) 복부 관리

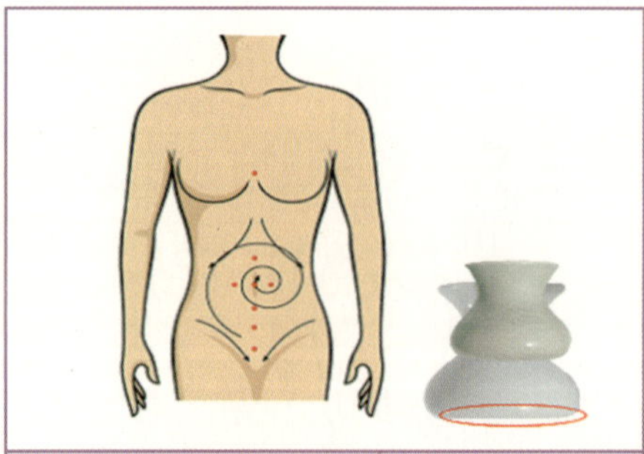

(1) 전체 오일도포한다.

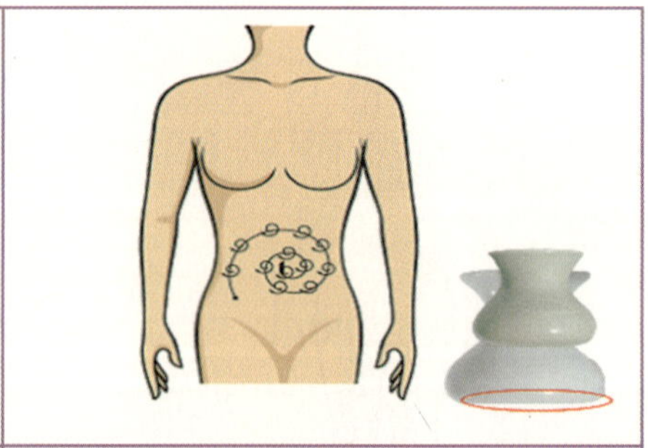

(2) 배꼽(신궐)을 중심으로 작은 원부터 큰 원을 그린다.

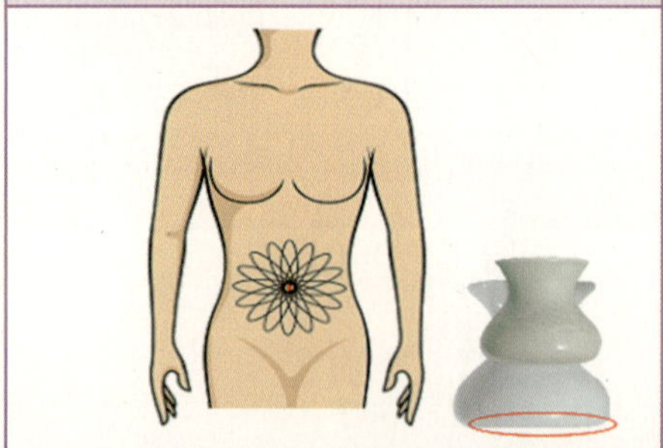

(3) 국화꽃무늬로 돌아가며 내장 전체를 쓸어준다.

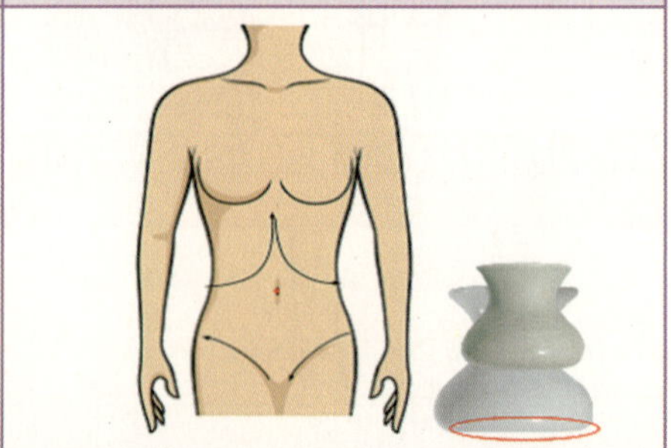

(4) 복부 전체를 다이아몬드를 만들며 쓸어준다.

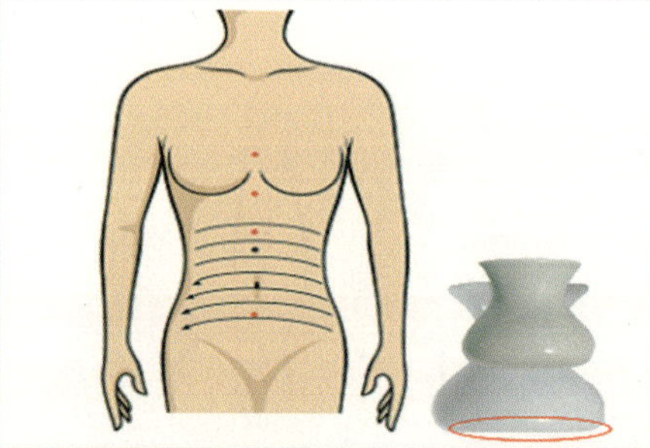

(5) 횡단법을 이용하여 좌 옆구리-신권-우 옆구리를 쓸어준다.

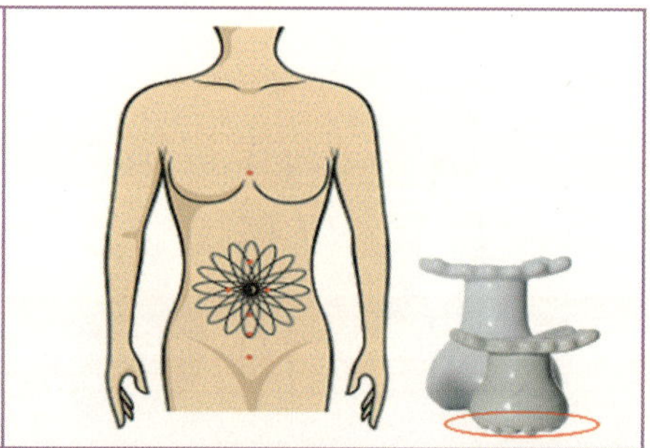

(6) 엠보를 이용하여 전체를 국화꽃 모양으로 쓸어준다.

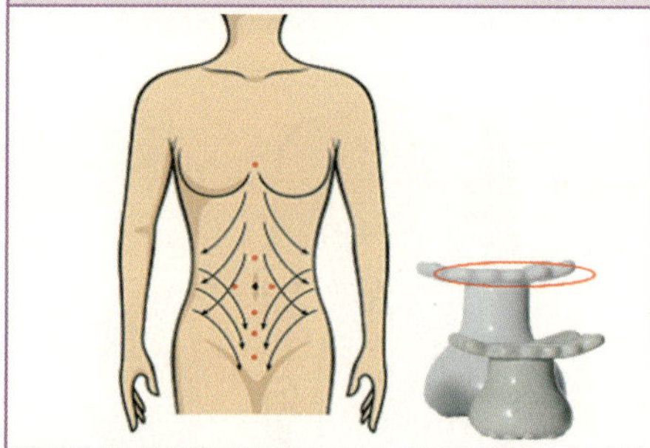

(7) 파도무늬를 이용하여 다이아몬드형을 만들어준다.

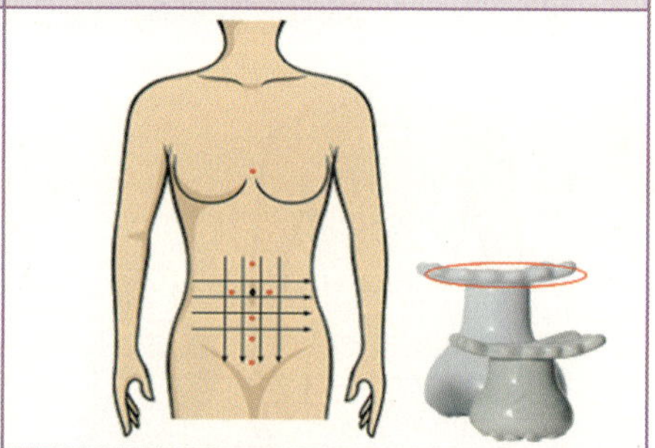

(8) 넓은 물결무늬로 복직근 좌우를 상하 좌우로 문지른다.

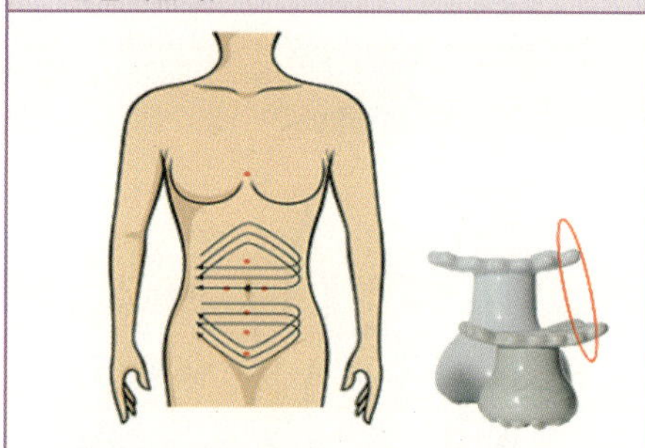

(9) 파도무늬를 이용하여 늑골 밑을 중심으로 삼각형 다시 역삼각형으로 문지른다.

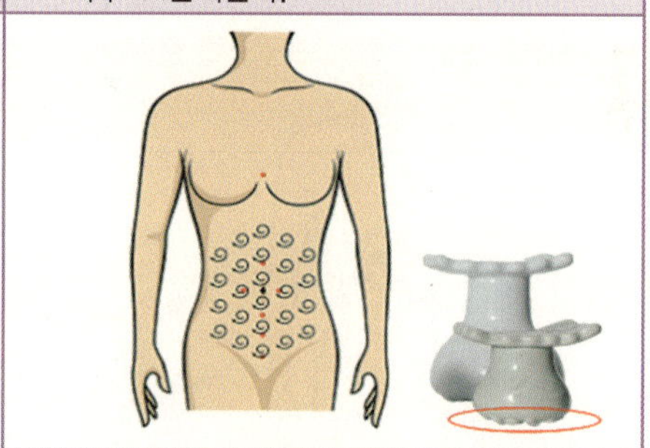

(10) 엠보를 이용하여 전체를 원형으로 문지른다.

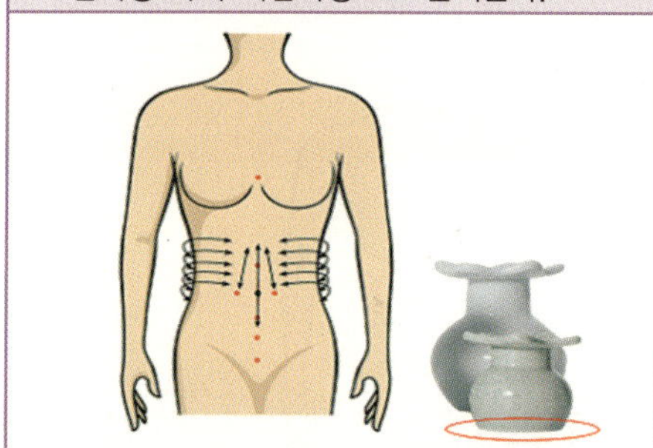

(11) 흡입법 이용하여 배꼽을 중심으로 상하 좌우로 흔들어준다.

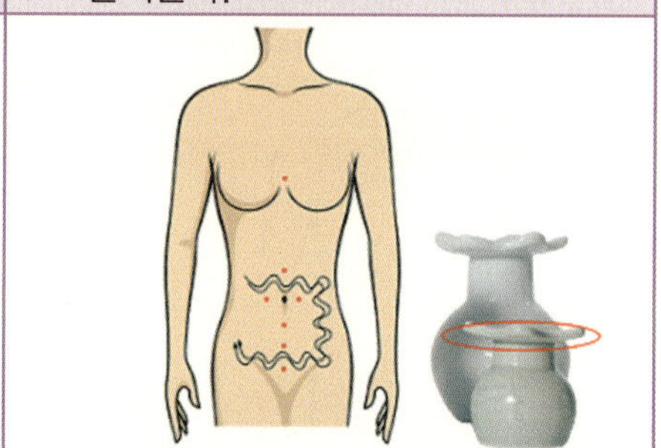

(12) 별모양을 이용하여 대장방향으로 우에서 좌로 장의 모양에 맞추어 쓸어준다.

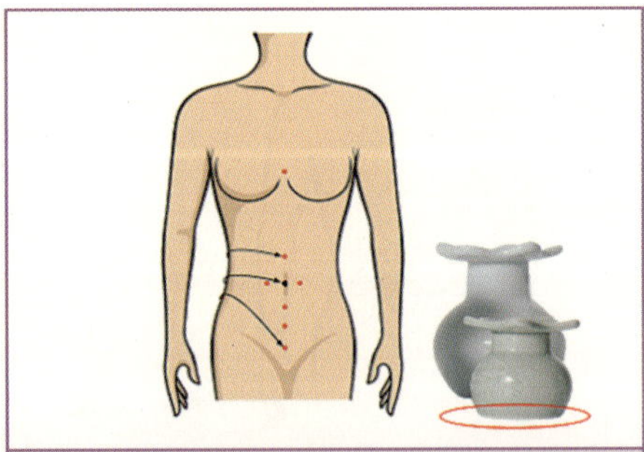

(13) 좌측중완(배꼽 위로 4촌) 중극(배꼽 아래 4촌)에서 시작하여 옆구리-중완, 옆구리-신궐, 옆구리-중극 흡착법으로 삼각형을 그린다.

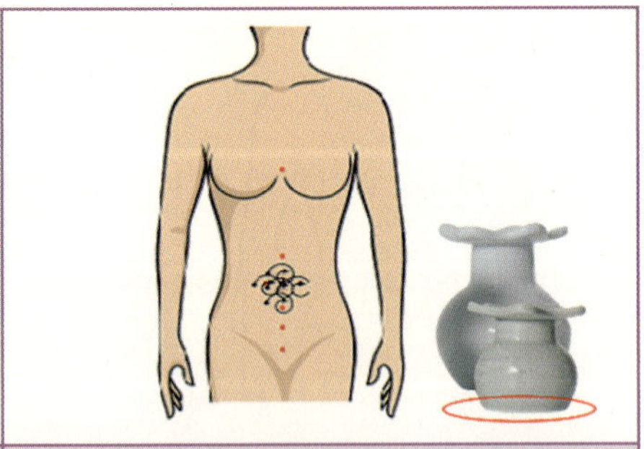

(14) 우측옆구리를 중심으로 중완(배꼽 위로 4촌) 중극(배꼽 아래 4촌)을 기점으로 옆구리-중완, 옆구리-신궐, 옆구리-중극 삼각형을 그린다.

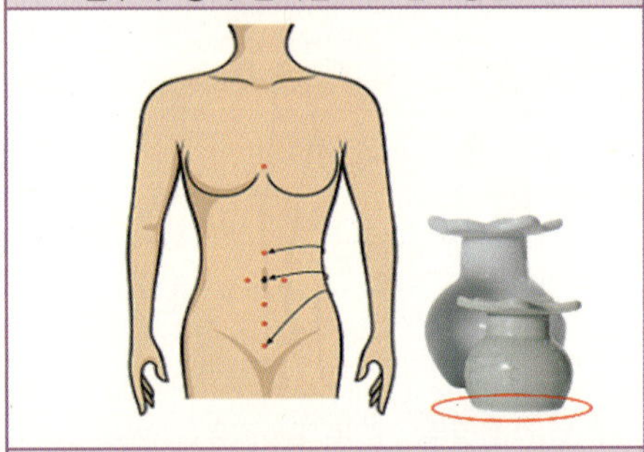

(15) 제중을 3번 흡입하여 뽑아낸다.

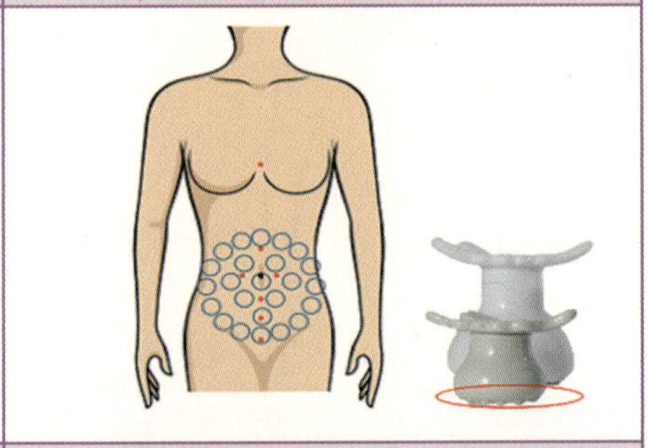

(16) 엠보를 이용하여 전체 원을 만들어 문지른다.

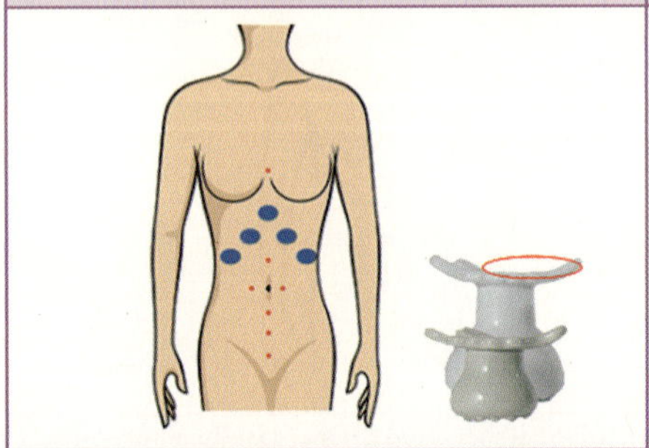

(17) 따봉을 이용하여 주요 혈점을 자극한다.

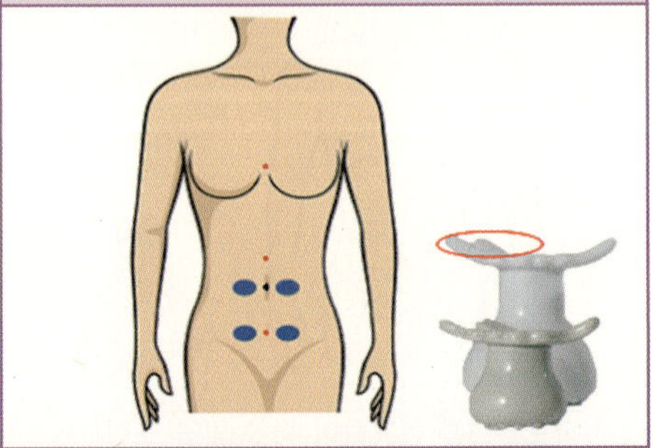

(18) 사슴뿔 모양으로 천추를 쌍지압한다.

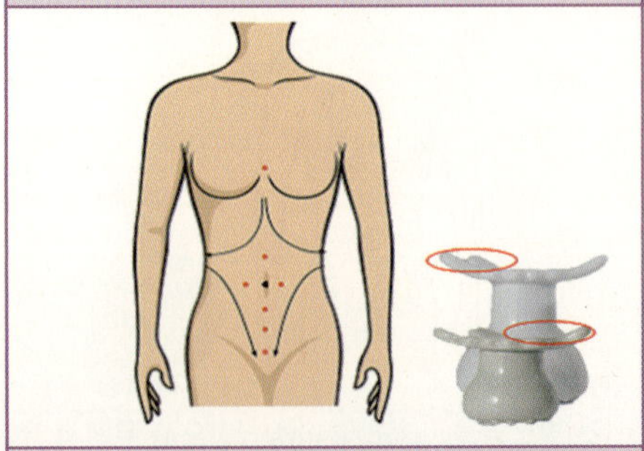

(19) 사슴뿔 모양으로 늑골 아래와 치골 안쪽을 다이아몬드형으로 문지른다.

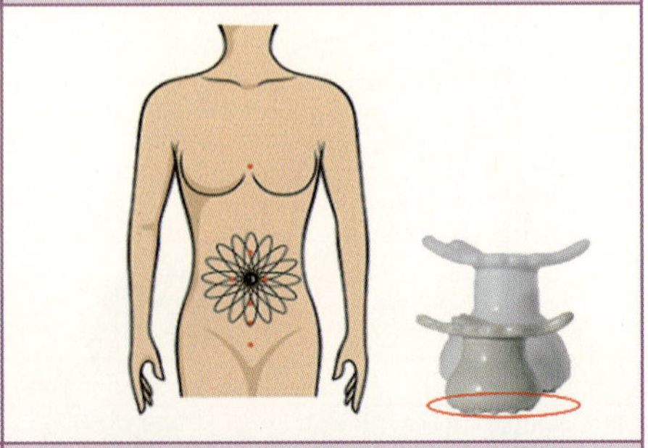

(20) 전체를 꽃무늬와 원형으로 마무리한다.

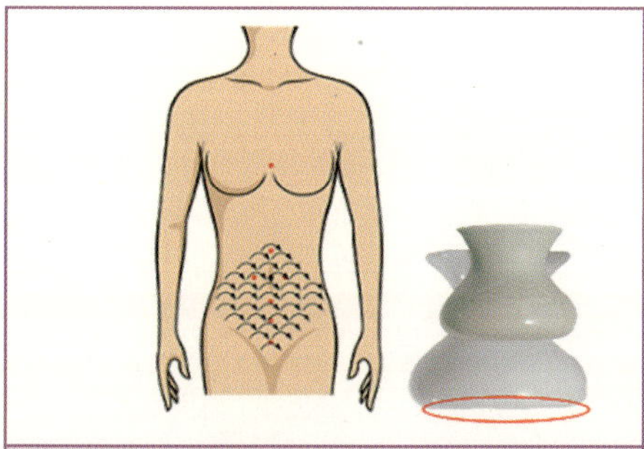

(21) 원형을 만들어 쓸어준다.

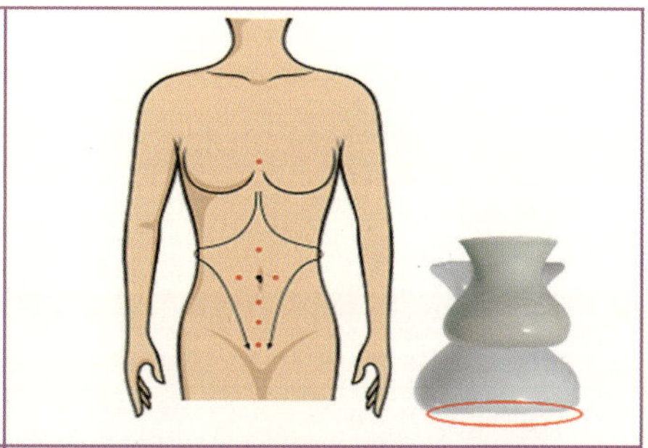

(22) 늑골과 옆구리 치골부위를 삼각형을 그리면서 노폐물을 제거한다.

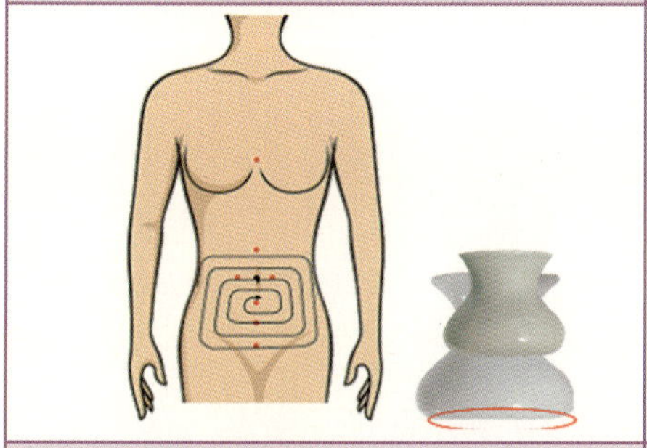

(23) 장의 모양으로 우측에서 좌측으로 앞에서 힘주고 뒤에서 돌리며 항문 쪽으로 빼준 다음 전체 흔들어 준다.

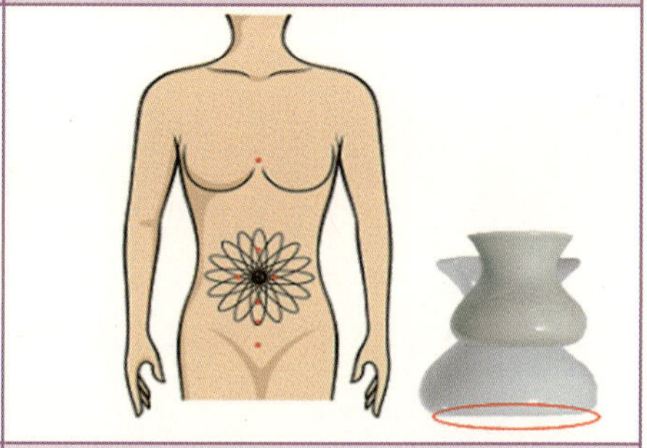

(24) 국화꽃 모양으로 전체를 신궐 부위로 쓸어 모아 준다.

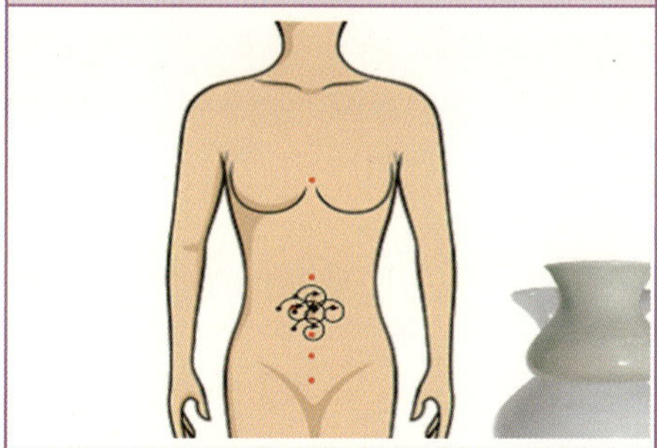

(25) 신궐 부위를 중심으로 원으로 문지른 다음 도자기 입구로 노폐물을 펌핑하여 빼주고 마무리한다.

아로마테라피

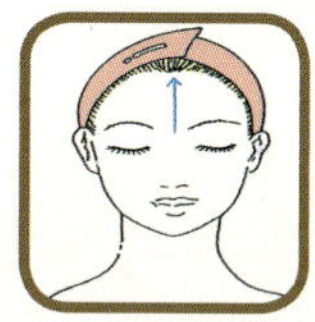

A R O M A T H E R A P Y

chapter 03

1. 아로마테라피의 정의
2. 아로마테라피의 역사적 배경
3. 에센셜 오일의 특성과 추출법
4. 에센셜 오일의 화학적 구성
5. 인체의 에센셜 오일 작용
6. 에센셜 오일의 종류
7. 아로마테라피의 임상적용의 예
8. 아로마테라피 실기(Clinical Practice)
9. 고객상담(Consultation)
10. 향기 산업의 미래(Future vision of the Aromatherapy)

스트레스로 인해 수많은 질환들을 호소하고 있는 현대인들은 과학의 발달로 인해 풍요로운 삶을 살고 있으면서도 또한 그에 따른 여러 가지 질병과 관련되는 치료, 예방을 위해 노력하고 있다.

이러한 건강과 웰빙을 위한 약이나 요법들이 다양하지만 치료 효과만큼이나 여러 가지 부작용도 나타나고 있다. 서양의학이 다다른 한계를 넘어서기 위해서는 다른 관점에서 약이나 치료방법 등이 다시 재조명되어야 한다. 이러한 이유로 오늘날 동양의학과 동양철학들이 여러 방면으로 관심의 시선을 받기 시작하였고, 수백만 년 자연 속에서 자연스럽게 진행되어온 자연치유법이 서양의학의 기대를 받으면서 임상실험을 거치고 과학적인 치유의 작용기전을 알아내는 연구의 대상, 즉 관심의 대상이 되고 있다. 선진화와 더불어 현대인들의 60~90%가 스트레스와 관련된 질환을 호소하고 있다. 그래서인지 친자연적인 생활양식에 대한 관심과 요구가 높아지면서 자연치유 요법을 임상에 적용시키고, 이것이 의료의 새로운 분야로 자리매김하고 있다. 건강에 대한 인식도 질병의 치료만이 아니라 건강증진, 질병의 예방, 인간의 본능적 욕망, 즉 Wellness, Well-being과 같은 단순한 신체적(Physical) 건강뿐만 아니라 정신적(Mental), 사회적(Social), 영적(Spiritual) 건강을 가져다 줄 수 있는 전인적 요법(Holistically)의 필요성이 대두되고 있다. 이 책은 전 세계적으로 인정되는 영국의 ITEC(International Therapy Examination Council)와 영국의 BCMA(British Complementary Medicine Association), 영국의 공신력 있는 IFA(International Federation Aromatherapists)의 국제적인 아로마테라피스트 교육과정과 호주의 살바토레의 아로마테라피를 기본 참고문헌으로 했다. 거기에 국내의 아로마임상과 연구의 경험을 더하여 아로마테라피 교육의 기본이 되도록 집필하였다.

아로마테라피의 전인적 요법이 다양하게 사용되어져 왔음에도, 아로마테라피의 대중화와 전문성은 아직 미미한 실정이다. 여기에 힐링 아로마테라피란 기존의 아로마테라피에 기기나 도구, 기능성 화장품 또는 새로운 테크닉 등 다양한 다른 것들과의 융합으로 새로운 시너지효과를 기대하는 대체의학 분야의 새로운 부분으로 인식되어 생활 속의 아로마가 되기 위한 새로운 영역이다.

당신에게는 좋았던 시절과 장소에 대한 추억을 불러일으키는 향기가 있는가? 정서적인 반응을 바로 일으키는 향기는 우리의 인체 시스템에 즉각적으로 영향을 줄 수 있는 능력을 갖고 있음을 증명하는 것이다. 후각은 아마도 감각 중에서 가장 과소평가되어 있는 감각이면서도 우리의 삶에 특유한 의미를 부여한다. 음식이 우리에게 주는 즐거움은 대부분 음식이 갖고 있는 그 아로마(향) 때문이다. 사람을 만났을 때 받는 첫인상도 이들이 갖고 있는 특유한 어떤 향취 때문이 아닐까?

무드는 향수에 의해 고조되고 바뀐다. 가장 진한 향내는 식물 세계에 있다. 방향성 식물은 수세기 동안 필요에 따라 긴장을 풀어주거나, 기분을 차분하게 해주거나, 신선한 감을 주거나, 혹은 자극적인 효과를 나게 해주는 에센셜 오일(방향유)이 함유되어 있다.

이러한 물질들이 어떻게 이러한 효과를 내는가? 일반적 작용으로는 첫 번째로 브레인의 작용이다. 공중에 떠다니는 아로마 분자는 콧속 후각 센터에 의해 탐지되어 바로 두뇌에 있는 변연계에 의해 감정적 혹은 본능적 반응을 일으킨다. 아로마 에센셜 오일은 생리학적 그리고 약학적 효과뿐만 아니라 무드에도 영향을 준다. 두 번째로는 폐의 작용이다. 아로마 분자는 허파로 들어가 혈류에 흡수되어 신체의 모든 부분으로 전달된다. 국소적 작용으로는 피부에 작용한다. 아로마 분자를 피부에 적용하면 바로 혈류 속으로 흡수된다.

아로마 오일은 그 종류에 따라 다양한 구성성분을 갖고 있어 신체에 주는 치료 효과도 다양하다. 아로마는 그 종류에 따라 영향을 주는 인체기관도 다르다. 예를 들면, 마늘을 먹으면 99%가 허파로 흡수되어 호흡기 감염에 치료 효과가 있다. 마늘 양념이 들어 있는 음식을 먹으면 입에서 냄새가 나는 이유도 여기에 있다.

현대의 아로마테라피는 모든 아시아 문명 속에서 행해졌던 에센셜 오일을 이용한 육체, 정신, 영혼을 치유하는 데서부터 기원이 되었다.

우리 조상들은 다른 질병들의 증상들을 완화시키는 특정 식물의 뿌리나 열매, 잎을 아픈 동물들에게 먹이기도 하는 과정에서 실수를 거치면서 터득하기도 했다.

어떤 경우에는 구토를 하거나 죽음에 이르기도 했다. 이러한 경험들이 오늘날 우리들이 새로운 발견과 재조명을 하면서 안전하게 에센셜 오일을 사용할 수 있는 지혜를 얻게 된 커다란 성과이다. 이러한 지식은 곧 지금 우리가 알고 있는 약용식물로 이어지고 있다.

고대 문명에는 특정 식물의 가지나 잎을 태워서 어떤 효과를 기대하기도 했고, 이 연기가 사람들에게 아픈 곳을 치유하거나, 간절히 바라는 소망이 이루어진다는 신비로운 결과를 만들기도 하였다.

오늘날에는 힌두교, 불교에서 향을 피우는 종교적 의식을 행하고 있는 데서 찾아 볼 수 있다. 카톨릭 교회에서는 아직까지 프랑킨센스를 태우는 의식을 하고 있다.

1. 아로마테라피의 정의

아로마테라피(Aromatherapy)란 인간이 태어날 때부터 갖는 자연 치유력을 활성화하여 질병을 예방하고 개선시킬 수 있는 요법으로, 그리스어에서 향기라는 뜻의 아로마(Aroma)와 치료라는 뜻의 테라피(Therapy)의 합성어로 '향기요법'이라고도 불리며 다양한 치료효과가 있는 향식물에서 추출한 휘발성 물질(Essential oil)을 이용하여 육체적, 정신적, 감정적 부분까지 치료해가는 전인적 치료인 자연요법이며 생활의술이다. 자연의 향유(Essential oil)에는 "氣"가 있으나 합성향료에는 "氣"가 없다. 몸과 마음을 함께한 새로운 라이프 스타일(Life style)의 열풍과 함께 건강의 유지는 물론이고 건강의 증진, 질병의 치료, 젊음의 회생, 날씬한 몸매의 유지, 얼굴과 피부의 미용에 이르기까지 부작용이 없는 치유효과를 나타내는 아로마테라피(Aromatherapy)는 요즘 사회적 관심과 흥미를 끌고 있다.

2. 아로마테라피의 역사적 배경

1) 고대

아로마테라피(Aromatherapy)는 적어도 6,000년 전 고대 문명에서부터 발전된 전통의학의 다양한 체계의 줄기라고 말할 수 있다. 고대 사람들은 종교의식뿐만이 아니라 치료에도 식물을 사용했다. 원시인들은 여러 종류의 나무를 태워 생기는 연기로 일어나는 여러 가지 감정의 형태들도 경험했으며, 현대의 과학적 연구에서는 오래 전에 이용된 나무 등에서 방부성이나 살균성을 증명하고 있다. 특별하고 마력적인 연기는 초기 종교적 신념의 기원을 고무시켰고 오늘날에도 의식적, 종교적 도구로서 여전히 사용되고 있다.

2) 이집트(Egypt)

이집트는 향료, 의술과 미용술 등과 같은 과학의 발상지였다. 주술적으로는 향식물에서 추출한 유황(Frankincense)을 태워서 태양신께 올리기도 했으며, 달에게 의식을 거행할 때는 몰약(Myrrh)을 사용했다. 시더우드(Cedarwood)와 미르(Myrrh)와 같이 멸균, 항생효과가 있는 오일과 에센스가 시체의 부패를 막는 데 도움을 주고, 그래서 미라가 수천 년 이후에 발견되어도 완벽하게 보관되어 있었다. 피라미드 속의 미라는 그 시절에 벌써 강력한 살균제와 방부제가 자연에서 채취되어 사용되고 있었음을 증명하고 있다. 그 당시 사용되었던 살균소독제의 에센셜 오일이 21세기의 각국의 병원에서 소독제로 사용되고 있음은 일반의 알코올보다 4~5배의 살균효과가 크다는 사실이 입증되었기 때문이다. 또한 이집트인들은 향유로 마사지를 즐겼으며 향식물에서 추출한 에센셜 오일(Essential oil)은 그들의 삶을 쾌적하게 만들어 주었다. 몇 가지의 처방이나 공식은 돌판에 새겨져 오늘날 우리들이 아로마에 관한 많은 것들을 알게 되었다.

3) 그리스(Greece)

고대 그리스 향유발달은 이집트에서 전해져 왔으며, 그들은 특정한 꽃의 향기가 감정적인 영향을 준다는 것을 인정했다. 또한 현대의학의 아버지라 불리우는 내과의사인 히포크라테스(Hypocrates)는 식물들을 사용하는 방법을 의학적으로 발전시킨 중요한 인물이다. 또한 그의 저서에 300여 종의 약용 식물의 효과를 기술했으며, 건강한 아름다움을 유지하기 위해 아로마를 이용한 목욕법과 마사지법을 적극 권장하며 식물과 허브의 유용성을 다른 사람들이 이해할 수 있도록 알리기도 했다. 그리스의 의술은 4개의 요소에 기초를 둔 히포크라테스에 의하여 발전되었다. 대기(Air), 지구(Earth), 불(Fire), 물(Water) 그리고 인체 내의 4가지 유사한 체액은 담즙(황담즙), 다혈(혈액), 무기력(점액), 우울(흑담즙) 등이다. 식물들의 이러한 특성들은 한 개 내지는 몇 개가 유사하다.

4) 로마(Roma)

로마인들은 거대한 제국으로 500년 이상 존재했다(기원전 27년부터 기원후 5세기 정도까지). 그들은 많은 다른 나라를 정복하고 이러한 나라로부터 모든 식물들과 오일들을 소유하게 되었다. 오일과 에센스는 로마문화의 주요한 부분이었다. 예를 들면, 공중목욕탕에서 목욕물에, 그리고 마사지를 할 때 오일과 에센스가 사용되었다. 목욕은 로마인의 일상생활에서 주요한 부분이었다. 목욕탕은 단지 씻고 마사지(Massage)만 받는 곳이 아니라 친구나 가족, 비즈니스와 관련해서 대화하는 장소이기도 했다. 로마인들은 향수, 화장품, 목욕용품, 차 등으로 일상생활에서 향식물을 다양하게 사용했다.

5) 중세유럽(Middle Europe)

유럽인들은 특별히 십자군 전쟁(11C~13C 사이) 이후 기사와 병사들이 여행을 통해 가져온 식물과 허브의 사용방법들이 건강에 도움을 준다는 것을 배우게 되었다. 흑사병(페스트)이 유행하면서 질병의 원인으로 여겨진 더러운 냄새를 방향성 물질로 예방 및 치료할 수 있다고 생각했다. 소나무나 로즈마리를 태워 질병확산을 방지하였으며 장미 향수나 식초를 방향제, 살균효과로 사용하여 의학적 가치를 두었다.

6) 중국과 인도

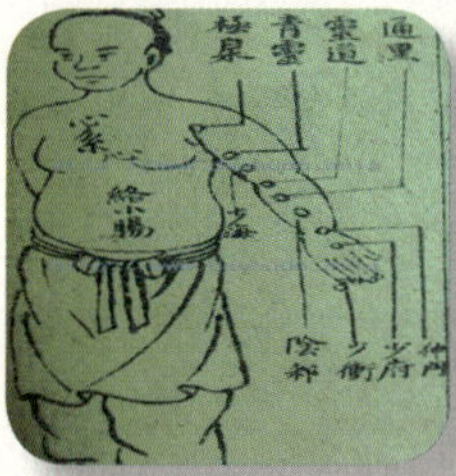
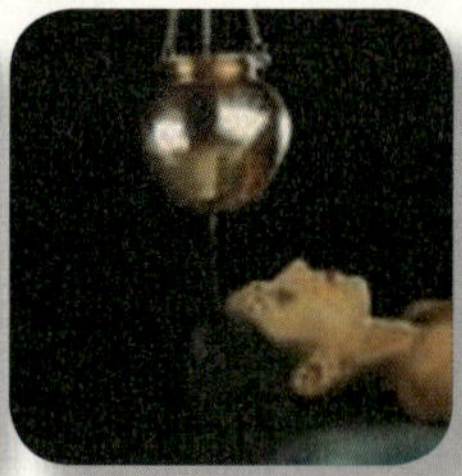

중국과 인도는 세계에서 방향성 식물을 매우 풍부하게 소유한 나라이다.

(1) 인도

인도의학은 전통적으로 식물에 근거한다. 고대의 인도인들은 백단향 나무(샌달우드)를 태우면 향이 사람의 마음을 움직여 영혼에도 작용하여 그 영혼이 신과의 교감을 이룰 수 있다고 하여 종교의식에 백단향을 태움으로써 사람들의 기도가 신에게 전달된다고 믿어 왔다. 인도에서 샌달우드는 재스민, 로즈와 함께 가장 널리 쓰이는 신성한 약용식물이다.

(2) 중국

전통적 중국의학은 현재까지 존속되어 있는 가장 오래된 치료 체계이다. 중국의 아로마테라피의 중요한 기여는 감귤류이다. 대부분의 감귤류는 중국에서 유래되었으며, 고대 중국인들은 다양한 약용식물들의 치료적 효능에 관심을 갖고 인간과 자연 만물의 순환과 조화에 대하여 깊이 탐구하였다. 중국 최초로 알려진 기록은 B.C 2,000년에 쓰여진 "황제내경"이다. 중국 약초의학의 최고 고전은 다른 어떤 의학체계에서 사용했던 것보다 더 큰 식물 범위로서 대부분의 식물을 기초로 한 8,000개의 항목을 가진 "본초강목"이다.

7) 한국

우리나라의 향기 역사를 살펴보면 궁중에서는 임금의 권위를 더해주는 향을 피웠고, 선비들의 책 읽는 방에는 정숙, 침착, 집중, 창조성을 만들어 주는 향을 피우기도 했다고 전한다. 이 모든 것이 사람의 마음과 정신에 작용시키기 위한 것이다. 한방에서는 진정, 건위, 통기작용에 약재로 사용하며 신(腎)을 이롭게 하거나 병(病)을 다스리는 약재로 사용하기도 한다. 고려시대부터 사용되어온 향낭(香囊)은 조선시대에는 여인들의 노리개로 사용되었고 길가의 향이 있는 식물을 주머니에 넣거나 약재를 갈아서 이용하기도 했다. 이것이 오늘날 향수로 발달되었다. 향(香)은 향기(香氣)와 방충(防蟲), 구급약품의 용도, 악귀로부터 보호받을 수 있다는 부적의 용도로도 사용되었다. 출산 후 쑥을 이용한 좌욕, 여름철 쑥과 잡초를 태워 연기로 모기를 쫓는 방충제 등 일상생활에서도 향식물은 다양한 용도로 사용되고 있음을 알 수 있다.

8) 중동

페르시아인 아비세나(Avicenna, 980~1037)는 800여 종의 약용식물과 사용에 대하여 정확히 저술하였다. 마사지 방법과 절차에 대하여 자세히 언급하였고, 에센셜 오일의 추출법인 증류법을 발견하였다.

9) 현대

17세기 영국 약초학자인 Culpeper는 로즈마리 잎과 꽃잎에서 추출한 방향유는 특효제이며, 관자놀이를 어루만지거나 머리나 두뇌 관련 질병에 두 세 방울을 코로 흡입하게 하면 된다고 언급했다.

렌 모리 가타포세(R. M. Gattefosse)

20세기에 들어서 프랑스의 화학자 렌 모리 가타포세(R. M. Gattefosse)는 화학자였기에 에센셜 오일의 화학적 이해의 중요성을 알아냈고, 향수 제조자로서 향으로 정신치료법을 인식하였다.

어느날 그가 손에 화상을 입고 급하게 라벤더 오일이 담겨진 통에 손을 담그고 열을 식히게 되었는데. 화상 입은 손이 수포나 상처 없이 빠르게 치유되는 것을 발견하게 되었다. 그는 라벤더 오일이 상처를 치유하고 진정시킨다는 사실을 알게 되었고, 가타포세는 에센셜 오일들의 강력한 항균, 방부, 진정, 재생효과를 입증하였다.

장 발렛(Jean Valnet)

프랑스 의사이자 과학자인 장 발렛(Jean Valnet)박사는 제2차 세계대전(1939~1945) 동안 정유(Essential oil)를 오일의 살균효과 때문에 병사들의 상처에 사용하였다. 그는 오일추출물의 치료적인 경향에 대하여 연구를 계속하였고, 닥터 장 발렛을 포함한 몇몇 프랑스 과학자들은이 에센셜 오일들에 대해 신체 화상의 상처 치유뿐만이 아니라 정신적 장애에 대한 심리적 효과에 관한 연구를 계속했다. 그들은 많은 임상 환자들을 치료한 것을 아로마테라피(Aromatherapy)라는 저서로 기록하였다.

마가렛 모리(Marguerite Maury)

프랑스의 생화학자인 마가렛 모리(Marguerite Maury) 여사는 프랑스에서 영국으로 아로마 요법을 가져온 사람이다. 마가렛 모리 여사에 의해 에센셜 오일(Essential oil)이 피부에 흡수가 잘 된다는 것을 알고 마사지 테크닉으로 확대 및 발전시켰다.

처음에는 뷰티테라피로 설립되었지만 아로마 관리는 로버트 티서랜드에 의해서 임상치료(의료치료)로 발전되었다. 그 후 많은 의학계의 의사들도 아로마테라피(Aromatherapy)에 대한 관심을 갖게 되었고, 이를 집중적으로 연구하기 시작했다. 마가렛 모리는 마사지뿐만 아니라 에센셜 오일이 정신치료학상의 물질로 사람에게 기분변화를 주는 점을 강조했다.

3. 에센셜 오일의 특성과 추출법

1) 에센셜 오일의 정의 및 특성

Lavabre는 에센셜 오일은 1개의 단일 식물이 만들어낸 향이 나는 식물재료들을 물리적인 방법으로 추출해낸 휘발성 물질을 말하며, 이는 식물의 향기요소라고 하였다. 또한 이것은 식물에 특유향기를 제공하는 화학성분들이며, 아로마테라피의 정신적 접근 방식에서 에센셜 오일은 식물의 생명력, 식물의 에너지로 간주된다고 하였다.

이는 다양한 향식물의 꽃(Flower), 가지(Twigs), 잎(Leaves), 나무껍질(Bark), 과일껍질(Rind of Fruit), 뿌리(Roots), 씨(Seeds) 등에서 여러 가지 방법으로 추출된 휘발성, 고농도 에센스이다. 즉, 식물의 생명력(Energy)이며. 불용성이나 식물성 기름, 왁스, 알콜 등에서 용해된다.

에센셜 오일의 가격측정은 공정(활동력), 수확시기(꽃피기 전, 후, 아침, 늦은 오후), 계절적 요인(예: Salvia officinalis, 봄: 26%, 가을: 51% 함량), 재료의 양, 오일의 양에 의해 정해지며 잎에서 추출하는 오일보다는 꽃잎에서 추출하는 오일의 가격이 비싸다. 예를 들면 1kg의 타임오일(thyme essential oil)을 추출하기 위해서는 400kg 타임잎이 필요하고, 1kg의 장미오일(rose essential oil)을 추출하기 위해서는 2,000kg의 장미꽃잎이 필요하다. 또한 최고의 고가오일인 재스민오일(jasmine essential oil) 1kg을 추출하기 위해서는 4백 만 재스민 꽃잎이 필요하다. 에센셜 오일은 식물이 포식자들로부터 자신을 보호하기 위해 생산하는 귀중한 물질이다. 또한 아로마 에센셜 오일은 생리학적, 약학적 효과뿐만 아니라 무드에도 영향을 준다.

향기의 강도 (Appell)	아로마오일
9	엔젤리카, 까밀레
8	클로브버드, 유칼립투스, 로즈마리
7	진저, 블랙페퍼, 프랑킨센스, 바질, 페퍼민트, 시나몬, 미르, 패촐리, 넛맥
6	스파이크 라벤더, 로즈, 시트로넬라, 레몬그라스, 세이지, 펜넬, 일랑일랑, 제라늄
5	라벤다, 페더그린, 레몬, 클라이세이지, 만다린, 로즈우드, 네롤리, 세이지, 오렌지, 주니퍼, 마조람
4	벤조인, 시더우드, 샌달우드, 사이프러스, 버가못

〈표 3-1〉 향기의 강도

2) 에센셜 오일의 추출부위

방향성 식물의 뿌리는 인체, 식물에 있어서 생명활동의 근본에너지가 되는 요소로서 신장과 방광, 부신 등의 비뇨, 생식기능, 혈관질환에 효과가 있다.

먼저 식물의 줄기부분은 사람에게는 호흡과 관련된 부분으로 생명활동의 시작이 되는 단계이다. 폐와 기관지, 코 등 호흡기계통과 갑상선, 혈액계통 질환에 효과가 있다.

다음으로 잎사귀는 외부와의 광합성 작용에 중요한 요소이며, 인체에서는 소화계통 장기와 연관이 되어 잎사귀에서 추출한 에센셜 오일은 위장, 소장, 대장, 비장 등의 질환이나 소화기계, 배설 등의 문제에 효과가 있다.

식물의 꽃은 생명활동의 주인이 되는 심장과 관련이 있는 부분으로 심혈관계 질환이나 마음의 문제 등에 효과가 있다. 또한 식물의 열매들은 모두가 식물의 완성단계로 들어가는 부분으로 사람에게는 간에 해당되는 부분이다. 방향식물의 열매에서 추출한 성분은 간과 담낭, 면역력 활성화, 피부 등의 질환에 효과가 있다.

식물의 씨는 식물자체의 근본으로 모든 에너지의 결정체이다. 사람에게는 뇌와 신경계통, 정신질환, 소화기계통 질환에 효과가 있다.

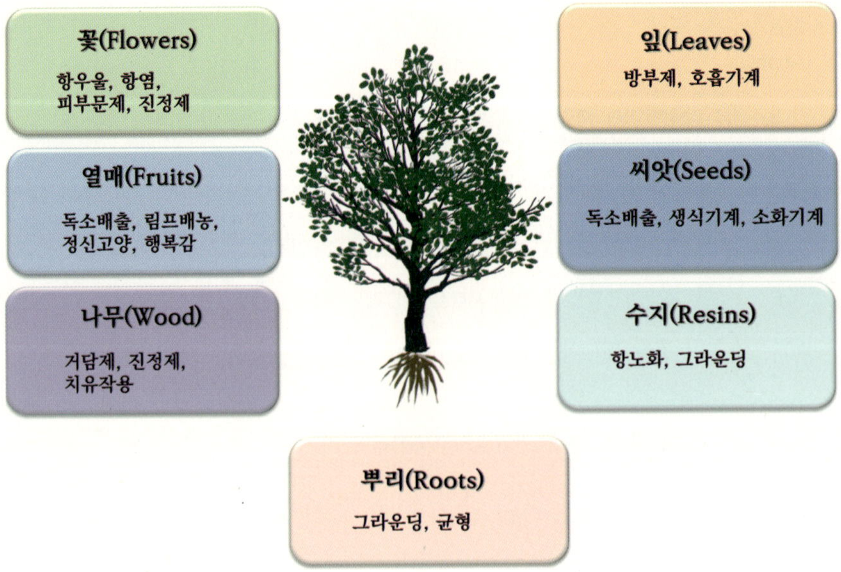

[그림 3-1] 아로마 나무

3) 식물의 생태

- 식물은 동물과는 다른 세포의 구성으로 이루어져 있다.
- 식물의 세포는 단단한 셀룰로스 벽으로 둘러싸여 있다.(수분이 증발하는 것을 방지)
- 햇빛과 물, 영양분으로 광합성 작용을 일으켜 엽록소를 만들어 낸다.
- 뿌리, 줄기, 잎사귀, 꽃, 열매와 씨들로 이루어져 있다.

4) 식물의 분류

- 아로마테라피에서 식물의 분류는 매우 중요하다. 예를 들면, 라벤더 오일 중 Lavendula angustifolia는 Lavendula latifolia와 같지 않다. 식물의 과명을 알면 에센셜 오일의 치료적 효과에 따라 선택할 수 있다.
- 종(species): 기본적인 분류이다.
- 속(genus), 과(familly), 강(class), 목(order)
- 녹나무과(Lamiaceae familly)와 미금양과(Myrtaceae familly)는 에센셜 오일이 대부분 잎에서 추출된다.

- 장미과(Rosaceae)는 꽃에서, 운향과(Rutaceae)는 꽃과 열매, 잎에서 추출된다.

5) 방향식물

식물이 방향물질을 만드는 이유는 다음과 같다.

(1) 식물 자신을 벌레나 곤충, 균으로부터 보호하기 위해서이다.

(2) 사람이 땀으로 체온조절을 하듯이 식물은 방향물질로 태양으로부터 자신을 보호한다.

(3) 사람의 호르몬처럼 방향물질이 식물을 조절한다.

(4) 광합성 작용으로 인한 물질을 만들어 낸다.

(5) 다른 식물과의 경쟁에서 발아 억제 작용도 한다.

- 방향식물은 생존을 위해서 향기물질을 만들어 낸다.
- 동물들에게 먹히기 않기 위한 방어의 목적과 씨를 번식하기 위해서 꽃가루를 보유하기 위한 목적이다.

6) 에센셜 오일의 추출방법

(1) 증류법(Steam Distillation)

[그림 3-2] 에센셜 오일의 추출과정

일반적으로 가장 많이 사용하는 방법이며 경제적인 추출방법이다. 재료가 되는 식물을 처음 부분의 통에 넣고 이것과 물을 섞어 열을 가해서 수증기가 나오게 하거나 압력으로 수증기를 통과 시켜 재료가 되는 식물을 통과하게 한다. 이 열과 수증기는 재료 식물에 있는 에센셜 오일이 분해되어 수증기 속으로 증발하게 한다. 수증기와 증발된 오일의 혼합체는 냉각된 파이프를 통과하면서 결정체(용액의 형태로 바뀜)를 이룬다. 집합통로를 통과한 혼합 용액상태는 물과 기름의 다른 밀도 때문에 부드럽게 다른 용기로 옮겨져 물에서 오일을 쉽게 분리시킬 수 있다.

(2) 압착법(Expression)

감귤류 과일(오렌지, 레몬, 그레이프 프루트, 귤, 그리고 버가못)은 껍질에 작은 주머니 모양을 포함하고 있다. 이러한 오일들은 압력을 가함으로써 추출된다. 과일의 펄프와 과일 속 목수(귤 위의 하얀 부분)는 분리되고 껍질은 오일 분리를 위해 즙이 빠진다. 즙 짜기는 수작업으로 이루어지고 있으나(오일은 스폰지로 흡수되어 모아진다.) 현대에 와서는 너무 많은 수요로 기계작업으로 이루어진다.

(3) 용매추출법(Solvent extraction)

- 용매: 핵산(hexane), 에테르(ether), 알코올(alcohol)

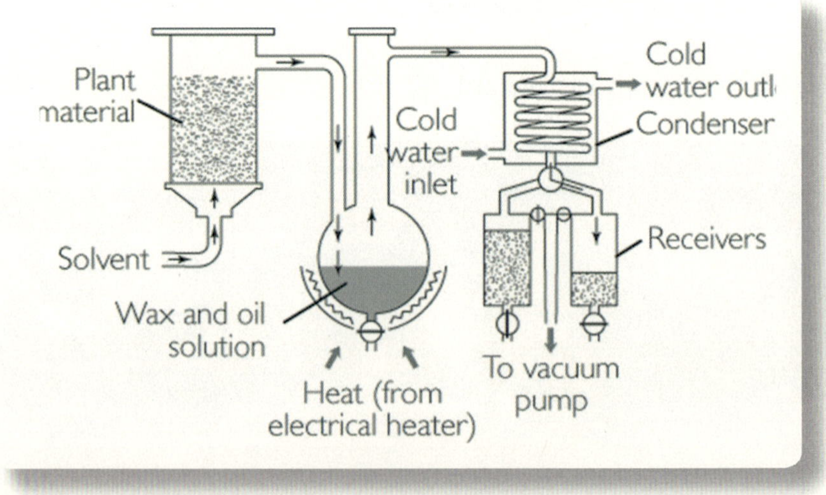

[그림 3-3] 용매추출과정

휘발성 추출은 아로마 에센스가 증류로 분리되기 어렵거나, 식물의 향기

성분이 너무 약해서 손상될 염려가 있는 경우에 사용되는 방법으로 다섯 가지 형태가 있다.

① 레지노이드(Resinoid, 예: 벤조인, 프랑킨센스, 미르)

나무토막이나 풀등이 잘려지면 액체가 잘려진 부분으로 나오는 용액이 출혈을 하는 것처럼 보이는데, 그것이 공기에 노출되면 고체화된다. 이러한 반고체성분을 'resin' 혹은 'gum' 이라고 한다.

② 콘크리트(Concrete, 예: 로즈오또)

식물의 에센셜 오일이 증류를 이용한 뜨거운 물이나 증류에 의해 손상을 받는다면, 용매추출법은 자연 왁스와 식물의 향기 에센스가 섞인 혼합물, 즉 콘크리트(concrete)라 불리는 고체 물질이 얻어진다. 그들은 고농축액으로 순수 에센스(essential oil)보다 좀 더 안정적이다.

③ 앱솔루트(Absolutes, 예: 로즈, 네롤리, 재스민)

콘크리트 추출물로 에센스를 더 얻어내기 위해 하는 공정을 앱솔루트(Absolutes)라고 한다. 앱솔루트는 콘크리트를 알코올과 섞는 과정에서 발생한다. 에센셜 오일(essential oil)은 고체 왁스 성분으로부터 알코올로 전달되어 알코올에 녹지 않으므로 잔해물로 남는다.

④ 이산화탄소 추출법(Carbon Dioxide extraction)

이 과정은 1980년대부터 사용하기 시작한 새로운 방법이다. 이는 솔벤트 추출법과 비슷하며 식물 재료를 화학성분과 접촉하는 방법으로 이 과정에서는 저온의 이산화탄소(CO_2)를 이용한다. 과정이 상당히 복잡하고 까다로워서 고도의 비용이 요구된다.

⑤ 냉침법(Enfleurage)

[그림 3-4] 냉침법 과정

이 과정은 오래된 추출방법 중의 하나인데, 콘크리트와 같이 왁스 물질을 생산하는 데 포마드(pomade)라고 알려져 있다. 상당히 많은 노동량이 요구되서 비싼 공정 중의 하나이고 매우 높은 양질의 오일이 요구되지 않는 한 흔히 사용되지는 않는다. 수확되자마자 에센셜 오일을 추출해야 하는 꽃 작업에만 사용된다. 과정에는 네 단계가 있다.

NO.	단 계	내 용
1	추출(Extraction)	꽃과 꽃잎들은 동물 지방으로 덮여진 쟁반에 놓는다. 쟁반에 있는 지방성분이 식물 에센스를 흡수할 때까지 며칠 동안 쟁반에 놓아둔다. 시들어진 꽃잎은 새로운 꽃잎으로 바꾸어 가면서 지방이 에센스로 완전히 농축될 때까지 놓아둔다.
2	모음(Collection)	지방은 쟁반으로부터 제거되고 남아 있는 꽃잎들은 치워버린다. 아로마 지방이 현재 pomade 지방이라고 알려져 있는 것이다.
3	분리(Separation)	pomade는 알코올과 섞어 며칠 동안 지속적으로 혼합(이 과정은 기계작업이 요구된다)하여 에센셜 오일이 지방으로부터 분리되게 한다.
4	증발(Evaporation)	알코올은 혼합물에서 증발되어 없어지며 enfleurage absolute만이 남는다.

〈표 3-2〉 에센셜 오일 추출과정

다른 Absolutes처럼 Enfleurage는 고농축액이며 끈적한 액체 상태이거나 고체형태이다.

7) 에센셜 오일의 구입과 저장

(1) 구입 시 유의사항

① 좋은 질의 에센셜 오일을 구입한다.

② 합성오일이 아닌 순수 원액을 구입한다.

③ 한 가지 냄새가 나는 것을 구입한다.

(2) 저장 시 유의사항

① 에센셜 오일은 증발력이 높고 빛에 매우 민감하므로, 산화방지를 위해 차광 유리 용기를 사용하며 서늘하고 어두운 장소에 보관한다.

② 사용 후엔 반드시 마개를 막아 공기가 통하지 않게 한다.

③ 용기를 세척할 때는 꼭 알코올을 사용하여야 한다.

④ 개봉 후 6개월에서 1년 동안에 사용한다.

4. 에센셜 오일의 화학적 구성

에센셜 오일을 구성하고 있는 구성분자들의 화학적 특성을 이해하면 에센셜 오일의 치료적 효과와 인체 내에서의 작용 기전 등을 알 수 있다

또한 많은 식물들 중 같은 식물이라 하여도 토양, 일조량, 고도, 지리적 위치, 추출방법 등에 따라서 식물은 다양한 성격의 에센셜 오일을 생산한다. 이것을 케모타입(Chemotype)이라 한다. 일반적으로 에센셜 오일은 수소(hydrogen), 탄소(carbon), 산소(oxygen) 등으로 마치 건물의 벽돌같이 화학적인 결합으로 구성되었다.

유기화합물 이란 탄소원자가 중심이 되어 여러 가지 원자들이 결합된 물질(탄소화합물)을 뜻한다.

1) 탄화수소(Hydrocarbon)

- C + H 테르펜: Mono Terpenes, Sesqui Terpenes, Di Terpenes

2) 산화물질

- 에스테르, 알데하이드, 케톤, 알코올, 페놀, 옥사이드 등 산소화합물

(1) 테르펜(Terpenes)

① 'ene'로 끝나는 성분

② 테르펜은 수소와 탄소 분자로 이루어져 있으며, 모든 테르펜은 식물 생화학의 필수적인 뼈대를 이루는 기본 단위인 이소프렌(isoprene)을 기초로 하고 있다.

③ 모노테르펜: 두 개의 이소프렌 단위로 구성(탄소 10개) 휘발성이 강하여 가벼운 탑 노트향이며 쉽게 산화된다. 피부를 따뜻하게 하며(몸이 냉한 사람에게 좋다) 항진통효과(근육통에 효과적), 항진균, 살균, 항바이러스 작용, 리모넨(limonene, 시트러스 오일) 항균 작용, 피네(pinene, 주니퍼베리, 파인), 거담제 역

할을 하며 예민·민감성 피부에는 사용에 유의(주니퍼베리는 이뇨효과가 강하여 신장 질환자들에게 사용 시 주의해야 한다)한다.

④ 알파피넨(α-pinene): 사이프러스, 주니퍼베리, 파인, 프랑킨센스

⑤ 리모넨(Limonene): 시트러스 계열 오일, 그레이프프루트, 오렌지, 만다린, 네롤리, 민트, 파인

⑥ 미르신(Myrcene): 오렌지, 만다린, 파인, 주니퍼 베리-세스퀴테르펜, 목질, 뿌리 및 국화과 식물(진저, 캐모마일, 사이프러스, 미르), 미들노트, 베이스 노트향을 갖는다. 3개의 이소프렌 단위로 연결된 형태이다. 몸의 온도를 낮추며(소염제 역할) 민감·여드름성 피부에 좋다. 항생, 항바이러스 항알러지, 항경련, 항염증효과(캄아쥴렌, 캐모마일 저먼, 야로우)가 있다.

⑦ 캄아줄렌(Chamazulene): 캐모마일 저먼, 야로우

⑧ 파메신(Famescene): 캐모마일 저먼, 진저, 페촐리, 베티버, 미르

(2) 알콜(Alcohols)

① 'ol'로 끝나는 성분이다.

② 어린이, 노인피부에 가장 안전하게 사용

③ 미들, 베이스 노트향, 기분고양의 효과, 항균, 항진균성, 면역계 자극강화, 항염 효과, 근육, 신경의 항경련, 이뇨 효과

④ 제라니올(Geraniol): 네롤리, 레몬그라스, 팔마로사, 제라늄, 로즈, 시트로넬라

⑤ 시트로네놀(Citronellol): 제라늄, 로즈, 레몬, 유칼립투스

⑥ 리나롤(Linarol): 버가못, 로즈, 로즈우드, 라벤더, 페티그레인, 일랑일랑

⑦ 네롤(Nerol): 네롤리, 로즈, 버가못, 페티그레인

⑧ 알파-비사보놀(α-bisabolol): 캐모마일 저먼

⑨ 멘톨(Menthol): 페퍼민트

(3) 알데하이드(Aldehydes)

① 'Aldehyde al' 로 끝나는 성분이다.

② 알데하이드는 일차 알코올의 산화로 만들어진다.

③ 과일향, 주로 레몬향(citronelal, citral)이다.

④ 알데하이드 작용: 강한 항바이러스, 항균효과, 몸의 온도와 혈압을 낮춤, 항염작용, 살균효과가 뛰어남, 중추신경계 진정, 이완작용

⑤ 시트랄(Citral): 레몬그라스, 레몬, 오렌지, 멜리사

⑥ 시트로네랄(Citronellal): 멜리사, 시트로넬라

⑦ 제라니알(Geranial): 레몬그라스, 레몬, 라임

⑧ 시나믹알데하이드(Cinnamic aldehyde): 시나몬

(4) 케톤(Ketones)

① 'one'으로 끝나는 성분이다.

② 강한 민트 캠퍼향, 매우 안정적이고 간에서 잘 분해되지 않는다.

③ 케톤 작용: 강한 독성(생리촉진: 낙태효과, 간질유발, 중추신경계 마비), 상처치료가 뛰어남(세포 성장 촉진, 오래된 상처흉터 제거, 튼살완화), 항알러지, 항염증 작용, 호흡장애에 효과적이다.

(5) 에스테르(Esters)

① 'yl acetate'-ate 로 끝나는 성분이다.

② 항진균 효과

③ 에스테르 작용: 안정성이 탁월하며, 주로 화장품 성분에 많이 포함되어 있다. 가장 폭넓게 함유된 성분, 항균, 항염작용(칸디다균 살균), 진정작용, 기분 좋고 즐거움을 주는 향 중추신경계에 안정을 준다. 신경계 강장효과가 있다.

④ 보릴아세테이트(boryl acetate): 파인, 로즈마리, 타임

⑤ 멘틸아세테이트(menthyl acetate): 페퍼민트

⑥ 리나릴아세테이트(linalyl acetate): 라벤더, 버가못, 네롤리, 클라리세이지

⑦ 제라닐아세테이트(geranyl acetate): 라벤더, 레몬, 네롤리, 마조람, 제라늄

⑧ 투-멘틸부틸(2-methylbutyl): 캐모마일, 로만

(6) 페놀(Phenols)

① 'ol' ole으로 끝나는 성분이다.

② 알코올과 마찬가지로 페놀은 -OH기(수산기)를 가지고 있다. 직접적으로 벤젠 고리에 수산기(-OH)가 붙은 형태이다.

③ OH의 반응은 매우 빨라진다. 페놀은 매우 자극적인 성격을 지닌다.

④ 페놀 작용: 알코올보다 강한 살균력을 지님, 강력한 방부성으로 몸을 따뜻하게 함, 수족냉증, 긴장된 근육개선 효과, 과량 사용 시 피부염증 유발, 강력한 중추신경계 자극, 면역계 자극, 혈압상승 효과, 간 손상 우려(장기간 사용금지)

⑤ 카바크롤(carvacrol): 마조람, 타임

⑥ 유게놀(eugenol): 시나몬, 클로브 버드, 넛맥

⑦ 티몰(thymol): 타임

(7) 옥사이드(Oxide)

① 'ol'이나 'oxide'로 끝나는 성분이다.

② 흡입 시 강한 정신적 자극이 있다.

③ 에센셜 오일들에서 발견되는 가장 중요한 산화물은 두 개의 형태로 존재하는 Cineole이다.

- 1.4 시네올(Cineole): 살균작용이 뛰어나다.
- 1.8 시네올(Cineole): 호흡기에 효과적이다. Eucalyptus 오일로부터 얻어진 Eucalyptol로서 알려져 있다.

④ 옥사이드 작용: 항박테리아 작용, 살균작용, 거담작용. 호흡기관의 내분비를 자극시켜서 호흡기 질환에 좋다.

- 18-cineole(유카립톨, eucalyptol): 유칼립투스, 니아울리, 티트리, 로즈마리
- 비사보놀옥사이드(bisabolol oxide): 캐모마일 저먼

(8) 산(Acids)

① 카르복실기(-COOH)를 갖는다.

② 휘발성이 낮다.

③ 하이드로졸에 많이 함유되어 있다.

④ 산의 작용: 항염, 해열, 진정, 혈압 강하효과가 있다. 벤조인, 일랑일랑, 네롤리, 제라늄, 로즈 등이 있다.

5. 인체의 에센셜 오일 작용

1) 에센셜 오일의 흡수경로: 후각(Olfectory system)

(1) 브레인(Brain)

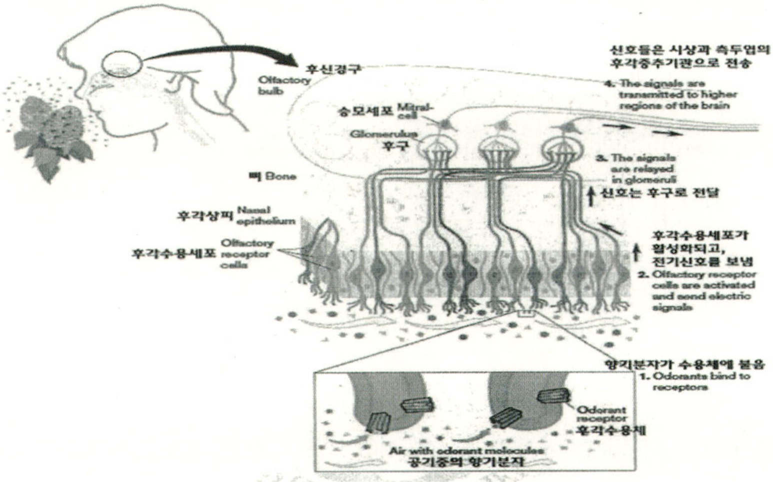

출처 : http://nobelprize.org

코를 통해서 흡입된 아로마 분자들은 후각 수용체들과 결합되어 전기 화학적 신호가 대뇌의 변연계의 편도와 해마로 전달된다. 후각정보는 시상을 거치지 않고 시상하부로 전달되어서 변연계는 기억과 감정을 조절하고 신경계와 호르몬계에 영향을 주는 뇌의 일부분이다.

(2) 폐(The rungs)

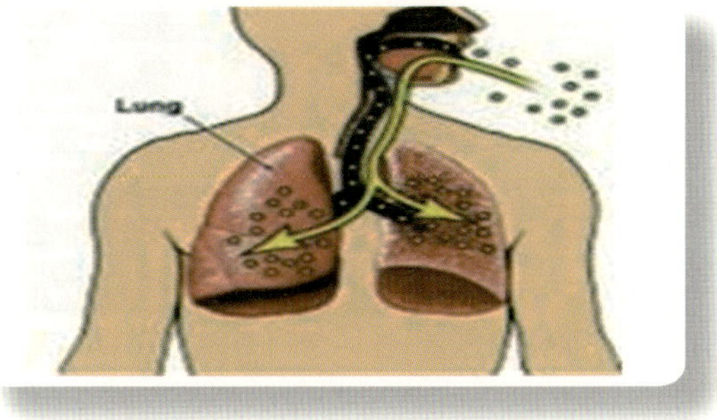

호흡을 해서 인체로 들어온 향기입자는 기관지를 지나 폐포로 이동된다. 폐포는 많은 모세혈관으로 쌓여져 있으며 이산화탄소와 산소의 가스교환이 일어나는 곳이다. 향기입자들은 혈액의 흐름에 따라 인체를 순환하면서 모든 장기에 전달되어 치유작용을 하고, 땀이나 소변, 호흡을 통해 몸 밖으로 배출된다.

(3) 피부(The Skin)

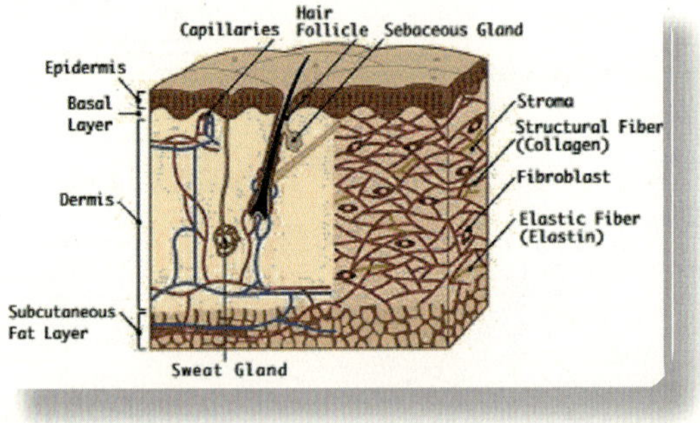

피부는 인체의 최외각에 위치하고 있으며, 인체를 보호하고 있는 가장 방대한 기관이다. 외부로부터 유해물질(물리적, 화학적 자극 및 세균, 박테리아 등)의 유입을 막아주고, 세포 내의 수분이 빠져나가는 것을 막아준다. 아로마 향기입자들은 지용성이며, 매우 미세하여 쉽게 피부를 쉽게 통과하여 혈류로 유입된다.

2) 아로마테라피의 효과에 대한 과학적 메커니즘(주요 작용기전)

(1) 후각기능이 다른 기관과 다른 점

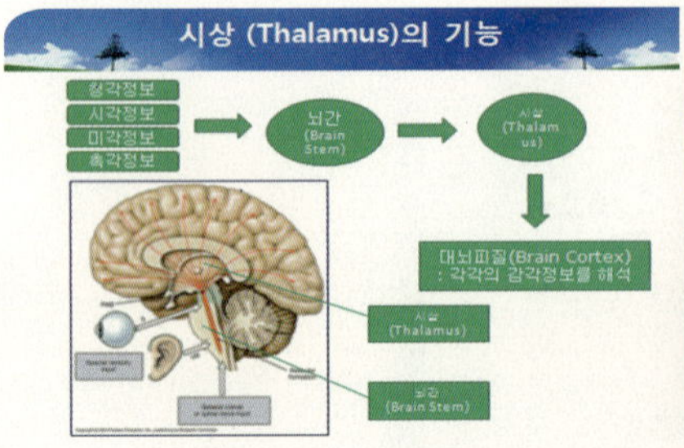

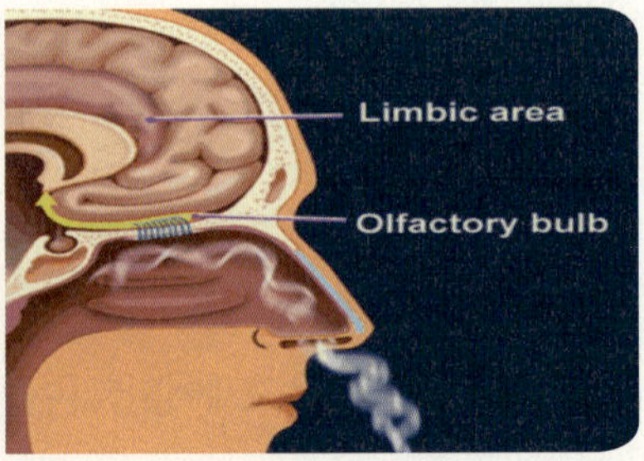

출처: HB 브레인 연구소

후각시스템(Olfectory system)은 다른 감각 정보처럼 뇌간과 시상을 거치지 않고 직접적으로 변연계(Limbic system)로 보내져서 즉각적이고 감정적인 반응에 관여한다.

공중에 떠다니는 아로마 분자는 두뇌의 후각 센터에 의해 탐지되어 바로 두뇌에 있는 변연계에 의해 감정적 혹은 본능적 반응을 일으킨다.

(2) 향이 인체에 미치는 기전과 영향

에센셜 오일의 향은 공기 중에서 자연스럽게 발향이 되어 그 향입자가 코끝에 분포되어 있는 후각신경에 접촉이 되어 바로 대뇌에 연결이 되서 엔돌핀, 세로토닌과 같은 뇌신경 전달물질의 분비를 조절함으로써 불안증, 우울증, 불면증과 같은 신경정신과적 질병을 치료한다. 또한 피부에 도포해서 마사지를 하면 에센셜 오일의 화학작용과 호르몬 분비작용에 의하여 여드름, 습진과 같은 피부질환및 월경증후군(PMS)과 같은 여성질환, 순환기장애에 이르기까지 다양한 치료 효과를 얻게 된다. 예를 들면 재스민향과 네놀리향은 우울증을 개선해주고 마조람향은 불안증을 해소한다. 또한 박하향은 정신집중력을 향상시켜 주고 양국화향과 유칼리향은 박테리아나 바이러스 또는 곰팡이균에 대한 살균력이 아주 강해 감기, 인플루엔자, 기관지염, 무좀과 같은 감염증질환에 효과적이다. 이처럼 향기는 정보의 전달물질 또는 어떤 결과적 행동을 재촉하는 메신저라 할 수 있다. 공복 시에 맛있는 냄새를 감지하면 자연히 군침이 도는 것은 냄새가 내분비계에 작용한 결과이다. 이처럼 향기는 우리들의 인체 생리학적으로도 직접적으로 작용을 한다.

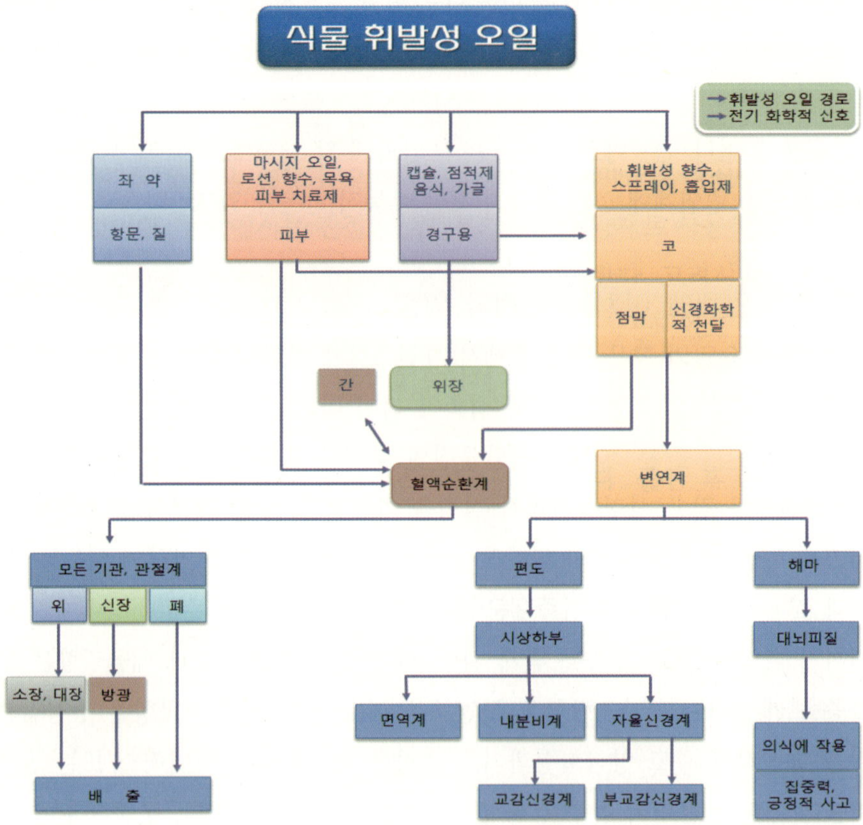

〈표 3-3〉 두뇌가 정보를 처리하는 방법

- 두뇌가 냄새 정보를 처리하는 방법

냄새란 공기에 떠다니다가 우리가 숨을 들이마실 때 비공으로 몰려 들어오는 분자의 효과이다. 향기는 냄새분자의 수용에서 시작한다. 향기의 유입경로에서 코로 유입된 향기는 바로 변연계(limbic system)에 전달된다. 변연계에는 시상하부, 해마, 편도, 기저신경절, 후각 신경구로 구성되어있다. 이 정보가 다시 시상하부로 전달되어 면역계, 내분비계, 자율신경계를 통해 신체로 전달된다. 냄새의 변화에 대한 두뇌의 반응은 우리의 기분에 영향을 주며, 특히 기분조절을 하는 신경전달물질의 활성화에 도움을 준다. 변연계에는 시상(Thalamus), 시상하부(Hypothalamus), 기저신경절(Basal Ganglia), 해마(Hippocampus),및 편도(amygadla)가 포함되어 있다. 변연계(limbic system)로 전달된 향기는 신체로 전달되어 면역계, 내분비계, 자율신경계에 영향을 미치게 된다. 이 모든 것이 1초 이내에 이루어진다.

콜럼비아 대학 연구진은 의학 사상 처음으로 냄새 수용체(order receptor)라고 생각되는 것을 분리하였다. 일반 성인 두뇌 속에 약 6㎠되는 면적에서 약 10,000가지 냄새를 구분할 수 있다. 우리는 두뇌로 냄새를 맡기 때문에 향기가 우리의 감정적 기분에 직접적인 영향을 주는 것이다.

천연 향처럼 비침습성인 것이 우리의 마음에 직접적인 영향을 준다는 것은 참으로 흥미로운 일이다. 냄새의 변화에 대한 두뇌의 반응은 우리의 기분에 영향을 준다. 특히 기분조절을 하는 신경전달물질의 활성화에 도움을 준다. 아로마테라피스트인 로버트 티셔랜드(Robert Tisserand)는 클라리세이지(Clary sage) 와 그레이프프루트(Grapefruit)와 같은 희열감을 주는 냄새는 천연 진통제인 엔케팔린이라고 하는 신경화학 물질을 분비하게 하며, 결과적으로 웰빙센스를 느끼게 된다고 보고 하였다. 재스민(Jasmine)과 일랑일랑(Ylang-Ylang)은 뇌하수체를 자극해서 최음향 기능이 있는 엔도르핀을 분비한다고 하였다.

(3) 신경전달 물질

① 도파민(Dopamine)

② 세로토닌(Serotonin)

③ 노르에피네프린(Norepinephrine)

두뇌의 신경세포는 신경세포와 세포 간에 어떤 물질을 통해서 의사전달을 하는데, 이를 신경전달 물질이라고 한다. 각각의 신경전달 물질은 그 기능이 다르며, 인간이 살아가는 데 반드시 필요한 기능을 신경세포 간에 전달하여 현재의 상태를 인식하게 되고 이에 맞게 행동하도록 해준다.

예를 들어 기분의 상태를 의식에 전달해야 하는 신경전달 물질의 신경세포 간의 전달이 부족하면 우울증이 오게 되거나, 갑작스런 상황변화를 의식에 알려주는 알람기능을 하는 신경전달 물질이 부족하면 응급상황에 대한 대응이 늦거나 지나치게 많으면 늘 불안한 상태가 유지된다.

정리하기

※ 뇌의 주요 신경전달 물질

- 도파민: 집중조절, 억제기능, 생각을 운동으로 전환, 기분조절, 쾌감
- 노르에피네프린: 각성, 급성 스트레스, 알람기능, 불안, 기분조절, 수면
- 세로토닌: 감정조절, 내적인 안녕감, 수면(숙면), 통증, 온도, 공격성, 불안, 식욕조절

① 도파민(Dopamine)의 기능과 부족 시 특징

도파민은 많은 기능을 갖고 있지만 행동적인 측면에서 실행기능을 담당한다. 즉 생각을 행동으로 실천하게 해준다. 계획을 짜고, 순서를 정하고, 과제를 시작하고 끝까지 할 수 있게 집중 및 유지를 하게 해준다. 주로 실행기능을 담당하는 좌측 뇌와 실행기능의 중추인 전두엽에 분포한다.

② 세로토닌(Serotonine)의 기능과 부족 시 특징

세로토닌은 대표적으로는 웰빙센스(Well-being Sense) 즉, 쾌감이 아니라 푸근한 느낌에 관여한다. 사람이 지속적으로 스트레스를 받게 되면 세로토닌이 부족해져서 우울감, 성격변화, 분노조절이 안 되는 등의 증상이 생긴다. 정서조절은 학습에 중요한 영향을 미치므로 학습에 매우 깊은 관계를 가진다. 세로토닌은 감정을 주로 조절하기 때문에 우측 뇌 쪽에 많이 분포한다.

③ 노르에피네프린의 기능과 부족 시 특징

세로토닌이 만성 생활성 스트레스에 관여되는 반면 노르에피네프린은 급성스트레스에 반응하여 작용하는 신경 전달물질이다. 노르에피네프린은 알람(Alarm)기능을 하는데, 이는 주변에서 일어나는 상황에 깜짝 놀라게 하여 위급한 상황에서 벗어날 수 있게 해주는 것이다. 그러나 이러한 알람 지능이 지나치면 늘 경계심을 갖고 있게 되므로 정신적 이완을 못하고 늘 긴장하게 된다. 주변 자극에 선택적 집중을 하는 기능이 있어서 감각적 기능을 하는 우측 뇌에 주로 분포한다.

④ 변연계(Limbic system)

다양한 신경전달 물질이 작용하고 있지만 특히 기분조절, 수면, 유대촉진, 동기화 등을 관여하고 있고 있는 중요한 변연계가 있다. 먼저 변연계는 뇌의 중심부 근처에 위치한다. 변연계의 크기가 거의 호두알 만하다는 것을 고려해 볼 때, 변연계는 그 크기에 비하여 인간의 행동과 생존에 있어 중요한(정서조절, 감각정보처리, 기억) 기능들을 수행하고 있다.

- 구성: 시상, 시상하부, 기저 신경절, 해마, 편도
- 기능: 마음속의 정서 상태를 조절한다.
  동기화를 조절한다.
  식욕과 수면 주기를 통제한다.
  직접적으로 후각정보를 처리한다.
  강한 정서적 기억들을 저장한다.
  사건들을 내적으로 중요하게 규정한다.
  인간관계의 유대를 증진시킨다.
  직접적으로 후각을 처리한다.

정리하기

※ 변연계의 기능

- 정서상태 조절, 정서적 색채 창조, 강한 정서적 기억의 저장
- 동기화를 조절, 식욕과 수면 주기를 통제(시상하부)
- 유대관계, 냄새, 리비도(성적 충동) 조절

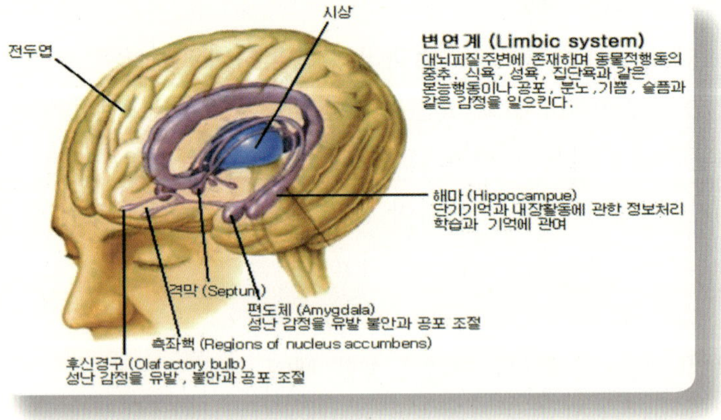

출처: HB브레인 연구소

변연계는 또한 직접적으로 후각을 처리한다. 후각기관은 다섯 가지 감각기관들 중에 뇌로 직접 감각을 전달하여 처리하는 유일한 기관이다. 후각은 직접적으로 변연계로 전달되기 때문에 냄새는 정서 상태에 강력한 영향을 미칠 수밖에 없다. 수십 억 달러 규모의 시장을 점유하는 향수와 향기 산업은 이러한 사실을 증명해 준다. 향기로운 냄새는 유쾌한 기분을 유발하여 사람들을 행복하게 매혹시킬 수 있다. 그러므로 변연계는 아로마테라피에서는 반드시 인지되어야 한다.

3) 아로마테라피가 인체에 미치는 영향

(1) 혈관계(The vascular system)

에센셜 오일을 어떤 적용방법으로 사용하던지 오일들은 결국 혈관계로 들어가 전신으로 전달된다. 발적제(Ruvefacient oils)는 따뜻하게 해주는 오일로 알려졌으며, 이러한 에센셜 오일들을 적용하면 조직이 따뜻하게 되어서 혈관이 이완되고 혈액순환이 좋아지며 산소와 영양분의 공급과 독소 제거가 원활히 이루어져 치유가 빨라진다.

발적제 오일에는 블랙페퍼(Black pepper), 로즈마리(Rosemary), 진저(Ginger), 레몬(Lemon), 유칼립투스(Eucalyptus) 등이 있다. 발적제 오일은 이미 감염이 진행되어 붉어지고, 통증이 있거나 염증 증상이 있을 때에는 사용을 금한다.

- 저혈압성 오일(Hypotensive oils): 혈압을 낮추는 효과, 고혈압 치료에 효과적이다. 안정과 이완의 효과가 있으며 라벤더, 마조람, 일랑일랑과 레몬이 포함된다.
- 고혈압성 오일(Hypertensive oils): 혈액순환을 촉진시켜서 혈압을 높이고 동상과 같은 혈액순환 문제를 예방한다. 로즈마리, 블랙페퍼, 유칼립투스와 진저가 포함된다.
- 수렴(Astriction): 수렴과 수축의 효과를 가지고 있다. 부종과 염증을 감소시킨다. 사이프러스, 레몬, 캐모마일이 포함된다.

(2) 근골격계(The skeletal and muscular systems)

근골격계는 관절과 근육이 발적(ruvefaciednt)효과를 가진 에센셜 오일에 의해 덥혀지고 자극을 받아 혈액 순환이 촉진되어 경직된 근육과 관절에 산소를 공급하며, 축적된 젓산과 이산화탄소와 같은 노폐물을 제거하는 데 도움을 준다.

- 주니퍼, 레몬, 펜넬과 같이 독소를 배출하는 오일들은 통증을 유발하는 요산의 축적을 줄여주고 염증, 부종과 같은 관절염 형태의 증상을 완화하는 데 효과가 있다.
- 블랙페퍼, 로즈마리, 진저, 레몬, 유칼립투스

(3) 면역계(Immune system)

면역계는 초기에 인체가 질병에 걸리는 것을 막아주는 역할을 한다. 살균과 항균의 효과 때문에 정기적인 에센셜 오일의 사용은 전체 면역기능을 강화시키고 감염과 질병으로부터 예방 및 보호해 준다.

- 항생제: 버가못, 유칼립투스, 로즈마리, 티트리, 라벤더
- 해열제: 유칼립투스, 페퍼민트, 티트리
- 발한제: 로즈마리, 타임
- 전반적 면역자극제: 라벤더, 버가못, 티트리
- 림프 자극제: 로즈마리, 제라늄

(4) 림프계(Lymphatic system)

림프계는 모세혈관이 운반할 수 없는 과도체액을 여과하거나 다시 혈관계로 보냄으로써 혈액순환을 돕는다. 림프계는 신체의 면역에 중요한데, 그것은 항체와 박테리아를 죽이는 세포가 림프계에서 생성되기 때문이다. 림프계를 자극하면 두 가지 과정을 자극하게 되는데, 하나는 항체를 생산하는 것이고 다른 하나는 노폐물과 해로운 미생물을 여과하는 것이다. 림프계를 자극하는 오일은 예방의 목적으로 사용될 수 있는데 이는 신체 의 면역을 강화시키고 비효과적인 면역체제에 생기는 세포염, 부종, 복부팽만 등의 증상을 치료하기 위해 사용된다. 유용한 오일은 다음과 같다.

- 림프자극: 제라늄, 주니퍼, 로즈마리
- 독소제거(셀룰라이트, 부종): 그레이프프루트, 펜넬, 레몬
- 이뇨작용(체액 정체): 캐모마일, 펜넬, 주니퍼

(5) 호흡기계(The respiratory system)

에센셜 오일을 가장 효과적으로 사용하는 방법은 흡입이다. 오일을 묻힌 티슈나, 목욕물, 오일버너에서 증발된 오일을 흡입한다.

에센셜 오일로 마사지를 하는 동안에도 블랜딩한 오일이 피부로 침투하기도 하지만 에센셜 오일의 향기를 맡고 호흡을 하는 것도 효과를 낼 것이다. 그러므로 마사지방법은 피부흡수와 호흡으로 직·간접 효과를 얻게 된다.

- 항경련제: 버가못, 캐모마일, 라벤더
- 울혈제거: 프랑킨센스, 유칼립투스
- 살균제, 염증제거: 버가못, 라벤더, 유칼립투스, 티트리
- 거담제: 버가못, 유칼립투스, 라벤더, 샌달우드
- 감기: 유칼립투스, 라벤더, 마조람(편도선염)

(6) 신경계(The nervous system)

신경계는 인체의 의사 소통이며 네트워크를 형성한다. 매우 복잡한 와이어 체제이며 모든 인체에 연결되는 전화선과 같다고 할 수 있다. 이것으로 모든 세포에 정보를 주고 받으며 모든 상황에서 가장 이상적인 기능을 유지하게 한다. 인체가 위험에 처하면 경고를 보내고 통증이나 모든 감각을 보낸다. 인

체가 매우 예민하고 불안한 상태에서는 아드레날린이 충분히 분비되어 필요한 반응을 할 수 있도록 한다.

통증반응을 느리게 하여 통증을 감소시키는 오일: 제라늄, 로즈우드, 재스민 등이다.

- 진통제, 통증완화제: 캐모마일, 라벤더, 로즈마리, 클라리세이지
- 항경련(근육이완, 신경안정): 캐모마일, 진저, 마조람
- 안정제(움직임을 느리게하고 불면증, 스트레스, 경직): 라벤더, 캐모마일, 버가못, 일랑일랑
- 자극제(회복기와 쇠약기): 바질, 페퍼민트, 일랑일랑
- 신경제: 로즈마리, 마조람, 멜리사

(7) 내분비계(The endocrine systerm)

호르몬의 형태로 우리 몸이 자라고 변화하는 데 여러 가지 형태로 작용을 한다.

- 호르몬의 조절: 바질, 제라늄, 로즈마리
- 생식기계의 호르몬조절(폐경기, 월경증후군): 펜넬, 클라리세이지, 사이프러스, 캐모마일
- 고혈당 조절: 제라늄, 유칼립투스, 주니퍼
- 식욕억제: 버가못, 펜넬

(8) 생식계(The reproductive system)

에센셜 오일은 월경증후군(우울, 불안, 부종, 절임)과 폐경증상에 유용하다.

- 월경증후군: 제라늄
- 부종: 캐모마일, 펜넬, 주니퍼, 제라늄
- 균형: 로즈

(9) 피부계(The Skin)

피부를 위한 특정 에센셜 오일 사용은 현재의 피부유형과 신체적 컨디션에 따라 다르다.

건성, 민감성, 지성 그리고 노화피부는 에센셜 오일을 사용하기 전 알레르

기 테스트를 권한다. 적은 양의 준비된 에센셜 오일을 팔 안쪽이나 귀 뒤쪽에 문질러 보고 24시간 후에 반응을 확인해 본다.

① 건성(Dry)

건성피부는 진피의 피지선과 한선의 기능의 불균형으로 수분과 유분의 부족한 피부이다. 건성피부는 민감한 편이어서 민감성 피부에 사용하는 오일이 유용하다. [1방울 제라늄(Geranium), 1방울 라벤더(Lavender), 1방울 재스민(Jasmine), 1방울 샌달우드(Sandalwood), 1방울 로즈(Rose), 1방울 캐모마일(Chamomile)]

② 민감성(Sensitive)

민감성 피부는 극도로 열, 한기, 화장품 때로는 마사지에도 민감한 반응을 보인다. 어떤 종류의 에센셜 오일을 사용하더라도 민감성 피부에는 알레르기 테스트를 권한다. 약한 농도로 블랜딩을 해서 사용하기를 권한다. [1방울 캐모마일(Chamomile), 1방울 샌달우드(Sandalwood), 1방울 네롤리(Neroli), 1방울 로즈(Rose)]

③ 지성(Oily)

건성피부와는 반대로 지성피부는 피지분비가 과다하여 피지선의 기능을 조절하는 에센셜 오일을 사용한다. [1방울 버가못(Bergamot), 1방울 라벤더(Lavender), 1방울 레몬(Lemon)]. 심한 경우에는 지성피부가 여드름을 동반할 수도 있다. [1방울 버가못(Bergamot), 1방울 라벤더(Lavender), 1방울 제라늄(Geranium), 1방울 일랑일랑(Ylang Ylang), 1방울 티트리(Tea tree)]

(10) 소화기계(The digestive system)

복부마사지나 목욕이 설사, 변비, 식체 등 장 문제를 도와준다. 흡입도 오일의 분자가 혈액으로 들어가 소화기계에 영향을 줄 수 있다.

- 항경련제(통증, 경련): 캐모마일, 클라리 세이지, 라벤더
- 구풍제(복부팽만): 캐모마일 마조람, 펜넬

4) 미용적 아로마테라피

(1) 아로마테라피와 스킨케어

① 재생: 표피의 유극층의 생성능력을 활성화시킨다. 캐롯시드, 라벤더, 에버라스팅, 미르, 프랑킨센스 등이 있다.

② 디톡스: 노폐물의 25%까지 피부에서 배출 그레이프프루트, 페퍼민트, 로즈마리(발적제), 스윗오렌지(림프 자극), 주니퍼베리, 펜넬(신장 자극) 등이 있다.

③ 순환 자극제: 땀을 배출하여 체온을 조절한다. 클로브 버드, 진저, 블랙페퍼, 로즈마리, 사이프러스, 캐모마일 저먼, 레몬, 로즈오토, 제라늄(모세혈관 강화) 등이 있다.

(2) 아로마테라피와 데이 스파

① 정의: 스파(Spa)라는 용어는 벨기에의 작은 마을 이름에서 유래한 것이며, 물치료(water therapy)를 중심으로 한다.

② 목적성 스파(Destination spa): 긴 기간 체류를 하는 경우이다.

③ 데이 스파(Day spa): 현대식 형태로 짧은 시간 동안의 스파 체험을 말한다. 스파의 성공에 필수적인 것은 완전한 평정과 평화로운 환경의 분위기, 개인 전인적인 평안에 초점을 맞추고, 개인관리 서비스를 제공하는 분위기, 시설, 환경으로 독특한 스파 체험을 하게 해주는 정서적 반응을 창출하는 것이 중요하다.

가. 샤워: 근육과 긴장감을 이완시키며 다음 과정의 준비를 위해 사용된다.

나. 사우나: 10~20%의 습도에서 온도 76~99℃ 정도의 뜨거운 공기를 이용한다. 긴장감이나 불면증을 완화시키고 신체의 신진대사와 순환을 증진시키고 독소 배출을 돕는다.

다. 스팀 목욕: 100% 습도에 40~49℃의 온도가 유지되는 한정된 공간에서 뜨거운 증기를 이용하는 것이다. 스트레스를 줄이고 신체의 독소 제거를 도와준다. 치유적 효과를 향상시키기 위해서 에센셜 오일을 물에 첨가한다.

5) 에센셜 오일이 인체에 작용하는 영역

(1) 신체: 고혈압-일랑일랑, 스윗마조람 또는 캐모마일 라벤더

(2) 정신: 평안, 균형-버가못, 제라늄, 캐모마일, 라벤더, 마조람, 로즈, 네롤리, 오렌지, 베티버

(3) 영혼: 영혼의 치유-샌달우드, 시더우드, 주니퍼, 프랑킨센스, 미르, 세이지, 사이프러스

6. 에센셜 오일의 종류

1) 에센셜 오일의 종류

(1) 바질(Basil)

- 학명: Ocimum basilicum
- 과명: 꿀풀과(Labiatae)
- 노트: Top
- 추출법: 증기증류법
- 추출부위: 꽃과 잎
- 향강도: High
- 효과: 살균작용, 항우울제, 신경긴장 해소, 진경제(생리통, 천식), 호르몬 조절(에스트로겐 역할), 뇌 활동 촉진(정신력 집중)
  - Tip: 수험생의 정신집중에 효과적
- 화학적 구성: citronellol, linalool(알코올계) 40~45%, eugenol, methylchavicol(페놀계) 23%, limonene(테르펜계)

(2) 벤조인(Benzoin)

- 학명: Styrax benzoin
- 과명: 때죽나뭇과(Styracaceae)
- 노트: Base
- 추출법: 용매추출법, 증기증류법
- 추출부위: 나무의 수지
- 향강도: High
- 효과: 항경련제, 살균제, 혈액순환장애, 림프순환장애, 항염제, 셀룰라이트, 고착제(향수)
- 화학적 구성: 에스테르 70%, benzoic acid 15%, benzaldehyde

(3) 버가못(Bergamot)

- 학명: Cirus bergamia
- 과명: 운향과(Rutaceae)
- 노트: Top
- 추출법: 냉압착법
- 추출부위: 열매의 껍질
- 향강도: Medium
- 효과: 살균제, 항우울제, 스트레스와 관련된 문제, 식용촉진제, 항바이러스, 셀룰라이트
- 화학적 구성: linalyl acetate(에스테르계) 30~60%, linalol 11~22% 버갑텐(푸로쿠마린) 때문에 광과민성이 있다.

(4) 블랙페퍼(Black pepper)

- 학명: Piper nigrum
- 과명: 후춧과(Piperaceae)
- 노트: Base
- 추출법: 증기증류법
- 추출부위: 말린 열매
- 향강도: High
- 효과: 진경제, 거담제, 피부 발적제, 이뇨제, 식욕억제제, 구풍제, 셀룰라이트
- 화학적 구성: 모노테르펜 70~80%, 세스퀴테르펜 20~30%

(5) 시더우드 아틀라스(Cedarwood Atlas)

- 학명: Cedrus atlantica
- 과명: 소나무과(Pinaceae)
- 노트: Base
- 추출법: 증기증류법
- 추출부위: 목재, 톱밥
- 향강도: Medium
- 효과: 순환 촉진제(혈액순환, 림프순환), 살균제, 불안스트레스성 질환, 이뇨제, 항균제(여드름), 방충제
- 화학적 구성: 세스퀴테르펜 50%, 알코올 29%, 케톤 19%, 미라 방부처리에 사용

(6) 캐모마일 저먼(Chamomile German)

- 학명: Martricaria recutita
- 과명: 국화과(Compositae)
- 노트: Middle
- 추출법: 증기증류법
- 추출부위: 꽃
- 향강도: Very High
- 효과: 항염증, 항알레르기(전신 면역 자극), 항우울제, 진정(캄아줄렌, 비사보놀), 불면증 완화, 진통제
- 화학적 구성: 세스퀴테르펜 36%, 옥사이드 35%, 캄아줄렌 7%

(7) 캐모마일 로만(Chamomile Roman)

- 학명: Chamaemelum nobilis
- 과명: 국화과(Compositae)
- 노트: Middle
- 추출법: 증기증류법
- 추출부위: 꽃
- 향강도: High
- 효과: 진통제, 항염증, 항균, 월경촉진, 구풍제, 해열제, 심리진정효과 탁월
- 화학적 구성: 에스테르 80%, 모노테르펜 5%

(8) 클라리 세이지(Clary Sage)

- 학명: Salvia sclarea
- 과명: 꿀풀과(Labiatae)
- 노트: Top
- 추출법: 증기증류법
- 추출부위: 잎과 꽃
- 향강도: Medium
- 효과: 항우울제, 스트레스 관련 질환, 호르몬 조절, 항지루제, 월경촉진제, 최음제, 혈압강하제, 모발성장 촉진
- 화학적 구성: 에스테르 70%, 알코올 20%

(9) 클로브 버드(Clove Bud)

- 학명: Syzygium aromaticum
- 과명: 도금양과(Myrtaceae)
- 노트: Base
- 추출법: 증기증류법
- 추출부위: 건조된 꽃봉오리
- 향강도: High
- 효과: 항균(감기, 여드름), 항염증(관절염, 류머티즘), 방충, 구풍, 진통
- 화학적 구성: 에테르, eugenol(페놀계) 90%

(10) 사이프러스(Cypress)

- 학명: Cupressus sempervirens
- 과명: 측백나무과(Cupressaceae)
- 노트: Middle
- 추출법: 증기증류법
- 추출부위: 잎과 열매
- 향강도: Medium
- 효과: 수렴, 방취, 지혈, 신경강장(폐경기 증후군, 불면증), 이뇨제(셀룰라이트), 치질, 땀나고 냄새나는 발 관리
- 화학적 구성: α-pinene, β-pinene, camphene(모노테르펜계) 75%

(11) 유칼립투스 글로블루스(Eucalyptus globulus)

- 학명: Eucalyptus globulus
- 과명: 도금양과(Myrtaceae)
- 노트: Top
- 추출법: 증기증류법
- 추출부위: 잎과 잔가지

- 향강도: High
- 효과: 거담(기침, 기관지염), 발적(관절염, 류머티즘), 해열, 진통, 항균, 방충, 호흡기 질환
- 화학적 구성: 1,8-cineol(옥사이드계) 75%, 모노테르펜 10%

(12) 펜넬 스윗(Fennel Sweet)

- 학명: Foeniculum vulgare
- 과명: 산형과(Umbelliferae)
- 노트: Middle
- 추출법: 증기증류법
- 추출부위: 씨앗
- 향강도: High
- 효과: 식욕감퇴, 에스트로겐 분비 촉진(폐경기), 진통, 구풍, 이뇨(부종, 셀룰라이트, 비만), 항독작용
- 화학적 구성: methyl chavicol(페놀릭에테르계) 60%, phellandrene(테르펜계) 24%

(13) 프랑킨센스(Frankincense)

- 학명: Boswellia carteri
- 과명: 감람과(Burseraceae)
- 노트: Middle-base
- 추출법: 증기증류법
- 추출부위: 수지
- 향강도: High
- 효과: 세포재생, 항산화(흉터, 주름, 노화피부, 임신선), 월경촉진, 수렴(늘어진 피부, 지성피부, 모세혈관), 거담(기침,감기), 진정(불면증, 신경과민), 호흡을 느리게하고 감정을 가라앉히는 효과, 주름개선
- 화학적 구성: pinene and limonene(헤르펜계) 40%, 에스테르 56%

(14) 제라늄(Geranium)

- 학명: Pelargonium graveolens
- 과명: 쥐손이풀과(Geraniaceae)
- 노트: Middle
- 추출법: 증기증류법
- 추출부위: 잎, 꽃, 줄기 등 식물 전체
- 향강도: High
- 효과: 호르몬 균형(폐경기, 생리 전 증후군), 림프순환촉진(부종, 셀룰라이트), 항염, 화상, 건선, 항우울, 두려움, 피로, 우울증, 살균(여드름, 방광염), 지혈, 부신피질촉진(스트레스 폐경기장애), 여성에게 유용한 오일(호르몬 균형)
- 화학적 구성: geraniol and citronellol(알코올계) 60%, limonene(테르펜계)

(15) 진저(Ginger)

- 학명: Zingiber officinalis
- 과명: 생강과(Zingiberaceae)
- 노트: Top
- 추출법: 증기증류법
- 추출부위: 두꺼운 뿌리 줄기
- 향강도: Medium
- 효과: 진통(생리통, 근육경련), 소화(변비, 소화불량), 살균, 식욕억제, 순환제, 거담, 심장 강화, 멀미 구토에 효과적, 소화촉진
- 화학적 구성: α-zingiberene(세스퀴테르펜계) 55%, gingerol(알코올계) 10%

(16) 그레이프프루트(Grapefruit)

- 학명: Citrus paradisi
- 과명: 운향과(Rutaceae)
- 노트: Top
- 추출법: 냉압착법
- 추출부위: 열매의 겉껍질
- 향강도: Medium
- 효과: 림프순환 촉진, 항우울, 항바이러스(감기, 독감, 피부감염), 수렴(지성피부, 여드름, 노화피부), 이뇨(부종, 셀룰라이트, 비만, 근육통), 촉진작용이 우수(모노테르펜 다량 함유)
- 화학적 구성: limonene(테르펜계) 90%

(17) 재스민(Jasmine)

- 학명: Jasminum officinale
- 과명: 물푸레나무과(Oleaceae)
- 노트: Base
- 추출법: 용매추출법, 냉침법
- 추출부위: 꽃
- 향강도: High
- 효과: 진정(스트레스, 공포), 최음, 세포재생(건성피부, 주름, 상처, 임신선), 호르몬 균형, 출산 후 우울증, 자궁수축에 도움
- 화학적 구성: benzyl avetate(에스테르계) 54%, linalol(알코올계) 24%

(18) 주니퍼 베리(Juniper Berry)

- 학명: Juniperus communis
- 과명: 측백나무과(Cupressaceae)
- 노트: Middle-Base
- 추출법: 증기증류법
- 추출부위: 건조 열매 또는 잎과 잔가지
- 향강도: Medium
- 효과: 신경장장(공포, 불면증), 해독제(통풍, 부종, 숙취), 수렴(지성피부, 지성두피), 살균(여드름, 감기), 발적(근육통, 순환장애), 식욕증진 월경촉진, 해독성이 좋음
- 화학적 구성: sabinene(모노테르펜계) 60~80%

(19) 라벤더(Lavender)

- 학명: Lavandula angustifolia
- 과명: 꿀풀과(Labiatae)
- 노트: Middle Note
- 추출법: 증기증류법
- 추출부위: 꽃
- 향강도: Middle to High
- 효과: 이완, 진정, 항우울, 진통, 소염, 근육통, 관절염, 항진균(무좀, 백선), 혈압강하(고혈압), 살균(여드름, 감기, 감염), 월경촉진, 원액 사용 가능
- 화학적 구성: linalyl acetate(에스테르계) 45%, linalol, lavandulol(알코올계) 36%

(20) 레몬(Lemon)

- 학명: Citrus limonum
- 과명: 운향과(Rutaceae)
- 노트: Top
- 추출법: 압착법
- 추출부위: 신선한 껍질
- 향강도: Medium to High
- 효과: 항균(독감, 여드름, 상처), 수렴(지성피부, 셀룰라이트, 비만, 모세혈관 확장), 항바이러스, 혈압강화(고혈압), 순환기계, 지혈, 발적(관절염, 류머티즘), 해열, 집중력 향상에 도움
- 화학적 구성: limonene(테르펜계) 95%, citronellol(알코올계) 2%

(21) 레몬그라스(Lemongrass)

- 학명: Cymbopogon citratus
- 과명: 볏과(Gramineae)
- 노트: Top-Middle
- 추출법: 증기증류법
- 추출부위: 줄기와 잎
- 향강도: High
- 효과: 구풍, 방충, 항우울, 해열, 살균, 진통, 항진균(무좀, 곰팡이균), 중추신경계의 진정
- 화학적 구성: citral(알데하이드계) 60~85%, geraniol(알코올계) 1%

(22) 라임(Lime)

- 학명: Citrus aurantiifolia
- 과명: 운향과(Rutaceae)
- 노트: Top
- 추출법: 냉압착법
- 추출부위: 과육 껍질
- 향강도: High
- 효과: 소독, 항바이러스, 수렴, 소화기계, 혈압강하, 방충, 감정고양
- 화학적 구성: limonene and pinene(테르펜계) 72%

(23) 만다린(Mandarin)

- 학명: Citrus reticulata
- 과명: 운향과(Rutaceae)
- 노트: Top
- 추출법: 냉압착법
- 추출부위: 과육 껍질
- 향강도: Medium
- 효과: 세포재생(임신선, 흉터, 주름), 진정(불면증, 쇼크, 공포), 살균(여드름), 강장, 구풍(변비, 소화불량, 구토), 이뇨(부종, 셀룰라이트, 비만), 임신선 방지(네롤리와 윗점오일과 블렌딩)
- 화학적 구성: myrcene(모노테르펜계) 90%

(24) 마조람(Majoram)

- 학명: Origanum marjorana
- 과명: 꿀풀과(Labiatae)
- 노트: Middle
- 추출법: 증기증류법
- 추출부위: 건조시킨 꽃과 잎

- 향강도: Medium
- 효과: 거담(감기, 독감, 기침, 가래), 진정, 진통, 항바이러스, 구풍, 소화, 월경촉진, 혈압강화제(고혈압)
- 화학적 구성: linalol(알코올계) 50%, terpinene and sabinene(테르펜계) 40%

(25) 멜리사(Melissa)

- 학명: Melissa officinalis
- 과명: 꿀풀과(Lamiaceae)
- 노트: Middle
- 추출법: 증기증류법
- 추출부위: 꽃과 잎
- 향강도: Medium to High
- 효과: 월경촉진, 항우울, 항바이러스(감기, 독감), 진경(구토, 천식, 복통, 생리통), 항염(건선, 습진, 알러지피부, 감염), 구풍, 소화
- 화학적 구성: citral(알데하이드계) 50%, geraniol, citronellol(알코올계)

(26) 미르(Myrrh)

- 학명: Commiphora myrrha
- 과명: 감람과(Burseaceae)
- 노트: Base
- 추출법: 증기증류법
- 추출부위: 수지
- 향강도: High
- 효과: 항염(상처, 후두염, 염증피부), 월경촉진, 강장, 소화기계, 거담(감기, 독감), 항진균(무좀, 곰팡이), 살균(감기, 독감), 외상약, 진통
- 화학적 구성: elemene(세스퀴테르펜계) 39%, myrrh alcohols(알코올계) 40%

(27) 네롤리(Neroli)

- 학명: Citrus aurantium
- 과명: 운향과(Rutaceae)
- 노트: Top
- 추출법: 증기증류법
- 추출부위: 꽃
- 향강도: High
- 효과: 세포재생(흉터, 주름, 임신선, 건성피부), 혈압강화제(고혈압), 진정, 신경안정, 최음, 강장, 구중, 소화, 항우울, 방취
- 화학적 구성: nerol(알코올계) 34%, anthranilate(에스테르계) 14%

(28) 오렌지(Orange)

- 학명: Citrus sinensis
- 과명: 운향과(Rutaceae)
- 노트: Top
- 추출법: 압착법
- 추출부위: 완숙한 과일 겉껍질
- 향강도: Medium
- 효과: 피부강장(주름, 건성피부, 지성피부, 피부염, 여드름), 항우울, 항박테리아(감기, 독감), 강장, 해열, 혈압강화(고혈압), 소화, 구풍
- 화학적 구성: limonene(테르펜계) 90%

(29) 팔마로사(Palmarosa)

- 학명: Cymbopogon martini
- 과명: 볏과(Graminaceae)
- 노트: Top-Middle
- 추출법: 증기증류법
- 추출부위: 개화하기 전 잎줄기

- 향강도: low to medium
- 효과: 소독, 항바이러스, 항박테리아, 균형, 호르몬 균형, 소화촉진, 수렴, 주름진 피부, 목 피부 개선
- 화학적 구성: citronellol(알코올계) 85%

(30) 페촐리(Patchouli)

- 학명: Pogostemon cablin
- 과명: 꿀풀과(Labiatae)
- 노트: Base
- 추출법: 증기증류법
- 추출부위: 말린 잎과 줄기
- 향강도: High
- 효과: 살균, 항염(여드름, 피부염, 건선, 습진), 항우울, 세포재생(주름, 건성피부, 흉터, 임신선), 이뇨(부종, 셀룰라이트, 비만), 수렴(지성피부), 항균, 방충, 항진균, 페촐렌(항염진정작용)
- 화학적 구성: patchoulene(테르펜계) 50%, patcholi alcohol, patchoulol(알코올계) 33%

(31) 페퍼민트(Peppermint)

- 학명: Mentha piperita
- 과명: 꿀풀과(Labiatae)
- 노트: Top
- 추출법: 증기증류법
- 추출부위: 잎과 꽃

- 향강도: Medium to high
- 효과: 해열, 항신경(피로감, 스트레스, 건망증), 진통, 항염, 살균, 월경촉진, 혈압상승(저혈압), 과민성 대장 증후군 치료제인 콜페르민 성분을 사용
- 화학적 구성: menthol(알코올계) 29~48%, pulegone(케톤계) 20~31%

(32) 페티그레인(Petitgrain)

- 학명: Citrus aurantium var. amara
- 과명: 운향과(Rutaceae)
- 노트: Top
- 추출법: 증기증류법
- 추출부위: 잎과 잔가지
- 향강도: Medium
- 효과: 면역강화, 항우울, 항신경(두려움, 신경과민), 피부강장, 방취, 소화, 면역강화
- 화학적 구성: geranyl acetate(에스테르계) 60~65%, geraniol(알코올계) 30~40%

(33) 로즈 오토(Rose otto)

- 학명: Rosa damascena
- 과명: 장미과(Rosaceae)
- 노트: Middle
- 추출법: 증기증류법 또는 용매추출법
- 추출부위: 꽃잎
- 향강도: Very High
- 효과: 지혈, 월경촉진, 항우울, 최음, 수렴, 세포재생
- 화학적 구성: phenylethanol(알코올계) 60%, stearopten(테르펜계) 20%

(34) 로즈마리(Rosemary)

- 학명: Rosmarius officinalis
- 과명: 꿀풀과(Labiatae)
- 노트: Middle
- 추출법: 증기증류법
- 추출부위: 잎과 꽃
- 향강도: High
- 효과: 진통, 방충, 항염(근육통, 류머티즘), 혈압 상승제(저혈압), 각성제(기억력 감퇴, 두려움, 스트레스), 항균(비듬), 이뇨(부종, 셀룰라이트, 비만), 심장과 간에 좋은 강장제이고 혈액 속의 콜레스테롤을 낮춤, 탈모 치료제
- 화학적 구성: camphene(모노테르펜계) 30%, camphor(케톤계) 25%

(35) 티트리(Tea Tree)

- 학명: Mealleuca alternijolia
- 과명: 도금양과(Myrtaceae)
- 노트: Top
- 추출법: 증기증류법
- 추출부위: 잎과 잔가지
- 향강도: Very High
- 효과: 항균, 진통, 면역강화, 항바이러스, 거담, 항진균, 신경안정(우울증, 스트레스), 면역체계 강화에 효과적
- 화학적 구성: linalool(알코올계) 45%, pinene(모노테르펜계) 40%

(36) 일랑일랑(Ylang Ylang)

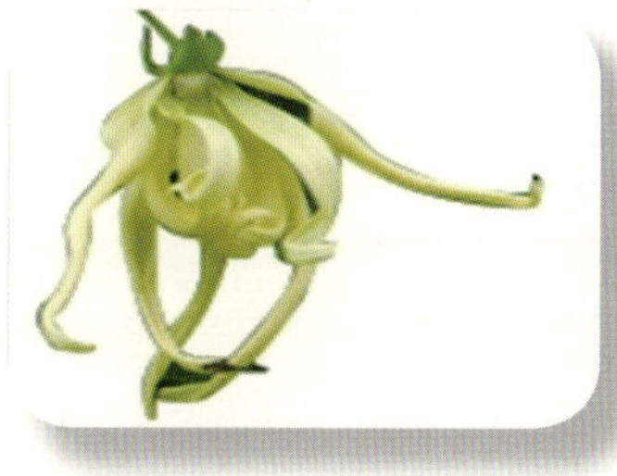

- 학명: Cananga odorata
- 과명: 번려지과(Annonaceae)
- 노트: Base
- 추출법: 증기증류법
- 추출부위: 꽃잎
- 향강도: High
- 효과: 각성(불면증, 빠른 심장박동), 항우울, 최음, 혈압강화(고혈압), 강장(두피), 살균, 항지루(지성피부), 발모효과
- 화학적 구성: farnesene(세스퀴테르펜계) 40%, geraniol(알코올계) 20%

2) 캐리어 오일(Carrier oil)

(1) 에센셜 오일이 피부에 흡수되는 것을 도와준다.

(2) 에센셜 오일은 휘발성 오일이므로 식물성 캐리어 오일과 같이 블랜딩해서 사용하면 피부표면에서 에센셜 오일의 휘발속도를 늦춰 준다.

캐리어 오일은 에센셜 오일의 증발속도를 느리게 하며 에센셜 오일분자가 피부를 통하여 천천히 흡수되도록 돕는다. 캐리어 오일은 분자 크기가 너무 커서 에센셜 오일 처럼 진피 깊이 흡수되지 못하고 단지 피부 표면에만 흡수된다.

① 스윗 아몬드 오일(sweet almond oil)

가. 비타민 A, B1, B2 그리고 B6와 적은 양의 비타민 E와 불포화지방산인 올레산과 리놀레산이 풍부하다.

나. 특히 가려움증, 습진, 건성피부에 유용하다(견과류 알러지에 유의).

다. 가격이 저렴하여 전신관리 시 많이 사용한다.

② 아보카도(avocado)

가. 세포막을 구성하는 레시틴을 함유하고 비타민 A, B, D가 풍부하다.

나. 진정, 유연, 건조한 피부, 노화피부에 좋다.

다. 불포화지방산인 올레산이 많아 보존성이 좋다.

③ 카렌쥴라(calendula)

가. 항염, 항균작용과 상처치유 작용이 뛰어나다.

나. 건조하거나 거친 피부에 효과적이다.

④ 코코넛(coconut)

가. 포화지방산이 다량 함유되어 있다.

나. 모든 피부에 사용가능하다.

다. 보습효과, 건성 모발 케어 효과가 있다.

라. 저장성이 좋다.

⑤ 이브닝 프라임로즈(evening primrose)

가. 감마리놀렌산이 다량 함유되어 있다.

나. 리놀레익산과 올레익산이 풍부하다.

다. 모든 타입에 사용가능하다. 특히 건성, 노화, 감염피부에 효과적이다.

⑥ 그레이프씨드(grapeseed)

가. 리놀렌산과 비타민 E가 다량 함유되어 있다.

나. 모든 피부에 사용이 가능하다.

다. 가격이 저렴하고 사용이 편리하다.

라. 피부보호, 영양공급이 뛰어나다.

⑦ 헤즐넛(hezelnut)

가. 비타민 A, E가 풍부하며 올레산과 리놀렌산이 함유되어 있다.

나. 빠르게 피부에 흡수된다.

다. 여드름, 지성피부에 사용된다.

⑧ 호호바(jojoba)

가. 피지성분과 유사하여 모든 피부에 사용가능하다.

나. 여드름, 건성, 습진에 사용한다.

다. 피지조절 작용을 한다.

라. 고가이므로 스윗 아몬드와 혼합해서 사용한다.

마. 10℃ 이하에서는 응고되지만 상온에서는 액상으로 변한다.

⑨ 마카다미아(macadamia nut)

가. 영양분이 다량 함유되어 있어 노화 억제와 피부의 보습, 유연효과가 있다.

나. 노화피부에 탁월하다.

⑩ 피치커넬(peach kernel)

가. 올레산과 리놀렌산이 풍부하다.

나. 비타민 A, E, B군(B1, B2, B6)을 다량 함유하고 있다.

다. 모든 피부에 사용가능하다.

라. 피부연화, 항염효과가 있다.

마. 특히 노화, 건성, 민감 피부에 적합하다.

⑪ 윗점(wheatgerm oil)

가. 천연산화 방지제 역할을 한다.

나. 다른 캐리어 오일에 5~10% 정도 블렌딩하여 보존기간을 연장한다.

다. 피부재생효과로 상처자국에 효과적이다.

라. 건성, 노화피부에 탁월하다.

⑫ 해바라기씨 오일(sunflower oil)

가. 불포화지방산인 리놀레산을 다량 함유하고 있다.

나. 비타민 A, B, D, E와 칼슘, 철, 인 등 무기질이 풍부하다.

다. 항염 효과로 염증, 상처에 사용된다.

라. 피부 유연, 보습효과에 뛰어나다.

⑬ 올리브 오일(olive oil)

가. 비타민 A, D, E와 불포화지방산을 함유하고 있다.

나. 산화에 안정적이다.

다. 질감이 무겁고 향이 강하여 소량 사용하는 것이 좋다.

3) 에센셜 오일의 적용방법

아로마테라피를 받고자 하는 사람의 신체적, 정신적 상태를 고려해서 적용방법을 선택해야 한다.

(1) 마사지(Massage)

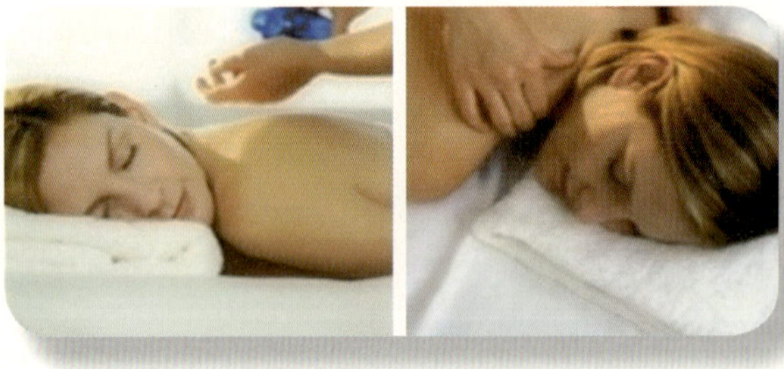

가장 일반적으로 유용한 방법이다. 증상에 따른 에센셜 오일을 선택하여 스윗 아몬드 오일(Sweet almond oil), 호호바 오일(Jojoba oil) 등의 캐리어 오일과 블랜딩해서 사용한다. 아로마테라피 마사지를 하게 되면 오일이 피부에 흡수되어 신체 각 부분에 영향을 줄 뿐 아니라, 향이 후각 신경을 통해 감정 상태에도 영향을 주어 심신의 작용 효과가 있다. 휘발성 에센셜 오일의 침투력을 높여주기 위해서 캐리어 오일을 함께 사용한다.

(2) 흡입법

- General system: 흡입으로 향의 분자가 코로 유입되어 변연계를 자극해 즉각적인 반응을 한다.
- Local system: 부분적으로 작용한다.

전기 확산기를 사용하면 에센셜 오일을 쉽게 흡입할 수 있다. 한 번에 보통 10~15분 정도가 적당하다. 호흡기 증상은 확산기를 낮게 세팅하여 밤새 켜 놓는 것이 좋다. 번거롭지도 않고 효과적인 방법은 베게에 코가 닫는 위치에 에센셜 오일 한 방울을 떨어트리고 흡입하거나, 천식용 흡입기를 이용하여 하루에 몇 차례 흡입한다.

(3) 목욕법

욕조에 따뜻한 물이 반쯤 채워지면 증상에 따른 에센셜 오일을 6방울 정도 떨어뜨리고 우유(유화제)를 넣어 사용한다. 따뜻한 목욕물과 에센셜 오일이 피부에 침투하면서 피로회복, 디톡스, 신경, 근육의 이완의 효과를 준다.

(4) 습포법

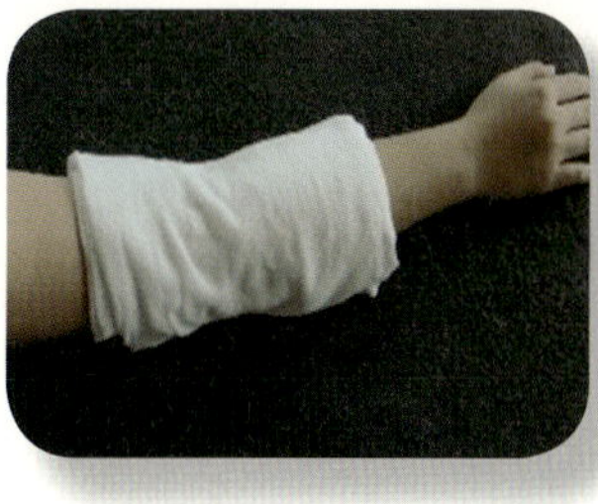

삔 데, 타박상, 관절염, 류마티스 등의 증상부위에 온습포, 냉습포를 적절한 에센셜 오일을 선정하여 100ml 물에 1방울의 에센셜 오일을 넣어 수건에 적셔서 사용한다.

(5) 발향법

뜨거운 물을 넣고 용도에 따라 에센셜 오일 3~4방울을 떨어뜨려 사용한다.

4) 증상별 에센셜 오일

증 상	에센셜 오일
해독 (Detox)	캐롯씨드, 펜넬, 제라늄, 그레이프프루트, 주니퍼베리, 레몬, 라임, 오렌지
통증 완화 (Aches and Pains)	케유풋, 클로브버드, 유칼립투스, 진저, 라벤더, 레몬, 머틀, 마누카, 페페민트, 로즈마리, 스파이크 라벤더, 타임
관절염(Arthritis)	블랙페퍼, 사이프러스, 프랑킨센스, 유칼립투스, 레몬, 저먼 캐모마일, 진저, 스파이크 라벤더, 주니퍼베리, 스윗 마조람, 파인, 로즈마리, 타임
류머티즘 (Rhematism)	블랙페퍼, 캐롯씨드, 클로브버드, 저먼 캐모마일, 진저, 주니퍼베리, 라벤더, 레몬, 스윗 마조람, 넛맥, 페퍼민트, 파인, 로즈마리, 타임
근육통 (Muscular Pains)	블랙페퍼, 유칼립투스, 진저, 라벤더, 주니퍼베리, 마조람, 페퍼민트, 파인, 로즈마리, 타임
셀룰라이트 (Cellulite)	사이프러스, 펜넬, 그레이프프루트, 라늄, 주니퍼베리, 레몬, 라임, 로즈마리, 오렌지
부종 (Fluid Retention)	블랙페퍼, 제라늄, 저먼/로먼 캐모마일, 펜넬, 진저, 마조람, 라임, 만다린, 넛맥, 오렌지, 페퍼민트, 스피아민트, 텐저린
혈액 순환 (Circulation)	블랙페퍼, 유칼립투스, 진저, 레몬, 마조람, 넛맥, 파인, 로즈마리, 타임
생리 불순 (Dysmenorhoea)	클라리 세이지, 저먼/로먼 캐모마일, 펜넬, 라벤더, 마조람, 페퍼민트, 로즈
생리통 (Mentrual Pain)	저먼/로먼 캐모마일, 클라리 세이지, 라벤더, 마조람, 로즈
생리 증후군 (PMS)	버가못, 저먼/로먼 캐모마일, 클라리 세이지, 제라늄, 라벤더, 마조람, 네롤리, 로즈

생리 과다 (Menorrhagia)	저먼/로먼 캐모마일, 클라리 세이지, 라벤더, 마조람, 로즈
모든 타입 모발	제라늄, 라벤더, 로즈마리
건성, 손상된 모발	프랑킨센스, 저먼 캐모마일, 로즈우드, 샌달우드
지성 모발	버가못, 시더우드, 사이프러스, 제라늄, 그레이프프루트, 주니퍼, 레몬, 패촐리, 페티그레인
발열(Fever)	유칼립투스, 진저, 페퍼민트
유아 모발	저먼 캐모마일, 라벤더, 만다린, 오렌지
비듬 모발	시더우드, 유칼립투스, 스파이크 라벤더, 로즈마리, 티트리, 샌달우드
감염된 두피	저먼 캐모마일, 라벤더 티트리
탈모	로즈마리, 진저, 페파민트, 시더우드, 일랑일랑
정맥류 (Varicos veins)	레몬, 사이프러스, 제라늄
모세혈관 파괴 (Broken apillaries)	저먼 캐모마일, 사이프러스, 제라늄, 로즈
동상 (Chilblains)	블랙페퍼, 라벤더, 마조람, 로즈마리
타박상 (Bruises)	블랙페퍼, 펜넬, 제라늄, 라벤더, 레몬그라스, 마조람
상처 (Wounds)	라벤더, 레몬, 마누카, 미르, 티트리
기침 (Coughs)	가제풋, 시더우드, 클라리세이지, 유칼립투스, 프랑킨센스, 진저, 히솝, 스파이크 라벤더, 마누카, 미르, 파인, 샌달우드, 타임
감기 독감 (Colds and Flu)	시나몬, 유칼립투스, 진저, 라벤더, 스파이크 라벤더, 레몬, 라임, 마누카우, 미르, 페퍼민트, 파인, 티트리, 타임
기관지 (Bronchitis)	시더우드, 유칼립투스, 프랑킨센스, 레몬, 미르, 페퍼민트, 파인, 로즈마리, 샌달우드, 타임
천식 (Asthma)	사이프러스, 프랑킨센스, 유칼립투스, 레몬, 라벤더, 캐모마일, 마조람, 페퍼민트, 파인, 로즈마리, 샌달우드, 타임

비염 (Sinusitis)	시더우드, 유칼립투스, 진저, 니아울리, 페퍼민트, 파인, 로즈마리, 스피아민트, 타임
가래 (Catarrh)	카제풋, 시더우드, 저먼 캐모마일, 유칼립투스, 프랑킨센스, 진저, 히솝, 스파이크, 라벤더, 마조람, 페파민트, 파인 티트리, 타임
소화 불량 (Ingestion)	블랙페퍼, 저먼/로먼 캐모마일, 펜넬, 진저, 레몬그라스, 라임, 마조람, 만다린, 오렌지, 페퍼민트, 페티그레인, 스피아민트, 로즈마리

7. 아로마테라피의 임상적용의 예

1) 피부학(Dermatology)

최근에 와서 경피흡수 시스템(Transdermal Therapeutic System: TTS)이 피부관리 및 화장품의 유효성에서 자주 사용되고 있다. 특히 피부관리는 새로운 전달(Dermatology delivery)시스템에서 중요한 자리를 차지하게 되었다. 다양한 에센셜 오일을 피부에 바르는 아로마테라피에서는 경피흡수가 커다란 의미를 갖는다. Fuchs 등(1997)은 가벼운 마사지에서 체계적으로 흡수되는 카르본(Carvone)에 대한 논문을 발표하였다. 카르본은 스피아민트(spearmint)의 42.8%를 구성하는 케톤(ketone)이다. 그러나 많은 성분이 낮은 삼투율 때문에 TTS에 적합하지 않으며, 에센셜 오일의 구성요소는 이들의 삼투율을 향상시킨다. 그리고 Cineole과 d-limonene이 haloperidol의 삼투력을 향상시키는 반면에 d-limonene은 chlorpromazine의 피부 삼투력을 약화시켰다. Cineole은 rosemary, cardamon, spike lavender, sage 및 eucalyptus에서 발견되는 산화물이다(Bowles, 2000). Limonene은 여러 가지 citrus-peel오일에서 볼 수 있는 물질이다. Cornwall과 Barry(1994)는 12-sesquiterpene이 5-fluorouracil을 증가시키는 기능을 연구 조사한 결과 침투 향상제로서 그 가능성을 발견하였다. 피부는 인체에서 가장 큰 조직이다. 이는 또한 내적 평온이나 혼동의 징후를 외부 세계에 보여주는 스트레스 지표이기도 하다. 피부관리의 상당 부분은 경피 흡수를 돕기 위한 제품 및 방법들을 사용하고 있다.

2) 증상(Symptoms)

(1) 여드름(Acne)

① 신생아 여드름

태어날 때 얼굴에 생긴 붉은 반점으로 뺨과 코에 많이 난다. 아기가 자궁 속에 있을 때 모체로부터 들어온 어떤 호르몬에 의해 발생한다. 시간이 지나면 사라지지만 아로마테라피가 도움이 된다.

여기서 다음의 세 가지 방법을 소개한다. 아기의 피부를 연한 비누로 잘 닦아내고 깨끗한 물수건으로 비누를 닦아낸다. 화장솜도 깨끗한 것을 사용한다.

첫 번째 방법은 라벤더(lavender)와 캐모마일하이 드로렛(camomile hydrolat)을 사용하는 것으로 가장 효과적인 방법이다.

두 번째 방법은 라벤더(lavender) 와 캐모마일 로먼(camomile roman)에센셜 오일 1방울씩을 정제수 500cc에 희석하여 사용한다.

세 번째 방법은 사용하지 않은 캐모마일 티백(camomile tea bag)에 라벤더(lavender) 에센셜 오일을 1방울 떨어트린 다음 부위에 바른다. 필요할 때에 끓는 물을 약간 부어 식힌 다음 사용한다.

② 청소년 여드름

'American Medical Association'의 통계에 의하면 청소년의 85%가 여드름으로 고생한 적이 있다고 한다. 용모에 관심이 많은 나이에 여드름은 정말 속상하게 하는 문제이다. 이는 자아 존중감, 자신감, 불안증, 스트레스와 연계되는 증상이다. 여드름은 천연 피부보습제인 피지(sebum)가 호르몬 상승으로 인해 과잉 분비됨으로써 박테리아의 온상이 되기 때문에 발생하는 현상이다. 여성인 경우에는 생리기간에 여드름이 많이 발생한다.

- 징후와 증상
  - 얼굴, 목, 등 및 어깨에 발생한다.

  ※ Tip: 신체에 생긴 여드름은 자외선의 살균작용 효과로 치유
  - 뾰루지, 백색 면포(white heads), 흑색 면포(black heads), 블랙해드를 제거하려면 우선 얼굴에 스팀을 쏘인다. 여드름을 짤 때 손을 사용하지 말

고 블랙해드용 특수 도구를 사용한다. 아니면 전문가의 도움을 받는다. 제거한 자리에 진정, 소염의 라벤더 에센셜 오일을 화장솜에 묻혀서 바른다.

※ 청소년 여드름에 유용한 에센셜 오일

① Lavender
② Rosemary
③ Tea tree
④ Thyme linalol
⑤ Camphor
⑥ Eucalyptus citriodora
⑦ Bergamot

(2) 습진, 아토피(Eczema: ATopic Dermatitis)

알레르기 증상은 유전적 요인이나 환경적 요인으로 발생하게 되며 특히 잘못된 식습관이 증상의 악화현상을 초래한다. 피부 가려움증이 대표적인 증상이다. 이는 생후 4~5개월 즈음 고체음식이 식사로 들어가는 시기에 발달하기 시작한다. 이 시기 전에 알레르기가 발생하는 것은 파우더 밀크에 기인하는 경우이거나 모유일 가능성이 높다. 영아 습진은 3살 정도 되면 사라지지만, 어떤 경우에는 성인이 되도록 사라지지 않는 경우도 있다.

습진은 천식과 건초 열과도 관계가 있으며, 이러한 증상들이 동시에 발생하는 경우도 있으며, 유전적인 요소도 있다. 습진이 알레르기성이라면 그 원인이 밀, 낙농제품, 계란, 애완동물의 털, 모, 연수제(water softener agent), 섬유유연제 등에 있을 수 있다. 습진은 또한 스트레스나 불안증으로 인해 유발될 수 있다.

- 징후와 증상은 다음과 같다.

① 피부가 건조하고 부스러지거나 갈라진다.
② 피부가 가렵다. 홍반이 나타난다.
③ 주로 얼굴, 겨드랑이, 무릎, 팔꿈치, 손 및 생식기 부위에 나타난다.

※ 알레르기에 유용한 에센셜 오일

① Cypress ② Juniper Berry ③ Lavender

④ Jasmine ⑤ Majoram

(3) 불안증(Anxiety)

※ 어린이 불안증을 위한 에센셜 오일

① Bergamot ② Mandarin ③ Neroli

④ Rose Otto ⑤ Camomile Roman ⑥ Geranium

⑦ Frankincense

(4) 주의력 결핍 장애(Attention Deficit Disorder: ADD)

외국에는 상당수의 어린이들이 ADD가 있으며, 이 중에는 약을 복용하는 아이들도 많이 있다. 행동 패턴의 특징은 학습 장애와 사회성 기술과 연관된다. ADD는 여자 아이들보다 남자 아이들한테서 더 많이 보이며 가족력과도 관계가 있다. ADD에는 ADHD 증상도 포함된다.

- 징후와 증상은 다음과 같다.

① 주의력 범위가 짧다. 쉽게 산만해진다. 집중이 어렵다.
② 정리하는 것이 잘 안된다. 자주 물건을 잃어버린다. 학습 장애가 있다.
③ 지침을 따르는 것이 어렵다. 권위를 수용하지 못한다.
④ 충동적 행위와 무드 변화가 크다.
⑤ 학업 성적이 좋지 않다.
⑥ ADHD(과잉 행동): 수면 부족, 두통

이 외에도 아주 구체적인 증상 신호도 보인다. 선생님이 묻지 않았는데도 소리쳐 대답한다. 줄 서는 것이 어렵다. 공포 감각이 없는 사람처럼 위험한 행위를 한다. 이러한 이유로 많은 아이들에게 약 처방을 한다. 이제까지는 ADD에 대한 원인이 구체적으로 알려진 것이 없다. 복합적 요소가 존재할 가능성이 있는데, 증상은 아이에 따라 다르게 나타난다. 신경계 장애, 두뇌 장애, 뇌손상, 조기 출산, 마약 의존 아기 등이 있을 수 있다. 환경적 원인으로는 농약,

식품첨가제, 대기오염 등이 있으며, 면역 조치로 인해 발생한다는 연구 결과도 있다.

이러한 모든 것을 염려하기 전에 우선 아이에게 ADD가 있는지 확인하는 것이 중요하다. 위에 언급한 증상들은 정상적인 발육과정에 있는 아이들에게도 적용되는 경우가 많다. 아이들은 모두 지루해하며 짜증도 낸다. 그리고 충동적으로 행동하기도 한다. ADD 증상 중에 하나는 “장난감 하나만 갖고 놀지 못하고 다른 장난감으로 넘어간다”이다. 모든 아이들한테서 이러한 현상을 볼 수 있다. TV를 예로 들자면, 요즈음엔 채널이 수도 없이 많다. 그러니 리모컨으로 여러 채널을 왔다갔다 하는 것이다. 옛날에는 장난감 자동차 하나만 갖고 하루종일 방안에서 밀고 다녔으나 지금은 상황이 다르다. 이제는 아이들에게 시간 투자를 더 많이 하여 천천히 가는 방법을 가르쳐야 한다. ADD 특징 중의 일부는 어른들에게 적용된다. 부주의로 인한 실수를 하며, 지침을 내릴 때에 주목하지 않으며, 권위에 대한 존중심이 없으며, 할 일이 있는데도 임무를 마치지 않는 등의 증상을 나타낸다.

이럴 때는 에센셜 오일을 사용하여 목욕법을 권장한다.

※ 차분하게 해주는 샤워용 에센셜 오일

① Mandarin ② Lavender ③ Camomile Roman

연 령	에센셜 오일
3~5세	2 방울
6~8세	3 방울
9~11세	5 방울

※ 위의 에센셜 오일을 사용하여 목욕법으로 적용한다.

(5) 피로(Fatigue)

만성적 긴장은 탈진으로 이어진다. 과잉자극 없이 활력을 회복하게 하는 강장제 효과를 주는 오일은 다양하게 있는데, 그중 하나가 감귤류(Citrus) 오일이다.

- 목욕법, 흡입법: 만다린 4방울과 오렌지 2방울, 네롤리 4방울과 레몬 2방울

(6) 수면 유도(Helping sleep)

걱정은 우리 머릿속에서 계속 이어진다. 특히 잠자리에 들면 더 심해진다. 잠을 이루지 못한 밤은 스트레스와 불안감을 더 많이 안겨다 준다. 따뜻하고 편안한 에센셜 오일을 이용한 저녁 목욕과 향수만으로도 하루의 피로를 회복할 수 있다.

- 목욕법, 흡입법: 로즈 4방울과 백단유(sandalwood) 3방울, 라벤더 5방울과 일랑일랑 3방울
- 행복감을 주는 오일들

우리는 살다보면 어느 정도 우울해질 때가 있다. 어떤 특정 이벤트 때문일 수도 있고, 그냥 만성적인 피로감 때문일 수도 있다. 휴식이나 원기회복 프로그램의 일부로 아로마테라피는 무드와 전반적인 에너지를 향상시키는 데에 아주 효과적이다. 강하지만 비교적 짧은 시간 내의 효과를 위해서는 목욕물에 4방울의 버가못과 2방울의 네롤리(neroli)를 넣은 욕조법과 아침시간에 하는 것이 이상적이다. 목욕 후 부드러운 타월로 피부를 살며시 두드린다.

(7) 스트레스(Stress)

스트레스의 징후와 증상은 다음과 같다.

① 정신적 의사소통, 감정 부재: 특별한 이유 없이 분노, 절망감, 불면증, 비밀스러워진다.

② 스트레스성, 흥분성: 이 갈기, 근육 긴장, 피로감 그러나 잠은 잘 잔다.

③ 식욕의 변화, 공격성: 숨을 가쁘게 쉰다.

- 휴식 효과: 라벤더 3방울, 제라늄 3방울 그리고 마조람 3방울
- 침착하고 진정되는 효과: 로즈 4방울, 재스민 3방울
- 확실한 활력소 효과: 클라리세이지 3방울, 버가못 4방울

아이들의 스트레스는 시험 압박, 정서적 문제, 또래들로부터의 압박, 가정생활의 어려움, 학교 경쟁에서 오는 압박, 부모의 지나친 기대감, 감당할 수 없다는 느낌, 절망감, 그리고 모든 것이 마음대로 되지 않는 감정에서 비롯된다. 증상에는 흥분성(irritability), 유머 감각의 상실, 의사 결정의 불가능, 집중 불가능, 논리적인 순서로 업무처리 불가능, 방어적인 감정, 내적 분노, 삶의 대부분에 대한 무관심 등이 있다. 또한 불면증, 발한, 헐떡임, 기절, 식욕 상실

과 폭음, 소화불량, 변비 혹은 설사, 두통, 경련, 근육 경련, 습진, 천식, 마른 버짐, 호흡 문제 등도 있을 수 있다.

(8) 편두통(Migraine)

로즈마리 2방울, 마조람 1방울, 클라리세이지 1방울을 캐리어 오일에 희석하여 관자놀이와 이마를 부드럽게 마사지 해준다.

습포를 하는 방법은 더운물에 1방울씩 넣어 습포로 만들어 이마에 올려놓으면 된다.

(9) 소화(Digest)

신경과민은 배탈이나 복부 경련 등으로 나타난다. 또한 감정들이 쌓이면 소화불량의 원인이 되기도 한다. 중요한 것은 우리 몸으로 하여금 이러한 근심과 불안감을 털어 버리도록 하는 것이며, 그 역할의 상당 부분을 아로마테라피가 할 수 있다. 에센셜 오일을 사용하는 가장 쉬운 방법은 습포법(온습포)으로 준비하여 복부에 올려놓고 10분간 따뜻하게 하는 것이다. 여기에 오렌지 2방울과 페퍼민트 3방울, 혹은 캐모마일 3방울과 오렌지 2방울을 희석하여 준비한 타올에 적셔서 온습포로 사용한다.

(10) 집중력(Concentration)

연구에 의하면 특정 에센셜 오일이 집중에 도움이 된다는 것이 증명되었다. 램프 확산법으로 적용한하며, 집중력 향상에 유용한 에센셜 오일은 레몬(lemon), 버가못(begamot), 그레이프프루트(grapefruit), 파인(pine) 등이 있다. 흡입법은 마사지나 목욕이 어려울 때에 에센셜 오일의 효과를 얻을 수 있는 좋은 방법이다.

Tip 성공적인 아로마테라피를 하기 위한 조건들

① 증상에 따른 적합한 에센셜 오일의 선택(Choice suitable Essential Oil)
② 아로마에센셜 오일의 품질(Quality): 계절, 지역, 수확시기, 수확방법(Havesting)
③ 아로마테라피 적용방법(Application Methods): 마사지, 흡입법, 습포법, 목욕법 등
④ 아로마테라피의 장점(The Benefits of Aromatherapy): 질병의 예방, 최적의 건강과 웰빙유지
⑤ 테라피스트와 고객 간의 상호관계성(Interaction between the therapist-client): 신뢰감, 릴렉스, 행복감, 만족감 등

8. 아로마테라피 실기(Clinical Practice)

1) 아로마테라피 실습(Practice)

(1) 환경(Place)

① 쾌적한 분위기와 간접 조명을 이용한 안정감, 은은한 음악, 아로마향으로 고객이 편안함을 느낄 수 있는 공간이 되어야 한다.

② 아로마테라피 시에는 반드시 관리가 끝나면 환기를 해준다.

③ 사용하는 집기들이 위생적이고, 정돈되어야 한다.

(2) 아로마테라피스트의 자세(Attitude)

① 전문가로서 정돈된 유니폼과 명찰을 착용한다.

② 청결, 위생, 자기개발이 필요하다.

③ 단정한 머리, 깨끗하고 부드러운 손, 정돈된 손톱, 액세서리는 피한다.

④ 고객에 대한 많은 정보(병력, 가족사항, 직업, 라이프스타일, 성격, 취향 등)를 상세히 기록한다.

(3) 실습 도구(Equipment)

다양한 에센셜 오일, 캐리어 오일, 비커, 유리막대, 빈 용기, 조향지(면봉), 라벨스티커, 상담카드

(4) 블랜딩(Blending)

- 향에 따른 블랜딩

아로마테라피스트가 선호하는 향 또는 잘 어울리는 에센셜 오일을 선택한다. 고객이 좋아하는 향을 선택한다.

① 블랜딩 시 유의사항

가. 3종류의 에센셜 오일을 넘지 않는다.

나. 상반되는 작용을 하는 에센셜 오일을 함께 사용하지 않는다.
(자극효과↔진정효과)

다. 상향, 중향의 에센셜 오일을 먼저 블랜딩한 후 상황에 따라 하향의 에센셜 오일을 적용하는 것이 효과적인 블랜딩 방법이다(하향의 에센셜 오일은 향이 강하므로 적절하게 적용한다).

라. 블랜딩한 에센셜 오일의 향을 기억한다.

② 맞춤형 블랜딩 제작방법

가. 선택한 에센셜 오일을 블랜딩할 빈 용기에 한 방울씩 떨어뜨려 섞은 후 향을 맡아보면서 좋아하는 향을 만들어 낸다.

나. 블랜딩한 에센셜 오일은 반드시 기록해서 다음에 다시 사용할 수 있도록 한다.

다. 선호하는 향에 따른 맞춤형 블랜딩이 된다.

Tip 휘발성에 따른 블랜딩(Note)

① 상향(Top note)

가. 가장 빠른 증발력과 작용을 가지고 있다

나. 휘발성이 강하여 3시간 이내에 증발하는 성질이 있으며 블랜딩 시 전체향의 20~30%가 적당하다.다. 정신과 인체에 가장 자극적이며 강한 활성작용을 한다.

예) 바질, 버가못, 네롤리, 레몬, 클라리 세이지, 유칼립투스, 진저, 그레이프프루트 등

② 중향(Middle note)

가. 보통 정도의 작용과 증발력을 가지고 있다. 평균 6시간에서 2~3일 정도 향을 유지한다. 블랜딩 시 40~80%의 비중이 적당하다.

나. 부드러우며 원만한 느낌을 주며 상향과 하향의 중간에서 향의 균형을 이루게 한다.

예) 캐모마일, 사이프러스, 제라늄, 라벤더, 마조람, 주니퍼 등

③ 하향(Base note)

가. 증발력이 가장 느려서 이틀 이상 향이 지속되고 일주일까지 향이 지속되기도 한다. 진정 작용과 이완작용을 한다.

나. 블랜딩한 에센셜 오일들을 안정되고 깊이 있게 유지시켜 주는 오일이다. 블랜딩 시 5%의 비중이 적당하다.

예) 시더우드, 프랑킨세스, 재스민, 일랑일랑, 클로브, 네롤리, 멀, 벤조인, 페촐리 등

[그림 3-5] 블랜딩 실습모습

③ 블랜딩 방법

가. 에센셜 오일을 준비한다(증상에 따라 선택된 E/O).

나. 깨끗이 소독된 비커에 먼저 상향, 중향, 하향의 오일을 차례로 넣어 가며 블랜딩한다(원하는 향을 만든다).

다. 하향성 오일을 넣기 전에 향을 맡아보고 향의 밸런스를 체크한다.

가장 이상적인 블랜딩은 레몬(Top), 라벤더(Mid), 샌달우드(Base)와 같이 상, 중, 하향의 고른 배합이며 특히 중향의 오일이 중심이 되도록 블랜딩 하는 것이 좋다.

Tip 치료목적에 따른 블렌딩

대부분의 아로마테라피스트들은 향기에 따른 블랜딩보다는 치료목적에 따른 블랜딩을 더욱 선호한다.
고객이 가진 증상에 따른 다양한 종류의 에센셜 오일을 적절하게 선택, 배합하여 치료를 위한 블랜딩을 한다. 이것은 근육의 긴장이나 통증과 같은 육체적 문제와 불안, 스트레스와 같은 감정적 문제와 깊은 내면의 상처까지도 자극할 수 있는 블랜딩이다. 아로마테라피(Aromatherapy)는 고객의 육체적 증상의 예방, 완화, 치료의 목적뿐만이 아니라 정신적(Emotional) 문제까지도 치료하기 위한 요법으로서 아로마테라피스트들의 블랜딩의 방향은 각각의 상황이나 고객의 요구에 의해 결정된다.

[그림 3-6] 목적 블랜딩

(5) 시너지(Synergy)

시너지라는 말은 그리스에서 유래된다. 'Syndms'는 그리스의 태양으로부터 유래하였고 그 뜻은 함께 한다는 의미이며, 'ergy'는 그리스의 'ergon' 즉 일한다는 뜻으로 결국 함께 일한다라는 뜻이 된다. 아로마 치료에서 'synergy' 혹은 시너지효과(synergic effect)는 두 가지 이상의 에센셜 오일을 함께 사용할 때 더 큰 효과를 낸다는 의미이다. 시너지효과의 창출은 블렌딩에서 가장 중요한 부분이다. 시너지는 상황에 따라 다른 결과를 가져오기 때문이다. 시너지 블랜딩을 하기 위해서는 고객이 가지고 있는 증상의 충분한 이해와 그 외의 원인들 즉, 심리적, 정신적인 문제의 연관성, 생리화학적인 요인 등을 함께 고려해야 한다. 또한 에센셜 오일의 충분한 이해경험과 직감력이 요구된다. 탑, 미들, 베이스 노트를 고려해서 치료적인 목적의 에센셜 오일을 선택한다.

① 오일 용량

- 1ts = 5ml = 100방울
- 1ts = 15ml = 300방울
- 1ml = 1/5ts = 20방울
- 1oz = 30ml = 600방울

② 적용방법

- 얼굴: 1%(1방울)
- 전신: 3%(3방울)

(6) 아로마테라피 마사지(Massage)

① 아로마테라피 마사지의 효과

가. 쓰다듬기 동작으로 에센셜 오일의 체내 흡수를 돕는다.

나. 자극과 진정의 효과를 준다.

다. 림프의 흐름과 혈액의 순환을 촉진시키므로 체내의 노폐물과 독소를 빠르게 배출한다.

라. 신경계에 작용한다.

마. 고객의 증상에 따른 올바른 경혈점(에너지 포인트)의 지압과 이러한 효과들은 증상에 따른 적절한 에센셜 오일의 선택과 알맞은 기법으로 일상에서의 스트레스로 인한 증상들을 완화시켜 준다.

② 기본 테크닉

가. 쓰다듬기(effleurage)

나. 문지르기(friction)

다. 반죽하기(petrissage)

라. 떨기(vibration)

마. 지압하기(acupressure)

③ 금기사항

가. 원액 사용을 피하며 반드시 캐리어 오일과 희석하여 사용한다.

나. 임신 중, 고혈압, 간질(뇌전증)이 있는 경우 에센셜 오일 사용에 주의한다.

다. 눈 주위에 접촉할 때에는 조심한다.

라. 아이들의 손이 닿지 않는 곳에 보관한다.

마. 민감한 피부에 사용할 때에는 세심한 주의를 한다.

바. 심한 피부병이나 정맥류일 경우에는 사용을 금하거나 의사와 상담 후 결정한다.

사. 에센셜 오일이 눈에 들어갔을 경우에는 흐르는 물로 닦아낸다.

(7) 다른 종류의 마사지(Other Complementary therapies)

① Accupanture(침술)

고대 중국의 치료로서 서양에서도 널리 사용되고 있다. 침술은 작은 바늘을 통증완화와 치유를 증진하는 지점에 적용하는 것이다. 이러한 지점들을 경혈점(에너지 통로)이라고 한다. 에너지의 흐름이 차단되면 에너지 통로가 통과하지 못하는 부분에 질병이나 약화가 일어난다. 바늘은 이러한 차단을 열어주어 신체가 스스로 치유할 수 있는 능력을 강화할 수 있도록 도와준다.

② Alexander technique(알렉산더 기술)

알렉산더 기술은 신체가 어떻게 사용되는지에 대한 자세와 인지에 따라 치유와 더 나은 건강을 촉진한다. 이는 두통과 요통에 유용하다. Frederick Mathias Alexander는 배우이면서, 올바른 자세가 목소리를 잃지 않게 한다는 것을 발견하면서 이 기술을 개발했다.

③ Bach flower remedies(바흐 플라워 요법)

Edward Bach 박사는 동종요법(homeopath) 의사로 전통적인 의술과 질병을 자연적인 방법으로 치료하는 동종요법을 거부하였다. 그는 물과 알코올을 식물에 주사하여 38가지 치료법을 개발하였는데, 이것은 교외에서 그가 연구한 것에 기초하고 있다. 이 치료의 목표는 종종 신체적 문제로 발전하는 정신과 정서적 문제를 다루는 데 있다.

④ Bowen technique(보웬 기술)

호주의 Thomas. A. Bowen이라는 사람이 개발한 이 기술은 부드럽게 조직을 움직이는 것으로 신체 전체의 균형을 다시 잡는 데 그 목표가 있다.

Bowen의 방법을 시술하는 전문가들은 근육의 긴장과 스트레스를 느낄 수 있고, 이러한 정체를 움직일 수 있다. 가벼운 구르기 동작은 신체의 에너지 흐름을 자극한다. 이것은 마사지나 조작이 아니라 부드러운 과정으로 신체가 스스로 치유되게 한다.

⑤ Chiropractic(카이로프락틱)

척추교정사는 특별히 척추의 통증을 완화하기 위해 신체의 관절을 관리한다. 이 통증은 신경이 잘 작동되지 않아 발생한다는 기초에 근거하며 그래서 중추신경계를 관장하는 척추가 치료의 중심이다. 요통과 목 통증 그리고 두통에 유용하다.

⑥ Herbalism(허브요법)

Herbalism은 주로 전체 식물로 허브치료법을 만든다. 이는 고대 전통적인 의학이며 오로지 지난 300년 동안 전통의학으로 자리잡았다고 간주된다.

⑦ Homeopathy(동종요법)

동종요법은 같은 것은 같게 치료한다. 미량의 박테리아, 바이러스 혹은 문제의 원인이 되는 물질로(예를 들면 고양이 털에 대한 알레르기는 고양이 털을 사용함) 이에 대한 저항이나 면역문제를 치료한다. 동종요법과 아로마 치료는 서로 반대로 작용하므로 양립하기 어렵다. 많은 종류의 동종요법은 강한 냄새가 치료의 효과를 줄이므로 냄새로부터 떨어져 사용하고 보관한다.

⑧ Kinesiology(운동요법)

Kinesiology는 근육과 에너지 흐름의 발견을 테스트하는 데 중점을 두고 있는 전인적 치료이며, 이에 따라 모든 단계의 불균형을 초래한다. 화학적, 에너지적, 신체적, 정신적, 다른 자세와 팔다리에 압박을 가함으로써 kinesiologist들은 신체의 에너지 차단이 있는지 결정하고 이것을 교정하기 위해 단단한 압박을 가한다. Kinesiology는 예방적이며 다른 보존치료와 같이 사람 전체를 치료하는 데 그 목적을 둔다.

⑨ Iridology(홍채학)

환자의 홍채(눈의 색깔을 나타내는 부분)와 변화에 대한 연구에 따라 홍채연구자들은 신체적·정신적 문제를 진단할 수 있다.

⑩ Reflexology(반사학)

이 전인적 치료는 발을 전신의 지도로 사용하여 특별히 약해지거나 질병이 있는 부분을 치료한다. 발에는 신체 조직과 기관을 나타내는 점과 영역이 있다. 이러한 지점을 지압하여 거기에 맞은 기관이 영향을 받는다. 예를 들면, 엄지발가락 끝을 지압하여 뇌에 반응을 일으키고 뇌에 문제가 있으면 엄지발가락에 증상이 나타나게 된다. 발의 지점과 다른 신체부분의 관계는 반사작용에 의해 잘 알려져 있다. 훈련된 반사전문가는 손가락이나 엄지를 지압하여 문제 영역을 찾아낸다. 그리고 더 강한 지압으로 관계된 다른 신체조직의 치유를 돕는다. 반사학은 동종요법과는 달리 아로마 치료와 양립이 가능한데, 몇몇 전문가들은 마사지 세션에 반사학을 이용한다.

⑪ Osteopathy(정골요법)

척추교정사와 마찬가지로 정골요법은 신체의 관절을 관리한다 정골요법은 신체구조와 기능이 상호 의존적이라는 데 기초를 둔다. 만약 구조가 손상되면 그 기능이 영향을 받게 되고, 관절과 뼈를 관리하여 구조적인 문제가 교정되면 신체기능이 증진할 것이다. 이것은 아로마 마사지의 보조 형태로 종종 사용된다.

⑫ Shiatsu(시아추)

시아추는 지압의 형태로 손가락이나 검지를 사용하여 침을 놓은 자리를(에너지 채널) 눌러서 통증을 완화하고 신체가 스스로 치유되도록 돕는다. 이 지압 포인트는 침술에서 사용되는 지점과 같다.

⑬ Reiki/spiritual healing(레이키)

레이키는 일본에서 우주의 생명력을 의미하며, 레이키 치유자들은 우주의 에너지를 환자혹은 대상자에게 전달하는 채널로 행동한다. 손을 특정 동작으로 신체의 다른 부분에 사용함으로써 치료자는 신체의 에너지와 치유를 증진하며 균형과 안정을 가져다 준다고 알려져 있다.

⑭ Yoga/meditation(요가와 명상)

요가와 명상은 그 장점과 전인적 효과가 잘 알려져 있으며 자가 치료에 매우 유용하다. 사람들에게 신체와 마음을 조절하도록 가르쳐 준다. 요가는 다른 자세를 인용하여 이완하는 기술과 숨쉬기 연습으로 신체 운동을 통하여 이루어진다. 명상은 다른 데 초점을 두고 있는데(촛불, 심성, 진언), 사람들을 안정시키고 자신의 중심으로 가게 한다. 명상은 신체가 치유로 들어가고 재충전모드로 변하여 근육이 이완되고 혈액순환이 좀 더 효과적으로 되게 하는 등 짧은 수면의 심리적인 효과가 있다.

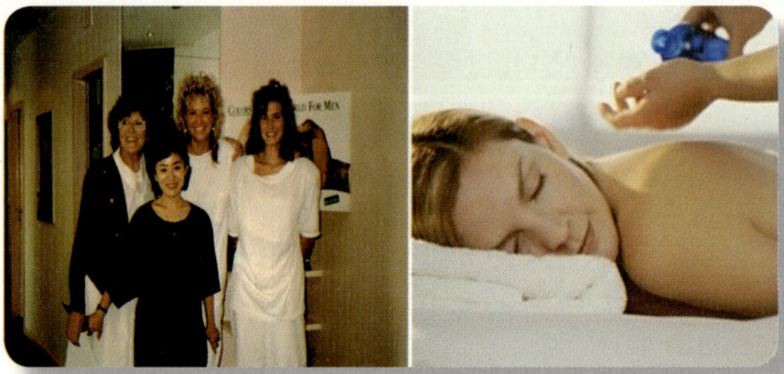

(8) 마사지 동작(Massage movements)

- 얼굴관리

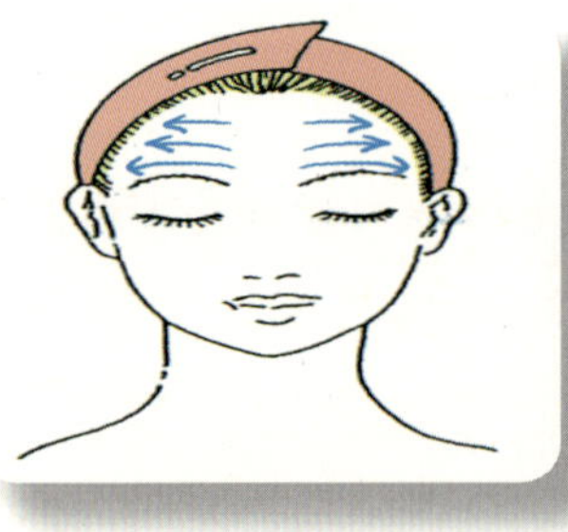

① 적은 양의 에센셜 오일을 얼굴에 도포한다. 지압을 느린 동작으로 이마 정중앙에서부터 눈썹을 따라 헤어라인 방향으로 쓸어내린다. 관자놀이에서 셋 동작으로 멈춘다. 이를 3회 반복하여 적용한다.

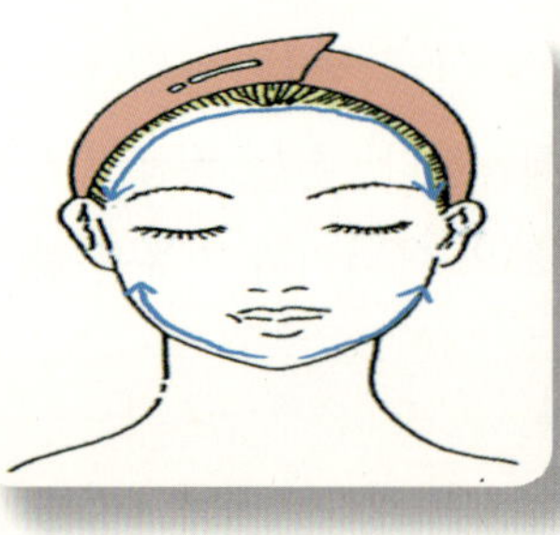

② 엄지손을 이용하여 헤어라인 중앙에서 시작하여 헤어라인을 따라 느린 동작으로 관자놀이에서 멈춘다. 턱밑에서 귀밑 앞까지 쓸어 올린다. 이를 3회 반복한다.

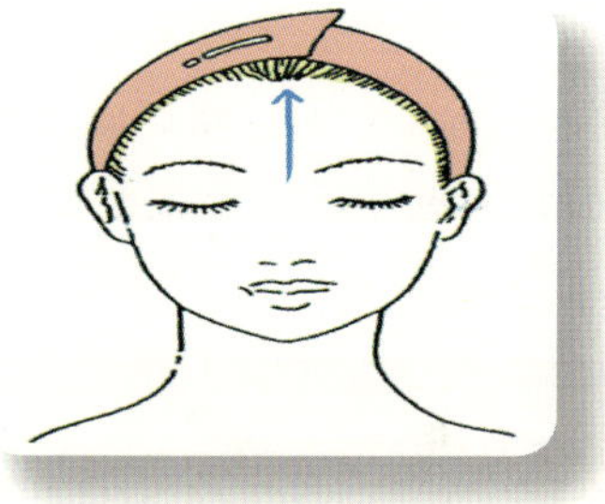

③ 엄지손을 이용하여 추미근에서 압을 가하면서 시작하여 양눈썹 사이를 지나서 헤어라인 쪽으로 압을 줄여가며 쓸어내려 온다. 엄지손가락을 교대로 적용한다. 이를 3회 반복한다.

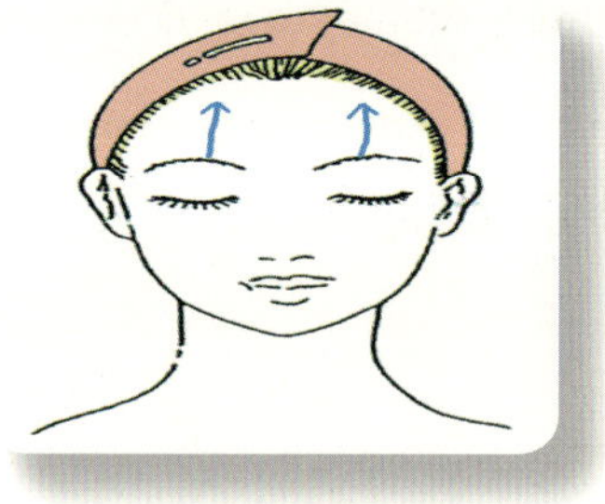

④ 검지를 이용하여 안와를 돌아 눈썹을 살짝 당기면서 가볍게 압을 주며 원을 그리는 동작을 3회 반복한다.

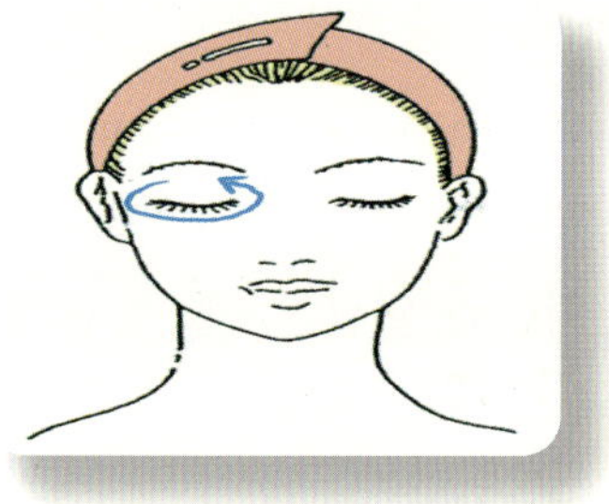

⑤ 손가락을 사용하여 눈썹에서 코가 눌리지 않도록 가볍게 코옆으로 쓸어 내려온다. 다시 얼굴의 가벼운 순환촉진을 위하여 작은 원을 그리면서 코와 눈썹을 지나 헤어라인 쪽으로 서클동작을 한다. 이를 3회 반복한다.

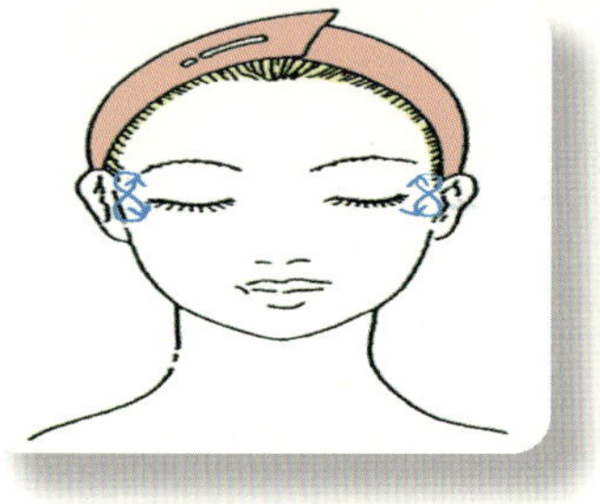

⑥ 관자놀이에서 8자를 그리는 동작을 3회 반복한다(두통 시에는 6회를 실시한다).

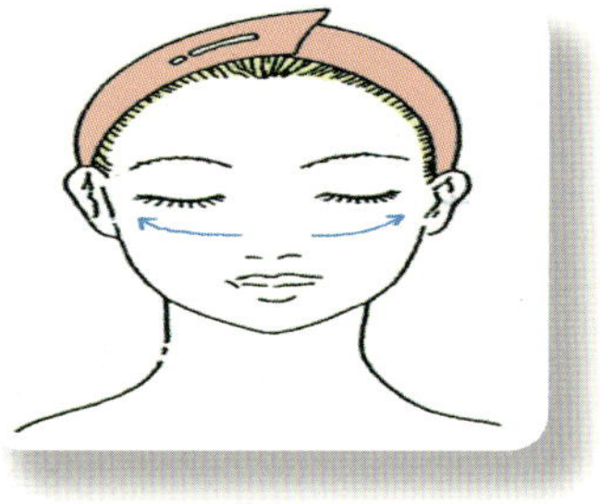

⑦ 손가락을 사용하여 눈썹에서 코가 눌리지 않도록 가볍게 코옆으로 쓸어 내려온다. 다시 작은 원을 그리면서 코와 눈썹을 지나 헤어라인 쪽으로 서클동작을 한다. 이를 3회 반복한다.

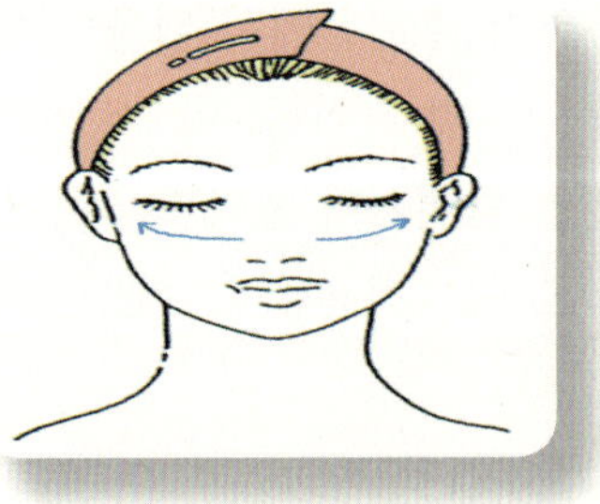

⑧ 중지를 사용하여 콧망울이 눌리지 않도록 콧망울 윗부분에서 시작하여 광대뼈위를 향해 쓸어 올린다. 이를 3회 반복한다.

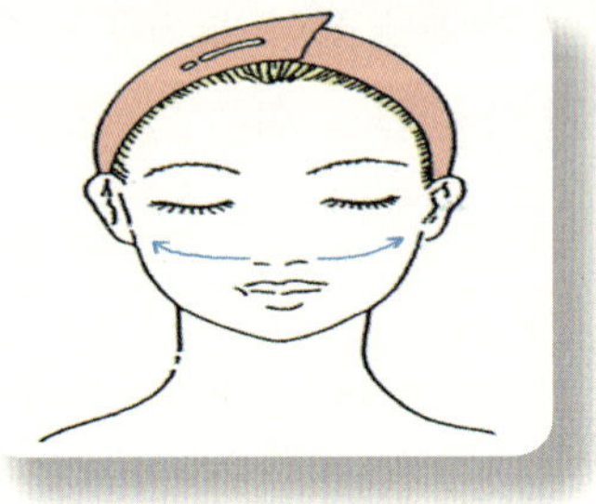

⑨ 코옆 경혈점(영향)에 압을 주면서 세 손가락(2,3,4지)으로 광대뼈 아랫부분을 끌어당기듯 쓸어준다. 이를 3회 반복한다.

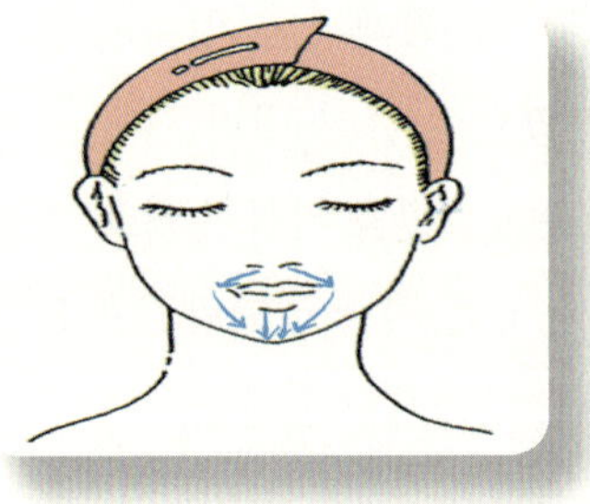

⑩ 검지를 이용하여 인중에서 지창, 지창에서 승장까지, 승장에서 악하절(submental nodes)로 쓸어내린다. 이를 3회 반복하여 실시하고 손바닥으로 얼굴전체를 감싼 후 진동하기 동작으로 마무리한다.

등관리

시작 순서(Sequences)는 가볍게 두피마사지로 긴장을 이완시킨 후 고객의 증상에 맞게 브랜딩한 에센셜 오일을 흡입하게 한 후 타올 매니지먼트로 살며시 엎드리게 한다. 깊게 지긋이 압을 주며 등을 신전하는 동작으로, 고객을 편안하게 하고 긴장을 풀어주며 시작한다. 마사지할 준비가 되었을 때 등에 덮었던 타월을 제거하고 블랜딩한 에센셜 오일을 가볍게 도포한다. 관리를 하지 않는 부위는 타월로 덮어준다.

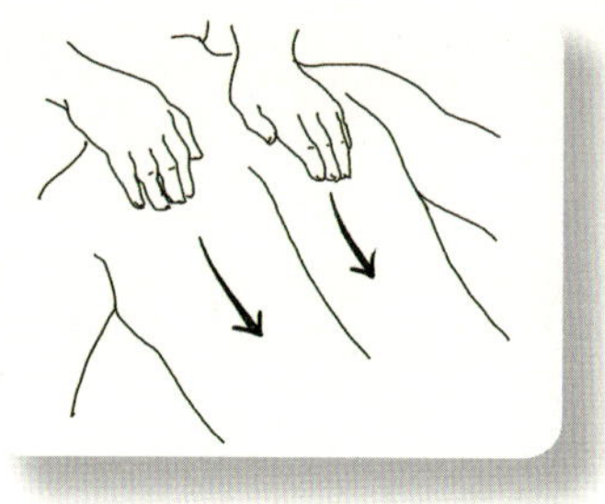

① 쓰다듬기(effleurage)
고객의 머리 쪽에 서서 척추 양옆에 손바닥을 등에 대고 허리 쪽을 향해 쓰다듬기를 한다.

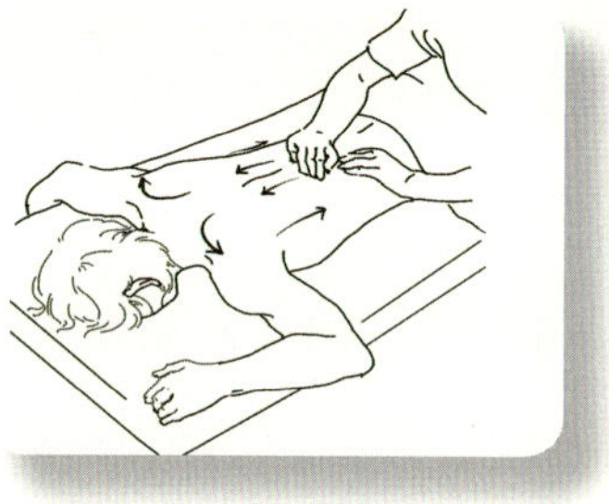

② T-형 쓰다듬기(effleurage)동작

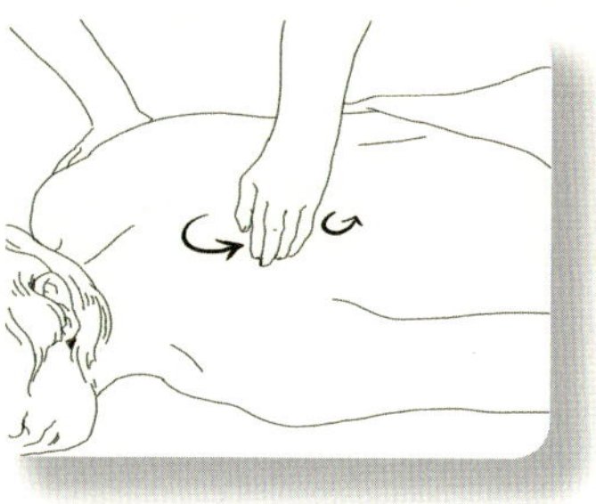

③ 허리정도의 위치에 서서 오른쪽 견갑골을 시계방향으로 문지른다.(왼쪽에서는 시계반대방향으로 동작)

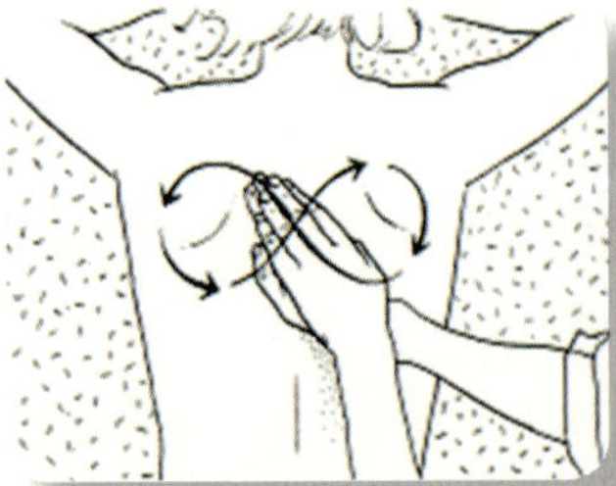

④ 허리 정도의 위치에서 양쪽 견갑골 사이에서 팔자를 그린다.

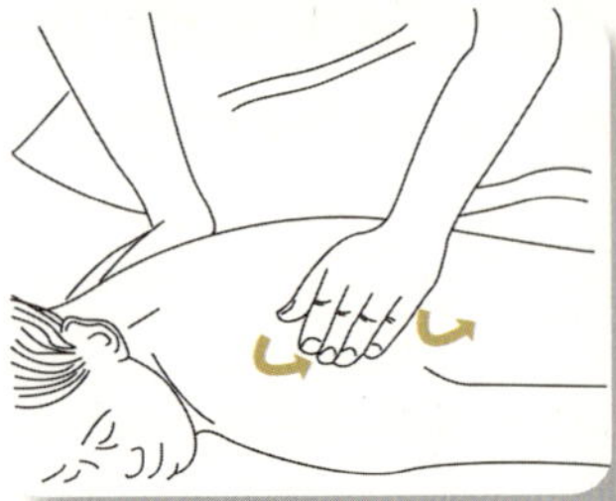

⑤ 등 상부 쪽에서 한손으로 등을 고정시키고 다른 쪽에 주무르기 동작을 한다.

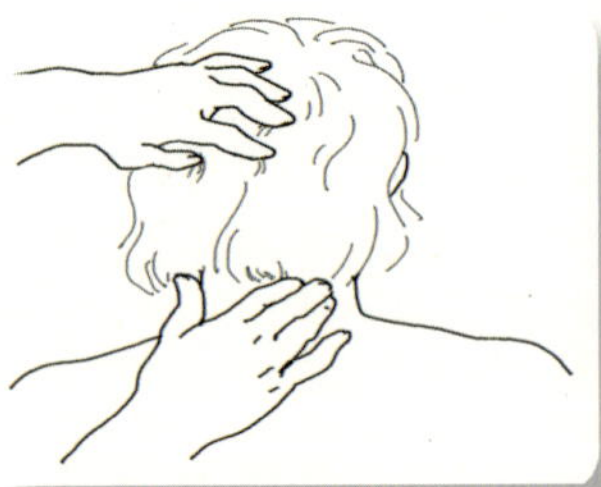

⑥ 어깨 정도에 서서 한손으로 머리 위를 고정하고 다른 한손으로 목뒤를 반죽하기(petrissage) 동작을 한다.

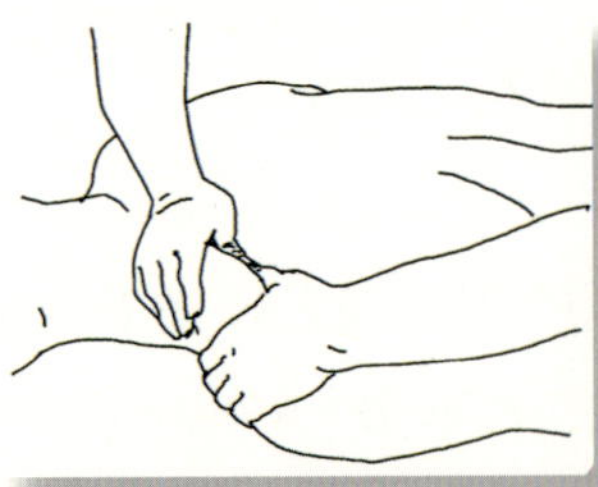

⑦ 어깨 아래 정도에 서서 손가락과 엄지손으로 어깨 부위의 근육 반죽하기(petrissage) 동작을 한다.

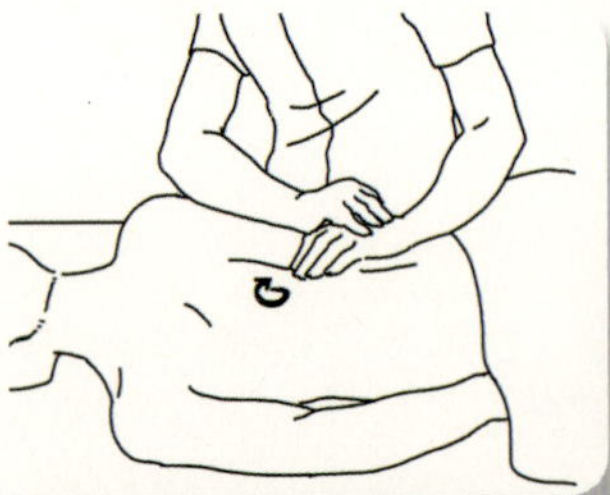

⑧ 허리 정도에 서서 강도를 조절하여 척추주변의 근육 문지르기(fictions) 동작을 한다.

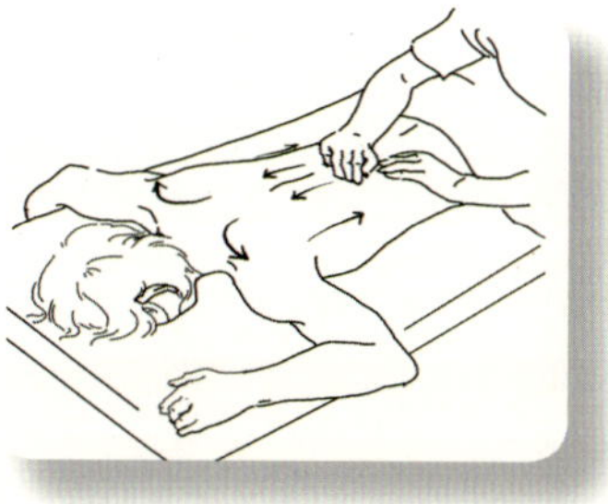

⑨ 등 전체 T-형 쓰다듬기(effleurage) 동작을 한다.

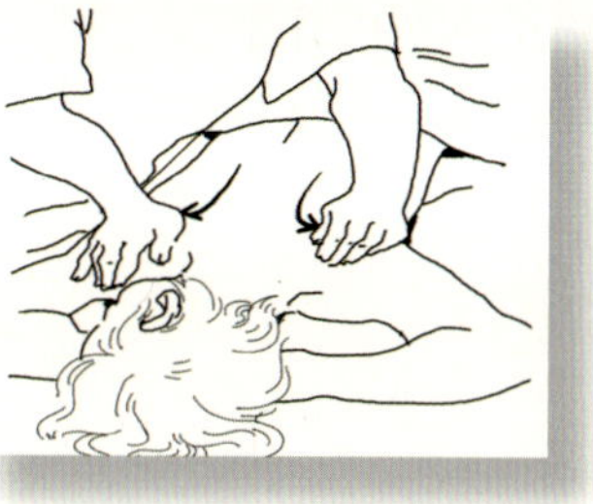

⑩ 액와 림프절(Axillary lymph nodes)을 향해 쓰다듬기(effleurage) 동작을 한다.

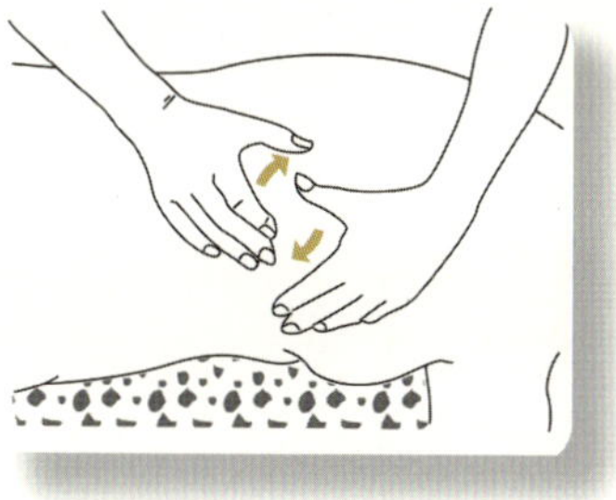

⑪ 고객을 가로질러 서서 허리측면에서 액와까지 올라오면서 반죽하기(petrissage) 동작을 한다.

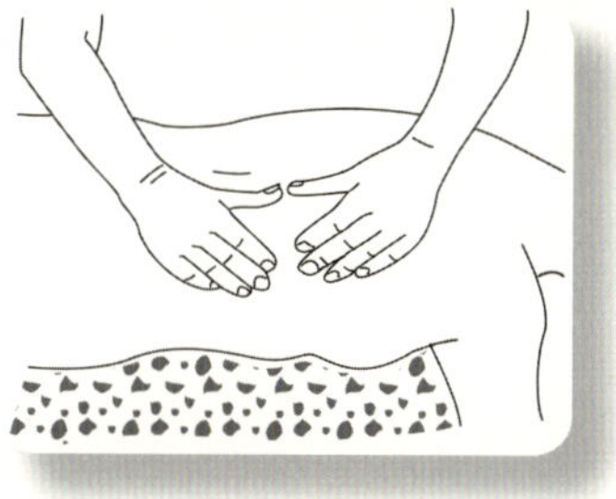

⑫ 등 측면을 엄지 손은 고정시키고 네 손가락을 이용하여 반죽하기(petrissage) 동작을 한다.

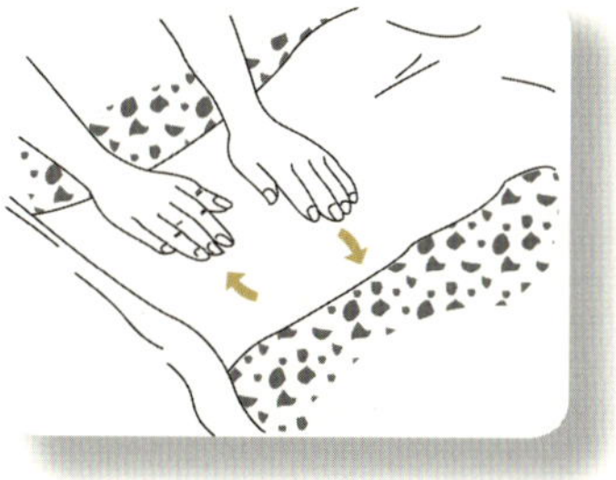

⑬ 양손교대로 허리부분 쓰다듬기(effleurage) 동작을 한다.

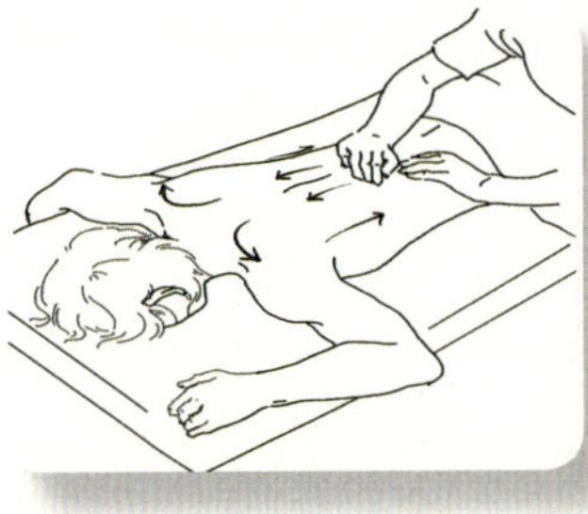

⑭ T자 쓰다듬기(effleurage) 동작을 한다.

⑮ 뒷머리를 누르면서 머리카락을 살짝 잡아당기며 가볍게 두피마사지 동작으로 마무리 한다.

(9) 아로마 DIY

① 미스트(Mist)

- 준비물: 정제수, 에센셜 오일(라벤더), 비커, 빈 용기
- 제조방법

가. 소독된 비이커에 정제수를 적정량(30ml)을 담는다.

나. 라벤더 에센셜 오일 5방울 넣고 잘 섞어준다.

다. 빈 용기에 담아준다. 사용시에는 흔들어서 사용한다,

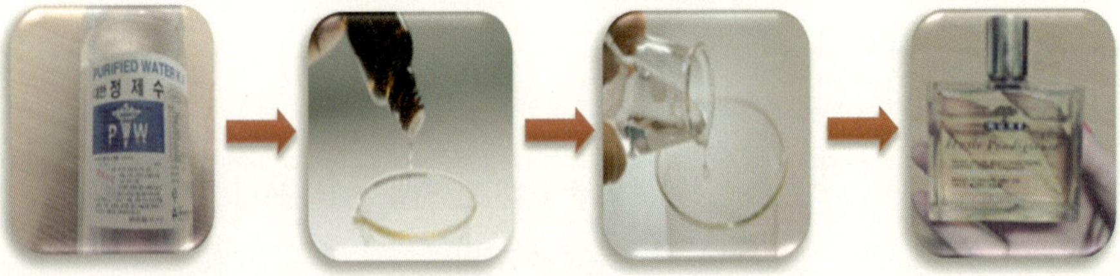

[그림 3-7] 미스트 제조과정

② 포푸리(Potpourri)

포푸리향은 희미해져 가는 옛 시절의 추억 속에 가깝게 느끼게 한다. 포푸리를 만드는 방법은 여러 가지가 있다. 전통적인 방법으로는 마른 꽃잎을 보

올에 담는 것이다. 젖은 포푸리는 갓 만들어진 신선하고 축축한 꽃잎으로 만든다. 꽃잎이 건조한 상태에서는 가끔 향이 없고 단지 보기에 아름답고 고운 색깔일 뿐이다. 선택한 몇 방울의 에센셜 오일을 묻혀서 비닐 백에 넣어 며칠간 밀봉해 둔다. 아로마향이 깊이 꽃잎에 베어들게 된다.

구성재료는 다음과 같다.

가. 꽃향의 시너지 블랜딩

로즈 3방울

제라늄 4방울

그레이프프루트 1방울

페티그레인 1방울

팔마로사 1방울

나. 동양적인 시너지 블랜딩

샌달우드 3방울

패초리 2방울

벤조인 1방울

일랑 일랑 2방울

라임 1방울

상큼한 향의 포푸리는 레몬, 오렌지, 라임의 껍질을 사용한다.

출처: 2013, IFA 타이완 컨퍼런스

9. 고객 상담(Consultation)

1) 고객상담을 위한 타고난 두뇌 사고유형의 활용

(1) 두뇌사고유형에 대한 이해가 왜 필요한가?

우리는 많은 노력을 들여 인간의 잘못된 행동과 사회병리 현상을 해결하려고 해도 잘 되지 않는 경우를 흔히 볼 수 있다. 이러한 이유는 어떤 현상이 일어나는 근본적인 뿌리를 보지 않고 겉으로 드러난 현상만 보고 고치려 하기 때문이다. 나뭇잎이 시든다고 해서 나뭇잎에 물을 주어도 옆의 잎이 또 시들 수 있다. 문제가 줄기나 나뭇가지에 원인이 있다면 줄기나 나뭇가지를 고쳐주면 거기에 해당되는 나뭇잎은 자동적으로 시들지 않게 된다.

다시 말하면, 4가지 두뇌 사고유형을 이해하고 서로 다른 생각과 행동에서 나타나는 현상을 4가지 영역의 두뇌의 기능적 차원에서 이해하고 서로 다른 차이점을 조절한다면 적은 노력으로 엄청난 결과를 파악하고 만들어 낼 수 있다. 인간의 행동은 모두 두뇌에서 기원하기 때문에 이제 상담의 영역에서도 두뇌에 대한 기본지식이 꼭 필요한 것이다.

(2) 상담을 위한 두뇌 사고유형의 이해

고객의 성격과 두뇌 사고 유형은 밀접한 관련이 있다. 조금 더 과학적이고 합리적인 상담을 하기 위해서는 고객의 생리적인 특성과 두뇌 사고유형을 이해하면 고객만족도와 효과가 커지므로 영업장의 매출을 올릴 수 있게 된다. 우선 상담자의 두뇌 사고유형을 이해하고 난 뒤 고객의 두뇌 사고유형을 이해하기로 한다.

① 두뇌 4가지 사고유형과 특징

사람은 혈액형이나 지문이 다르듯이 두뇌의 사고유형도 다르게 타고난다. 사람의 두뇌는 해부학적으로도 4분면으로 구분되어 있는데, 4가지 영역의 기능이 각기 다르다. 4가지 영역은 기능이 각기 다르지만, 사람이 살아가는 데 모두 필요한 기능을 가지고 있다. 사람은 이 4가지 기능 중 한쪽을 특히 더 강하게 타고나는데, 이것을 두뇌우성이라고 한다. 한 영역의 두뇌 우성을 타고난다고 해서, 이 영역의 기능만을 사용하는 게 아니라 나머지 영역의 기능을 상대적으로 적게 사용한다는 뜻이다. [그림 3-8]에서 보이는 4가지 영역의 기능에 대하여 간략하게 살펴보겠다.

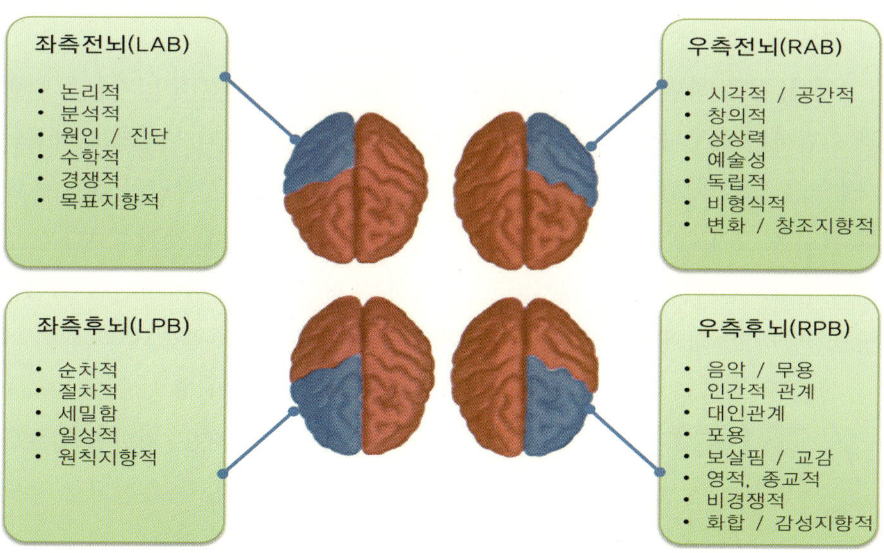

[그림 3-8] 타고난 4가지 사고유형평가(BTSA)의 특징

첫째, 뇌의 좌측 하단인 좌측후뇌(Left Posterior Brain: LPB)의 기본적인 기능은 일상(Routines)의 반복되는 일들을 순차적, 절차적으로 정확하게 반복할 수 있다. 이 영역을 두뇌 우성으로 타고난 사람들은 질서정연하고 정확하며, 시간을 잘 지키고 늘상 반복되는 일을 지루해하지 않고 잘 해낸다. 일상(Routines)이라는 말은 매일 반복되는 일을 말하는데 예를 들어, 아침에 제시간에 일어나서 세수하고, 아침식사를 하고, 가방을 챙겨서 학교에 가는 것과 같이 당연히 해야 하는 일들이다. 그러나 이와 같은 당연히 해야 하는 일들도 반복하기를 싫어하고, 시간에 구속당하기를 싫어하는 두뇌 영역을 타고난(특히 대각선 쪽의 우측전뇌) 사람에게는 매우 힘들게 느껴지는 일들이다. 좌측후뇌의 기능은 세상을 살아가는 데 변하지 않고 지속되어야 하는 기초적인 기능에 해당되는 일들이다.

둘째, 좌측 상단인 좌측전뇌(Left Anterior Brain: LAB)를 두뇌 우성으로 타고난 사람들은 논리적이고, 분석적이며, 데이터를 활용하여 기획을 잘하고, 수학을 잘하며, 기계를 좋아하고, 토론을 잘하고, 남들에게 이기기 위한 경쟁심이 강하다. 이는 언어 중심의 정량적인 평가를 요구하는 현행 교육제도에 가장 유리한 사람들이다. 이들은 목표가 뚜렷하고, 시간낭비가 적으며, 환경을 자신이 유리한 쪽으로 끌고 가려는 경향이 있어 남들에게는 이기적으로 보일 수도 있다.

셋째, 우측 하단인 우측후뇌(Right Posterior: RPB)의 기본적인 기능은 사람과 화합하는 하모니(Harmony)이다. 따라서 우측후뇌를 두뇌 우성으로 타고난 사람들은 남들의 감정 상태에 대해서 매우 민감하다. 항상 타인의 생각에 대해 관심을 가지고, 화합을 중시하고, 남을 돌보고 배려하며, 객관성보다는 느낌을 중요시한다. 남들과 얘기하고, 터치하는 것을 좋아하며, 자신의 느낌을 상호전달하고, 대인관계에 있어 인간적인 것을 중시한다.

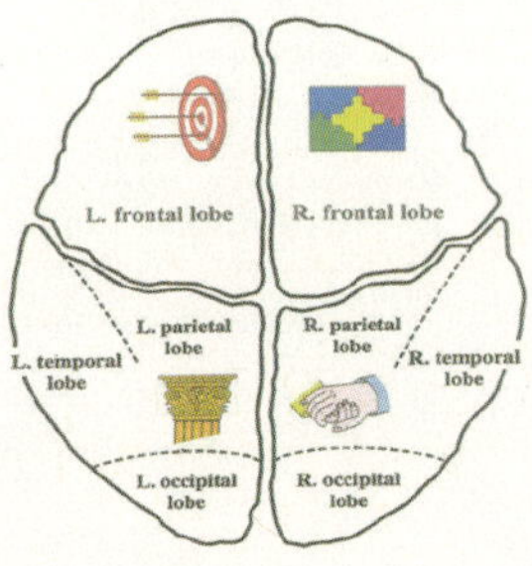

넷째, 우측 상단인 우측전뇌(Right Anterior Brain: RAB)의 기능은 시각적, 공간적이고 변화가 필요할 때 변화해줄 수 있는 기능이다. 우측전뇌를 두뇌 우성으로 타고난 사람들은 상호 간의 연관성 속에서 보이지 않는 원리를 발견하거나, 이미 있는 것을 합성하여 새로운 것을 창조할 수 있는 능력이

있고, 사물이나 세상을 동시적, 직관적, 통찰적으로 볼 수 있는 능력이 있다. 따라서 창의적이며 예술성이 강하고 호기심이 매우 높은 성향을 가졌다.

4가지 사고유형 중 서로 대각선 방향에 있는 영역끼리는 반대의 성격을 가지고 있다. 예를 들어 좌측후뇌가 두뇌 우성으로 타고난 사람들은 철저하고 일상적으로 반복되는 일을 잘하고 시간을 잘 지키는 반면, 대각선에 있는 우측전뇌의 기능에 해당되는 변화와 융통성, 창의성이 부족하다. 반대로 대각선에 있는 우측전뇌는 변화에 능하고 창의성과 아이디어가 풍부한 반면, 시간을 지키고 일상적으로 반복할 수 있는 능력이 부족하다. 논리적이고 분석적인 좌측전뇌를 타고난 사람들은 우측후뇌의 기능인 인간미가 부족하고, 개인적인 일에 관여하기를 싫어한다. 반대로, 대각선 영역인 우측후뇌는 사람에 대한 관심과 배려가 풍부한 반면 객관성이나 논리성이 부족하고, 경쟁하기를 싫어하며 기획력이 부족하다. 좌측후뇌와 좌측전뇌형의 사고 특징은 시간적, 절차적이며 논리적이고 형식을 중요시 하는 반면 우측후뇌와 우측전뇌형은 사고 특징이 무작위적이며 형식은 별 의미가 없다고 보는 경향이 있어, 시간을 지키거나 형식에 얽매이는 것을 싫어하는 경향이 있다.

우리는 타고난 두뇌 우성 즉, 두뇌의 나침반이 어느 곳을 가리키고 있는지를 알아야 한다. 두뇌의 나침반이 우측전뇌를 가리키고 있는데 좌측후뇌 방향으로 가게 되면 고속도로를 버리고 비포장도로로 가게 되는 것과 유사하며, 엄청난 에너지 손실과 자아만족감의 발달에 지장을 주게 되는 것이다.

② 4가지 사고유형 연구의 역사적 배경

1920년대 말, 인간의 두뇌가 4가지 두뇌 영역으로 나뉘어 졌다는 게 밝혀졌다, 4가지 영역은 각각의 기능이 다르며, 사람은 그중 한 가지 영역을 두뇌 우성으로 타고 나고, 자신이 타고난 두뇌 우성의 반대로 살게 되면(Reverse Type) 탈진하게 되어 정신적으로 문제가 생길 확률이 높으며, 자신의 두뇌 우성을 변경하여 다른 영역을 키운 사람을 'Falsification Type'이라고 명명하고, 자신의 두뇌 우성을 개발하며 살아야 건강한 삶을 살 수 있다고 최초로 가설을 세운 사람은 정신분석가인 칼 구스타프 융이다. 융이 이러한 가설을 세운 이래 최근 두뇌과학이 발달하면서 이를 과학적으로 연구하여 융의 가설이 대부분 일치하는 것을 입증하였는데, 현존하는 대표적인 사람은 스탠포드 대학의 신경외과 의사인 칼 프리브람이다. 최근 두뇌 우성과 비우성 간의 전기 저항 연구를 한 리차드 헤이어, 같은 두뇌 영역 내에서도 내향성과 외향성의 비율이 다르게 존재한다는 것을 연구하여 입증한 한스 아이젠크 등이 대표적이다.

Carl Guystave Jung

Karl Pribram Richard

Haier Hans

Eysenck

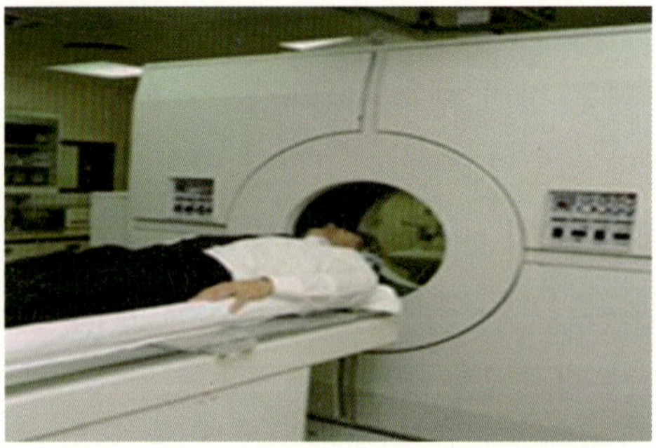

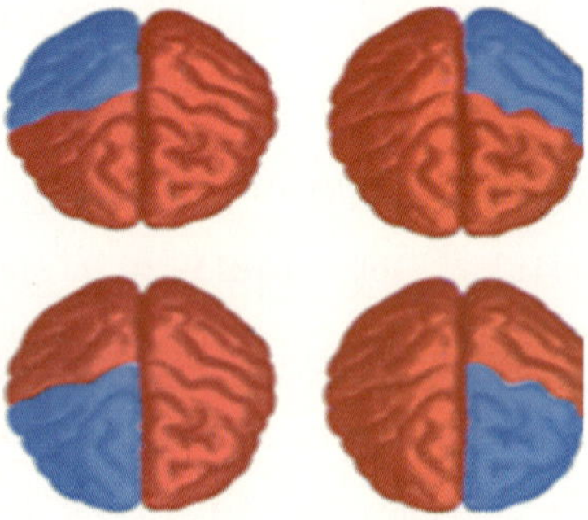

출처: HB 브레인 연구소

4가지 사고유형의 상호관계

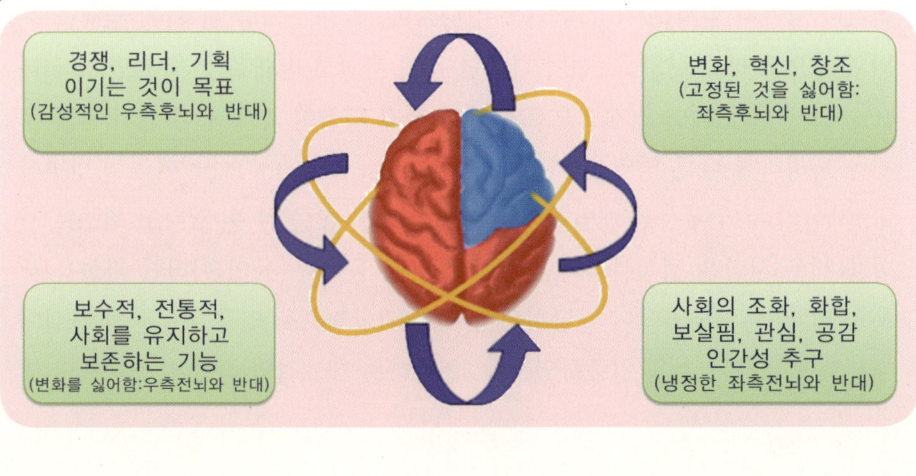

Tip 4가지 사고영역 간의 전기흐름

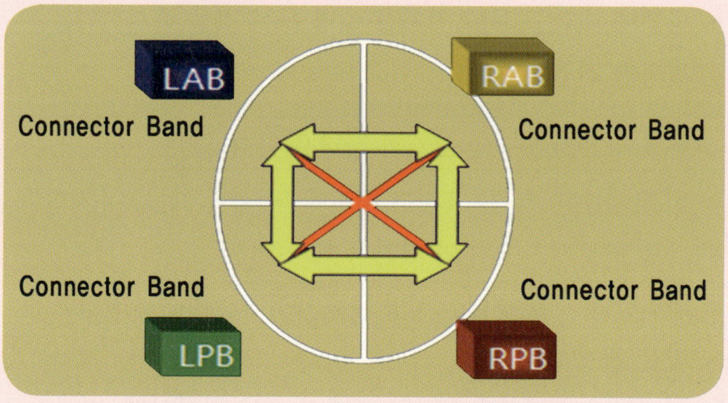

- 각 영역의 바로 옆 영역 간에는 전기흐름이 있음
- 대각선끼리는 전기흐름이 부족하여 전기저항이 100배의 차이가 날 수 있음(대각선이 가장 취약한 비우성 모드)

③ 타고난 두뇌 사고유형에 따른 고객 분석법

가. 좌측전뇌(LAB) 유형인 사람의 특징

- 의사결정을 신속히 처리한다.
- 권위에 대한 소유욕이 강하다.
- 자신이 완벽하게 이해가 되어야 인정한다.

나. 좌측전뇌(LAB) 유형의 고객과 상담을 할 경우

- 충분한 자료를 준비하고 상담한다.
- 감성적인 표현보다는 이론적 근거를 가지고 설명을 한다.
- 요점을 말한다.
- 사적인 이야기는 하지 않는다.

다. 좌측후뇌(LPB) 유형인 사람의 특징

- 일관성과 신뢰도를 가장 중요시한다.
- 변화와 새로운 것에 대한 거부감이 크다.
- 시간관념을 중시한다.

- 절차 매뉴얼이나 복장규칙 등을 포함한 모든 규칙을 기대한다.
- 결정하는 데에 오랜 시간이 걸린다.
- 방법에 대한 정보나 절차를 설명 듣는 것을 중시한다.
- 결과를 점검한다.

라. 좌측후뇌(LPB) 유형의 고객과 상담을 할 경우

- 시간 엄수와 청결, 그리고 매사에 "적절한" 선을 유지한다.
- 다음 방문시기 날짜와 시간을 예약한다.
- 관리방법, 제품에 대한 설명 등을 사전에 준비해서 설명해 준다.
- 말을 천천히 한다.
- 신제품이나 새로운 메뉴를 설명할 때는 임상사례, 연구자료, 인정서 등에 대한 정보를 첨부한다. 가능한 한 많은 보완자료를 첨부한다.
- 반드시 규칙(매뉴얼)을 따른다.
- 세부사항에 유념하라. 이러한 고객에게는 방법이 결과만큼 중요하다.

마. 우측전뇌(RAB) 유형인 사람의 특징

- 자발적인 것을 좋아한다.
- 규칙과 시간을 잘 지키고 보수적, 전통적이다.
- 창의력과 좋은 아이디어를 높이 평가한다.
- 변화를 즐긴다.
- 명백하고 실제적인 것을 선호한다.

바. 우측전뇌(RAB) 유형의 고객과 상담을 할 경우

- 설명은 부드러운 분위기에서 한다.
- 말하는 속도는 빠르고 명쾌하게 한다.
- 전문가임을 강조하고 최고의 것을 설명하고 있다는 것을 알린다.
- 비전, 시각, 기대효과 등과 같은 단어를 사용한다.
- 보상(좋은 결과)을 명확히 한다.

사. 우측후뇌(RPB) 유형의 사람의 특징

- 즐거운 가족처럼 되기를 원한다.
- 사람들이 싫어하는 결정은 회피하는 경향이 있다.

- 말하기를 좋아하고 어울리기를 좋아한다.
- 인간관계를 중요시하고 사람들과 정을 돈독히 한다.
- 객관성보다는 감성적이고 느낌을 중시한다.

아. 우측후뇌(RPB) 유형의 고객과 상담을 할 경우

- 말할 때 고객의 눈을 본다.
- 우측후뇌(RPB) 유형들에게는 느낌이 사실보다 더 중요하다.
- 원장이나 관리사의 전문성을 강조한다.
- 전문제품에 대한 효과나 결과 등에 대한 자부심을 표현한다.
- 제품판매, 새로운 메뉴 판매를 할 경우에는 고객의 기분을 파악하고 칭찬을 아끼지 않는다.
- 적극적으로 열성을 보인다.

④ 개인별 두뇌 사고유형에 따른 아로마테라피의 효과 및 적용법

- 타고난 두뇌 사고유형에 따라서도 아로마테라피의 적용방법과 반응이 다르다.
- 관리 후의 반응: 성격적 유형에 따라 감정적, 논리적 반응이 나타난다.

예) 좌측전뇌: 흡입법, 마사지법
좌측후뇌: 습포법, 마사지법, 습포법
우측전뇌: 목욕법, 마사지법, 발향법
우측후뇌: 흡입법, 마사지법, 스프레이법, 목욕법

(3) 두뇌 사고유형에 따른 커뮤니케이션 기법

두뇌 사고유형	특 징	즐겨 사용하는 말	고객응대방법
좌측전뇌형	논리적, 분석적, 목표지향적	논리적, 안전	수치적으로 설명하라
좌측후뇌형	일상적, 세밀함, 원칙지향적	일관성, 신뢰	충분한 준비를 하라
우측전뇌형	시각적,비형식적, 창조지향적	자발적, 창조적	부드러운 분위기를 유도하라
우측후뇌형	인간적 관계, 교감, 감성지향적	정, 우리	열정과 친근함을 보여라

〈표 3-4〉 두뇌 사고유형에 따른 특성.

10. 향기 산업의 미래(Future vision of the Aromatherapy)

건강과 미용에 대한 관심은 고령화와 함께 웰빙 산업의 발전으로 인해 점차 확산되고 있다. 특히 20대와 30대의 여성을 중심으로 '아로마(향기)'에 대한 관심과 가치는 더욱더 극대화되고 있다. 이러한 아로마(향기) 산업에 대한 관심은 여성들에게만 국한된 것이 아니라 매스컴을 통하여 전 계층으로 확산되고 있다. 빠른 도시화로 인한 환경오염은 인간의 생명과 건강을 위협할 만큼 21세기를 살아가는 우리에게 중요한 쟁점이 되고 있다.

1) 미용예술의 새로운 패러다임(Beyond beauty and art)

웰빙의 열풍은 개인의 건강한 삶에서 환경까지 생각하는 소비형태로 발전하여 로하스(Lohas: Lifestyle Of Health And Sustainability)로 이어졌다. 로하스는 '건강과 환경이 결합된 소비자들의 생활패턴'을 의미하며, 건강과 환경을 심각하게 생각하는 소비로 웰빙과 유사하지만 좀 더 폭넓은 트렌드다. 최근에는 지구의 미래환경까지 생각하는 에코(ECO) 문화로 이어지고 있다. 웰빙-로하스-에코로 이어지는 자연주의에 대한 열망은 사회적인 트렌드를 넘어 문화로 자리잡아 가는 추세이다. 몸과 마음은 더 이상 분리해서 생각할 수 없다. 미래에는 심리적 및 신체적 케어를 위한 아로마테라피에 기기, 화장품, 테크닉이 결합된 힐링 아로마테라피가 더 중요한 입지를 갖게 될 것이다.

(1) 웰니스 생활건강 서비스

① 신체, 정신, 영적 관리 산업

신체적 건강만이 아닌 정신적, 사회적, 감정적, 영적 치료를 위한 향기요법에 대한 관심이 증가하고 있다. 삼림욕 효과를 겨냥한 편백나무향, 소나무향을 주성분으로 한 방향제, 향기로 두통이나 불면증과 같은 정신적 증상을 치료하는 향기전문치료병원도 등장했다. 지역사회 사업의 일환으로 오염된 환경과 만병의 원인이 되고 있는 스트레스, 잘못된 생활습관과 오염된 환경이 원인이 되는 아토피 피부염, 알러지, 천식, 비염과 같은 현대의 만성 각종 질환들을 치료하고, 생활 속에서 야기되는 정신적, 감정적 문제들을 힐링하기 위한 각종 힐링 프로젝트들이 발빠르게 전개되고 있는 실정이다. 치유의 숲, 피톤치드 디톡스, 자연건강, 생활치유, 향기치유 등 심신의 치유가 고객을 위한 또 하나의 트랜드를 이루고 있다(Anti-aging, Well-aging. Smart-aging).

② 향기마케팅 활용 업체들

자동차 매장에서 고급 손님을 유치하기 위한 향기 마케팅, 각종 카드사에서 고객의 취향과 연령, 성별에 따른 차별화 향기카드 발행, 사랑하는 이를 위한 감성적인 향기카드의 출시 등 소비자의 코를 유혹해 매장 이미지를 높이는 한편 매출 증대도 꾀하는 향기마케팅을 활용하는 곳은 제과점, 백화점, 원목가구점, 병원 등에 이르기까지 다양하다. 이들 업체는 나름대로 자기 상품의 이미지와 소비자층을 파악한 후 소비자의 구매충동을 가장 잘 자극하는 향을 선별한다. 모니터 앞에서 베네치아에서 흐르는 물내음을 맡게 되고, 주문하는 햄버거와 피자의 냄새를 경험하게 될 미래의 향기 산업의 날이 멀지 않을 것으로 본다.

2) 아로마테라피의 미래: 미용예술을 넘어서(Beyond Art)

미래의 사회는 물질적인 품목에 인간의 초점이 맞추어지는 것이 아니라, 인간의 감수성과 진한 추억을 자극하며 건강을 생각하는 웰빙 시대에 맞는 산업에 초점을 두게 될 것이다. 또한 지금까지 아로마테라피가 일부 계층을 위한 영역이 아닌 생활 속에서 손쉽게 적용할 수 있는 실용 아로마테라피가 될 수 있도록 다양한 홍보와 교육을 통한 올바른 아로마에 대한 인식이 절실히 요구되고 있다. 또한 아로마테라피의 전문인(Aromatherapist) 양성을 통하여 단순히 보조 요법으로서의 아로마테라피가 아닌, 개인별 힐링 아로마테라피가 널리 대중화되어서 오랜 세월 동안 이어져 내려온 특정 허브의 효과를 경험하게 해야 할 것이다. 현재 국내 아로마 산업은 아로마에 대한 대중성과 전문성이 부족하여 많이 확산되고 있지 못한 상황이지만 이미 건설과 서비스,

선진국형 아로마테라피, 마케팅에 이르기까지 모든 산업에 기초가 되며 융합할 수 있는 산업이다. 또한 전 세계적으로 허브를 이용한 정신요법 그리고 향수로서의 아로마 산업의 그 가치는 지속적으로 발전 가능한 산업으로 예상되고 있다. 여기에 아름다움을 완성하는 미용예술(피부관리, 헤어, 두피, 네일, 메이크업) 분야에 아로마 에센셜 오일의 치료적 특성을 접목하여 과학적 기전을 통한 건강미용 'Healthy Beauty'를 위한 새로운 작용기전을 분야별로 적용하여 발굴하는 융합산업은 앞으로 우리가 이루어나가야 할 또 다른 미용산업의 장르이자 고부가 가치 상품으로서 자리매김할 것이다.

3) 한국적 허브문화의 창출

국내에서도 한국적 이미지를 강조하고, 지역사회의 특성을 살린 허브를 이용한 제품, 허브찻집과 외식업, 자연치유요법을 적용한 힐링 아로마테라피 센터 등 테마별 사업형태가 점차 다양화되고 있다. 미래의 라이프스타일은 건강하고 젊게, 오래 살고 싶은 것이 아닐까 생각한다. 한국적 전통문화의 이야기가 담긴 허브를 개발하고, 향기가 주는 정서적 안정으로 행복하고 살기 좋은 사회 만들기를 위한 생활 아로마테라피로 발전해 나가길 기대한다.

하이드로테라피

HYDROTHERAPY

chapter 04

1. 하이드로테라피의 개념
2. 스파(SPA)에서의 하이드로테라피
3. 하이드로테라피를 이용한 목욕요법

1. 하이드로테라피의 개념

하이드로테라피란 말 그대로 물을 사용하는 치유 요법이다. 이 방법은 수천 년을 이어오며 신체 건강과 미용에 사용되어 왔으며, 물은 가장 안전하면서도 효과적인 천연의 미용 성분이라고도 할 수 있다. 물은 액체일 때나 얼음일 때, 그리고 기체일 때 그 온도에 따라 제 각각의 효과적인 역할을 수행한다. 찬물은 원기를 회복시켜 주며 질병에 저항하는 힘을 주고 온수는 진정, 피로회복을 도와준다.

온천에서 물의 사용은 수천 년 전부터 자연적인 트리트먼트를 위한 최초의 기반이었다. 오늘날의 스파에 있어서 물의 사용은 스파목욕, 샤워, 풀로 제공되는 트리트먼트를 수행하는 중요한 의미를 갖는다.

미네랄이 풍부하거나 또는 일반적으로 사용되는 물은 트리트먼트를 위해 사용될 수 있고 몸과 마음을 이완하는 데 사용되기도 한다.

스파에 있어서 물에 기반을 둔 트리트먼트의 적용은 전통적인 뷰티살롱과 레저클럽과는 별개의 것이다. 물의 자연적 원천은 수 세기 전에 원래의 온천욕을 위한 이유 때문이었다.

역사적으로 고대 이집트, 로마, 그리스, 터키의 시대에서부터 트리트먼트를 위해 물을 사용한 것을 서술하지만, 스파 목욕을 유럽에 소개한 것은 로마인들이었다.

수백 년 동안 목욕을 하려는 사람들을 위한 요양소와 휴일 휴양지가 되었던 온천 주변의 개발된 마을들은 워터 트리트먼트 방법과 병을 앓고 난 후에 건강을 회복하는 표본이었다.

유럽 스파에서 물의 사용은 스파 경험의 주요한 부분으로 보이며, 의료적 상황의 다양성을 위해 사용된다. 예를 들어, 프랑스는 바닷물을 사용하는 탈라소테라피 센터와 몸의 독소를 제거하고 미네랄을 풍부하게 하는 해초 제품으로 명성이 나 있다.

1) 하이드로테라피의 정의

하이드로테라피(수요법)란 물, 얼음, 증기 등을 몸에 적용시켜 건강을 유지하거나 회복시켜 주는 것을 뜻한다.

목적에 따라 저온 또는 고온의 온도를 교차적으로 적용하거나 몸의 순환을 촉진시키고 독소를 배출시키는 치유효과가 있는 허브, 소금, 머드 등을 물에 혼합하여 사용하기도 한다.

하이드로테라피는 고대 이집트, 앗시리아, 바벨로니아, 페르시아, 그리스, 유대, 힌두, 중국 및 아프리카 원주민 등 다양한 문화 속에서 질병이나 부상 치료에 사용되었다. 이는 물을 이용해 질병을 치료하고 동시에 정신적인 병까지 다스린다. 특히 다양한 수압 및 수류를 만드는 각종 장비를 사용한 건강증진, 의료적 처치의 병행요법, 비만완화 및 스트레스 해소에 이르기까지 광범위한 분야에 적용되고 있다.

우리나라는 2004년부터 웰빙열풍이 불기 시작하면서 '하이드로테라피'도 인기를 끌기 시작하여, 현재 많은 여성들이 피부미용과 건강을 위해 즐겨 찾고 있다.

2) 하이드로테라피의 효과

물은 수 세기 동안 특별한 트리트먼트로 사용되어 왔다. 그것은 오늘날에도 이러한 목적으로 스파에서 여전히 사용된다. 그러나 많은 고객들은 이완이나 스트레스 완화, 피부상태 개선, 근육통 경감을 위해 하이드로테라피를 사용한다.

또한 트리트먼트에 있어서 찬물과 뜨거운 물의 사용은 고객의 기분을 상쾌하게 하고 혈액순환을 활발하게 하는 데 있어서 상당히 이롭다.

워터 트리트먼트는 육체와 심리적으로 혜택을 가지며, 이러한 것은 다음의 〈표 4-1〉에 나와 있다.

신체적인 면	심리적인 면
말초신경을 진정시키고 근육에 혈액공급을 증가시키며 몸을 따뜻하게(열관리) 함으로써 이완을 도모한다.	바디가 이완되고 말초신경이 순화되어 마음을 이완시킨다.
몸의 독소와 찌꺼기를 제거함으로써 면역체계를 활발하게 한다.	바디가 이완될 때 수면패턴이 개선된다.
근육을 이완시키고(열), 근육상태를 활발하게 하며(냉온) 특히 운동 후에 오는 근육으로부터 젖산을 제거함으로써 근육 상태를 개선한다.	독소가 바디에서 제거됨으로써 에너지 수준을 활발하게 한다.
만약 트리트먼트에서 해초를 사용하거나 트리트먼트를 활발하게 하는 것을 사용한다면, 신진대사는 증가될지도 모른다.	말초신경이 순화될 뿐만 아니라 활발해질 수 있기 때문에 행복한 느낌과 행복이 고조된다.
임파순환은 증가되고 부종과 체액정체의 부분에서는 유리하다.	
과도한 독소 제거와 붓기를 감소함으로써 관절의 유연성을 증가시킨다.	
물속의 풍부한 미네랄 성분 때문에 피부에 충분한 영양공급이 되어 피부상태는 개선된다.	

〈표 4-1〉 워터 트리트먼트 효과

워터 트리트먼트의 이용으로 혜택을 받는 고객들의 상태는 다음과 같다.

① 스트레스
② 관절염/류머티즘
③ 병으로부터 회복
④ 스포츠 상해
⑤ 체액 정체
⑥ 피부문제: 습진, 건선
⑦ 독소감소/다이어트
⑧ 초기 고객들: 부력으로서의 물 활동

물에 몸을 담그면 긴장이 풀리고, 혈액순환이 잘 되지 않아 몸이 차갑고 굳은 사람은 이내 몸이 따뜻해지는 느낌을 받는다.

물에 몸을 담그면 수압에 의해 배 둘레는 2.5~6.5cm나 축소되며, 여성이 물속에 목까지 담그고 있을 때 몸 표면이 받는 전체 압력은 1,125~1,300kg이나 되므로, 피부 표면의 혈관이 일시 압박되어 림프액이나 정맥혈은 일제히 심장으로 돌아간다. 또한 수압에 혈액순환이 촉진되고 다리의 피로가 풀린다. 여기서 물의 압력은 혈관이나 운동신경이나 자율신경 기능이 스스로 작용하게 해주는 역할을 한다.

이 외에 수류나 수압 등의 자극이 가해지면 마사지를 받을 때처럼 혈액순환이 증가되고 다양한 운동 효과를 얻을 수 있다.

외용으로 더운물과 찬물을 번갈아 사용하는 대조요법에 대하여 Dr.Chaitow는 소화기관과 골반에서 혈액순환을 증진시키고, 간의 해독능력을 증진시킨다고 한다.

어머니의 뱃속에서부터 물과 친한 우리의 몸이 피곤하고 스트레스 받고 힘들 때 한줌 소금을 풀어 넣은 욕조에 몸을 담그고 있으면 전신의 뭉친 근육이 이완되고 피로가 풀리는 것을 경험하게 된다.

하이드로테라피는 원래 관절염, 비만, 피부질환 등을 치료하는 수중운동, 사우나, 해수욕, 반신욕 등의 형태로 의료적인 목적으로 사용되었으나 전신의 건강과 피부미용을 위해 점점 다양한 방법들이 응용되어 왔다.

즉, 현재의 스파 또는 온천욕이 고대 하이드로테라피의 발전된 형태라고 볼 수 있다.

3) 하이드로테라피 효과의 증진법

(1) 불면증

라벤더, 베르가모트, 오렌지, 마조람, 샌달우드, 마다린 등의 아로마 오일과 청주 등을 입욕제로 넣은 38~39℃의 물에 10~20분간 몸을 담그면 좋다.

(2) 근육통

라벤더, 진저, 로즈마리, 베르가모트와 같은 아로마 오일을 몇 방울 떨어뜨려 39~40℃의 따뜻한 물에 20~30분간 몸을 담그면 좋다.

(3) 스트레스

라벤더, 네롤리, 샌달우드, 레몬 등의 아로마 오일도 좋고 녹차를 첨가한 38℃ 전후의 물에 20분 내외로 몸을 담그면 좋다.

(4) 아토피 피부

하루 1~2회 물을 자주 마셔주는 것이 좋고, 뜨거운 물은 좋지 않고 38℃ 전후의 미지근한 물에 목욕하면 좋다.

(5) 비만 치료

피하지방층에 퍼져 있는 셀룰라이트를 제거하기 위해서는 사이프러스, 그레이프프루트, 주니퍼베리, 시다우드, 레몬, 펜넬 등의 아로마 오일을 첨가한 40~42℃의 물에서 20~30분간 입욕 후 밖에 나와 스트레칭 후 재입욕하면 좋다.

(6) 부인병, 냉증, 방광염

라벤더, 베르가모트, 티트리, 유칼립투스 오일을 첨가한 반신욕(38℃)이나 좌욕(40℃)이 좋은데, 20분 이상 입욕하는 것이 바람직하다.

2. 스파(SPA)에서의 하이드로테라피

오늘날의 스파에서는 많은 유용한 워터테라피들이 있다. 그중에 몇 가지는 특별한 스파에 대한 고유한 트리트먼트법이다. 가장 폭넓고 유용하게 제공되는 워터 트리트먼트의 6가지 형태는 다음과 같다.

① 스파 풀
② 하이드로테라피 배스
③ 플로테이션 배스
④ 블리츠/스카치 샤워
⑤ 스위스/비쉬 샤워
⑥ 크나이프 요법

1) 워터 트리트먼트의 주의사항과 제한

물을 이용하는 트리트먼트에서 사용되는 온도와 혈액순화의 고조로 인해 고객이 사후에 경함할지도 모르는 몇 가지 좋지 않은 반응들이 있다.

(1) 주의사항

① 임산부: 의사의 승인이 필요하다.
② 고객이 어지러움을 느낄 수도 있음: 이것은 탈수와 오랜 시간의 트리트먼트의 지속에 의해 유발될 수 있다. 고객이 충분히 휴식하고 많은 물을 마시도록 해야 한다.
③ 고혈압, 심장병, 동맥경화증, 버거씨병, 당뇨병이 있는 사람
④ 피부염증: 스파 풀 또는 트리트먼트에서 사용된 제품 때문에 야기될 수 있다. 고객을 즉시 샤워하게 하고 완화크림을 사용하면 좋다.
⑤ 습진과 같은 심각한 피부질환자는 금지한다.

⑥ 멀미: 이것은 탈수와 스파 및 하이드로테라피 풀에서의 동작에 의해 유발될 수 있다. 고객이 충분히 휴식하고 많은 물을 마셔야 한다.
⑦ 두통: 탈수 또는 탈진의 경우 많은 물을 마시고 이마에 시원한 수건을 사용한다.
⑧ 알코올이나 마약을 복용한 사람은 금지한다.
⑨ 최근에 수술 또는 방사선 치료나 화학요법 치료를 받은 경우는 금지한다.
⑩ 심한 신장 장애는 주의를 요한다.
⑪ 밀실 공포증이 있는 경우에는 플로테이션 배스의 경우 답답함을 느낄 수 있다.

(2) 제한

① 햇볕에 탄 경우
② 최근의 왁싱, 제모, 피부박피: 24시간 동안 피할 것
③ 베임과 찰과상: 해당 부위를 보호할 것
④ 고막파열: 귀마개를 사용할 것
⑤ 식사 직후, 과식을 한 경우

안 전	장비 내에서 고객 도움
위 생	올바른 고객 위치
전문적 태도	편안하고 긴장이 풀린 고객
장비/제품/소모품	손을 씻는 것
기록카드	피부 청결
개인 탈의시설, 가운	트리트먼트 제품 선택

〈표 4-2〉 테라피를 위한 준비사항

2) 스파 풀

월풀 또는 기포 목욕풀로도 알려진 스파풀은 고객의 몸 주위로 물이 순환되는 바닥과 측면에 고압력 위트젯을 가진 욕조 안에서 눕거나 앉는다. 이때 따뜻한 공기가 물 속으로 주입되고 거품을 생성한다.

(1) 사용되는 제품

에센셜 오일, 미네랄 소금제품, 밀크웨이 파우더, 목욕크림은 긴장이완, 스트레스 감소, 그리고 근육통 완화를 돕는 데 있어 풀 안에서 사용될 수 있다.

(2) 스파 풀 사용 시

긴장 완화, 근육통과 피로, 관절 장애, 혈액순환 향상, 통증 완화, 피부 청결 등의 효과가 있다.

(3) 트리트먼트룸에서의 준비

공동 스파 풀은 개인들이 사용한 후에 배수되지 않는다. 그래서 물이 계속적으로 필터링되고 관리하는 것이 중요하다. 매일 종료 후에 각종 찌꺼기들이 욕조에 남아 있지 않도록 철저히 청소해주어야 한다.

① 제조사의 지침에 따라 스파 풀을 켠다.

② 욕조에 물을 채우고 온도를 체크한다.

③ pH농도가 7.2~7.8의 균형 상태를 유지하도록 정기적으로 물을 테스트한다.

④ 풀이 차오르면 물에 적합한 제품을 첨가한다.
⑤ 풀 주위가 청결한지를 확인한다.
⑥ 고객은 모든 옷, 보석, 콘텍트렌즈, 안경을 벗어야 하고 공동 풀을 사용할 때에는 수영복이나 비키니를 입는다.
⑦ 메이크업을 지운다.
⑧ 근육조직을 따뜻하게 하고 몸을 청결하게 하기 위해 트리트먼트 전에 고객에게 샤워하도록 권한다.
⑨ 샤워장에서 풀까지 걸어갈 때 신도록 고객에게 일회용 슬리퍼를 제공한다.

(4) 장비리스트

① 스파 풀
② 물 테스트 장비
③ 깨끗한 수건: 작은 손수건과 큰 목욕 수건
④ 샤워
⑤ 피부 클렌징 제품
⑥ 목욕을 위한 트리트먼트 제품
⑦ 작은 방이라면 아로마 램프는 훌륭한 아로마를 발생시킨다.
⑧ 작은 불빛을 위해 방안에서 초를 사용할 수 있다.
⑨ 고객을 위한 물과 큰 컵을 준비한다.

(5) 트리트먼트 순서

① 고객이 온도에 편안하도록 하고 풀에 들어가도록 돕는다.
② 풀을 시작하고 고객이 이완하도록 한다.
③ 고객이 만족감을 느끼도록 계속적으로 체크한다.
④ 최대 20분 동안 고객을 남겨 둔다.
⑤ 풀에서 고객이 나오는 것을 돕고 따뜻한 타월이나 가운으로 감싼다.
⑥ 특별한 트리트먼트 제품을 포함하지 않는 한 고객들이 샤워하도록 한다.
⑦ 한 잔의 물과 함께 고객이 10~15분 동안 이완하도록 한다.
⑧ 고객에게 향후의 트리트먼트 및 홈케어의 절차와 제품에 대하여 안내한다.
⑨ 고객기록카드에 반응 또는 고객평을 기록한다.

(6) 사용제한

① 최근에 상처가 생긴 경우
② 음주 후
③ 과식 후
④ 심한 피로를 느낄 때
⑤ 편두통이 있을 때
⑥ 생리 중일 때
⑦ 심혈관계 질환이 있을 때
⑧ 피부질환이 있을 때

3) 하이드로테라피 배스(Hydrotherapy bath)

하이드로테라피는 물을 사용해서 릴렉스나 스트레스 완화, 피부상태 개선, 근육통 경감에 사용하는 요법이다. 고압력의 워터젯을 바디에 직접 분사되게 할 수 있고, 욕조 속에 부착된 튜브로 원하는 바디 부위에 자극을 주며 마사지 및 림프배출을 할 수 있다. 욕조의 프로그램을 설정하여 온도를 유지하면서 방향조절이 되도록 설정할 수 있다.

이것은 스파 풀과 유사하지만 고압력 워터젯의 다양한 혜택이 더해진다.

바디의 특별한 부위에 직접적으로 분사될 수도 있고, 욕조에 있는 호스를 손으로 조작해서 보디의 목표 부위에 물을 직접적으로 분사할 수도 있다. 욕조 속에서 사용되는 물은 보통 34~38℃로 덥혀진다. 해수가 사용될 수 있고 물에 에센셜 오일 또는 미네랄 소금을 넣을 수 있다.

하이드로테라피 배스는 스파에서 제공되는 트리트먼트로 인기가 상승하고 있다. 욕조가 바디 모양에 꼭 맞을 때, 바디의 특별한 부분은 이러한 고압력 워터젯으로 마사지될 수 있고 림프 배출은 테라피스트가 고객의 목적하는 부위를 호스를 사용하여 관리할 수 있다.

욕조가 컴퓨터로 조절됨에 따라 미리 설정한 마사지 프로그램을 수행하고 계속적으로 온도를 유지하며, 프로그램 진행 시에 워터젯은 전통적인 마사지의 장점을 살릴 수 있도록 자동으로 방향이 조절될 수 있다.

(1) 효과

스파 풀에서와 같고 고객의 개인적 필요에 따라 다양하게 선택될 수 있다. 만약 스파가 탈라소테라피 트리트먼트를 전문적으로 한다면, 해수가 욕조에 사용될 수 있고 항상 제조사의 지침을 먼저 확인해야 한다.

(2) 하이드로테라피 배스 사용 시

긴장 완화, 근육통과 피로, 관절 장애, 혈액순환 향상, 통증 완화, 피부 청결, 척주의 운동성 향상, 근육 유연성 증가 등의 효과가 있다.

① 말초신경의 진정과 근육의 혈류를 증가시키며 몸을 따뜻하게 하여 심신을 이완시킨다.
② 몸의 독소와 찌꺼기를 제거하고 부종을 감소시키며 관절의 유연성을 증가시킨다.
③ 열을 이용하여 근육을 이완하거나 냉온을 이용하여 운동 후 쌓이는 근육의 젖산을 제거하여 근육피로를 막아준다.
④ 물속의 미네랄로 인하여 피부상태가 개선된다.
⑤ 말초신경 순화와 바디의 이완으로 행복감이 고조된다.

(3) 트리트먼트룸의 준비

모든 분위기는 스파 트리트먼트처럼 하며 스파에 의해 요구되는 것과 같아야 한다. 하이드로테라피 배스를 준비하는 절차는 아래와 같다.

① 제조사의 지침서에 따라 욕조를 켠다.
② 욕조에 물을 채우고(고객의 어깨 높이 이상이 되지 않도록) 온도를 확인한다.
③ 입욕을 위해 워터젯을 켠다.
④ 풀이 차면 물에 적당한 제품을 첨가한다.
⑤ 워터젯을 위한 프로그램이 고객의 요구에 따라 준비되었는지를 확인한다.

(4) 장비리스트

① 하이드로테라피 욕조
② 깨끗한 수건: 작은 손수건과 큰 목욕 수건
③ 샤워
④ 피부 클렌징 제품
⑤ 목욕을 위한 트리트먼트 제품
⑥ 작은 방이라면 아로마 램프는 좋은 아로마를 발생시킨다.
⑦ 작은 불빛을 위해 방에서 초를 사용할 수 있다.
⑧ 조용한 음악: 고객의 이완을 돕기 위해 켠다.
⑨ 고객을 위한 물과 큰 컵을 준비한다.

(5) 트리트먼트 순서

① 제조사의 지침에 따라 욕조의 전원을 켠다.

② 고객의 어깨 높이를 넘지 않도록 욕조에 물을 채우고 온도를 확인한다.

③ 워터젯을 켜고 배스에 물이 차면 제품을 첨가한다.

④ 고객의 바디부위에 워터 젯이 잘 조준되도록 고객을 안내한다.

⑤ 움직이는 호스는 근막 마사지와 림프배출에 적절한 부위에 물을 직접 향하게 한다.

⑥ 최대 20분을 적용할 수 있고 지속적으로 고객의 상태를 관찰한다.

⑦ 풀에서 고객이 나오면 따뜻한 타월이나 가운으로 감싼다.

⑧ 물을 마시게 하고 10~15분 동안 휴식을 취하도록 한다.

⑨ 고객기록카드에 고객의 반응과 특이점, 고객의 평가를 기록한다.

(6) 주의사항

① 온도와 혈액순환이 빨라지면서 고객이 어지러움을 느끼는 경우가 있으니 주의한다.

② 탈수와 하이드로테라피 풀의 흐름에 의해 멀미를 느낄 수도 있다.

③ 탈수와 탈진으로 두통이 올 수 있다.

④ 스파 풀이나 제품으로 인한 피부염증이 생기지 않도록 주의한다.

(7) 사용제한

① 햇빛손상피부

② 왁싱이나 제모 후, 피부박피 후 24시간 이내

③ 상처나 찰과상

④ 식사 직후, 과식 후

⑤ 귀 고막 파열의 경우

4) 플로테이션 배스(Flotation bath)

밀폐된 탱크나 욕조를 소금과 미네랄이 풍부한 물에서 플로팅하며 고객의 선택에 따라 조명과 음악이 있는 어둡고 조용한 환경에서 이루어진다. 건조피부나 습진 건선에 효과가 있다. 또한 긴장이완의 효과도 가져온다.

(1) 효과

① 스트레스, 불안감 완화

② 근육긴장 완화, 운동부상 회복

③ 관절염, 류머티즘 증세 완화

④ 불면증 해소

⑤ 건조한 피부, 습진, 건선 완화

(2) 플로테이션 요법 사용 시

스트레스 완화, 질병으로부터 회복, 정신적 스트레스나 불안, 임신, 운동부상으로부터 회복, 근육 긴장, 관절염 혹은 류머티즘, 건조한 피부 상태, 이코노믹 증후군, 불면증(4시간 수면정도), 호흡 조절 등의 효과가 있다.

(3) 트리트먼트룸의 준비사항

분위기는 모든 스파 트리트먼트와 같아야 하며 스파에 의해 요구되는 표준에 따라 준비되어야 한다. 방에 불빛을 희미하게 하고 이완 음악을 작동하도록 한다. 플로테이션 탱크/욕조의 준비를 위해 따라야 할 표준절차는 다음과 같다.

① 제조사의 지침서에 따라 미네랄 소금 제품 또는 순수 소금을 첨가한 따뜻한

물로 탱크/욕조를 약 100~150cm 채운다.
② 온도가 34~36℃ 사이인지를 확인한다.
③ pH 농도가 7.2~7.4의 균형 상태를 유지하도록 트리트먼트 사이에 계속적으로 확인한다.
④ 물은 찌꺼기를 제거하고 다음 고객을 위하여 깨끗하게 정리한다.

(4) 장비리스트

① 플로테이션 탱크
② 순수 소금 또는 미네랄 소금제품
③ 물을 정화하기 위한 화학제품
④ 깨끗한 수건: 작은 손수건과 큰 목욕 수건
⑤ 샤워
⑥ 피부 클렌징 제품
⑦ 귀마개: 귓속에 물이 들어가는 것을 막기 위함
⑧ 작은 방이라면 아로마 램프는 좋은 아로마를 발생시킨다.
⑨ 작은 불빛을 위해 방안에서 초를 사용할 수 있다.
⑩ 조용한 음악: 고객의 이완을 돕기 위해 켠다.
⑪ 고객을 위한 물과 큰 컵을 준비한다.

(5) 트리트먼트 순서

스파표준에 따라 트리트먼트를 준비하고 부드러운 조명과 이완음악을 사용한다.

① 제조사의 지침에 따라 미네랄 소금, 혹은 순수 소금을 첨가한 따뜻한 물로 배스를 약 100~150cm 정도 채운다.
② 온도는 34~36℃로 조절한다.
③ pH농도를 7.2~7.4의 균형상태로 유지시킨다.
④ 물은 찌꺼기를 제거하고 순화하여 사용한다.
⑤ 고객에게 플로테이션 장비에 대해 설명하고 조명, 음악, 비상신호, 문을 미리 안내한다.
⑥ 귀마개를 제공한다.

⑦ 20분~1시간 정도 지속할 수 있다.
⑧ 피부에 남아 있는 소금기를 샤워로 제거하게 한다.
⑨ 물을 마시게 하고 15분 전후로 휴식을 취하게 한다.
⑩ 고객기록카드에 고객의 반응을 기록한다.

(6) 주의사항

① 온도와 혈액순환이 빨라지면서 고객이 어지러움을 느끼는 경우가 있으니 주의한다.
② 탈수와 풀의 흐름에 의해 멀미를 느낄 수도 있다.
③ 탈수와 탈진으로 두통이 올 수 있다.
④ 스파 풀이나 제품으로 인한 피부염증이 생기지 않도록 주의한다.
⑤ 플로테이션 전에 화장실을 미리 이용하도록 한다.
⑥ 배스에서 나왔을 때 미끄러지지 않도록 고객을 케어한다.

(7) 사용제한

① 햇빛손상피부
② 왁싱이나 제모 후, 피부박피 후 24시간 이내
③ 상처나 찰과상
④ 식사 직후, 과식 후
⑤ 귀 고막 파열의 경우

5) 스카치 샤워

이 트리트먼트는 서서하는 샤워에서 이용이 가능한 것으로 집에서도 설치하여 이용가능하다. 다양한 높이에서 바디에 직접 고압력의 샤워 제트가 분사되어 혈액순환을 촉진하거나 근육 긴장을 이완하며 림프액 배출을 촉진한다. 지속시간관 온도, 분사의 다양한 프로그램을 조정할 수 있다.

(1) 효과

① 근육긴장

② 관절염

③ 스트레스

④ 과체중 고객

⑤ 경미한 혈액순환 문제

⑥ 해독 프로그램상의 고객

⑦ 셀룰라이트

(2) 트리트먼트룸의 준비사항

이 트리트먼트는 보통 박피, 마사지, 스팀과 탈라소테라피와 같은 다른 스파나 하이드로테라피 트리트먼트와 함께 혼합해서 이용된다. 뜨겁거나 차가운 물 대신에 해수는 스파에 의존하면서 워터젯으로 쓰인다.

① 고객은 모든 옷과 보석류를 벗어 놓아야 한다. 트리트먼트 동안 목욕 가운을 입어도 좋다.

② 메이크업을 지운다.

③ 고객에게 제트 샤워 트리트먼트의 절차에 대해 설명한다.

④ 샤워장에서 풀까지 걸어갈 때 신도록 고객에게 일회용 슬리퍼를 제공한다.

⑤ 방광이 꽉 차 있으면 제트샤워는 불편할지도 모르기 때문에 트리트먼트 전에 고객이 화장실을 이용하도록 권고한다.

(3) 장비리스트

① 블리츠/스카치 샤워 호스

② 일회용 발싸개: 샤워 시 교차 감염을 막기 위함

③ 따뜻한 수건: 목욕 수건

④ 트리트먼트 가운

⑤ 얼굴 클렌징 제품: 메이크업 제거를 위함

⑥ 바디 트리트먼트 제품: 트리트먼트 후에 적용될 수 있음

⑦ 물병과 큰 유리컵: 트리트먼트 후 고객에게 물 공급을 위함

(4) 트리트먼트 순서

① 고객이 샤워기의 뒤쪽을 마주하도록 한다.

② 고객은 테라피스트로부터 약 3m 정도 떨어져 있어야 한다.

③ 워터젯은 시작할 때 고객에게 똑바로 향하게 하지 말아야 한다.

④ 물을 흐르게 하고 워터젯 노즐 속으로 손가락을 막아서 물살을 약하게 해서 시작한다.

⑤ 고객에게 물을 직접적으로 분사한다. 그리고 직접적인 분사 몇 분 후에 발목부터 시작해서 몸 전체를 한다. 만약 필요하다면 특정한 부분을 목표로 한다.

⑥ 몸 측면을 분사하면서 고객이 돌아서도록 한다.

⑦ 워터젯이 발목을 향하게 하면서 정면으로부터 시작하여 몸 전체를 한 다음에 어깨 부위에서 마친다. 얼굴은 피한다.

⑧ 2~3분 동안 트리트먼트를 지속하고 따뜻한 물로 몸 전체를 분사하고 끝낸다.

⑨ 고객이 샤워하고 나오는 것을 돕고 따뜻한 타월이나 가운으로 감싼다.

⑩ 한 잔의 물과 함께 고객이 10~15분 동안 조용한 장소에서 이완하도록 한다.

⑪ 바디 크림이나 오일과 같은 제품을 바디에 사용한다.

⑫ 고객에게 향후의 트리트먼트와 홈케어의 절차와 제품에 대하여 안내한다.

⑬ 고객기록카드에 반응 또는 고객평을 기록한다.

(5) 주의사항

① 일반적인 스파관리표준에 준한다.

② 고객이 놀라지 않도록 물의 온도나 샤워적용에 주의한다.

③ 미끄러지지 않도록 주의한다.

(6) 사용제한

스파 관리표준에 준한다.

6) 비쉬 샤워(Vichy shower)

베드테이블 위에 설치된 수평의 샤워막대기에 고정된 5개 이상의 샤워제트 분사기에서 작은 폭포 같은 물줄기가 나오고, 고객은 테이블에 누워서 부드러운 샤워를 받는다. 고객이 베드테이블에 누워 있을 때 스크럽과 마사지 등의 트리트먼트를 할 수 있다. 아로마 오일과 다른 제품들은 샤워와 함께 적용할 수 있다. 이는 20분 동안 지속되고 주 2~3회 실시 가능하다. 젖은 테이블 위에서 고객에게 강력한 물살을 적용하는 스위스 샤워와 유사하다.

마사지와 박피 트리트먼트는 고객이 베드에 누워 있을 때 함께 사용될 수 있다. 아로마 오일과 다른 제품들은 샤워하는 동안 사용될 수 있다. 일반적인 물의 온도는 보통 39℃이지만 물 압력과 온도는 고객의 필요에 따라 적당히 조절될 수 있다. 몸의 전방과 후방은 하이드로마사지처럼 한다.

(1) 효과

① 과체중 고객에게 효과적임
② 긴장 완화, 스트레스 경감
③ 불면증
④ 근육통
⑤ 혈액순환 촉진
⑥ 림프순환 촉진

(2) 트리트먼트룸의 준비사항

이 트리트먼트는 보통 박피, 마사지, 바디랩과 같은 다른 하이드로테라피 트리트먼트와 함께 혼합해서 이용된다. 물에 기반을 둔 아로마 제품과 오일은 트리트먼트의 이완을 돕기 위해 샤워하는 동안 사용될 수 있다. 뜨겁거나 차가운 물 대신에 해수는 스파에서 워터젯으로 쓰일 수 있다.

(3) 장비리스트

① 스위스/비쉬 샤워: 베드/테이블과 연계

② 샤워와 함께 사용할 아로마 제품들

③ 따뜻한 수건: 목욕 수건

④ 트리트먼트 가운

⑤ 얼굴 클렌징 제품: 메이크업 제거를 위함

⑥ 바디 트리트먼트 제품: 트리트먼트 후에 적용하기 위함

⑦ 고객을 위한 물과 큰 컵을 준비한다.

(4) 트리트먼트 순서

① 스파 트리트먼트의 표준지침을 따르면 샤워기는 필터가 깨끗하고 방수판은 적절한 제품으로 청소한다.

② 물의 온도는 38℃로 준비한다. 제조사의 지침에 따라 샤워시스템 안의 분사기에 아로마 제품을 첨가한다.

③ 고객의 얼굴이 아래로 향하도록 눕게 한다.

④ 고객으로부터 먼 거리에서 따뜻한 물을 작동시켜서 점차적으로 고객의 몸에 다가가고 몸을 가로질러 샤워기가 작동하도록 한다.

⑤ 10분간 샤워 후 몸을 돌려서 다른 부위에 10분간 더 적용한다.

⑥ 마사지와 함께 하는 트리트먼트를 할 경우 마사지 전 먼저 5분간 샤워하여 이완하고 시작한다.

⑦ 워터젯의 물 온도는 트리트먼트에 따라 냉온을 사용할 수 있다.

⑧ 트리트먼트 후 10~15분간 휴식을 취한다.

⑨ 고객카드에 고객의 반응과 특이점 및 고객의 평가를 기록한다.

(5) 주의사항

① 일반적인 스파관리표준에 준한다.

② 고객이 놀라지 않도록 물의 온도나 샤워적용에 주의한다.

(6) 비적응증

스파 관리표준에 준한다.

7) 크나이프 요법

이 요법은 혈액순환을 돕는 허브와 미네랄과 함께 뜨겁고 찬 하이드로테라피 트리트먼트를 이용한다. 유럽 스파에서 인기 있는 크나이프 요법은 트리트먼트 목욕의 형태, 다양한 온도의 물을 이용하는 샤워, 허브의 사용을 결합한 형태 등이 가장 광범위하게 사용된다.

(1) 효과

① 근육긴장
② 림프부종
③ 스트레스
④ 해독 프로그램상의 고객
⑤ 경미한 혈액순환 문제
⑥ 고혈압
⑦ 셀룰라이트
⑧ 두통
⑨ 관절염
⑩ 피로

(2) 트리트먼트룸의 준비

크나이프 목욕은 캐모마일, 라벤더, 파인니들, 로즈마리, 발삼민트와 같은 전통적인 허브를 사용한다. 몇몇 스파는 뷰티나 스파 회사에 의해 미리 혼합한 제품 또는 토착의 향신료 및 허브를 사용하기도 한다. 크나이프 요법은 마사지, 사우나, 스팀, 스파나 하이드로테라피, 박피, 바디 랩과 같은 다른 스파 트리트먼트와 함께 사용될 수 있다.

(3) 트리트먼트 순서

다양한 트리트먼트들이 있다. 블리츠 샤워와 같이 강력한 워터젯이 있고 물의 강력한 워터젯을 활성화하기 위해 차고 뜨거운 물을 번갈아 사용함으로써 몸을 마사지하거나 몸을 활기차게 하기 위해 물의 온도를 번갈아 사용하는 스위스 샤워에도 있다.

천연 허브의 혼합은 목욕을 더 용이하게 하며 다음과 같이 목욕을 이용하는 것이 인기가 있다.

① 팔/다리 목욕: 차갑거나 뜨거운 물을 둘 다 사용할 수 있다. 만약 찬 물을 사용한다면 고객의 온도에 대한 적응력에 따라 1분 이내로 팔다리를 담근다. 만약 따뜻한 물이라면 15~20분이다.

② 엉덩이 목욕: 위의 다른 온도에 대한 적응력과 같은 시간을 사용함으로써 차갑거나 뜨거운 물을 사용할 수 있다.

③ 전체 목욕(찬물): 고객이 건강상태가 좋을 때 최대 10초 동안만 사용한다. 따뜻하고 뜨거운 목욕은 10~20분 사이에서 할 수 있다.

④ 이러한 트리트먼트 동안 트리트먼트 시간 내내 고객을 지켜봐야 한다. 만약 고객이 어지러움이나 멀미 등이 느껴지면 트리트먼트를 멈춘다.

⑤ 트리트먼트 후에 따뜻한 수건이나 가운으로 고객의 몸을 감싸고 15~20분 동안 이완하도록 한다.

⑥ 고객이 충분한 물을 마실 수 있도록 한다.

(4) 주의사항

① 심장 이상이나 혈관계 이상이 있다면 특별한 주의가 요구된다.

② 임산부 고객에게는 시행되면 안 된다.

③ 온도를 뜨거운 물로 올린다면 점진적으로 해야 한다.

④ 고객이 찬 목욕을 할 예정이라면 찬물을 고객의 이마에 뿌리고 몸이 먼저 온도에 적응하도록 확인한다.

⑤ 물의 온도가 너무 뜨거우면 트리트먼트 동안 지켜보아야 한다.

(5) 비적응증

스파 관리표준에 준한다.

3. 하이드로테라피를 이용한 목욕요법

1) 목욕요법(Wash therapy)의 정의

목욕은 진흙, 햇빛, 물 등으로 몸을 씻는 행위를 말한다. 목욕은 청결이나 치료를 위해 하는 것이 일반적이지만, 종교적, 신비주의적인 의미와 그 밖에 여러 의미를 지니기도 한다. 일반적으로 목욕치료법은 물을 이용한 치료방법으로 증상완화, 질병치료 효과의 증진, 건강증진, 질병예방의 목적으로 이용되어 왔다.

2) 목욕요법(Wash therapy)의 작용

이는 경락을 소통시키고, 기혈의 조화를 이루며, 어혈을 풀고, 해독작용을 하며 사기를 빼고, 부족함을 보충하는 등 장부(臟腑) 음양의 불균형을 새롭게 조정하고 개선시켜서 몸의 기능을 회복시켜 병을 치료하고 질병을 예방한다.

정체작용은 침 욕시에 약물이 피부, 모공, 경혈 등을 통하여 직접 흡수된 후 혈액순환과 경락을 통하며 몸 전체에 퍼지며 그 약리작용을 발휘한다.

① 피부흡수작용

② 경락조절작용

③ 물리자극작용

※ 만성질환이 있는 환자의 경우, 목욕 중 맥박이 증가하거나 호흡곤란 등의 증상이 나타날 수 있으므로 주의가 필요하다.

3) 목욕요법(Wash therapy)의 기본원리

목욕치료법은 물의 생명력과 물속에 들어 있는 산소와 각종 미네랄을 피부를 통해 흡수하며, 혈액순환을 원활히 하여 신체 내 노폐물을 제거하고, 물에서의 운동이나 온도조절로 체액의 정상화를 꾀하는 것이다.

4) 목욕요법(Wash therapy)의 적용

(1) 전신욕의 적용방법

몸 전체를 물에 담금으로써 피부에 수분과 영양을 공급하고 혈액순환을 원활히 하며, 노폐물을 제거하고 수압을 이용하여 전신근육의 이완효과를 높인다. 물의 온도는 37~38℃ 정도가 적당하며 목욕 후 수분과 소금 및 비타민 C 등을 보충해주면 좋다.

① 온욕

과잉된 지방 및 당분, 알코올 등을 연소시키며 처음 2분 30초간 온탕을 한 뒤 1분간 냉탕에 몸을 담그는 것을 시작하며, 온탕에 들어가는 시간을 점차 2분 30초씩 늘려가 8회 정도에는 20분 온욕을 완성하는 것이 좋다. 온탕의 온도는 40~43℃로 하고, 냉탕은 14~18℃로 한다. 20분 온욕 중 맥박이 증가하거나 호흡곤란 등이 일어날 수 있으므로 자기 몸의 상태를 잘 알고 실시해야 한다.

② 냉욕

과잉된 당분이나 노폐물 제거에 가장 적당한 방법이다. 몸을 담그고 있는 동안 몸이 심하게 떨리는데, 이는 당분이나 알코올이 연소하기 때문이다. 18℃ 이하의 냉탕에 20분 동안 몸을 담그고 있다가, 나머지 5분 동안은 물속에서 온몸을 비비며 운동을 하는 목욕법이며, 25분 이상 찬물에 있으면 산 과잉이 된다.

③ 냉온욕

피부의 호흡작용 기능을 강화하고, 체액을 중성으로 만들어서 질병에 대한 신체의 저항력을 길러주며, 감기 등을 예방하는 특수요법이다. 또 림프액의 순환을 촉진하여 몸의 저항력을 높임으로써 피로회복을 촉진시켜 주고, 피부의 노화가 방지된다. 신경통, 류머티스, 두통, 당뇨병, 고혈압, 저혈압, 간질환, 심장병, 신장병, 감기, 빈혈 및 일반 순환기 질환과 피로회복 등 거의 모든 질병에 좋다. 냉온욕은 찬물과 더운물에 번갈아 들어가는 목욕법이며, 온탕의 온도는 41~43℃, 냉탕의 온도는 14~18℃ 사이가 적당하다.

(2) 반신욕의 적용방법

하반신, 특히 발목 부근이 저온이고 거기에 비해 상반신이 따뜻한 상태를 냉기라고 하는데 이것이 바로 병의 본질적인 원인이다.

고혈압, 저혈압, 내장의 혈액순환 증진, 감기 예방 및 치료, 견비통, 요통, 치질로 인한 통증 감소, 생리불순, 심장에 부담이 있는 사람에게 도움이 된다.

37~38℃ 의 물에서 양팔을 탕 밖으로 내놓고 명치 아랫부분만 20분간 담그는 방법이다. 그 후 양말을 두텁게 신고 하반신을 많이 껴입고 상반신은 얇은 옷을 걸친다.

(3) 좌욕의 적용방법

① 방광염, 생리통, 치질 등에 효과가 있다.

② 물의 온도는 체온보다 낮은 25℃ 정도로 미지근해야 한다.

③ 상체와 다리를 내놓은 채 배꼽 아래쪽만 담근다.

(4) 각탕법의 적용방법

열이 나는 병 일체와 신장병, 부종, 불면증, 당뇨병, 기침이나 감기, 축농증, 코감기, 피부병, 무좀, 방광염, 복막염, 자궁내막염 등에 효과가 있다.

물의 온도는 40℃에서 5분간, 41℃에서 5분간, 42℃에서 5분간, 43℃에서 5분간, 이렇게 연속 20분간 물의 온도를 점점 올리면서 각탕한 후에 준비한 냉수에 담그며 냉수의 온도와 담그는 시간은 14℃일 때 2분, 16℃일 때 2분 30초, 18℃일 때 3분 30초이며, 찬물에서 꺼내면 물기를 잘 닦고 편히 쉰다.

각탕 후에 바로 옷을 바꿔 입거나 하여 몸을 식히는 일이 없도록 하고 땀이 다 날 때까지 보통 40분간 몸을 덥게 하고 누워있어야 하고, 각탕법은 되도록 공복 때 시행하며 식후에는 적어도 30분 이후에 행한다. 원칙적으로 오후 3시 이후가 좋다.

(5) 족탕법의 적용방법

전신욕을 하기가 어려울 때 이용한다. 43℃ 정도의 뜨거운 물에 발목까지 담그는 족욕은 시간이 없을 때 할 수 있는 간단한 목욕법으로 상반신은 가급적 얇은 옷을 걸치는 것이 좋다. 요독증, 복막염, 방광염, 자궁내막염, 장염, 무좀이나 동상의 예방과 치료에 좋다. 43℃의 온수와 15℃의 냉수에 번갈아 1분씩 넣는 것을 12회 이상 반복한다. 온수에서 냉수로 옮길 때마다 물기를 닦아준다.

(6) 물맞이욕의 적용방법

피부와 피하조직, 근육과 관절부위의 영양과정, 몸의 대사과정을 전반적으로 높여 위와 장의 기능을 강화해주어 소화, 흡수를 돕는다. 바깥기온이 22~25℃일 때 하는 것이 좋고, 물의 온도는 20~25℃가 적당하다. 물이 떨어지는 높이는 자기 키의 2배 정도가 좋다. 처음에는 5분에서부터 시작해 점차 시간을 늘려 20분 정도까지 한다.

(7) 한증법의 적용방법

피하심층의 온도 상승, 미세혈관의 확장, 혈액순환의 촉진, 신진대사의 강화, 조직 재생 능력의 증가 등으로 각종 질병치료 및 건강증진에 이용된다. 또한 혈관이 확장되고 표재성 근육과 폐의 혈류량이 많아지고, 뇌수와 전신에 혈류가 좋아지고 심장활동이 강화되며 체온은 높아지고 조직과 장기들의 물질대사가 강화된다. 몸 안에 축적된 열과 중간대사 산물들과 해로운 중금속이온(아연, 카드뮴 등)을 배출시키게 된다. 이로 인해 근육의 피로를 쉽게 풀어주며 근력을 높이고 감각기능을 높이는 데 영향을 준다. 적용 장소는 건열한 증탕, 습열한 증탕, 약증한 증탕 등이 있다.

5) 질병에 따른 목욕요법 적용방법

(1) 고혈압

39~40℃ 정도의 약간 따뜻한 욕탕에 20~30분 정도 반신욕으로 혈압을 낮춰 진정작용을 한다. 미온욕은 혈압의 상승을 피하면서 혈관을 확장해주는 역할만을 함으로써 혈압을 내려준다.

(2) 저혈압

42~43℃의 따뜻한 욕탕입욕을 2~3분 가량 2~3회를 되풀이한다. 이는 단시간 목욕을 되풀이함으로써 피부를 자극한다.

온탕에서 나오자마자 냉수로 샤워를 하는 것도 좋은 자극이 되지만, 곧 다시 혈압이 내려가므로 욕탕에서 나오면 낮은 의자에 앉아서 안정을 취하는 것이 좋다.

(3) 당뇨병

목욕은 신진대사를 높이고 혈당을 내리는 작용을 한다. 당뇨 합병증이 없는 사람은 장기의 활동을 증진시켜서 인슐린의 분비를 높이는 효과를 낼 수 있는 41~42℃ 정도의 온탕이 좋다. 주로 식후 2시간 후에 3~4분 들어가 있다가 2~3분 쉬는 것을 2~3회 반복한다. 그러나 사우나에 의한 온열작용을 이용하는 경우 혈당이 저하되고, 요당도 감소된 예가 있으니 주의해야 한다.

(4) 위산과다

위산의 분비가 현저하게 증가되어 있는 상태로, 위 점막이 자극되어 가슴앓이, 공복 시 위의 통증 등이 나타나므로 다소 따뜻한 목욕이 좋다. 위산분비가 잘 안 되는 사람은 반대로 33~35℃의 약간 찬물에 20~30분 정도 몸을 담그는 장시간 내온욕이 위산 분비를 촉진시켜 준다.

(5) 요통

온열자극은 요통과 같은 통증에 효과가 있다. 급성 요통은 응급조치로서 냉찜질한다. 통증이 가라앉으면 40~41℃ 정도의 중온의 따뜻한 물에 차분히 안정을 갖도록 한다.

(6) 초기감기

- 적응: 파와 생강은 몸을 따뜻하게 해주고, 땀을 내게 하는 작용 및 스테미너 강화작용이 있어 초기 감기 기운이 있을 때 사용하면 효과가 좋다.
- 방법: 파의 밑부분 60g과 생강 10g을 함께 넣고 찧어 물에 넣거나 혹은 파와 생강을 잘게 썰어 주머니에 넣고 물에 넣는다. 파와 생강을 갈아서 짠 즙을 물에 넣어 목욕하면 그 효과가 더 커진다.

(7) 해열작용

- 적응: 귤껍질에는 비타민C가 많고, 특히 해열작용이 있어 감기에 좋은 효과가 있다.
- 방법: 귤껍질과 생강을 1:1로 하여 끓인 것을 물에 섞거나 건조시킨 것을 주머니에 담아 39~40℃ 정도의 물에 담그고 목욕한다. 껍질을 말릴 때는 반드시 깨끗이 씻어 잔류 농약을 없애도록 한다.

(8) 견비통

- 적응: 솔잎 목욕은 어깨가 결리는 견비통에 좋다. 솔잎에는 다량의 엽록소 등이 함유되어 있으며 요통, 근육동, 어혈로 인한 통증, 신경통, 타박상 등에 좋다.
- 방법: 솔잎을 천에 싼 다음 뜨겁게 하여 아픈 뼈마디에 하루 두 번 정도 갈아붙인다. 이러한 방법을 며칠간 계속하면 통증이 가라앉는다.

(9) 부종

- 적응: 해수에는 염분과 각종 무기질성분이 들어있다. 신경통이나 관절염, 근육의 통증에서부터 아토피성 피부염까지 효과를 볼 수 있다. 특히 소금의 삼투압 효과를 이용하여 부종을 완화시키는 데 효과적이다.
- 방법: 38~40℃ 정도의 온도의 물에 천일염 한 줌을 넣고 혼합시켜 30분 정도 입욕 후 물로 헹군다.

(10) 류머티스 관절염

- 적응: 겨자는 혈관을 이완시켜 혈액순환을 좋게하고, 통증을 완화시키는 작용이 있다.
- 방법: 겨자분말 100g을 헝겊에 싸서 물에 우려낸 뒤 가슴 아랫부분만 입욕한다. 환부가 벌겋고 후끈후끈해질 때까지 하면 효과가 있다.

(11) 여드름과 아토피성 피부병

- 적응: 녹차잎은 각성 작용이 있어 잠을 깨게 해주며 체내 수분대사를 촉진시켜 배설을 도와준다. 구취를 없애주고 염증을 가라앉히는 작용을 하기 때문에 여드름과 같은 피부질환에 좋고 아토피성 피부염에도 좋다.
- 방법: 녹차잎을 망에 넣고 우려내거나 먹고 남은 티백을 5~6개 모아 욕조에 넣고 5분 정도 지난 후에 목욕한다.

(12) 알레르기성 피부

- 적응: 미네랄과 비타민이 풍부한 미역은 아토피성 피부병 등 알레르기성 피부를 진정시키는 효과가 탁월하다.
- 방법: 미역을 소금기가 없도록 물에 씻은 다음 잘게 썰어 면주머니에 싸서 뜨거운 물에 담근 후 목욕한다.

6) 목욕법의 종류

(1) 해수목욕

바닷물에는 각종 미네랄, 염화나트륨, 마그네슘, 브롬, 요오드 등이 녹아 있고 몸에 흡수되어 노폐물을 체외로 밀어내 혈액순환을 도와준다.

당뇨, 신경통, 관절염, 골 관절계통, 심장혈관계통 등 각종 질병에 효과가 있으며, 특히 부인병에 좋다. 또한 해수의 미네랄은 인체의 혈액과 성분이 비슷해 신진대사에 탁월한 효능을 보인다. 보통 바닷물이 몸에 묻으면 끈적끈적하다고 생각하지만, 그 반대로 피부가 매끈매끈해지고 탄력이 붙는다. 특히 악성관절염(류머티즘), 고질신경통, 중풍, 산후골절통, 무좀, 어혈, 타박상, 피부병에 최고 효능의 치료법으로 20일 정도 하면 증상완화를 볼 수 있다.

(2) 솔잎목욕

- 적응: 신경통, 류머티스 관절염, 견비통, 오십견, 요통, 근육통, 어혈, 통증, 월경불순, 월경통, 타박상, 피부병, 무좀, 습진, 알레르기와 피부의 살결을 희게 하는 데 좋다.
- 몸의 순환활동을 원활하게 도와 고혈압이나 심장병 환자들이 이용하면 뇌졸중을 예방하는 데 도움이 된다. 특히 솔방울 삶은 물을 섞어 목욕하면 치질에 효과가 있다고 한다.
- 방법: 솔의 생잎이나 말린 잎을 헝겊 주머니에 싸서 목욕물에 넣어 이용한다. 연한 솔잎을 소주와 1:1비율로 담가 잘 봉하여 양지바른 곳이나 따뜻한 아랫목에다 두 달 정도 놓아두어 솔잎주를 만들어 이용한다. 솔잎주는 목욕할 때마다 목욕물에 풀어 한 달 정도 사용한다.

(3) 약쑥목욕

- 적응: 쑥은 보온효과가 뛰어나 생리통이나 자궁출혈, 자궁내막염, 난소염 등 냉증으로 생기기 쉬운 부인병 치료에 좋다. 특히 피부의 모공을 확장하고 혈류의 흐름을 촉진해 여드름, 습진, 피부트러블, 알레르기 등 피부미용에도 효과적이다.
- 방법: 마른 쑥 20~50g 정도를 끓는 물에 살짝 데쳐낸 후 다시 물을 붓고 달이거나, 찬물에 씻은 후 면 주머니에 싸서 온수에 담가 20분 정도 우려내어 사용한다. 그러나 쑥과 비슷한 약초를 함께 넣을 경우 알레르기를 유발할 수 있으므로 혼합해 사용하는 것은 삼간다. 또한 욕탕법 이외에 좌욕을 해도 괜찮다.

(4) 국화 쑥 목욕

- 적응: 혈액순환이 잘되고 두통, 부인병, 장염, 변비, 불면 퇴치에 효과적이다. 이는 정신이 맑아지고 졸음이 없어지며 두통이 생기지 않고 불면이 없어져 특히 공부하는 학생들에게는 더 없이 좋은 목욕법이라 할 수 있다.
- 방법: 물에 국화잎 네 근과 쑥잎 네 근을 한데 담가 우러나오도록 한다. 하루에 한 번씩 20일 정도면 효과가 나타난다고 하는데 오랫동안 할수록

좋다. 특히 초가을에는 야생국화(들국화)와 쑥을 많이 베어다가 그늘에 말려서 사용한다.

(5) 고춧가루 · 겨잣가루 목욕

이는 사지마비, 중풍, 반신불수에 효과가 있다. 고춧가루 반 되, 겨잣가루 한 홉을 뜨거운 물에 풀어 고무장갑을 끼고 부드럽게 전신마사지를 한다. 탕물에 몸을 담글 때에는 한 시간 정도 하고 나면 맑은 물에 깨끗이 헹구어야 한다. 이틀에 한 번, 2주 정도 한다.

(6) 숯목욕

숯은 강한 흡착력을 가지고 있어 인체에 유해한 발암물질, 박테리아를 집중적으로 흡착하고 관절염이나 장염에 효과적이다. 특히 물이 식었을 때 좌욕을 하면 치질에 좋다. 숯 조각을 바구니나 주머니에 넣어 더운 물에 담가 두고 우러나면 30분 정도 몸을 담근다.

(7) 소금목욕

죽염이나 소금목욕은 삼투압 효과로 피부 노폐물을 제거하고 미네랄 성분이 피부를 부드럽게 해준다. 무릎, 팔꿈치, 어깨, 허리 등의 신경통, 당뇨, 관절염, 신장질환에 좋고 살균효과가 있어 알레르기성 피부염 등에 좋고, 스트레스 해소 및 체질개선, 비만 해소 등에 효과가 있는 것으로 알려져 있다.

소금목욕은 천일염으로 구워 독소를 제거한 생금 및 죽염을 사용한다. 이 때 물의 온도는 38~42℃가 적당하며, 소금이나 죽염은 3~4큰술을 넣고 다 녹을 때까지 저은 후 약 15~20분간 스펀지로 부드럽게 마사지해 준다.

(8) 식초목욕

- 적응: 혈액순환을 좋게 하여 저혈압이나 냉증에 좋다. 건조한 피부를 부드럽게 해주고 신체를 이완시켜 피로회복에도 좋다. 또 비뇨기계 질환과 피부질환 치료에 좋다. 머리를 헹굴 때 대야에 식초 1방울을 떨어뜨리면 비듬 방지에도 좋다.
- 방법: 미지근한 물을 받아 식초 작은 병 하나를 허리 부위까지 몸을 담근다. 사흘 정도 하면 효과가 있다.

(9) 레몬목욕

신체를 따뜻하게 해주어 혈약순환을 촉진시키므로 감기, 신경통, 피부미용에 탁월한 효과가 있다. 피부상처, 궤양, 화상 같은 외상이 생겼는데 목욕을 해야 할 경우 황기, 오적골 등과 함께 사용하면 상처부위를 자극없이 씻을 수 있으며 치료효과까지 기대할 수 있다.

(10) 자소엽목욕

피부혈관을 확장하고 땀샘을 자극하여 땀을 내게 하는 작용을 한다. 특히 감기에 수반되는 두통, 무기력, 오심과 구토증세가 동반되는 증상에 좋은 효과가 있다. 우울증과 히스테리, 불면증 등의 정신적인 증상을 안정시키는 성분도 들어 있다. 열은 오르면서 땀은 안 나는 감기 초기 증상을 보일 때 자소엽 100g을 달인 물로 목욕하면 좋다.

(11) 익모초목욕

혈액순환을 촉진시켜 피가 뭉치거나 부종이 생기는 것을 예방한다. 익모초는 특히 여성들에게 매우 좋은 한약재로 생리불순, 냉대하, 월경통, 산후출혈에 효능이 있다.

(12) 청주목욕

알코올은 혈액순환을 촉진시키고 체내의 노폐물을 제거하여 피로회복에 도움이 된다. 술 목욕은 피부에서 알코올을 흡수하여 보온, 감기예방에도 좋고 어깨결림이나 요통, 탄력 없는 피부에 좋다고 전해지고 있다. 욕조에 40℃

정도의 물을 반쯤 채우고 청주를 섞은 뒤 입욕하면 2~3분 후 심박동이 빨라짐을 느낄 수 있다.

(13) 녹차(재스민)목욕

피부미용과 다이어트에 매우 좋으며 미네랄 공급, 노화방지, 혈압강하, 해독작용과 발암물질의 활동을 억제시키는 데 효과가 있다.

(14) 마늘목욕

몸을 데워 주어 감기예방이나 만성피로회복, 정력감퇴에 좋다. 또한 마늘탕에 머리를 헹구면 출산 후 탈모를 예방할 수 있다.

(15) 박하목욕

나른한 몸에 활기를 주고 가려움증과 염증치료에 좋다. 방법은 잘게 썬 박하를 찬물에 씻은 후 거즈나 면 주머니에 싸서 욕조에 넣어서 이용하면 된다.

(16) 삼백초목욕

방광염이나 아토피성 피부염, 무좀, 독충에 물린 곳, 치질 등에 좋다. 마른 삼백초잎 30g 정도를 헝겊 주머니에 싸서 욕조에 넣거나 삼백초를 달인 물을 풀어 사용한다.

(17) 영지목욕

혈액순환과 소화기능을 도와주고 피부를 촉촉하게 해주며, 냉한 체질을 따뜻하게 보호해준다.

(18) 황토목욕

최상질의 황토를 엄선하여 이물질을 여과, 침전시킨 후 미립자 분말을 희석시켜 사용하며 성인병 예방, 신진대사 촉진, 장기의 유해물질 배출, 피부미용, 원기회복에 좋다.

(19) 장미목욕

마른 장미, 생화 모두 가능하다. 뜨거운 물에 되도록 많은 양의 꽃잎을 낱개로 뜯어 넣는다.

혈액순환에 효과적이며 무독성이기 때문에 여드름, 노화, 민감성 피부에 좋다.

(20) 알로에목욕

전신건강과 미용, 습진, 무좀, 부인과 질환, 수족냉증에 좋다.

(21) 미역 다시마목욕

각종 미네랄과 비타민이 풍부하여 지성, 알레르기성 피부 및 가려움이 심할 때와 전신 건강에 좋고 뭉친 근육이나 담을 풀어 주고 만성적인 근육통증과 부종, 감상선종에 효과가 있다.

7) 건강을 위한 자연주의 목욕요법

우리나라 사람들은 목욕을 즐기는 이들로 유명하다. 특히 한국적인 건강법 가운데에는 목욕요법들이 많다.

사람들이 모이는 거리치고'사우나'시설이 없는 곳이 드문 현상도 우리의 목욕 문화를 잘 보여주는 풍경이다.

신토불이란 자기가 사는 땅에서 만들어진 것이 가장 체질에 잘 맞는다는 뜻인데, 이는 육아에도 예외가 아니다. 언뜻 보면 비과학적이고 전혀 근거 없어 보이는 할머니 시대의 육아 방식들 중 상당수가 매우 과학적이고 그럴 만한 이유를 가지고 있기 때문이다.

(1) 태열에 좋은 황토목욕

양질의 황토를 고운 체에 내려서 물을 붓고 골고루 저은 뒤 조금 지나면 위에 뜨는 엷은 노란색 물인 '지장수'는 강력한 해독 작용이 있어 음식물에 중독된 것을 풀어 줄 정도의 효과가 있다.

『동의보감』에는 물의 성질이 차고 달기 때문에, 독버섯에 중독된 경우 지장수가 아니면 해독할 수 없다고 기록되어 있기도 하다.

황토에는 1g당 최대 5억 마리의 유용한 미생물이 살고 있는데, 이 미생물의 분해력, 정화력, 질소 고정력이 탁월해 황토를 '생명의 물질'이라고 부른다.

임상실험에서 황토에는 피지선의 분비를 촉진해 피부 내에 축적된 찌꺼기를 배출시키는 탁월한 정화작용이 있고, 원적외선 방출로 인해 머드팩을 하면 모공이 열리고 피지 찌꺼기가 배출되며, 모공을 통해 황토에 함유된 각종 미네랄이 피부에 흡수된다고 한다.

태열 증세에 지장수로 꾸준히 목욕시키면 증상이 사라지며, 땀띠도 나지 않는 만질만질한 피부를 유지할 수 있다.

황토에는 불순물이 섞여 있는 경우가 많으므로 태열이라고 해도 화농이 되었거나 긁어서 진물이 흐르는 등 상처가 심한 부위에는 2차 감염의 위험이 있으므로 사용하지 않는 것이 좋다.

(2) 자연주의 목욕법의 종류

① 쑥목욕법

쑥은 향기도 독특하고 피부에 좋은 성분이 많다. 몸이 찬 사람이 지속적으로 쑥 목욕을 하면 기초체온이 상승하며. 약쑥을 이용하면 더욱 좋다. 목욕할 때 면 헝겊에 싸서 끓는 물이나 뜨거운 물에 우려내어 이 물을 욕조에 부어서 10~20분 정도 하면 좋다.

② 레몬목욕법

레몬은 피부를 부드럽고 탄력있게 하고, 건조한 피부에 특효가 있다. 먼저 레몬을 썰어 욕조에 넣고 원액이 우러 나오도록 한다. 욕조에 들어갔다 몸을 가볍게 씻고 다시 들어가는 것을 몇 번 반복한다. 목욕시간은 10~20분이 좋다.

③ 아로마 향기요법

몸과 마음을 상쾌하게 하는 심리적 불안정의 치료효과와 피부미용, 그리고 질병치료에 좋은 효능이 있다고 한다. 향기목욕 후엔 비누로 씻지 않고 물기만 닦아주는 것이 요령이다. 라벤더, 로즈마리 오일은 불면증에 효과적이고, 캐모마일은 기분전환에 효과가 있다. 목욕시간은 15분~20분 정도가 적합하다.

④ 다시마목욕법

미네랄 성분이 풍부한 다시마를 면 헝겊에 싸서 뜨거운 물에 넣고 욕조물에 섞어 소금을 넣는다. 욕조 속에 20분 정도 있다가 몸을 씻으면 피부가 매끈해진다.

⑤ 허브목욕법

그 날의 상태에 따라 효과적인 허브를 선택하여 목욕을 하면, 목욕을 마치고 나올 때는 상쾌한 기분을 느끼게 될 것이다. 드라이 허브의 경우는 보통 3/4~1컵 정도를 주머니에 넣어서 욕조에 띄운다. 프레시 허브인 경우는 드라이 허브의 약 3배 정도의 분량을 삶아서 우려낸다. 적당한 크기의 가지째로 묶어서 이용한다. 끝나면 물기를 잘 닦고 로션을 바른다.

⑥ 녹차목욕법

겨울철 피부가 건조하거나, 아토피피부염으로 고생하는 이들에게는 녹차목욕이 좋다. 녹차 티백 또는 녹찻잎을 목욕물에 타는 것인데, 녹찻잎의 경우 못쓰는 양말 속에 넣어 묶은 다음 잘 우려낸 녹차 물에 목욕을 하면 피부가 좋아진다.

⑦ 오렌지목욕법

귤껍질은 약으로나 겨울철의 음료를 만드는 데 그 이용도가 높으나 최근에는 농약 오염 등으로 인하여 먹는 것으로 활용하기는 어려운 실정이다. 귤껍질을 가는 망사 같은 것에 담아서 목욕탕 물을 데울 때 물위에다 띄우면 그 향기로 기분이 상쾌해질 뿐만 아니라 이 물로 목욕을 하면 피부에도 좋은 영향을 준다.

⑧ 술목욕법

술의 주성분인 알코올은 혈관을 넓혀서 혈액순환을 촉진시키는 작용이 있으며, 체내의 노폐물을 제거하여 피로를 회복시키고 보온하는 효과가 있다.

술 목욕은 알코올을 피부로 흡수하여 신체를 보온하고 신진대사를 촉진시켜 피로회복이나 감기예방효과를 얻을 뿐 아니라, 피부미용에도 효과가 있다. 체온보다 1~2℃ 높게 데운 욕탕에 술 720ml를 부어 혼합시켜서 느긋하게 목욕한다.

⑨ 우유목욕법

클레오파트라가 애용하였다는 목욕법이 바로 우유목욕이다. 물에 오래 담그거나 일반적인 목욕을 자주하면 피부가 건조해지지만 우유목욕은 건조하고 튼 피부, 민감한 피부, 일광 화상을 입어 화끈거리는 피부, 주부습진으로 살이 갈라지고 부은 피부를 진정시키고 부드럽게 해주며 수분과 영양을 주는 작용이 있다 . 목욕물을 40℃ 정도로 데워서 우유 1리터를 넣고 혼합시켜서 목욕한다 .

⑩ 커피목욕법

커피목욕을 하면 커피에 함유된 카페인의 작용으로 기분이 상쾌해지고 졸음도 깨게 된다. 또 커피원두에는 지방이 함유되어 있어서 피부를 곱게 만드는 작용도 한다. 커피 목욕은 거칠게 갈은 커피를 냄비에 넣어서 마실 때보다 조금 짙게 달인 다음 그 즙 1리터를 탕에 섞어서 목욕하거나, 마실 때 추출하고 남은 찌꺼기를 자루에 넣어 욕탕에 담근 뒤 목욕한다.

⑪ 소금목욕법

소금은 반드시 미네랄이 풍부한 천일염을 사용하도록 한다. 체온보다 2~3도 높은 온도의 욕탕에 한줌(30g 정도)의 천일염을 넣고 잘 혼합시켜서 목욕한다.

⑫ 해조류목욕법

해조에는 요소, 칼륨, 칼슘, 마그네슘, 인, 불소 등 각종 미네랄이 많이 함유되어 있을 뿐 아니라 비타민도 풍부하다. 해조를 욕조에 담그어 목욕하는 해조 목욕은 미용과 건강촉진에 효과가 있는 목욕으로, 미역이나 다시마는 물론 식용으로 쓰는 해조는 모두 이용할 수 있다.

⑬ 미역목욕법

생미역을 사용할 경우 3~4줄기를 그대로 욕조에 넣고 목욕하거나, 적당한 크기로 잘라서 자루에 넣어 욕조에 담그고 목욕한다. 말린 미역은 물에 불려서 그 즙도 함께 사용한다.

⑭ 다시마목욕법

다시마는 40cm 길이의 넓적한 다시마 3매를 2~3cm폭으로 잘라 2.5~3리터의 물에 잘 달여서 자루에 넣고 달인 즙과 함께 뜨거운 욕탕에 담그고 목욕한다.

⑮ 전분(starch bath)목욕법

전분(녹말가루) 1컵과 베이킹 파우더(sodimbicarbonate) 1컵을 물에 잘 반죽한 후에 미지근한 물을 받아놓은 욕조에 잘 푼 후 20분 정도 입욕을 한다.

건조한 피부거나 혹은 아토피 피부염이 있을 때 보습 효과를 준다.

⑯ 솔잎목욕법

솔의 생잎이나 말린 잎을 주머니에 싸서 목욕물에 넣는다. 솔잎을 우려낸 물로 목욕을 하면 피부가 매끄러워진다. 특히 신경통에도 효과적이며 심장을 튼튼하게 해주는 역할을 하기도 한다.

⑰ 박하목욕법

잘게 썰은 박하를 구입해 찬물에 씻은 후 거즈나 면 주머니에 싸서 욕조에 넣는다. 모공이 큰 피부와 탄력이 적은 피부에 좋다. 또한 모공을 청결히 하고 수렴작용이 뛰어나 여드름에 효과를 볼 수 있다. 멘톨이라는 박하에 함유된 성분이 가려움증과 염증을 치료해 주며 나른한 몸에 활기를 찾아준다.

⑱ 황토목욕법

최상질의 황토를 엄선하여 이물질을 여과, 침전시킨 후 미립자 분말을 희석시켜 황토효과를 체험할 수 있으며, 성인병 예방, 신진대사촉진, 장기의 유해물질 배출, 피부미용, 원기회복에 좋다.

⑲ 율무목욕법

피부가 거칠거나 트는 사람에게는 율무목욕이 좋다. 율무는 유지방과 다당류가 풍부해 보습효과가 높다. 볶은 율무를 한두 주먹 가량 넣어 목욕물에 비비며 율무의 성분이 나오게 한다. 율무목욕을 하면 윤기 있는 피부를 유지할 수 있다.

⑳ 재스민목욕법

재스민은 라벤더 등 천연식물에서 추출한 것으로 독소를 제거해주는 효능이 있다. 피하지방층인 셀룰라이트를 관리하며 독소제거를 돕고 피부탄력을 강화해 얼굴과 몸을 탱탱하게 해준다.

㉑ 맥반석목욕법

일종의 복사열을 내는 물체로 피부 깊숙이 침투해 미세혈관을 확장하고 신진대사를 촉진시켜 노화방지와 피부회복에 좋다. 인체 내 비활성 세포를 활성화해 면역력 등을 강하게 하고 중금속을 땀으로 배설해 준다.

㉒ 레몬목욕법

욕조에 레몬을 썰어 넣거나 레몬즙을 넣고 탕 속에 있다가 나와서 샤워하는 것을 2~3회 반복한다. 피부를 부드럽고 탄력 있게 해준다.

㉓ 솔방울목욕법

치질에 효과가 있다. 솔방울 삶은 물을 섞어 목욕한다.

㉔ 갈색깻잎 목욕법

고혈압에 효과가 있는 목욕이다. 갈색깻잎과 그 꽃을 삶은 물을 넣는다.

㉕ 인삼목욕법

몸의 활력을 높여주고 체온상승을 유지시켜 주는 인삼은 피부를 젊고 건강하게 한다.

㉖ 천궁목욕법

향기가 좋은 천궁은 몸을 따뜻하게 하고 혈맥을 좋게 해줌으로써 냉한체질, 신경통, 타박상, 삔 데에 좋다.

㉗ 영지목욕법

혈액순환과 소화기능을 도와주는 영지는 피부를 촉촉하게 해주고 냉한체질을 따뜻하게 보호해 준다.

㉘ 계피목욕법

계피는 혈행을 원활하게 하고 냉증에도 효험이 있어 몸을 따뜻하게 보호해준다.

㉙ 사과목욕법

사과에 함유된 각종 비타민A, B군, C와 동화되기 쉬운 당류, 칼슘, 마그네슘, 철 등의 미네랄이 탕 속에 풍부하게 용해되어 피부미용과 신진대사를 활발하게 해주는 미용탕이다.

㉚ 녹차(재스민)목욕법

피부미용과 다이어트에 매우 좋으며 미네랄 공급, 노화방지, 혈압강화, 해독작용과 발암물질의 활동을 억제시키는 데 효과가 있어 남녀노소 모두에게 좋은 건강 목욕법이다.

㉛ 알로에목욕법

극히 적은 양으로도 전신건강과 미용에 대단히 큰 효과를 체험할 수 있으며, 습진, 무좀, 부인과의 질환이나 치질, 수족냉증에 좋은 아로인, 알로에 메모딘 등 330여 가지에 이르는 우수한 유효성분이 가득한 신비의 약초탕이다.

8) 증기욕(Steam bath)

증기열의 효과에는 체온의 상승과 심장박동 및 맥박의 상승, 세포 신진대사의 증가, 혈관확장에 의한 홍반과 순환의 증가, 표피의 모세혈관과 혈관의 확장과 그에 따른 혈압의 감소, 땀샘의 자극, 땀의 증가와 노폐물의 배출, 땀으로 인한 수분의 일시적인 감소가 있으나 수분을 보충함으로써 금방 회복될 수 있다.

혈액순환의 증가와 체온의 상승이 근육이완을 촉진시키며, 부드러운 열이 감각신경 종말을 진정시키고 피부 외층을 부드럽게 하여 조직과 탄력을 증진시킨다.

증기욕(Steam or Vapor bath)은 머리를 제외한 전신을 고온의 증기가 들어 있는 상자 속에 노출시키는 것으로, 어떤 연구가들은 여러 종류의 질환을 치료하는 데 있어서 건열보다 습열이 치료상 더 좋다고 말하고 있다.

온도가 높아지면 공기는 많은 습기를 흡수하고 습한 공기(moist air)는 수욕조(water bath)에서처럼 열을 빠르게 전달하지 못한다.

이러한 이유 때문에 115℃ 정도의 수 욕조에서는 오랫동안 참을 수 없지만 같은 온도의 포화된 공기 속에서는 장시간 동안 참는 것이 가능하다.

(1) 효과

① 혈액순환과 체온이 증가한다.

② 피부로 드러나는 모세혈관이 체온을 낮추기 위해 이완된다.

③ 혈관확장으로 세포에 영양공급이 활발해진다.

④ 피부혈색 개선이 된다.

⑤ 혈관확장의 결과로 혈압이 약간 저하(10~15%)되고 맥박이 조금 빨라진다.

⑥ 감각신경종말이 부드러워지고 고객이 편안함을 느끼게 된다.

⑦ 긴장되고 타이트한 근육이 이완되어 운동 후 젖산 축적을 예방한다.

⑧ 한선이 자극되어 체온을 낮추기 위해 땀이 분비되며 노폐물이 제거되고 피부가 깨끗해진다.

⑨ 신진대사가 증가되고 행복감이 높아진다.

(2) 트리트먼트 순서

① 스팀욕조를 소독한다.

② 물탱크에 2/3가량 물을 채우고 온수를 이용해 가열 시간을 단축할 수 있다.

③ 깨끗한 타월을 좌석과 바닥에 놓는다.

④ 스팀욕조의 틈을 타월로 막음으로써 열기가 안으로 모이게 한다.

⑤ 스팀욕조의 타이머와 온도계를 맞춘다.

⑥ 스팀욕조의 온도를 확인한 뒤에 온도를 조절한다.

⑦ 고객의 목 뒤와 어깨를 타월로 감싸서 스팀이 새나가지 않도록 한다.

⑧ 고객의 곁에서 고객의 상태를 지속적으로 관찰하고 이상 유무를 체크한다.

9) 와추(Watsu)

와추(watsu)는 수중에서 몸을 이완하는 시아추와 물의 합성어에 기반을 둔다. 워터 시아추(water shiatsu)에서 강조하는 것은 따뜻한 물에서 몸을 스트레칭하는 것이고, 관절과 근육을 자유롭게 움직이도록 하며 깊은 긴장이완을 향상시킨다.

그 움직임은 고객이 따뜻한 물속에 잠겨 있을 때, 부드러운 스트레칭으로 몸을 움직일 때, 고객의 호흡과 함께 느린 율동적 운동에 의해 이행된다. 몸은 긴장, 스트레스, 고통을 이완하고 과거에 움직임이 제한되었던 자세를 풀면서 따뜻한 물속에서 무리 없이 떠 있게 한다.

각각의 와추 부분은 고객에게는 독특한 것이겠지만, 일반적으로 1시간 정도 지속된다. 모든 스파 트리트먼트처럼 전체적인 상담은 사전에 고객의 필요사항과 사전 주의사항 또는 금기사항 등을 확인해야 한다.

와추의 장점은 다음과 같다.

① 스트레스, 걱정 완화
② 에너지 수준 증가
③ 고객의 운동 범위 증가
④ 통증, 피로, 근육긴장 감소
⑤ 호흡형태의 향상
⑥ 불면증 향상
⑦ 바디 자각 향상과 감정적 스트레스 해소

물은 나이 들고 육체적으로 장애가 있거나 임신한 고객에게 근육과 관절이 더 가볍게 이완되는 느낌을 주고, 이전에 운동성이 제한되었던 부분의 유연성을 증가시킨다.

심리학적으로 고객이 물속에서 조용히 잠겨 있거나 부드럽게 흔들릴 때에 고객과 운동시키는 사람 간의 믿음을 발전시키고 고객은 안정감을 느낀다. 스파에서 와추는 트리트먼트를 위해 설치된 풀을 전문화하며, 그 인기는 점점 증가하고 있다.

10) 하이드로테라피 트리트먼트 시 보완제품

스파에서 제공되는 수 요법의 많은 것들은 테라피스트의 손 접촉이 없는 경우가 많다. 그래서 더 많은 개인적 트리트먼트는 하이드로테라피를 보완한다.

① 바디/아로마 요법 마사지: 긴장이완을 한층 더 강화하고 근육 긴장을 줄여준다.
② 라술(Rasul): 고객이 이미 그들의 바디 조직을 따뜻하게 했을 때에 이전 트리트먼트로서 이상적이며, 풍부한 미네랄 성분이 있는 머드에서 흡수하기 시작한다.
③ 크리스탈 힐링: 고객의 에너지 수준을 균형 있게 도와주며, 고객이 이완하는 것을 돕는다.
④ 허브/해초 랩: 미네랄을 흡수하는 동안 독소배출을 계속해서 하기 위해 바디를 활성

화하기 위해 워터 트리트먼트 후에 실시하는 것이 좋다.

⑤ 박피: 죽은 피부세포를 제거하기 위해 박피를 시행하기 전에 사전 트리트먼트로서 좋다.

스톤테라피

STONE THERAPY

chapter 05

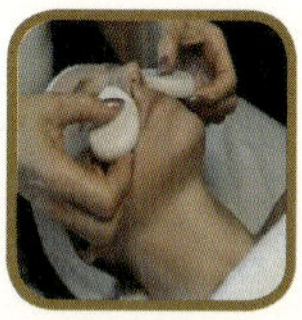

1. 스톤테라피의 개념

1) 정의

스톤테라피는 자연 속에 있는 천연의 돌을 이용해 심신의 건강과 아름다움은 물론이고 정신적 균형까지도 추구하는 자연요법으로서, 스톤이 가지고 있는 응축된 자연의 에너지를 이용하여 우리 몸의 치유력을 증가시켜 건강을 도우는 방법이다. 스톤은 수분 함량과 열 전도력이 뛰어나고 탁월한 원적외선 방출 능력을 갖고 있기 때문에 모세혈관을 확장시켜 신진 대사를 촉진하고 생리통 완화, 관절통, 견비통, 요통, 근육통증 등의 통증 완화에 효능을 기대할 수 있으며 자연 친화적인 마사지 요법이므로 현대인들에게 스트레스 해소와 명상 외에도 정신적 이완을 통해 평온과 안정을 도모할 수 있는 수준 높은 마사지 요법이다. 1990년대 초반 미국 애리조나 주에서 메리 하니건(Mary Nelson Hannigan)에 의해 에스테틱 분야의 트리트먼트 방법인 스톤테라피 마사지(Stone therapy massage)로 개발되어, 세계적인 웰빙 추세와 함께 호텔, 리조트 스파, 데스티네이션 스파, 데이 스파 등에서 스파 서비스의 새로운 테크닉으로 주목받고 있다.

2) 역사와 유래

스톤테라피는 고대의 주술사들이나 샤먼들이 화산의 폭발로 생긴 검정색의 현무암을 이용하여 병든 사람들을 치료하면서 개발해 낸 전통요법이다. 고대의 여러 나라들은 스톤테라피를 여러 가지 다른 형태의 민간요법으로 응용하고 있었으며 이는 최근 과학적으로 효능이 검증되어 현대적으로 재정립되면서 세계적으로 가치를 인정받고 있다.

스톤테라피는 고대의 아메리칸 인디언들이 육체적, 정신적 균형을 위해 사용해온 힐링방법에서도 그 유래를 찾을 수 있다. 북미 원주민들은 조그만 오두막 같은 곳에서 태양열로 뜨겁게 데워진 돌을 여성의 배 위에 올려 찜질을 함으로써 생리통을 치료하였으며, 또한 적당히 데워진 작은 돌을 발가락 사이에 끼워 몸의 원기를 회복 하는데 이용했다.

고대 중국의 은나라에서는 뜨겁거나 차가운 스톤을 이용하여 근육통을 치료하였고, 음과 양이라는 한방적 원리를 활용하여 어두운 빛깔의 돌과 흰색의 돌을 구분하여 사용하였다. 중국인들은 양(陽)의 성질을 가진 검은 돌로 근육을 이완시키고 몸의 균형을 유지하고자 뜸질을 하였으며, 음(陰)의 성질을 가진 흰 돌로 영혼을 다스리고 빛에너지를 수렴하는 데 이용했다. 또한 스톤테라피는 매우 오래된 건강유지 및 치료형태로서 침술의 모태였으며 뜸질, 호흡과 함께 중국 의서에 기록되어 있는데 이것은 동한시대 이후 부대적인 치료 또는 주요 치료 지식으로 사용되어 왔음이 중국 고대 의서에도 기록되어 있다.

동아시아에서는 고대의 주술적 의미가 내포되어 돌탑을 쌓으며 소원을 기원하였고, 시냇가의 차가운 돌을 염좌가 생긴 환부에 이용하여 소염을 가라앉게 하거나 혈액순환을 돕기 위해 돌을 재에 데워 따뜻한 돌을 환부에 적용하여 활용하였다.

우리나라의 경우에도 현무암으로 절구와 맷돌을 만들어 사용하였고, 구들장에도 열을 가하여 난방의 의미와 함께 신체에 습이 침투하지 않도록 돌의 온기로 보호하였다. 또한 일본 수도승들은 불교를 전파할 당시, 먼 길을 갈 때 허리띠에 따뜻하게 데운 돌을 두르고 다녀 하복부와 장기 기능을 강화시키며 피로회복 목적과 질병 예방 목적으로 사용하였다. 지금도 일본의 온천에서는 검은 돌들을 깔아두고 돌의 에너지를 이용하고 있다.

필리핀에서는 물에 뜨는 성질의 부석의 거친 면을 사용하여 노화되고 건조한 피부를 벗겨내고 있다. 아직도 많은 여성들이 이 다공성과 흡수성의 부석을 목욕 중에 사용하여 피부의 부드러움을 유지하고 있다.

러시아인들은 오래전부터 혹독한 자연환경과 긴 겨울을 극복하기 위해 욕조 바닥에 뜨겁게 데운 검은 돌을 깔아두고 그 위에 누워 돌에서 발산되는 에너지를 받아 건강을 유지했다.

이렇듯 열감을 이용하여 치유하는 스톤테라피는 각 나라와 민족들마다 양생을 위한 전통 민간요법으로 이용되고 전승되어 왔으며, 방법은 각 나라와 민족마다 다양하게 전승되어 오고 있다. 그 이유 중 하나는 돌이 갖고 있는 열전도가 인체에 위해를 주지 않으며, 그 모양이나 크기가 수기요법에 편리하고, 열감의 지속성이 뛰어나기 때문이다.

이는 특히 중국의 고대 동양의학에서 호흡과 뜸질로 분류되어 중요한 민간요법으로 이용되어 오다가 침술의 발달로 그 맥이 끊어졌으며, 현대적인 스톤테라피가 미주 지역에서 먼저 재창출하게 되었다.

2. 스톤테라피의 원리

스톤테라피는 스톤의 에너지와 기를 이용한 냉온마사지 요법으로서 돌과 열의 역학관계를 인체의 상태에 따라 적절하게 적용하는 힐링 요법이다. 스톤의 에너지 즉, 기를 이용한 냉·온열요법으로 마사지와 더불어 신체를 편안하게 진정시켜 주고 심신을 조화롭게 하여 림프의 흐름을 원활하게 해주는 것이 스톤테라피이다. 특별한 스톤의 에너지는 강력한 병부전위적(Metasthetic) 에너지로서 진동이나 열전도, 마사지에 의해서 인체 내부로 전이되는데 손으로만 하는 마사지 동작보다 훨씬 강력하다.

1) 웜스톤(Warm Stone), 핫스톤(Hot Stone)의 적용

스톤을 데워서 정상온도에서 몸의 중요부위에 올려놓으면 돌의 중력에너지와 열에너지의 상호 작용으로 마사지 효과를 볼 수 있으며, 원적외선의 파장과 미네랄이 근육층 깊숙이 침투한다. 이때 열에너지에 의해 체온이 상승되면 혈액의 흐름이 증가하며, 혈액이 응혈된 조직을 지날 때 실핏줄의 혈압이 상승하고, 백혈구와 적혈구의 수를 증대시켜서 피부조직이 약간 붉어진다.

신진대사의 증진으로 인하여 산소의 공급이 원활해지고 독소와 노폐물을 제거해주며, 혈액의 순환을 촉진함으로써 부종을 감소시키고 지방의 연소를 촉진시켜 릴렉스, 심신의 밸런스 조절 및 신경세포의 효과적인 반사작용으로 스트레스를 해소하게 된다.

온열요법으로서 활용되는 따스한 돌(Warm Stone)의 온도는 섭씨 26℃~43℃ 사이가 적당하고, 뜨거운 돌(Hot Stone)의 온도는 섭씨 49℃~58℃ 사이가 적당하다. 스톤의 온도가 12℃ 증가할 때마다 신진대사는 약 10~15%씩 증진하게 된다.

웜 스톤(Warm Stone)은 누워있을 때 등에 깔든지, 복부에 올려놓는다든지, 베개처럼 목 밑에 받친다든지 하여 움직이지 않고 고정시켜 적용한다. 돌을 쥐고 직접 마사지를 할 때나 봉처럼 생긴 돌로 지압과 같이 심부에 깊은 압을 가할 때도 같은 온도를 적용하는 데 피부에 화상을 주지 않으면서 근육을 이완할 수가 있다.

핫 스톤(Hot Stone)으로는 열기를 오래도록 간직하기 때문에 주로 현무암을 이용하는데, 인체에 원적외선을 방출해 근육조직과 관절에 온열효과를 일으킨다. 이러한 온열효과는 심장박동 및 호흡증가, 모세혈관을 확대시키므로 연결조직을 휴식시키고 신진대사를 통해 체내에 축적된 노폐물을 제거시켜 백혈구의 이동이 증가되게 된다. 이로 인해 독소 배출을 촉진하고 면역성을 높여준다.

2) 콜드스톤(Cold Stone)의 적용

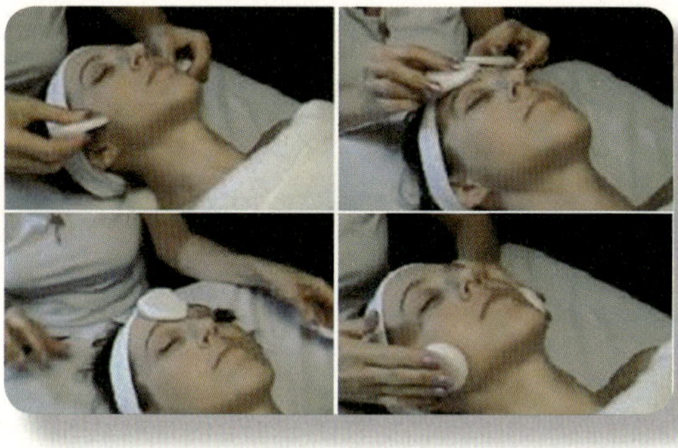

돌을 차게 하여 적용하면 부기를 해소시켜 주며 염좌나 통증이 있는 경우에 염증을 가라앉히는 역할을 하는 콜드스톤(Cold Stone)은 일반적으로 대리석을 이용하나 현무암도 가능하다. 따스한 돌(Warm Stone)이나 뜨거운 돌(Hot Stone)과 비교하여 찬 돌(Cold Stone)은 혈액순환이 떨어진다. 콜드스톤을 적용하면 혈관 수축이 일어나는데, 인체는 항상성 회복을 위하여 심장에 더 빠른 속도로 혈액을 보내주게 된다.

이로 인해 인체 전체에 혈액순환이 빨라지게 되고 근육조직과 기관이 따뜻하게 되면서 결국 찬 돌을 댄 부위는 새롭게 생성된 많은 양의 혈액이 공급되어 자연 치유가 활발하게 이루어지면서 염증을 가라앉히게 되는 것이다. 이때 돌의 온도는 신체온도(36.7℃)보다 낮게 하여야 한다. 콜드스톤테라피는 근육을 과다 사용하여 부기가 있거나, 더위에 지쳐 있을 때와 정신을 맑게 하려는 경우에 효과적이다. 또한 얼굴이 자주 붓거나 부종이 심한 임산부의 다리 마사지, 여드름 압출 후, 태닝 후, 눈의 충혈이 있을 때 주로 사용된다.

퇴적암은 광물의 자연성인 냉기를 잘 보유하여 얼면 초록색으로 변한다.

주로 안와나 조직심부의 자극완화와 충혈감소, 울혈감소에 사용되며 충격에 잘 깨어지는 특성이 있으므로 취급에 주의를 요한다.

얼린 돌(Iced Stone)인 경우 반드시 돌이 피부에 직접 닿지 않게 타월이나 면을 이용해 적용해야 한다. 급성으로 환부가 부었다면 10분 정도로 냉찜질을 하고 5분 정도 쉬었다 반복하기를 적용하는데, 이는 동상(凍傷)의 역효과를 방지하기 위함이다. 얼린 돌(Iced Stone)을 타월에 싼 후 목 밑에 고여서 베개처럼 이용하거나, 허벅지 위, 또는 어깨 등에 적용하기도 한다.

3) 교차 사용

따스한 돌(Warm Stone)의 진정효과와 찬 돌(Cold Stone)의 신진대사 촉진 효과를 기대하는 스톤테라피 교차사용법은 스톤의 에너지와 열전도가 전신에 조화로움과 정화, 진정효과를 부여하며 인체 깊숙한 부분까지 릴렉스 시키고 좋은 기를 흐르게 하는 데 효과적인 대체요법이며, 인체 내 장애가 있는 곳에 생기를 흐르게 하고 자극받은 부위를 중화하여 건강하고 평화로운 느낌을 갖게 된다. 또한 Hot Stone과 Cold Stone의 교차사용은 허혈(Ischemia)부위에 혈액을 보내거나 충혈(Hyperemia)부위로부터 혈액을 제거할 때도 사용된다. 스톤의 냉온교차 사용으로 피부에 전달된 자극은 신경시스템을 통하여 척수까지 전달되어 관련 장기에 반사작용을 증가시킨다. 일반적으로 냉기는 신진대사를 증가시키며 온기는 진정작용을 도와준다.

3. 스톤테라피의 효능

1) 온열

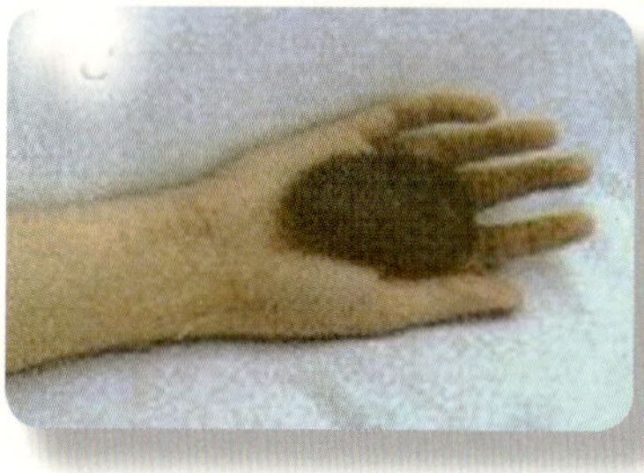

스톤테라피는 자연의 재료인 돌을 이용하여 인체의 항상성(Homeostasis)을 회복하고 유지시키려는 원리이다. 외부의 자극에 대하여 신체내부가 비교적 일정한 환경을 지속함으로써 건강한 신체를 유지하려는 신체활동을 항상성이라고 하는데, 어떤 자극에 의하여 몸의 온도가 올라가면 피부의 수많은 땀구멍을 통해 신속히 땀을 몸밖으로 배출하여 몸의 온도를 일정하게 조절하는 신체적 반응이 그 한 예이다.

물, 흙, 불 등의 자연에너지가 함축되어 있는 돌은 신체표면의 온도보다 신체내부의 온도를 따뜻하게 해주는 기능이 뛰어나다. 또한 돌이 가진 온열은 인체의 체온을 빠른 시간 안에 적정체온으로 유지시켜 준다. 인체의 체온상승을 통해 자연스럽게 근육이완을 시켜주므로 뭉친 근육의 피로를 푸는 데 효과적이다.

돌의 온열효과를 이용하여 신체의 리듬을 원활하게 하는 스톤테라피는 인체의 균형을 조정하고 몸속의 독소를 제거하는 세정작용을 함으로써 질병예방과 건강유지뿐만 아니라 피부미용에도 효과적으로 이용되고 있다.

2) 독소배출

스톤테라피의 다양한 인체 내 작용은 과학적으로 분석, 정리되면서 그 효능이 입증되고 있다. 현무암이 갖고 있는 철분과 다양한 미네랄, 원적외선의 상호작용으로 열 흡수력이 높고 강력한 에너지를 형성시키며, 인체의 적정 열 밸런스 균형을 맞추고 자연스럽게 모공을 열어주어 인체내에 축적된 노폐물이나 여분의 지방분을 체외로 배출시켜 준다.

신체의 독소와 노폐물을 제거하고 림프순환, 면역증강, 피로회복, 노화방지, 근육이완, 염증완화, 자연치유력 증강, 신진대사증강은 물론이고 몸의 밸런스 유지와 전체적인 릴렉스에 효과적이며 신체의 나쁜 냄새를 중화시켜 주는 작용을 한다.

3) 통증완화

스톤테라피는 근육통 등 고질적인 통증을 완화시켜 주며, 다리부종, 만성피로와 긴장을 해소시켜 주는 데 효과가 있다. 근육과 관절의 통증해소를 위해서는 핫 스톤을 이용하여 근육 속 깊숙한 조직까지 강하게 마사지하고 쿨 스톤으로 마무리한다.

따스한 곳에 있으면 심신이 편안해지는 원리를 알게 되면서 통증 부위에 뜨거운 열 찜질을 하여 통증을 이겨낼 수 있는 지혜를 가지게 되었고, 이것이 기본이 되어 더 나아가 오랜 시간의 경험과 지혜를 통해 온열을 이용한 다양한 치유법의 발전을 가져오게 된 것이다. 오늘날 찜질방과 같은 광의적(廣義的) 개념까지도 포함시킨다면 돌을 이용한 테라피는 헤아릴 수 없을 정도로 많다고 할 수 있다.

4) 면역력 강화

현무암을 데웠을 때 방출되는 열에너지가 인체에 깊숙이 전도되어 혈액순환과 림프순환을 촉진함으로써 생기는 생리적인 효과로서 인체의 성장촉진과 면역력을 강화시켜 준다. 인체의 혈액순환을 좋게 하여 영양공급의 균형을 이루게 되면 병원균이나 세균을 이겨낼 항체를 형성하여 면역력을 증강시킨다.

5) 스트레스 이완

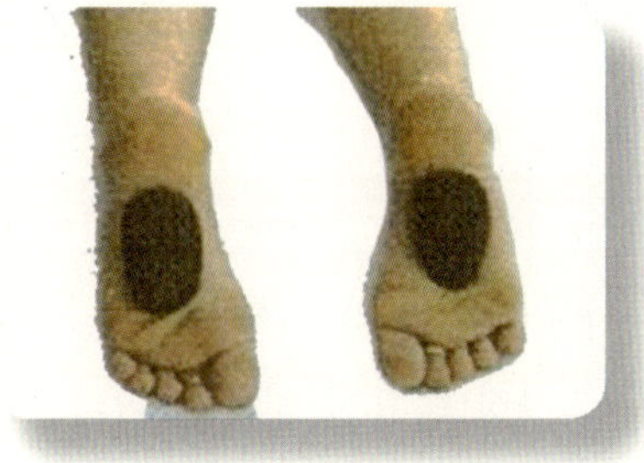

스톤테라피는 심신의 조화와 안정 등 진정효과가 뛰어나 몸뿐만 아니라 정신의 건강까지도 치유하는 능력이 있다. 돌을 몸에 얹어 놓을 때 생기는 공명에너지는 막힘, 스트레스, 부정적인 에너지를 제거시키고 열과 냉기를 교대로 이용하는 마사지 동작을 통하여 머리, 손, 발, 얼굴, 발끝까지 휴식에너지와 치유에너지가 전해진다. 현무암 및 용암변성 마사지 돌의 에너지는 몸속 에너지의 균형을 조절하고 마음을 안정시키는 효능이 크다. 온몸에 걸쳐 치유 과정이 충분히 이루어지면 정신적 만족감과 조화로움이 인체 내 모든 기능을 원활하게 한다.

6) 피부탄력 및 진정

웜 스톤(Warm Stone)의 혈관확장효과와 콜드 스톤(Cold Stone)의 혈관수축효과는 림프순환을 증가시켜 안색이 맑지 않고 트러블이 있거나 얼굴 처짐에 효과적이다. Warm Stone은 모세혈관을 확장시켜 혈액순환과 세포조직성장에 도움을 주며, 스톤마사지 시 스톤의 공명효과로 인해 활성화된 세포가 1분에 2,000번씩 미세하게 움직여 세포조직을 활성화시켜 줌으로써 신진대사 촉진, 노화방지에 효과가 있다. 특히 스톤의 열전도는 시간이 지날수록 그 효과가 있다. 피부의 문제점을 효율적으로 관리하기 위해 관련 효능이 있는 아로마 오일을 약간 묻힌 따뜻한 돌을 이용하며, 얼굴의 여드름은 차가운 돌을 사용하여 마사지해 주면 염증을 가라앉히는 데 도움이 된다. 또한 세포조직의 재생 및 활성화를 이루어 탄력 있는 젊은 피부로 재생시켜 준다.

4. 스톤의 종류

스톤테라피의 기본원리는 물, 불, 흙이라는 자연의 에너지가 함축되어 있는 돌을 이용하여 신진대사를 촉진시키고 신체 리듬을 원활하게 하여 신체의 균형을 이루게 하는 것이다. 스톤 테라피에 사용되는 돌의 색깔, 크기, 성질 등에 따라 그 효과가 다르므로 스톤테라피에서 가장 중요한 것은 돌이다. 스톤테라피를 위하여 열을 가하거나 얼렸을 때 돌의 성질과 상태가 그대로 유지되어야 하고 동시에 인체에 해가 없어야 하므로 일반적으로 수성암과 화성암, 변성암을 가장 많이 사용한다.

1) 수성암(Sedimentary)

수성암은 풍화나 침식 등에 의해 물밑에 퇴적하여 굳어진 암석을 뜻하며, 수성암의 형성은 광물질 및 생물의 유해가 수중에서 침적 고결된 것이 물과 바람 등에 운반됨으로써 풍화나 침식 등에 의해 굳어져 퇴적작용으로 생성된 돌의 총칭이다.

비교적 물의 작용을 받아 물밑에 퇴적하여 굳어지므로 이를 수성암(水成岩)이라 한다. 그중에서도 기계적 작용에 의해 만들어진 사암(Sand Stone), 점판암(Clay Stone), 응회암(Tuff)이 있고 물의 화학적 작용에 의한 석회암(Lime Stone), 동식물의 퇴적에 의한 규조토(diatomaceus earth) 등이 있다.

2) 화성암(Igneous)

마그마가 지표나 지하에서 응고하여 이루어지게 되는 암석으로 고온의 마그마가 냉각, 고결되어서 생성된 암석을 화성암(火成岩)이라 한다.

화산분출 때 뿜어져 나온 마그마나 용암이 지표나 지하에서 응고하여 만들어진 암석으로 지표에서 빠르게 식어 입자가 작은 세립질 암석으로는 유문암, 현무암이 있고 지하 깊은 곳에서 천천히 식어 입자가 큰 것으로는 조립질인 화강암, 반려암 등이 있다. 현무암에 구멍이 많은 이유는 지표부근에서 식으면서 공기나 수증기가 많이 빠져나가서 이며 색이 어둡고 결정이 작다. 화성암 중에서도 크리스탈, 석영, 현무암, 대리석 등이 테라피에 이용되는데, 열을 가장 오래 유지하는 현무암과 차가운 온도를 가장 오래 유지하는 대리석이 핫 스톤(Hot Stone)과 콜드스톤(Cold Stone)의 주 재료로 사용된다.

3) 변성암(Metamorphic)

기존 암석이 만들어진 때와 다른 온도와 다른 압력을 받게 되면 반응을 일으켜 새 환경에 알맞은 광물이 되면서 암석의 조직도 변하게 되거나, 화산분출로 인한 마그마와 광물사이의 반응으로 새로운 조직이 생성되어 암석의 형질이 바뀌게 되는데 이를 변성암이라 한다. 셰일, 사암, 석회암, 현무암 등이 있는데 현무암은 화성암 중에서 다량으로 나타난다. 이러한 돌들은 인체에 해를 주지 않는 광물질로 이루어져 있으며, 어떤 것은 인체에 유익한 성분까지 포함되어 있는 경우도 있다. 주로 주변의 산과 강, 바닷가 부근에서 채집할 수 있다. 돌의 면과 모서리가 매끄럽고, 석질이 단단하다.

4) 현무암(Basalt Stone)

현무암은 변성 화성암으로 불에 강하며 모든 종류의 암석들 중에서 열을 유지하는 성질이 가장 뛰어나 핫 스톤(Hot Stone)으로 사용된다. 이는 화산암의 한 종류로 다결정질 감락석과 마그네슘, 철분 등 광물질을 다량 함유하고 있어 열 흡수력이 높고 기포에서 열을 오래 가지고 있기 때문에 열전도율이 높다. 빛깔은 흑색이나 짙은 회색이며 질이 매우 단단하고 밀도는 물의 2.5배이다. 현무암의 원적외선 파장은 7~13 마이크론으로 인체에 가장 흡수되기 쉬운 파장으로서 인체의 근육표피층까지 침투하여 열 반응을 일으키는 특성이 있어 피하심층의 체온을 상승시키고, 모세혈관을 확장시켜 혈액순환을 촉진시킨다.

5) 대리석(Marble Stone)

콜드 스톤(Cold Stone)에 사용하는 대리석은 일종의 변성암으로 찬 기운을 가장 오랫동안 간직하는 성질을 가지고 있다. 석회암이나 돌로마이트가 변성 작용을 받아 재결정된 변성암으로 순수한 탄산칼슘 90%를 함유하는 단일결정체의 구조이다. 대부분 흰색, 노랑, 핑크빛을 띠며 쿨링(Cooling) 효과, 진정 효과, 모세혈관 수축효과가 있다.

6) 용도별 스톤의 종류

(1) Facial Hot Stone

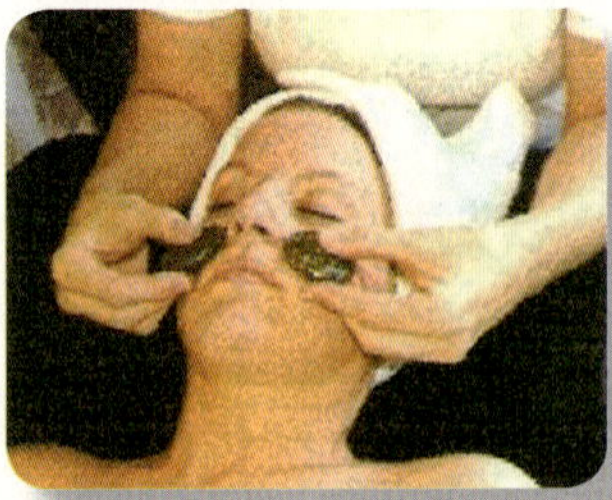

2~3cm 규격의 둥근 스톤으로 섭씨 32℃ 정도로 데워서 얼굴에 약 10분간 올려놓으면 얼굴 피부의 모공을 열고 림프순환을 촉진시켜 노폐물 배출을 쉽게 하고, 현무암이 가진 미네랄 에너지를 흡수하게 된다.

(2) Facial Cold Stone

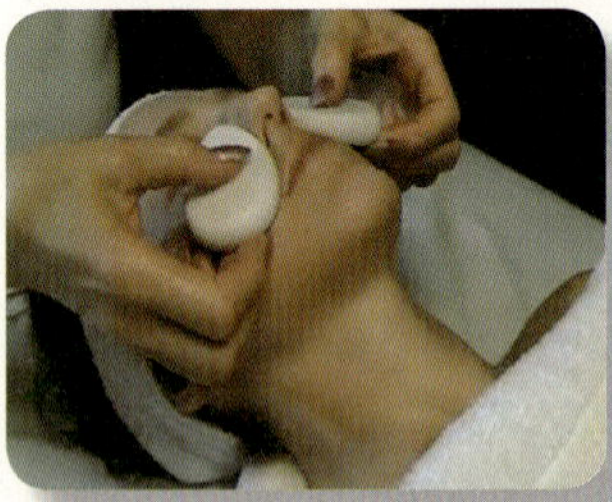

Facial Hot Stone으로 얼굴마사지를 해준 뒤, Facial Cold Stone을 약 10분간 얼굴에 올려두면 모공이 수축되면서 혈액순환을 촉진한다. 피부에 탄력이 생기며 부종이 해소되는 효과가 있다.

(3) Deep Tissue Basalt Hot

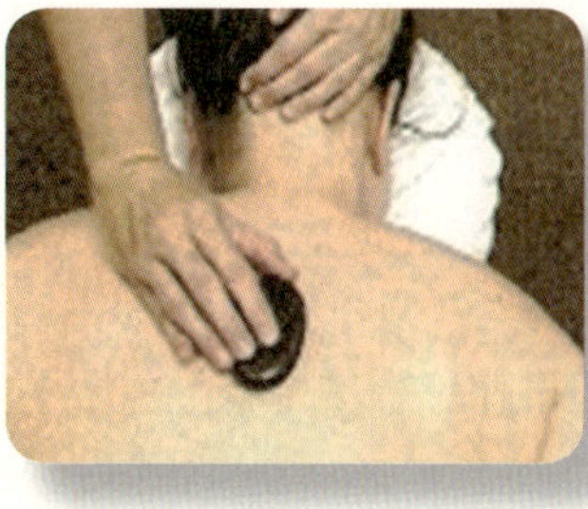

7~10cm 정도의 갸름한 핫 스톤으로서 근육 깊은 곳이나 근육과 뼈 사이를 따뜻하게 눌러서 자극한다. 근육통을 완화시키고 운동 후 피로를 해소해 준다.

(4) Toe & Finger Basalt Hot

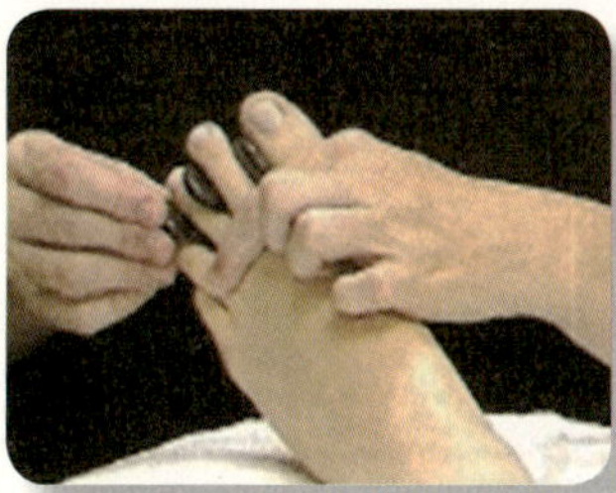

발가락과 손가락 사이에 끼워 놓아서 혈액순환을 촉진시키고 따뜻하게 자극하여 피로를 해소한다.

(5) Basalt Hot Large

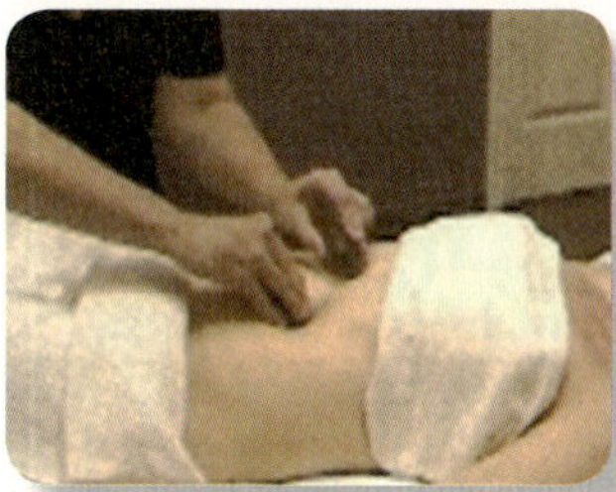

신체 각 부분의 근육에 올려놓아서 따뜻하게 뜸을 하거나 지압을 하는 데 사용한다.

(6) Basalt Pillow Stone

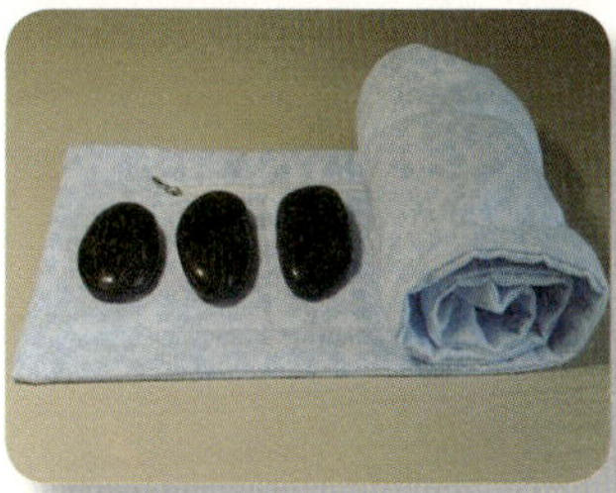

마사지 할 때 목과 어깨, 허리, 슬와부, 발목 뒷부분을 따뜻하게 받쳐 주어 편안한 자세를 유지시켜 주며 피로회복과 관절염, 오십견 등의 증상에 도움이 된다.

(7) Basalt Hot Energy Stone

15~20cm 규격의 스톤으로 스톤 자체의 무게가 있어서 복부마사지에 주로 사용되며, 특히 배꼽 아래 단전부분에 따뜻하게 올려 두고 시계방향으로 천천히 돌려주면 생리통에 효과적이다. 갱년기 여성의 자율신경 조직과 혈액순환을 돕고 복부비만의 치료에 도움을 준다.

(8) Cold Stone

Cold Stone도 같은 규격대로 준비하여 Hot Stone과 번갈아 가며 마사지해 주면 스톤테라피의 효과는 배가 된다.

5. 차크라 스톤(Chakra Stone)

1) 차크라(Chakra)의 정의

"차크라"는 산스크리트어로 수레바퀴를 의미하며 생명에너지가 집중되는 에너지 센터라 할 수 있다. 일곱 개의 차크라는 호르몬 활동인 내분비 기능을 포함하여 인체의 각 기능에 관여한다. 차크라의 균형회복은 우주 의식과 개인의 영혼이 하나가 되는 것인데 차크라 스톤에서 나오는 특유의 에너지는 막혀진 부위에 에너지 흐름을 도와 주어 우주 에너지와의 집중적인 접촉을 만들어 낸다. 인체에 국부적 또는 시스테믹한 변화를 가져오는 스톤의 따뜻한 열전도 효과는 몸과 마음(mind)의 균형을 위한 에너지 센터에 또한 영향을 미칠 수 있다.

2) 신체 부위별 차크라 스톤

고대의 크리스탈 치료술에서는 약간 변형된 돌 및 준보석에서 발산되는 에너지를 사용하고 있다. 특정 부위에 올려놓으면 스트레스를 풀어주며 막힘을 열어주고, 부정적인 에너지를 중화시켜 주고 과잉 자극된 부위에 에너지를 빼내주며 필요한 곳에는 에너지를 채워 준다.

(1) 1차크라

Muladhara는 항문 위의 골반에 있는 뿌리 차크라(Root Chakra)로 생식기 회음부에 해당한다. 에너지의 결핍은 회음부가 습해지는 현상이 생기게 된다. 이 경우 필링 후 재생이 잘 안 된다.

(2) 2차크라

Svadhisthana는 생식기관 위에 있고 2차크라는 성 차크라(Sexual Chakra)로 단전 생식기에 해당한다. 성 에너지는 느낌을 다스리는 감정 에너지이기도 하면서 방광과 대장의 기능과 연결되며, 소변의 상태, 소리 등으로 판별을 하게 된다.

(3) 3차크라

Manipuraka는 배꼽과 명치 사이에 있으며, 생리 및 소화를 담당하는 투쟁에너지이다. 3차크라는 성격 차크라(Personality Chakra)로 간 기능과 장운동에 해당한다.

(4) 4차크라

Anahata는 양 가슴 사이에 위치하고 배꼽과 심장 사이에 위치하며, 4차크라는 감정 차크라(Heart Chakra)로 흉선에 해당한다.

(5) 5차크라

Visuddha(=순수한)는 인두부에 위치한다. 호흡과 목소리의 중심으로 폐를 직접 관장하며 호흡기관을 다스린다. 호흡과 목소리는 일정한 개성을 내포하고 있어 지속적인 신체의 진동을 유발하게 된다.

(6) 6차크라

Ajna는 두 눈썹 사이에 위치한다. 제3의 눈이라고 불리기도 하며 이성적 활동 및 정신적 능력과 직결된 부위이다. 6차크라는 지식 차크라(Knowledge Chakra)로 뇌하수체에 해당한다.

(7) 7차크라

Sahasrar는 정수리에 있으며 두뇌 차크라(Crown Chakra)로 정신작용에 해당한다.이는 지혜의 장소이며 우주와 하나가 되며 신성과의 연결점이다.

3) 차크라 스톤(Chakra Stone)의 종류

(1) 차크라 스톤의 종류

[그림 5-1] 스톤봉

- 차크라 스톤의 차크라 적용 시 사용한다.
- 돌을 두들기며, 차크라를 열거나 닫을 때 사용한다.
- 깨어지기 쉬우므로 취급에 주의한다.

[그림 5-2] 7개의 차크라 스톤

(2) 차크라 스톤의 효과

① 몸 안에 흐르는 에너지 센터를 조절하여 신체의 균형 밸런스를 맞춘다.
② 보석의 컬러를 이용한 테라피이다.
③ 자율신경의 밸런스를 조절하고 기능강화 작용을 한다.

4) 차크라(Chakra) 스톤의 차크라 적용

차크라(Chakra)란 하늘을 채우는 정기의 몸의 에너지 센터로서, 고대의 크리스탈 치료술에서는 변형된 준 보석에서 발산되는 에너지를 사용한다. 특정 부위에 위치시키면 스트레스를 녹여주고, 막힘을 열어주고, 부정적 에너지를 중화시켜 주고 과잉 자극된 부위의 에너지는 빼내주며 필요한 곳에는 에너지를 채워 준다.

CHAKRA	관련 보석(스톤색)	차크라 기능	불균형 증상
Crown / 뇌 (제 7차크라)	자수정(Violet)	초의식, 영적 깨달음 직관, 정신적 컨트롤	근심, 두려움, 우울 불만족을 극복할 수 없음
Third eye / 뇌하수체 (제 6차크라)	오팔, 사파이어 (Indigo)	제3의 눈, 초인적 시력, 투시력, 내면의 세계 이해	영적 관념거부, 지적, 과학 적, 현상적인 것만 집중
Throat / 갑상선 (제 5차크라)	터키석, 아쿠아 마린 (Blue)	느낌, 감정 표현, 의사소통, 책임감, 자기표현	결단과 거절을 두려워함
Heart / 흉선 (제 4차크라)	장미석영(Pink)	두려움 없는 사랑의 능력, 예술,음악으로 감정느낌표현	위선적 사랑, 주고받기 힘 듦, 자신도 사랑하기 힘듦
Solar plexus / 췌장 (제 3차크라)	호안석(Yellow)	개성과 성격이 형성됨 영감, 지혜, 판단력	지배하기를 좋아함
Lower abdomen / 신장, 부신 (제 2차크라)	벽옥(Orange)	성 에너지 센터, 성욕 창조성, 순수감정	불안정, 불확실한 욕구, 감정표현 못함
Root / 생식기 (제 1 차크라)	혈석(Green)	개인을 육체적 세계에 연 결, 생명력, 정력, 기	물질적 소유욕만 집중

[표 5-1] 차크라의 신체별 기능 및 증상

6. 스톤테라피 테크닉

1) 스피닝(Spinning)

적당한 무게의 크고 평평한 스톤을 복부에 올려두고 시계방향으로 깊게 눌러주면서 천천히 돌려주는 마사지 테크닉이다. 대장염이나 설사 등 소화기 계통의 신진대사를 원활하게 해준다.

스톤의 윗부분을 잡고 각 차크라의 경혈을 천천히 마사지 해주면 차크라를 강화시키고 전반적으로 밸런스를 유지시켜 주지만, 임산부에게는 스피닝을 삼가는 것이 좋다.

2) 글라이딩(Gliding)

글라이딩은 크고 표면이 매끄러운 평평한 현무암을 사용하여 단단하게 굳은 근육부위를 미끄러지듯 가볍게 마사지 해주는 테크닉이며, 피부를 부드럽게 만들어준다.

3) 탭핑(Tapping)

신체부위에 올려놓은 스톤의 열에너지가 몸에 전도되는 동안 또 다른 스톤을 이용하여 미리 올려둔 돌을 가볍게 두드려주는 마사지 테크닉이다. 텝핑은 인체의 면역시스템을 통제하는 기관인 흉선의 기능을 강화시킨다.

4) 플리핑(Flipping)

플리핑은 쿨 스톤과 핫 스톤을 교차 사용하여 경직된 근육이나 신체 부위를 가볍게 튕겨 올리는 마사지 테크닉인데, 먼저 쿨 스톤으로 플리핑을 해준 다음 핫 스톤으로 가볍게 눌러주면서 마무리 마사지를 해주면 좋다.

5) 엣징(Edging)

엣징은 딥 티슈(Deep tissue) 마사지에 매우 효율적인 테크닉으로서 스톤의 한쪽을 손에 쥐고 스톤의 모서리로 근육을 따라 깊숙이 문질러주는 기법이다.

6) 코쿤닝(Cocooning)

코쿠닝은 근육이나 조직이 심하게 굳어 있거나 손상되었을 때 일반적으로 사용되는 것으로, 팔과 다리 아래에 타월을 깔아두고 필요한 만큼의 스톤을 사용하여 고치처럼 둥글게 전체적으로 감싸주는 마사지 테크닉이다. 핫 스톤 코쿤닝(Hot Stone Cocooning)과 콜드스톤 코쿤닝(Cold Stone Cocooning)을 번갈아 사용하면 수축과 팽창이 교차되어 그 효과가 배가 된다.

7) 플러싱(Flushing)

플러싱은 핫 스톤의 평평한 가장자리 부분으로 인체의 말초신경을 향하여 한번에 다림질하듯이 글라이딩하여 긴장을 풀어주는 테크닉이다. 인체의 독소를 배출시킴으로써 긴장을 풀어준다는 의미로 'Terminal Clearance'라고도 부른다.

7. 스톤테라피에 필요한 스톤과 액세서리

스톤테라피에서 가장 중요한 것 중 하나가 돌의 형체이다. 스톤테라피 관리 시 대상과 부위에 따라 돌의 모양 또는 크기도 각각 다르게 사용된다. 즉, 어깨와 등에 뭉침이나 통증을 완화하기 위해서는 단순하고 납작한 돌이 필요하며, 발 마사지를 위해서는 작고 납작한 돌을 발가락 사이에 끼워서 따뜻한 기운을 불어넣는다. 또한 용도에 따라 돌의 종류와 색깔도 다양하게 선택하고 사용한다. 검은색 돌은 현무암으로서 열을 오래 유지하는 성질이 있어서 근육을 이완하거나 만성통증에 완화시킬 때 효과적이며, 흰 돌은 대리석으로서 차가움을 유지하는 데 효과적이어서 근육을 수축시킬 필요가 있을 때, 초록빛 돌은 퇴적암으로서 체온과 같은 온도를 전달할 때 사용된다.

① medium basalt massage pillow stone

② small basalt massage pillow stone

③ deep tissue stone pair

④ facial basalt stone sets

⑤ basalt toe & finger stone sets

⑥ medium basalt stone sets

⑦ basalt hot back & body stone sets

⑧ basalt hot back & body pro

⑨ professional & beginner nature basalt kits 82

⑩ ordinary basic basalt hot stone set

⑪ professional basalt hot stone 100

⑫ scared stone basic

⑬ professional basic basalt hot 50

⑭ handcrafted rectangle basalt

⑮ handcrafted round basalt

⑯ beginner natural massage stone full sets

⑰ marble & basalt face stone sets

⑱ marble & basalt finger/toe stone sets

⑲ marble cool deep tissue stone sets

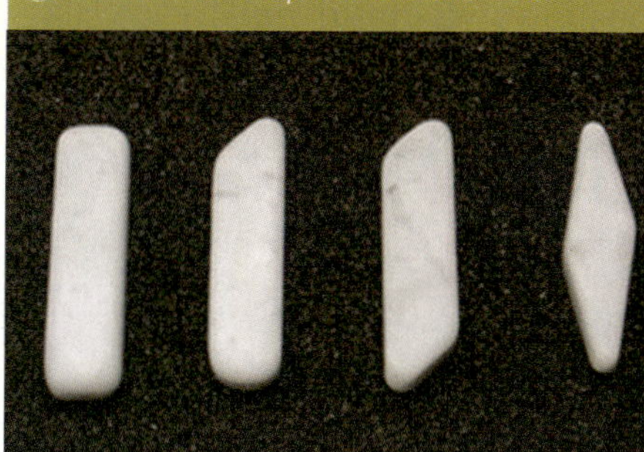

⑳ marble cool basic sets

㉑ marble cool x-large

㉒ marble cold facial stone sets

㉓ massage oil

㉔ heater & accessories

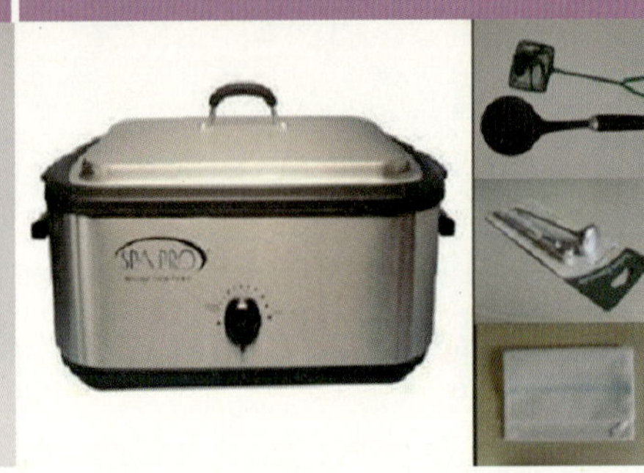

8. 스톤의 보관과 손질법

스톤마사지가 끝나면 돌 세척을 해야 한다. 돌에 묻은 오일과 피부에서 떨어져 나온 각질이 박테리아를 생성하기 때문이다. 스톤을 손질하거나 보관할 때 신경써야 할 사항들은 아래와 같다.

① 급한 온도 상승을 위하여 온장고나 오븐에 넣지 않는다.
② 콜드 스톤 사용 후 알코올로 닦아둔다.
③ 스톤을 사용 후 미지근한 물에 세제를 풀어 세척한 다음, 잘 헹군 후에 물기를 말려서 보관하여야 한다.
④ 콜드스톤 사용 후 알코올로 닦아둔다.
⑤ 사용한 스톤은 세척을 위해 따로 모아둔다.
⑥ 사용하고 난 돌들을 큰 통에 적당량의 뜨거운 물과 적당량의 세제를 섞어 약 10분간 담가 놓는다. 다시 꺼내 흐르는 물에 씻어, 햇빛이 있는 곳에서 널어 말리면 완벽하게 소독과정을 마칠 수 있다.
⑦ 스톤의 에너지 재충전을 위하여 소금물이나 바닷물에 이틀간 담가둔 후 물로 헹군 후 말린다.

9. 시술 시 유의사항

스톤마사지를 실행할 때 유의점을 정리해 보면 아래와 같다.

1) 스톤마사지 주의사항

① 마사지 전 스톤의 온도는 항상 확인하여야 한다.
② 고객의 몸에 핫 스톤이 닿아 놀라지 않도록 시술 시 가까이에 두지 않는다.
③ 멍, 치통, 교상, 변비의 경우에는 콜드 스톤이 더 좋다.
④ 어린아이는 온도에 유의하여 짧은 시간 동안 적용하고 보호자 동반 하에 실시한다.
⑤ 얇은 피부는 가벼운 온도와 압력을 적용한다.
⑥ 매우 얇고 민감한 피부, 빈혈, 무기력증, 정맥류와 종창이 있는 경우에는 가벼운 압을 적용한다.

2) 스톤마사지의 금기사항

① 고혈압
② 암환자, 화학요법과 방사선 치료직후
③ 정맥류
④ 임산부
⑤ 간질(뇌전증) 환자
⑥ 신장질환
⑦ 골다공증 환자
⑧ 척추질환 환자
⑨ 긴장, 심한 우울증 등 정신적 장애
⑩ 자가면역 질환
⑪ 피부질환자

⑫ 전염병 환자

⑬ 심장질환자

⑭ 어린이 또는 연로한 노인

⑮ 열과 수분, 압력에 민감한 피부

⑯ 혈전증과 색전증

⑰ 햇볕화상인 자

⑱ 근 밀도가 낮은 저체중 환자

⑲ 열이나 온도 변화에 영향을 줄 수 있는 약물 복용자

⑳ 감각불능, 신경손상이 있는 질병이나 신경장애

㉑ 만성피로 증후군으로 면역성이 저하된 자

㉒ 고도 비만자가 심장에 과도한 긴장이 있을 때

10. 스톤테라피 마사지 순서

1) 준비 단계

(1) 고객

스톤테라피를 실시하기 전, 고객과의 충분한 상담을 통하여 금기사항을 체크하고 고객의 기대와 니즈(needs)를 정리해서 관리계획을 수립한다. 특히 간지러움, 센시티브 정도, 열, 압의 정도를 체크하여 제공될 서비스를 설명한다. 고객이 스톤테라피를 편안히 받아들일 상태에서 다음 단계로 진행한다.

(2) 환경

따뜻하고 편안한 조명, 조용한 명상음악, 개인용 전화기를 끄는 등 모든 방해요소를 제거한다. 스톤을 사용할 때도 소음 방지를 위해 히터의 바닥에 타월을 깔아둔다. 고객의 건강상태에 고려한 아로마 에센셜 오일을 선택하여 아로마 램프를 활용하면 효과가 좋다.

(3) 피부상태

고객은 서비스 받기 전에 샤워나 바디 브러쉬(Body Brush) 또는 부분 세정을 하고 소독을 해 청결한 상태를 유지한다. 고객의 몸은 타월로 덮어서 너무 노출되지 않도록 주의한다. 각질제거(Scrubing) 시는 장갑을 착용하여 위생에 주의한다.

(4) 히터

히터는 안정적인 공간에 배치하고 스톤 취급 시 스크래치(Scratch)와 소음 방지를 위해 타월을 깐다. 스톤이 충분히 잠기게 물을 붓고, 물의 온도는 온도계를 이용하여 섭씨 48℃ 정도를 유지한다. 히터에서 스톤을 꺼낼 때는 두꺼운 고무장갑을 끼고 나무스푼이나 그물망 뜰채로 건져 낼 수 있도록 준비한다.

히터에서 건져낸 스톤은 물기를 닦고 나무스푼에 걸쳐 놓고, 뜨거움을 느끼면 손으로 먼저 만져서 식힌 후 사용한다.

(5) 관리사의 자세

고객관리를 하는 긴 시간 동안 전인적이면서 전신적인 서비스를 제공하고 오랫동안 근무를 잘하기 위해서는 정신적, 육체적으로 자신을 보호하는 것이 중요하다. 몸의 에너지가 잘 흐르도록 어깨와 가슴을 반듯이 하고 주관절과 손목의 관절에 긴장을 풀어서 좋은 자세를 유지한다. 침대의 높이와 작업의자가 맞아야 하고 압을 구사할 때는 손목이 아니라 자신의 체중을 이용하는 것이 좋다. 자신의 전체 건강상태가 좋으며 특히 손목과 손의 유연함을 이용하면 고객의 나쁜 기운이 건너올 것을 염려하지 않아도 된다.

2) 스톤테라피 마사지 순서

돌이 Hot(뜨거운)인 경우는 스톤의 온도가 섭씨 49℃~58℃ 사이가 적당하며, 스톤을 자주 움직여 신체의 한 부위에 머물지 않도록 한다. 예를 들면 전신에 긴 스트록(Long Stroke)을 하거나 경찰법(Effleurage), 강찰법(Petrissage)을 하는 경우가 해당된다.

Cold(차가운) 돌은 신체온도(섭씨 36.7℃)보다 낮게 하여야 한다. 스톤을 양손으로 쥐고 경찰법, 강찰법의 테크닉으로 실시한다. 근육을 과다 사용하여 부기가 있거나, 더위에 지쳐 있을 경우와 정신을 맑게 하려는 경우 효과적이다.

스톤테라피(Stone Therapy) 전신 실기순서

❶ 다리 앞부분 관리(각 5분씩 → 10분)
❷ 복부 관리(5분)
❸ 팔 관리(각 5분씩 → 10분)
❹ 두경부, 안면 관리(10분)
❺ 다리 뒷부분 관리(각 5분씩 → 10분)
❻ 등 관리(25분)

(1) 다리 앞부분 관리(Front of Leg Stone Massage)

① 오일 도포

② 다리전체 Effleurage(① 안쪽, ② 바깥, ③ 함께)×3회

③ 대퇴부 Effleurage(① 안쪽, ② 바깥, ③ 함께)×3회

④ 대퇴부 Ringing / Petrissage×3회

⑤ 대퇴부 Tapping×3회

⑥ 무릎주위 돌리기(① 스톤을 세워서, ② 나선형)×3회

⑦ 하퇴부 Eff(① Stroke, ② 나선형)×3회

⑧ 내.외과첨 돌리고 나서 발등 그어 내리기×3회

⑨ 종아리 Eff×3회

⑩ 전체 Eff×3회

⑪ 마무리

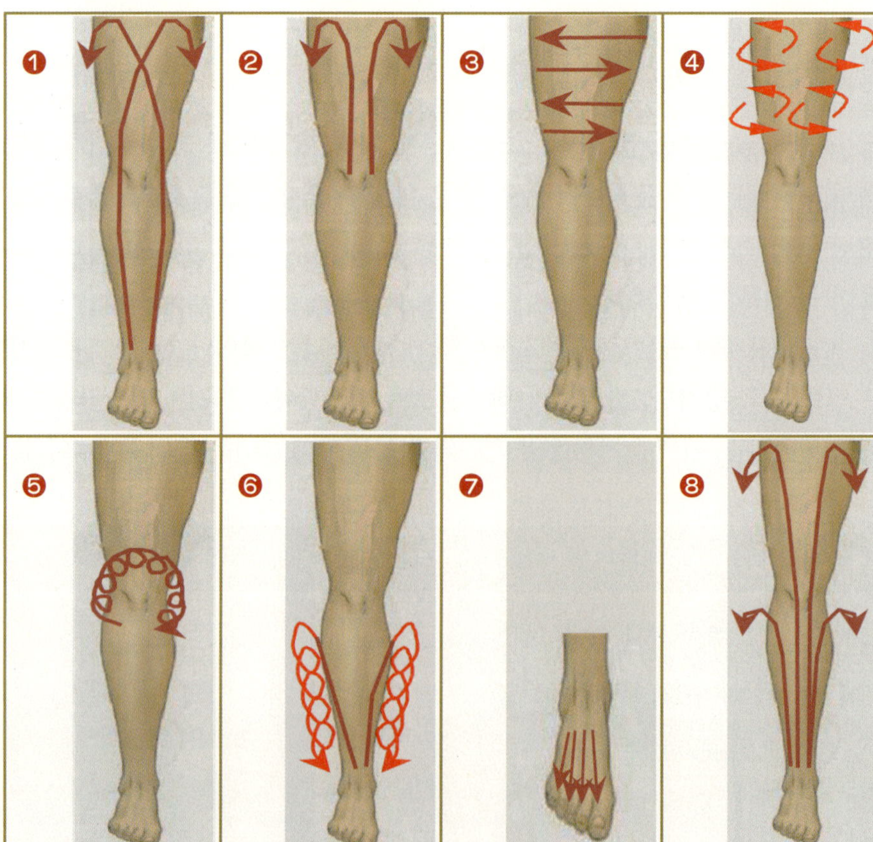

[그림 5-3] 다리 앞면

(2) 복부 관리(Abdominal Stone Massage)

① 오일도포

② 손으로 쓰다듬기×6회[치골 → 태양신경총(부채꼴로)]

③ Stone Eff[치골 → 태양신경총(부채꼴로)]×6회

④ 허리라인 Petrissage×6회

⑤ Long Stroke(복부중앙 → 허리선 3등분)×3회

⑥ 대장방향 Friction(①넓은 면×3회, ② 세워서 나선형)×3회

⑦ Stone Eff(③번과 동일)×6회

⑧ 배꼽 주위 Eff(①넓은 면×6회, ② 세워서 나선형)×3회

⑨ 배꼽 주위 시계방향 쓰다듬기

⑩ 배꼽 주위 두 손 겹쳐 바이브레이션×3회

⑪ 마무리

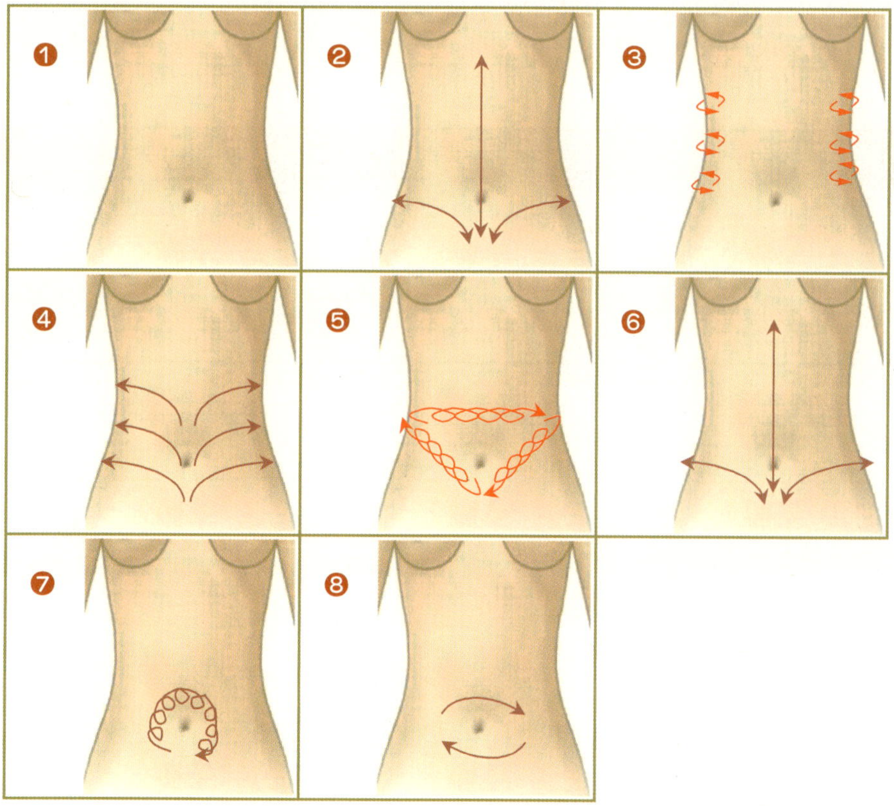

[그림 5-4] 복부 관리

(3) 팔 관리(Arm Stone Massage)

① 오일도포
② Long Stroke(① 손목부터 한 손씩, ② 양손)×6회
③ 상완(① 두 손 Stone, ② 한쪽씩 Stone 나선형)×6회
④ 상완(① Ringing, ② Petrissage)×6회
⑤ 팔꿈치(한 손으로 받치고)×6회
⑥ 하완 나선형 Neading×6회
⑦ Tapping(3곳)×3회
⑧ 하완 Stone 그어 내리기(교차로)×3회
⑨ 손목, 팔 중앙 지그재그×3회
⑩ 하완 나선형 내리기×3회
⑪ 손등사이 그어주고
⑫ 손바닥 나선형 지압
⑬ 손목 아래 Stone 받쳐두고 새끼손가락만 그어 내리기
⑭ 전체 Eff
⑮ 마무리

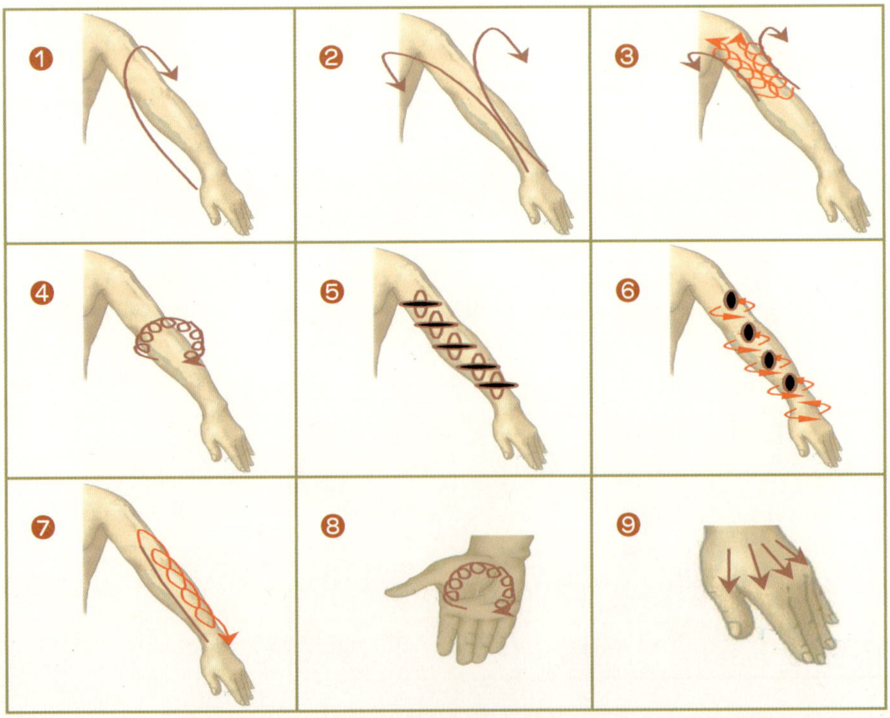

[그림 5-5] 팔 관리

(4) 두경부, 안면 관리(Neck and Face Stone Massage)

① 오일도포

② 목 라인 스쳐 데콜테, 승모근 쓰다듬기×6회

③ 데콜테(① 앞 써클, ② 뒤 써클, ③ 목뒤와 승모근, ④ 목측면)×3회

④ 머리로 올라가서(① 두정부 지압, ② 측부두 지압)×3회

⑤ 작은 돌 바꾼 후 얼굴 측면 따라 올라와 눈썹 쓸어주기(교차)×6회

⑥ 이마(① 중앙 → 관자놀이까지 Stone 그어 올리기 ② 태양혈 지압
③ 한쪽 눈부터 밖에서 안으로 그어주기, ④ 반대편 똑같이)×3회

⑦ 눈가 서클링(양손 같이 안에서 밖으로)×6회

⑧ 턱(① Petrissage, ② 나선형으로 얼굴라인 귀까지)×3회

⑨ 볼 3등분(① 넓은 면 쓸어 올리기, ② 나선형)×3회

⑩ Occiput 지압×3회

⑪ 전체 Eff×3회

⑫ 마무리

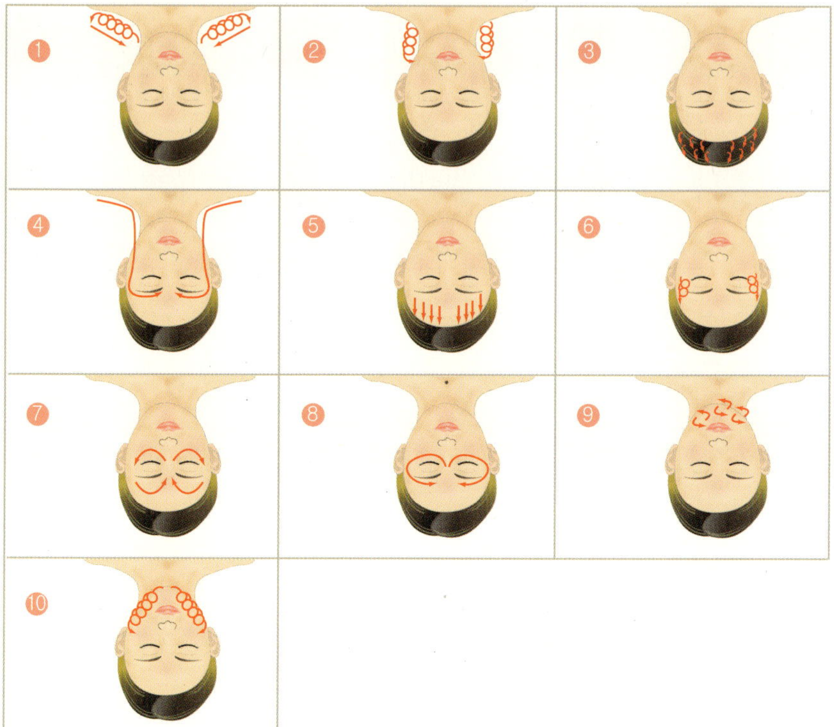

[그림 5-6] 안면 관리

(5) 다리 뒷부분 관리(Back of Leg Stone Massage)

① 오일도포

② Long Stroke(① 안쪽, ② 바깥, ③ 함께)×6회

③ 다리전체 Stroke(쓸어 올라가서 내려올 때 나선형)×6회

④ 아킬레스건 자극(지그재그)×3회

⑤ 하퇴 Drain(① 뒤꿈치에서 오금까지 함께 올라왔다가, ② 엇갈리며 올려주기)×3회

⑥ 전체 Eff×6회

⑦ 발바닥 쓸어내리기×6회

⑧ 발꿈치 돌려주고 발끝까지 나선형×3회

⑨ 발끝에서 대퇴부까지 올라와 Petrissage, Ringing×3회

⑩ 전체 Eff×6회

⑪ 마무리

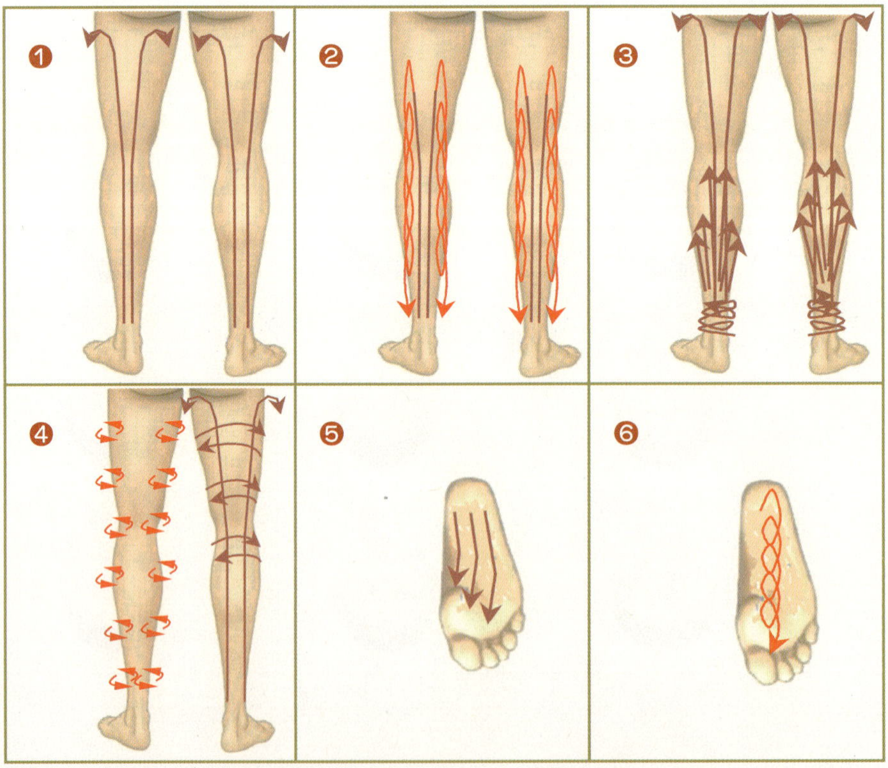

[그림 5-7] 다리 관리(뒷면)

(6) 등 관리(Back Stone Massage)

① 오일도포(큰 써클)

② Stone Eff(천골부터 어깨까지) 3등분×3회

③ Circling(②번과 같은 위치, ④ 기립근은 Stone 세워서 서클링으로 올라갔다 내려 오기) ×3회

④ 천골 Circling×6회

⑤ 기립근 교차로 긁어내리기×6회

⑥ 견갑골(한손으로 받치고) ① 손으로 먼저 Eff, ② 견갑골 둘레 Stone으로 쓰다듬기, ③ 견갑골 둘레 Stone Circling, ④ 손바닥으로 Eff

⑦ 요추관리(기립근에서 양쪽 허리선을 향해 나선형 쓰다듬기 3등분)×3회

⑧ 기립근 Tapping(세워서)

⑨ 기립근 Drainage(교차로)

⑩ 마무리

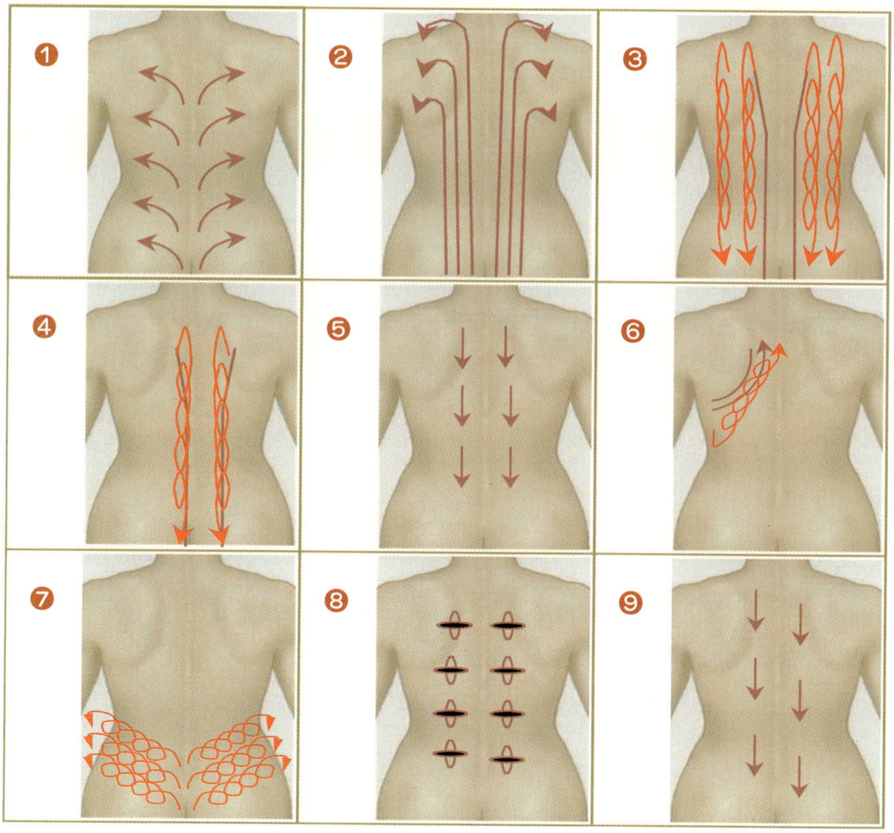

[그림 5-8] 등 관리

3) 애프터 케어와 홈케어 조언

고객이 스톤테라피의 충분한 효과를 경험할 수 있도록 관리 후 홈케어 어드바이스를 명확하게 알려주어야 한다.

고객에게서 받은 적절한 피드백들을 잘 기록하여 고객카드에 기록하여야 앞으로의 재예약에 희망적으로 활용할 수 있다.

① 케어 후 몇 분 동안 미온수를 마시며 휴식하게 한다.
② 고객이 혈압이 떨어지거나 가벼운 현기증을 느끼면 앉을 수 있게 도와준다.
③ 항상 케어시간에 여유를 갖고 고객을 재촉하지 않는다.
④ 운전하기에 집중력이 떨어질 수 있으므로 고객에게 조심하시라 조언한다.
⑤ 귀가 후에도 소변을 묽게 하고 독소배출을 위하여 넉넉한 양의 물을 드시라고 권한다.
⑥ 관리 직후는 소화기가 활성화 되지 않으므로 술과 강한 맛의 음식을 피하라고 조언한다.
⑦ 저녁에는 몸의 기능이 밸런스를 맞추고 회복할 수 있도록 충분한 휴식을 가지시라고 조언한다.
⑧ 인체의 에너지 포인트들이 제 기능을 찾도록 요가나 명상을 하도록 권한다.

4) 증상별 스톤테라피 응용방법

① 수면장애

욕조에 뜨거운 핫 스톤을 깔아놓고 38℃ 정도의 더운물을 반쯤 채운 뒤 라벤더나 주니퍼베리 아로마 에센셜 오일을 5~10방울 넣고 약 15분 정도 반신욕을 한다.

또한 따뜻하게 데운 스톤을 타월에 싸서 이부자리에서 허리 위치에 묻어두면 잠자는 동안 스톤의 에너지를 받아 원기도 회복된다.

② 생리통 완화

로즈나 사이프러스 아로마 에센셜 오일을 블렌딩하여 복부에 발라서 쓰다듬은 후 뜨거운 에너지 스톤을 타월에 싸서(약 50~60℃) 배꼽주변과 아랫배 위에 약 10분간 올려 놓는다.

③ 피로회복

상대방을 편안히 엎드리게 한 후, 양쪽 척추 기립근을 따라 따뜻하게 데운 중간 무게의 스톤을 나란히 올려놓는다. 스톤을 적용하기 전에 클라리 세이지와 레몬그라스 아로마 에센셜 오일을 블렌딩하여 발라주면 지친마음도 활기차게 해준다.

④ 두통

이마와 양 볼, 아래턱 위에 콜드스톤을 10분간 올려 둔 다음 귀 밑부터 목라인을 따라 어깨를 향하여 부드럽게 마사지해 준다. 이 때 캐모마일 로먼이나 페퍼민트 아로마 에센셜 오일 몇 방울을 거즈에 떨어뜨려 흡입하면 효과가 빠르다.

⑤ 복부비만

레몬이나 그레이프프루트 아로마 에센셜 오일을 블렌딩하여 복부에 발라 마사지한 후 따뜻하게 데운 핫 스톤을 시계방향으로 부드럽게 문질러 준다. 여러 번 반복하면 따뜻한 열기로 인해 내장운동이 활발해지고 순환이 촉진되어 노폐물과 지방분해가 잘 이루어진다. 가급적 복식호흡을 유도하면 효과적이다.

⑥ 숙취해소

따뜻하게 데운 에너지 스톤을 배꼽 위 5cm 위치에 올려놓는다. 그 양옆 일직선으로 따뜻한 돌 두 개를 더 올려놓는다.

따뜻한 Toe 스톤을 발가락 사이에 끼워 놓고 귀 주변을 부드럽게 마사지해 주면 숙취해소에 효과가 크다.

메디컬스킨테라피

MEDICAL SKIN THERAPY

chapter 06

1. 메디컬 에스테틱의 이해
2. 미용치료
3. 피부유형별 메디컬 스킨케어
4. 필링
5. 기기를 이용한 메디컬 스킨케어
6. 성형수술 및 관리

1. 메디컬 에스테틱의 이해

1) 정의와 목적

과거의 피부과에서는 피부병변의 치료를 위하여 피부질환을 진단하고 그에 맞는 복용약과 바르는 약을 처방하여 왔다. 그러나 1990년도 후반 레이저기기가 국내에 도입되면서 질환에 의한 피부병변뿐만이 아니라 여드름, 기미, 잡티와 잔주름 등과 같은 에스테틱분야에서 다루던 문제성 피부로 그 영역을 확대하여 레이저와 약물치료를 병행하여 치료하고 있다. 이것을 피부과의사회는 더마톨로직 스킨케어(dermatologic skin care, 피부과학적 피부관리)라 정의하고 있다. 피부과의사회는 홈페이지(http://www.akd.or.kr/)에서 "건강한 피부를 유지하고 더욱더 건강하고 아름다운 피부를 만들기 위해 적극적인 피부관리의 모든 노력을 포함하는 것으로 그 개념이 더욱 확대되게 되어 단순히 환자들만이 받는 것이 아니라 젊음의 유지를 위해 누구나 관심을 갖는 분야로 발전하게 되었다"라고 피부과 영역이 피부질환에서 피부미용으로 확대되었음을 말하고 있다. 이렇듯 의사들의 영역이 확대됨에 따라 의학적 지식을 바탕을 둔 의료적인 약품과 기기를 이용한 피부관리와 화장품과 매뉴얼 테크닉을 이용한 순수한 피부관리와 관련된 스킨케어의 병행이 필요로 하게 되었다. 그 결과, 피부치료 및 피부미용 관리에 대한 효과가 극대화되었고 이것을 메디컬 스킨케어(medical skin care)라 한다.

이러한 의료적인 피부질환의 치료뿐만이 아니라 치료 후의 피부관리와 피부질환을 예방하기 위해 병행하는 피부미용관리를 메디컬 에스테틱(medical aesthetic)이라 할 수 있다. 메디컬 에스테틱은 피부전문의와 피부미용사가 상호 협력하여 의료기기와 전문적인 화장품을 이용하여 피부치료와 피부관리의 효과를 최대한으로 높이는 데 그 목적을 두고 있다.

2) 메디컬 스킨케어가 필요한 경우

메디컬 스킨케어는 여드름으로 인한 흉터, 색소성 피부질환, 안면 홍조와 모세혈관 확장증, 노화로 인한 주름과 표정주름, 피부 쳐짐, 다크서클과 튼살 등과 같은 증상을 해결하는 데 필요로 한다. 이렇듯 메디컬 스킨케어는 일반적인 피부관리로 증상이 완화되지 않거나 오랜 기간이 걸리는 피부문제를 단기간에 해결하는 장점이 있다.

3) 메디컬 스킨케어의 업무

메디컬 스킨케어는 의사, 간호사, 병원 코디네이터와 피부미용사의 역할이 업무에 따라 다르다.

① 의사는 정확한 진단을 하여 피부질환과 미용상의 문제를 구분하여 어떠한 방법으로 치료를 할 것인가를 판단한다. 주사요법, 약물, 레이저 시술 등 방법을 선택하여 시술하고 피부관리 프로그램을 구성한다.

② 간호사는 의사의 시술의 보조 역할자로서 의사의 지시에 의한 주사, 시술 후 드레싱, 위생관리 등의 업무를 한다.

③ 병원 코디네이터는 병원이 의료적인 서비스의 품질 높이기 위한 업무를 담당하는데 병원 마케팅, 고객의 목적에 따른 상담, 피부상태 점검, 의사와 의논한 시술 전반에 대한 설명과 비용상담이 주 업무이다. 병원 코디네이터는 병원의 상황에 맞게 상담실장으로 불리우기도 하며 또는 피부미용사나 조무사가 그 업무를 겸하기도 한다.

④ 피부미용사는 메디컬 시술 전 처치와 시술 후 빠른 회복을 위한 처치, 주의사항 설명, 홈 케어와 피부상태에 알맞은 화장품 처방과 지속적인 피부관리를 위한 조언을 담당한다.

2. 미용치료

1) 약물치료

(1) 여드름 치료제(Medication for Acne)

① 항생제

가. 경구 항생제

ⓐ 테트라싸이클린(Tetracycline)

여드름 치료에 가장 흔하게 처방하는 먹는 항생제로 P.acnes 성장을 억제하고, 염증현상을 감소한다. 광독성이 있으며 철분이나 칼슘이 포함된 약제와는 혼용을 피한다. 임산부나 12세 어린이와 신장 기능에 이상이 있는 사람에게는 사용을 금지한다.

ⓑ 미노싸이클린(Minocycline)

테트라싸이클린의 후속제품으로 효과가 보다 강하다. 복용 후 과색소 반응이 나타나기도 하는 복용을 중단하면 대부분 사라진다. 광과민성을 일으킬 수 있으며 부작용은 테트라싸이클린과 비슷하다.

ⓒ 독시싸이클린(Doxycyline)

테트라싸이클린의 또 다른 변형 제품으로 P.acnes 성장을 억제하고, 염증현상을 감소시키는 효과가 미노싸이클린만큼 효과적이다. 부작용으로는 테트라싸이클린과 비슷하며 광과민성과 12세이하 어린이에게는 영구적인 치아 착색을 일으킨다.

ⓓ 에리스로마이신(Erythromycin)

테트라싸이클린을 사용할 수 없는 경우에 사용되는 대체약제로 약효는 비슷하다. 위장관계 부작용이 흔히 발생하나 임산부나 소아 사용에는 비교적 안전하다.

ⓔ 록시스로마이신(Roxithromycin)

매크로라이드(Macrolide: 방선균이 생산하는 항생 물질)계통의 항생제이며 내성균이 없으며 매우 효과적이다. 간질환과 신부전 환자에게는 주의를 요한다.

나. 국소 항생제

ⓐ 클린다마이신 액(Clindamycin: 1%)

경구용 여드름 치료제인 에리쓰로마이신과 함께 가장 많이 사용되는 국소 항생제이다. 항균, 항염, 효과가 있으며 부작용으로 피부건조현상이 나타난다.

ⓑ 에리스로마이신(Erythromycin: 1% 또는 2%)

여드름 초기단계에 주로 사용하며 부작용이 적다.

② 레티노이드(Retinoic Acid)

천연 비타민A 레티놀을 인공적으로 합성해 낸 레티노이드와 여러 유도체들은 여드름 치료뿐만이 아니라 기미와 노화피부에도 적용하여 광범위하게 사용되고 있다.

▶ 여드름 치료를 위한 레티노이드 유도체 사용

- 레틴 A: 국소용
- 이소트레티노인: 경구용과 국소용
- 아다팔렌: 국소용

가. 경구용 레틴A

ⓐ 이소트레티노인(Isotretinoin)

피지생산을 감소시켜 주고 과각질 현상도 감소시켜 가장 효과가 뚜렷한 여드름 치료제이다. 하지만 심각한 부작용을 동반하기 때문에 주의를 필요로 한다.

부작용은 피부와 점막을 건조하게 만들고 기형아 출산의 위험이 높아 사용에 각별한 주의를 요한다. 반드시 임신 중의 여성은 복용을 절대 금하여야 하며, 수유 중인 여성도 복용을 하면 안되고 임신 가능한 연령대의 여성들에게도 반드시 주의를 해야 한다. 복용 중단 후 최소 1개월이 경과한 후에 임신을 하게 한다. 그 밖의 부작용으로 간기능 변화, 두통, 피로, 무기력, 야맹증, 탈모증상 등이 있다.

나. 국소용 레틴A

ⓐ 레틴A(Tetinoin)

각질 분해작용과 면포융해작용을 하여 여드름 모공의 과각질 현상을 개선시키고 면포형성을 억제시켜 여드름 치료에 효과적으로 사용된다. 또한 P.Acne를 감소시켜 여드름 발생을 감소시킨다. 부작용으로 과도한 필링으로 인한 과민성 피부, 홍반, 부종과 광과민성을 유발한다.

ⓑ 아다팔렌 젤(Adapalen Gel, Differin)

트레티노인와 같은 작용을 하며, 트레티노인보다 피부자극과 건조한 부작용이 적은 치료제이다. 항엽효과와 면포융해작용이 트레티노인 보다 효과가 뛰어나 비염증성 여드름을 포함하여 염증성 여드름까지 확대 적용된다.

ⓒ 이소트레티노인(Isotretinoin)

국소형 이소트레노인은 경구용과 다른 효능을 가지고 있다. 피지분비감소작용은 하지 않고 트레티노인과 유사한 작용을 하는데 피부자극과 같은 부작용은 적게 나타난다.

③ 기타 국소 치료제

가. 벤졸 퍼옥사이드(Benzoyl Peroxide)

여드름 치료에 우수한 항균제로 항염증, 각질융해작용을 한다. 모공 속으로 산소를 방출하여 모공 속의 박테리아를 살균하는 작용을 한다. 피부자극, 건조, 과도한 필링, 발진, 접척성 알러지 피부염과 같은 부작용이 나타날 수 있는데 이것은 낮은 용도로 시작하여 천천히 농도를 높이면서 적용하면 부작용을 줄일 수 있다.

나. 아젤릭 산(Azelatic Acid)

정상피부조직에서 서식하는 곰팡이에 의해 분비되는 천연 물질로 모공과 피부에 서식하는 박테리아의 성장을 억제하는 항균제효과가 있다. 항염증, 항산화작용과 피부색소를 감소시킨다. 가벼운 여드름 병변에 국소 외용제로 사용되고 경구용 항생제나 호르몬 치료와 병행하여 사용된다.

④ 경구 피임제(Oral ontraceptive)

다른 항생제에 대한 효과가 없는 경우에 사용되지만 부작용의 문제로 치료에 적용되는 경우는 별로 없다. 에스트로겐 베이스의 피임약은 여성환자들을 대상으로 적용되며 테스토스테론의 감소와 성선자극 호르몬 분비를 감소시키는 작용을 하여 난소에서 남성호르몬의 작용을 감소시킨다.

〈호르몬제 타입〉

- 에스트로겐 + 프레드니졸론(Estrogen + Prednisolone)
- 에스트로겐 + 씨프로테론 아세테이트(Estrogen + Cyproterone acetate (Diane, Dianette))
- 스피노로락톤(Spironolactone)

가. 에스트로겐 + 프레드니졸론(Estrogen + Prednisolone)

다이안과 이소트레티노인이 사용되기 전까지 밤에 복용하였으나 다이안이 출시되면서 다이안 복용이 편리하기 때문에 그 후 사용을 거의 하지 않는다. 부신 남성 호르몬을 억제해준다.

나. 다이안(Diane), 다이아네뜨(Dianette)

여드름 치료를 위해 우선적으로 처방되지는 않지만 기존의 여드름 치료제에 반응을 보이지 않는 여성에게 사용된다. 그 효과는 테트라싸이클린 1g을 복용하는 것과 유사하다. 다이안이 먼저 개발되었고 서서히 다이아네뜨로 대체되고 있다.

다. 스피노로락톤(Spironolactone)

피임제에 여러 부작용을 가지고 있는 30세 이상의 여성에게 사용된다. 지루엽을 감소시키고 여드름 치료에 효과적이다. 남성에게 적용 시에 유방확대와 성적욕구 손실과 같은 항안드로겐 효과가 있다. 부작용으로 정맥류, 유방 응어리가 나타날 수 있다.

(2) 알러지, 트러블약

① 스테로이드제(Steroid)

스테로이드제는 부신피질호르몬제로 주사, 약, 연고 등 다양한 형태로 사용되고 있으며 강력한 소염작용과 면역 억제작용을 하여 통증과 염증을 약화시켜 준다. 피부과에서는 연고 형태로 많이 사용되고 있으며 피부질환으로 나타나는 반응들을 둔화시켜 주기 때문에 아토피, 여드름, 염증, 건선, 습진, 상처회복 등 여러 가지 피부질환에 탁월한 효과를 나타낸다.

하지만 호르몬제이기 때문에 호르몬과 관련된 심각한 부작용을 동반한다. 스테로이드 전신치료제 부작용은 고혈압, 당뇨, 골다공증, 면역력저하, 위궤양, 쿠싱증후군, 호르몬분비억제 등이 있고 국소용 부작용으로 피부 얇아짐, 피부위축, 실핏줄 확대, 피부홍반, 스테로이드제 내성 등이 나타나므로 사용에 주의하여야 한다.

② 항히스타민제(Antihistamines)

알레르기질환의 원인물질인 히스타민의 길항작용을 하여 알레르기 증상을 완화시켜주므로 피부발진과 가려움증에 사용된다. 그러나 항히스타민은 알레르기라는 지나친 면역반응을 억제하는 것이므로 교감신경계, 부교감신경계, 자율신경계 등에 영향을 미치며 나아가 중추신경계에까지 영향을 미칠 수 있다. 이 때문에 뒤따르는 부작용은 졸음, 구토, 어지러움, 입마름, 안구건조 등의 증상이 있다. 이러한 1세대 항히스타민의 부작용을 보완하여 제2세대 히스타민제를 개발하였으나 심자과 심혈관계 부작용으로 사용하지 않는다. 그 부작용을 줄이기 위해 제3세대 히스타민인 지르텍(Cetrizine), 에바스텔(Ebastin), 알레그라(Fexofenadine) 등이 개발되었는데 식욕증가, 간기능저하의 부작용이 나타나기도 한다. 그리고 고혈압약과 항생제를 같이 복용 시 강한 독성이 생기므로 주의하여야 하고, 자몽주스를 같이 마시면 위험하다고 보고된 바 있다.

(3) 기미피부 치료제(Medication for Melasma)

① 하이드로 퀴논(HQ-Hydroquinone)

멜라닌 생성 억제에 가장 효과가 있는 독성물질로 오랫동안 기미치료제로 사용해 온 물질이다. 멜라닌 형성과정 중 티로시나아제의 활동을 차단하고 멜라닌형성을 억제하는 작용을 한다. 그러나 HQ의 독성작용은 멜라닌 세포에 가장 많이 작용하지만 멜라닌세포에 국한되지 않고 다른 세포에도 영향을 주어 세포의 신진대사 작용에 역행하여 DNA와 RNA합성에 중대한 영향을 주어 부작용을 일으킨다. 대표적인 부작용으로 백반증과 조직 갈변증이 있다.

② 레틴A

레틴A의 각질분해 효과로 인해 빠른 표피세포의 교체로 인하여 색소탈락이 촉진되고 하이드로퀴논의 흡수를 증가시킨다. 홍반과 피부염을 유발시키므로 낮은 농도로 사용해야 한다.

③ 아젤라익 산(Azelaic acid)

티로신이 멜라닌으로 전환되는 것을 억제하는 작용을 한다. 비정상적인 멜라노사이트에 독성작용을 하며 멜라닌 세포의 증식을 억제하는 효능을 갖고 있다.

(4) 호르몬

① 호르몬 테라피

여성의 중요한 호르몬 중에는 에스트로겐과 프로게스테론이 있는데 그 중 여성의 노화에 가장 큰 영향을 주는 호르몬은 에스트로겐이다. 폐경기 이후로 에스트로겐분비가 중단되면서 여성의 피부는 급격히 노화된다. 폐경기 이후 여성들은 피부노화뿐만 아니라 골다공증, 열감, 조울증 등 노화와 관련된 증상들을 겪게 되는데, 이에 대한 치료의 한 방법으로 호르몬 요법을 처방받을 수 있다. 그러나 그에 따른 부작용이 동반할 수 있기 때문에 신중한 선택이 필요하다.

② 에스트로겐

에스트로겐이 피부에 미치는 작용은 표피세포의 유사분열 증가, 피지선의 크기와 활동 감소, 콜라겐합성 촉진, 히아루론산 증가로 아름다운 피부를 유지하는 데 중요한 역할을 한다.

에스트로겐은 다음과 같은 3가지 형태로 인체에 존재한다.

가. 에스트라디올(Estradiol)

전체 에스트로겐 중 10~20%를 차지하며 에스트로겐 호르몬 중 가장 중요한 작용을 하는 호르몬이다. 여성 인체에 400가지 이상의 기능에 관계되며, 폐경기 때 난포가 고갈될 때 사라진다.

나. 에스트라이올(Estriol)

전체 에스트로겐 중 60~80%를 차지하며 인체의 에스트로겐 중에 가장 약한 호르몬이다. 평소에는 거의 감지되지 않을 정도로 소량으로 존재하다가 임신 중에 다량 생산된다. 유방암에 대한 보호효과를 한다고 알려져 있다.

다. 에스트론(Estron)

전체 에스트로겐 중 10~20%를 차지하며 에스트라디올로부터 형성된다. 에스트론은 인체의 지방과 연관되어 있고 몸무게를 유지하도록 도와준다. 에스트론 수치가 높으면 유방암이나 자궁암의 발생과 연관이 있다고 알려져 있다.

③ 프로게스테론(황체호르몬-Progesteron)

프로게스테론은 황체에서 분비되는 여성호르몬으로 에스트로겐과 함께 생리주기 조절, 임신의 준비와 유지를 하는 데 중요한 역할을 한다. 프로게스테론 분비가 원활하지 않고 에스트로겐의 수치가 높아지면 늘어지는 느낌, 수분정체, 헛배부름 증상과 몸무게가 늘어나고, 자궁내막암 발생을 증가시킬 수 있다. 이렇듯 인체는 에스트로겐과 프로게스테론의 균형이 조화를 이루어야 되기 때문에 호르몬 대체요법에서는 둘 다 포함이 되어 있다.

④ 호르몬 약제

가. 에스트로겐 약제

에스트로겐과 관련된 약제로는 임신한 암말에서 추출한 프로마린

(Premarin)과 피부를 통해 에스트라디올을 전달하는 클리마라(Climara), 에스트라세(Estrace)가 있는데 자궁에서의 종양의 크기를 증가시키고, 유방암, 메스꺼움, 구토, 피부의 과색소 유발, 발진 등의 부작용을 초래한다.

이 외에 경구용 에스트라탭(Estratab)과 피부 펫치용 Fempatch등이 있다.

나. 프로게스트론 약제

프로게스틴(Progestin), 노르씬드론(Norethindrone), 프로베라(Provera), 데포 프로베라(Depo Provera)등이 있는데 월경불순, 자궁출혈, 자궁종양 확대, 유방암 유발 등의 부작용이 뒤따를 수 있으니 주의하여야 한다.

2) 화장품 성분

(1) 여드름 화장품 활성성분

알파 하이드록시산(AHA), 살리실산(BHA), 황(Sulfur), 캄퍼(Camphor), 효소(Enzymes), 윗치하젤(With Hazel-Hamamelis), 알로에 베라(Aloe vera), 티트리오일(Tea tree), 아줄렌(Azulene)

(2) 미백 화장품 활성성분

알파 하이드록시산(AHA), 비타민C(Ascorbic acid)와 유도체, 아젤라익 산(Azelaic acid), 코직산(Kojic acid), 알부틴(Arbutin), 상백피추출물(Mulberry extract), 감초(Licorice), 알부틴(Albutin), 멜라토닌(Melatonin), 자외선차단제

- 비타민C 유도체-비타민C 팔미테이트(Ascorbyl-palmitate), 비타민C 디팔미테이트(Ascorbyl-dipalmitate), 비타민C 스테아레이트(Ascorbyl stearate), 비타민C 마그네슘 포수페이트(Ascorbyl magnesium phosphate)

(3) 예민피부 화장품 활성성분

윗치하젤, 후스 체스넛 추출물(Horse chestnut extract), 아줄렌, 비사보올(Bisabol), 알로에, 메리골드(Marigold), 루틴(Rutin), 비타민P(Bioflavonoid), 비타민K, 알란토인(Allantoin)

(4) 노화피부 및 항산화 성분

비타민E, 베타 카로틴(Beta-carotene), 비타민C, 코엔자임(Coenzyme) Q10, 세라마이드(Ceramides), 알파리포산(Lipoic acid), 글루타치온(Glutathione), 차 추출물, 멜라토인, 셀레늄(Selenium), 레티노이드

3) 의학적 미용성형 시술요법

최근의 병원에서는 팔자주름, 코성형, 피부쳐짐, 표정주름, 흉터, 사각턱 축소와 얼굴윤곽보정 등 미용성형을 위해서 오랜 회복기간을 필요로 하는 성형수술방법 외에 간단한 주사요법을 통하여 이러한 문제들을 해결한다. 필러, 보톡스, 실을 이용한 리프팅, 기기 등을 이용하는데 이러한 방법들은 시술방법이 간편하고 회복기간이 빠르므로 바로 일상생활이 가능한 장점을 가지고 있다.

(1) 필러(Filler)

필러는 체운다는 뜻으로 피부나 피하지방에 물질을 주입하는 시술법으로 연부조직증강술(Soft tissue augmentation)이라고도 한다.

노화나 표정에 의해 생긴 주름이나 페인곳에 물질을 체워주는데 이마위쪽 표정주름은 보톡스와 같이 시술하는 것이 효과적이다. 그리고 코끝을 높이거나 입술을 도톰하게 하기 위해 사용되고 꺼진 볼이나 팔자주름 개선에도 시술된다.

필러는 피부조직에 다른 이물질이 들어가는 것이기 때문에 신체조직과 화학적 반응이 일어나지 않아야 하므로 안전성이 최우선 되어야 하고, 그 효과도 오래 지속되어야 한다. 이러한 이유로 부작용을 최소화하고 오랜 지속효과를 얻기 위해 여러 가지 필러들이 개발되고 있다.

① 자가이식(Autografts)

가. 자가지방이식(Autologous Fat)

자신의 엉덩이나 허벅지 등에서 지방을 체취하여 안면의 주름이나 필요한 부분에 주입하는 것이다. 이물질이 아닌 자신의 지방을 주입하는 것이므로 부

작용이나 알레르기 반응으로부터 안전, 간편성, 흉터가 거의 남지 않는 장점을 가지고 있다. 단 다른 필러들보다 인체에 더 빨리 흡수되기 때문에 지속기간이 짧은 단점이 있다.

나. 자가콜라겐(Autologous Collagen)

자가 콜라겐은 지방 흡입한 후 추출된 조직을 콜라겐이 풍부한 점액성이 낮은 주사액으로 가공한 것이다. 자가 콜라겐은 조직 거부나 알레르기 위험은 없지만 다른 필러들보다 사용이 번거로워 대중화하는 것은 실패하였다.

다. 오토로겐(Autologen)

오토로겐은 치료받는 환자로부터 수술 시 직접 제거된 피부표본으로부터 얻어지는 자가이식 콜라겐으로, 원래 상태의 콜라겐 섬유질을 멸균시켜 현탁액의 수용액으로 보존하는 방법이다. 오토로겐의 장점은 과민반응이 없기 때문에 피부검사가 불필요하다는 점과 최소 18개월 이상 교정효과가 있다는 것이다. 그러나 제조공정과 저장 과정의 비용이 높고 획득, 제조, 운송 등이 느리다는 단점이 있다.

라. 플라스마겔(Plasmagel)

자가 혈액에서 이식된 확대용 물질로 비타민C와 리도케인이 혈장액에 첨가되어 있다. 주름살, 윤곽교정, 여드름 흉터와 입술확대를 위해 젤 형태로 주사된다.

② 콜라겐

콜라겐 필러는 주로 송아지 피부에서 추출한 콜라겐을 사용하고 있으며 부작용이 거의 없으나 알러지 테스트가 필요하다. 콜라겐 필러는 1979년 미국에서 Zyderm Ⅰ, Ⅱ를 개발하여 FDA승인을 받은 이후 안전성과 지속성을 위해 계속 개발되고 있다.

현재 많이 사용하고 있는 아테콜(Artecoll)은 지속시간을 연장하기 위해 콜라겐 용액 내에 PMMA(Polymethylmethacrylate microspheres)라는 불용성 물질을 함유시켰는데, 이는 인체 내 섬유모세포가 콜라겐을 증식시키는 작용을 하게 하여 지속시간을 획기적으로 연장시켰다.

③ 히아루론산 유도체

히아루론산은 동물의 진피에서 천연적으로 발견되는 다당류이나, 최근에 사용되고 있는 히아루론산은 박테리아의 발효과정에서 추출된 것으로 제조되고 있다. 히아루론산은 콜라겐보다 더 빨리 인체에 흡수되기 때문에 대부분 가교화(Cross linking)처리가 되어야 어느 정도 지속기간을 유지할 수 있다.

가. 레스틸렌(Restylane)

최근 가장 많이 사용되고 있는 히아루론산 필러로 박테리아의 발효과정을 통해 만들어졌다. 스웨덴 Q-Med사가 개발하여 세계적으로 널리 사용하고 있는 제품이나 FDA의 승인은 받지 못했다. 레스틸렌은 영구적이지 않고 인체에서 서서히 흡수, 분해되지만 물 분자와 결합하는 능력이 높아 다른 필러보다 2~3배 더 장기간의 효과를 볼 수 있다.

나. 메트리덱스

독일 Biopolymer사에서 개발한 필러제품으로 히아루론산뿐만 아니라 덱스트라노미어(dextranomere)를 혼합한 제품이다. 덱스트라노미어는 피부에서 콜라겐 생성을 촉진하는 효과가 있어 필러의 효과를 장시간 유지할 수 있다.

④ 합성물질

가. 폴리아크릴아마이드(Polyacrylamide: PAAG)

폴리아크릴아마이드와 물이 주성분이고 고분자 교차결합 구조의 중합체로 인체에 흡수되지 않아 반영구적인 제품으로 알려져 있다. 덴마크에서 개발한 아쿠아미드와 우즈베키스탄에서 개발한 인터폴이라는 두 제품이 있는데, 두 제품 다 FDA에서는 승인받지 못했지만 국내에서는 식약청의 허가를 받아 사용되고 있다.

나. 고어텍스

고어텍스는 다른 필러들과 달리 주사로 주입하는 것이 아니라 절개를 하는 수술적 기법으로 사용되는데, 다른 필러들이 해결해주지 못하는 깊은 상처나 코를 높이는 데 사용된다. 영구적으로 효과를 지속시키지만 감염, 혈종, 이물감, 통증 등의 부작용이 발생될 수 있다.

다. 실리콘

과거 성형수술의 재료로 액체실리콘인 디메칠실록세인(Dimethylsiloxanes)을 많이 사용되었다. 하지만 실리콘의 오랜 성형역사는 미용적으로는 만족한 결과를 주었지만 심각한 부작용으로 인하여 사용되지 않고 있다. 그 부작용은 많은 의료분쟁을 불러일으키고 있고 시술 후 11년까지도 실리콘 육아종이 발생할 수 있다고 보고되고 있다.

라. 래디어스(Radiesse)

칼슘복합체로서 래디어스는 우리 인체의 성분과 동일한 칼슘 미네랄 성분으로 25년 전부터 정형외과, 치과, 이비인후과, 비뇨기과 등에서 전혀 부작용 없이 안전하게 사용되어 왔던 물질이다. 칼슘, 인산이온과 겔 캐리어로 구성되어 있는 제품으로 시술 후 3개월이 지나면 겔 캐리어가 천천히 용해되면서 콜라겐을 만드는 섬유아세포가 나타나며 칼슘과 인산이온이 골격역할을 하여 그 효과가 18~24개월 지속된다.

(2) 보톡스(Botulinium Toxin)

주름살은 동적인 주름과 정적인 주름으로 크게 나누어 볼 수 있는데, 근육의 움직임에 의해 생기는 미간주름, 눈꼬리주름, 이마주름은 대부분 안면부위 1/3 위쪽에서 발생되고 이것을 보톡스 주사에 의해 매우 성공적으로 해결할 수 있다.

보톡스는 상한 통조림에서 발견되는 클로스트리디움 보톨리늄(Clostridium botulinum)이 생산하는 신경독소로 근육에 주사를 하면 신경전달부분에서 방출되는 아세티콜린(Acrtylcholine)의 분비를 억제함으로써 근육을 마비시킨다. 이러한 근육마비가 표정에 의해 생긴 주름을 일시적으로 없애주는 효과를 주고 이 효과는 사람마다 다르지만 6개월 가량 지속된다. 이는 근육을 마비시키는 것이므로 근육의 해부학적 지식을 정확히 알고 주사하여야 하며, 근육이 발달한 사각턱 축소와 종아리 근육 축소에도 시술되고 있다.

문제가 되는 부작용으로는 이론적으로 오랜 기간 반복적으로 주입할 경우 인체에 항체가 생겨 더 이상 효과가 없어질 수 있다고 하지만 큰 문제는 되지 않는다. 다른 주요한 부작용은 알려진 바 없으며 일시적으로 주사통증, 무표정, 부종, 홍반 등을 동반할 수 있다.

(3) 실을 이용한 리프팅(안면거상술: APTOS(Anti-ptosis))

안면의 주름은 노화에 의해 탄력을 잃고 전체적으로 피부쳐짐과 이중턱 등과 같은 문제는 필러나 보톡스로 해결되지 않는다. 이것을 해결하는 방법으로 절개하는 수술이 아닌 특수실이나 기구 등을 피부에 넣어 당겨주는 방법인 안면거상술이 있는데 이것은 다음날 세안이 가능할 정도로 간편하여 널리 시술되고 있다. 사용되는 실의 종류에 따라 가시가 있는 돌기실을 이용한 페더리프트(Feather lift), 금실을 이용한 골드리프트(Gold lift), 녹는 실을 이용한 세르데브리프트(Serdev lift)가 있다. 시술은 10~40분 정도 걸리는데 약간의 멍이 드는 것을 제외하고는 흉터가 남지 않아 바로 일상생활에 복귀가 가능할 정도이고 시술범위는 팔자주름, 늘어진 볼살, 목주름, 안면주름, 무턱교정 등 안면주름 개선은 물론이고 처진 엉덩이를 올려주는 체형 윤곽 개선에도 효과가 있다.

(4) 그 외의 주사 요법

① 메조테라피(Mesothersoy)

메조테라피는 1952년 피스톨(Pistor)이라는 의사가 처음 시작한 치료방법으로 기존의 주사와 같은 방법이나 목표하는 치료부위에 직접 주사하여 적은 양의 약물로 효과를 극대화 할 수 있고, 약물에 대한 전신적인 부작용을 최소화 할 수 있다. 최근에는 비만 부위에 직접 약물을 메조건(Meso gun)을 이용하여 주사하는 방법으로 셀룰라이트 치료와 체형관리를 위한 미용목적으로 사용한다. 메조테라피에 사용하는 약물은 매우 다양하며 미세 혈류 순환을 촉진하는 약물(Buflomedil, Pentoxifylline, Calcitonine, Procain 등), 지방분해를 촉진하는 약물(Caffein, Pentoxifylline, Calcitonine 등), 부종을 개선하는 약물(Caffein, Dicyanone 등), 결합조직의 이상을 개선하는 약물(Vitamin C, Thiomucase 등)을 사용하며 3~4가지 혼합하여 사용하는 경우가 많다.

② 메조리프팅과 메조보톡스

메조테라피는 주름치료에 매우 효과적이며 진피층에 피부탄력을 증가시키는 약물(Growth Factor, 비타민C, 각종 미네랄 등)을 주입하는 메조리프팅과 보톡스 희석물질을 피부층에 주사하는 메조보톡스로 응용하여 시술하고 있다. 메조리프팅은 진피층에 직접 주입하기 때문에 기존의 방법보다 흡수율이 높고, 메조보톡스는 소량의 보톡스를 희석하여 사용하여 부작용이 적은 장점을 가지고 있다.

③ 마이크로니들링(Microneedling)

메조롤러나 메조스탬프를 이용하여 피부에 진피층까지 미세한 니들통로를 만들어서 직접 약물이나 화장품 유효성분을 침투시키는 방법이다. 이 방법은 약물이나 유효성분의 피부흡수율이 높을 뿐만이 아니라 진피층에 자극이 되어 세포는 자연치유작용을 일으키게 되어 콜라겐 생성을 유도하여 주름 개선, 색소침착 완화 및 탄력 형성 등 항노화 작용을 하는 결과를 가져오게 된다.

부작용으로는 부종과 따끔거리는 현상인데 이것은 1~3일 정도 지나면 없어지게 된다. 시술 후 진정팩을 해주면 효과적이고 시술 후 며칠 동안은 필링, 사우나와 마사지는 피한다. 피부 감염 환자, 켈로이드 체질, 당뇨, 심한 여드름, 출혈성 질환이 있는 자는 시술을 피한다.

3. 피부유형별 메디컬 스킨케어

1) 여드름 피부 관리

여드름은 피지선이 모공 밖으로 분비되지 못하여 생기는 피부질환으로 메디컬 스킨케어를 하기 가장 적합한 피부 트러블이다. 의료적으로 연고 외용제와 약제들을 통하여 효과적으로 치료할 수 있으나, 그 부작용과 지속적으로 발생되는 문제를 가지고 있기 때문에 의료적 치료와 꾸준한 스킨케어가 병행되어야 한다.

(1) 여드름 발생 원인

여드름의 발생 원인으로 과잉된 피지분비, 과각질화, 박테리아 등의 원인을 들 수 있지만, 여드름 의학 용어인 Retention hyperkeratosis의 의미처럼 모공 속 각질 비후가 직접적인 원인이 된다. 여드름 발생 기전을 보면 Testosteron이 피지선 가까이 이동되면서 감각성 효소인 a-reductase에 의하여 수소분자와 결합하여 dihydrotestosteron으로 변환된 후 피지선을 자극하여 피지분비가 촉진된다. 이때 과잉 분비된 피지가 모공 밖으로 나가면 여드름이 발생되지 않으나 유전적인 원인에 의하여 각질분해 효소작용을 하는 Odland Body의 부족으로 모공 속 각질 비후현상이 발생되면 여드름이 생성된다. Odland Body는 유극층에서 생성되는 조직판 미립자로서 각질층에서 세포간지질과 같이 접착제역할을 하고 각질층 외층에서는 단백질 분해효소작용을 하여 각질세포 간의 데스모좀을 끊어서 각질 탈락을 시키는 역할을 한다.

(2) 여드름 발생과정과 종류

- Micro comedo: 각질, 피지, 박테리아로 이루어짐.
- Mature comedo: Micro comedo가 90일 정도 경과되어 성숙된 여드름.

① 비화농성 여드름

- White comedo: 입구가 닫힌 여드름
- Black comedo: 입구가 열리고 피지가 산화된 여드름

② 화농성 여드름

- Papule : 염증진행단계이며 주변이 붉어 부었으며 입구가 보이지 않는 여드름. 백혈구가 박테리아의 면역작용을 하고 있음. 가렵고 열이 남.
- Pustule : Papule의 염증이 진정되어 낭포벽이 회복된 상태. 입구에 농이 보임.
- Nodule : Papule이 자극이나 악화요인에 의해 낭포주변이 더 딱딱해지고 낭포벽 밑쪽으로 염증이 진행된 상태. 딱딱한 결절이 느껴지고 누르면 통증을 느낌.
- Cyst : 흉터가 가장 크게 생기는 여드름으로 여드름 낭포벽 옆과 밑으로 파열이 생긴 여드름. 여드름 주변의 피부색이 어둡게 착색이 되고 피부느낌이 말랑거림.

(3) 여드름 악화 요인

① 내적요인: 호르몬 증가와 관련이 있으며 스트레스, 계절, 음식, 약, 생리, 임신, 피임약 등이다.

② 외적요인: 낭포벽 파열과 복구력과 관계 있음. 자외선, 덥고 습도가 높은 기후, 산업용 기름, 압력과 마찰, 잘못된 여드름 짜기, Comedogenic 화장품 등이다.

(4) 여드름 등급별 치료방법

여드름의 크게 1~4등급으로 나뉠 수 있는데, 1~2등급은 비화농성 여드름이, 3~4등급은 화농성 여드름이 주로 발생되어 있는 상태이다.

① 1등급은 White comedo와 Black comedo 중 면포입구가 개방되어 있는 Black comedo가 주로 있는 상태로 대부분 화농성으로 발전되지 않는다.

② 2등급은 White comedo와 Black comedo 중 면포입구가 폐쇄되어 있는 White comedo가 주로 있는 상태이다. 면포입구가 폐쇄되어 있기 때문에

자극을 주거나 잘못 관리를 하면 모공 내에 염증이 발생되어 화농성 여드름으로 발전될 수 있는 가능성이 있다.

③ 3등급은 White comedo, Black comedo 뿐만이 아니라 염증이 발생되어 화농성 여드름인 Papule, Nodule가 같이 분포되어 있는 상태이다. 관리는 압출, 피지제거, 각질제거, 박테리라 억제와 진정관리를 병행하여야 한다.

④ 4등급은 3등급에서 진행이 더 되어 진피층까지 손상이 된 Cyst가 있는 상태이다. 관리는 3등급과 같이 하면 되지만 진피층까지 손상되었기 때문에 흉터가 남을 수 있어 고객에게 충분한 설명을 하면서 관리를 진행하여야 한다.

(5) 여드름 치료 활성 성분

① 진정(항염증 효과)

가. 알로에 베라(Aloe vera)

알로에 잎에서 추출한 젤 형태로 사용되며 상처치유, 수분공급, 염증완화 작용을 하기 때문에 거의 모든 피부타입에 사용된다. 특히 지성피부와 여드름 피부에 많이 사용되는데, 지성피부의 수분공급과 여드름으로 인한 염증의 진정작용을 하고 상처치유 효과가 있기 때문이다.

나. 저먼 캐모마일(German Chamomile)

약용식물의 대표적이며 캐모마일 차로도 유명하다. 강력한 항염작용과 항알레르기 효능이 있어 진정작용과 염증 치유에 효과적으로 사용된다.

다. 아줄렌(Azulene)

캐모마일 꽃에서 얻어지며 짙은 청색을 띄고 있다. 항염작용, 소염작용, 상처치유 작용이 뛰어나 피부 트러블을 가라앉히고 피부조직이 새롭게 생성되도록 도와주기 때문에 여드름 피부뿐만이 아니라 예민피부, 건성피부에 적합하고 필링 후나 손상된 피부에 사용하면 효과적이다.

라. 글리시네이트 산(Glycyrrhetic acid)

감초뿌리에서 추출된 글리시네이트 산은 강력한 항염효과를 가지고 있어 오랫동안 약초로 사용되어 왔다. 감초는 항염작용과 더불어 진통효과와 상처

치유 효과가 있다. 약용으로 구강궤양, 위염, 위산과다, 기침감기, 관절염에 복용되어 왔으며 피부에는 여러 피부질환과 염증을 진정시키는 효과가 있다.

마. 라벤더(Lavender)

피부관리에 보편적으로 사용는 라벤더는 Lavendula officinalis 라는 학명을 가진 식물에서 추출된다. 진정 효과가 뛰어나 소염작용, 항박테리아 작용을 하므로 민감성 피부에 효과적으로 사용되고 피부질환에 폭넓게 사용된다. 또 라벤더 에센셜 오일은 불면증, 스트레스, 긴장완화 등의 신경 안정 효과도 있다.

바. 로즈마리(Rosemary)

로즈마리는 혈액순환 촉진, 수렴작용, 항염작용, 항산화 작용의 효과가 있다. 특히 피부의 진통 작용과 수렴작용이 뛰어나 염증성 피부에 효과적으로 사용된다.

② 피지 조절 및 혈관 강화

가. 흡착제(Mud)

흡착제인 Mud는 피지와 땀을 흡수시키는 능력이 뛰어나며 그 종류는 China clay인 카올린(Kaolin), 북미지역에서 생산되는 White clay인 Bentonite와 이스라엘 사해에서 추출되는 Black clay인 Mooy Mud가 있다.

나. 감귤계(Citrus fruit) 아로마 오일

감귤계 아로마 오일인 Orange, Lemon, Lemon grass, Grapefruit는 산성의 특성을 가지고 있어 각질을 제거하여 피지 분비를 조절한다. 항산화 작용, 방부효과, 항박테리아 작용을 하며 플라보노이드 성분을 다량 함유하고 있어서 혈관의 내벽을 강화시켜 주는 작용을 하여 염증, 민감, 혈관이 확장된 피부에 효과적이다. 또한 비타민 C가 많이 함유되어 면역계향상과 감염을 예방하는 역할도 한다.

다. 위치하젤(Witch hazel - Hamamelis virginiana)

위치하젤은 많은 양의 탄닌을 함유하고 있어 수렴효과가 뛰어난다. 항염증작용과 혈관 섬유막의 탄력을 회복시켜 혈관 강화 작용을 하므로 염증성 여드름 피부와 예민피부에 효과적으로 사용할 수 있다.

라. 비타민B 콤플렉스

비타민B1(Thiamine), 비타민B2(Riboflavin), 비타민B3(Niacin-nicotinic acid, Niacinamide), 비오틴(Biotin), 이노시톨(Inositol), 비타민B5(Pantothenic acid), 비타민B12(Cyanocobalamin)는 황산화 작용, 적혈구 형성, 혈액순환, 진정효능 등의 작용을 하여 건강한 피부와 모발성장과 유지에 중요한 역할을 한다.

③ 각질제거

각질제거제에 관해서는 다음 장인 'Ⅳ 필링'에서 자세히 서술하고 있다.

가. 단백질 분해효소(keratolytic enzyme)

단백질 분해효소 중에 파파인(Papain)이 가장 효과적이며 pH5일 때 단백질 분해효과가 가장 뛰어나다.

나. AHA

AHA 중에 글리콜리산이 가장 침투력이 강하다.

다. BHA

AHA와 다르게 지용성인 특성을 가지고 있어 여드름 치료에 효과적으로 사용되고 항염증 효과도 있다.

라. 레티놀(Retinol)

비타민A인 레티놀은 각질분해효과와 염증완화 작용을 하여 여드름 치료에 효과적으로 사용되고 있으며, 앞 장의 'Ⅱ 미용치료'에서 자세히 서술되어 있다.

④ 박테리아 성장억제 효과

가. 황(Sulfur)

황은 박테리아 성장억제 효과와 각질제거 효과를 동시에 가지고 있어 여드름 피부에 많이 사용된다. 황은 피부에 천연적으로 함유되어 있는 물질로서 혈액에 살균효과를 주고 인체가 박테리아로부터 저항하도록 도와주며 원형질을 보호하는 작용을 한다.

나. BHA

'2. 미용치료', '4. 필링'을 참조한다.

다. 트리클로산(Triclosan)

트리클로산은 항균작용이 강하여 여드름 화장품 성분으로 많이 사용된다. 트리클로산은 미생물의 세포막 안으로 침투하여 세포질막(cytoplasmic membrane), RNA, 단백질과 지방의 합성을 방해함으로써 살균효과를 나타낸다.

라. 티트리(Tea tree)

티트리는 예부터 천연 방부제로 알려져 있는 에센셜 오일이다. 방부, 항균, 항진, 항바이러스, 면역작용 촉진 등의 효과가 있어 감염과 관련된 광범위한 피부질환에 매우 효과적이다. 여드름 피부에서는 여드름균 살균효과가 있어 효과적으로 사용된다.

(6) 여드름 관리

① 10~20대

호르몬 변화로 인한 사춘기 여드름이다. 블랙헤드, 화이트헤드, 염증성 치료가 목적이며 피지를 감소시키는 관리를 해야 한다.

가. 약산성 젤 베이스 세안제 사용을 하여야 한다.

나. 각질제거제를 이용한 딥클린징 관리를 주2회 한다.

다. 유분이 많은 화장품은 피하고 여드름 전용 제품을 사용한다.

라. 손으로 만지거나 여드름을 터트리지 않게 주의하고 정기적으로 여드름 압출 관리를 받는다.

마. 자외선차단제를 사용하고 과도한 자외선 노출을 삼가한다.

바. 스트레스를 피하고 적당한 수면을 취한다.

② 30~40대

노화가 진행되는 나이로 10~20대 여드름과는 다르게 피지 분비보다는 각질이 모공을 막고 있어 여드름이 발생하는 것이 원인이 된다. 각질제거와 동시에 수분과 유분 공급을 하여야 한다.

가. 스트레스와 생활 습관이 원인인 경우가 많으니 심리적인 안정을 취

해야 한다.

나. 건성으로 진행되는 피부이기 때문에 에센스와 영양크림을 사용하여야 한다.

다. 피부재생이 10~20대와는 다르게 느리게 되므로 각질 제거 시 시간과 농도를 조절하여야 한다.

③ 여드름과 예민 및 아토피성 피부

예민 증세와 아토피 증세를 동반하는 여드름 피부는 스테로이드 연고제를 장기간 사용한 것이 원인이 된다. 피부에 자극이 되는 여드름용 제품 사용을 자제하면서 수분공급과 영양공급, 진정관리를 우선하여 피부를 건조하지 않게 하여 정상화시키는 것이 우선되어야 한다.

가. 민감피부용 세안제를 사용한다.

나. 항염작용과 진정 효과가 있는 아줄렌이나 알로에 성분의 토너와 에센스를 사용한다.

다. 각질제거제는 알로에나 세럼 등에 희석하여 여드름 부위에만 사용한다.

라. 온습포나 스티머를 사용하지 않는다.

마. 친수성 자외선 차단제와 메이크업 제품을 사용하여 클린징을 자극적이지 않게 한다.

2) 과색소 피부 관리

(1) 과색소(Hyper Pigmentation) 종류

① 기미

기미는 주로 가임기 여성에게 나타나는 색소침착 이상을 말하며, 발생 원인으로 자외선 노출과 여성호르몬이 관련되어 있다고 알려져 있다. 장기의 이상, 영양결핍, 스트레스와 경구피임약이 원인이 되어 발생하기도 한다. 특히 장기의 간과 연관이 깊어 "간반"이라는 이름으로 불리기도 한다. 형태의 특징은 주근깨와는 달리 얼굴의 좌우대칭으로 나타나며 얼룩지듯이 색소침착이 된다. 표피형 기미와 진피형 기미로 나누어 볼 수 있는데, 진피형 기미는 필링 후 더 진하게 올라올 수 있다.

② 오타씨 모반

일본의 Ota라는 의사에 의해 발견되었으며 대부분 선천적으로 나타나는 색소성 이상 증상이다. 갈색, 청색, 붉은색의 큰 반점이 주로 안면삼차 신경 부위, 이마, 코, 결막, 관자놀이 주의에 나타나며 색소 정도가 약하면 기미와 구별하기 힘든 경우도 있다. 진피형 색소 침착이므로 과거에는 치료가 힘들었지만 최근에는 레이저로 치료 가능하다.

③ 주근깨(Freckle)

작란반이라고 불리며 기미와는 달리 소아기부터 나타나는 색소성 질환이다. 발생원인은 유전적인 원인과 자외선에 의해 발생된다. 피부색이 희고 쉽게 일광화상의 피해를 입는 피부에 많이 나타난다. 주근깨 발생 부위의 멜라닌 수는 정상피부와 크게 차이는 없으나 자외선 노출 후 정상부위보다 멜라닌이 더 빨리 형성된다.

④ 검버섯

지루각화증이라고도 하며 노인성 반점과 같이 구별하기 힘드나 노화로 인해 반점이 생기는 노인성 반점과 달리 피지분비가 많은 부위에 각질층이 비정상적으로 두꺼워지면서 색소침착이 일어나는 것이다. 30세 이후에 노화현상으로 나타나며 여성보다 남성에게 더 많이 발생된다.

⑤ 리일 흑피증(Riehl's Melanomas)

주로 화장품에 의해서 발생되는 색소침착 현상이며 편평태성 증상이 동반되기도 한다. 향이 강한 비누, 크림 류, 파우더 사용 후에 나타나며 화장품에 함유된 광감각제로 인한 광과민성 질환으로 추정된다.

⑥ 벨록 피부염(Berlock Dermatitis)

향수 속의 버가못 오일(Bergamot Oil)이 주 원인이며 자외선 노출 시 광알러지를 유발하여 나타난다. 주로 목부터 가슴부위까지 테두리 형태로 나타난다.

(2) 과색소 현상의 악화 요인

과색소 현상의 원인은 자외선, 화장품, 연고제, 필링의 외적인자와 호르몬 변화, 스트레스, 내적 건강문제 등 내적인자로 구별할 수 있다.

① 외적인자

가. 자외선

자외선은 색소침착의 원인인 피부의 멜라닌을 생성시키는 가장 큰 요인이며 광노화의 주범으로 파장에 따라 UVA, UVB, UVC로 나뉘다.

UVA는 320~400nm의 파장대로 자외선 중에 장파장으로 구별되며 피부의 진피층 깊은 곳까지 영향으로 미친다. 진피층의 콜라겐 비율감소와 주름발생 등 광노화의 주범이다. 즉각 색소침착을 일으키며 광알러지를 유발하며, UVB와 달리 날씨와 계절에 상관없이 조사량이 일정하게 존재한다.

UVB는 290~320nm의 중파장으로 지연색소 침착과 홍반의 주범이다. UVB에 장기간 노출되면 외피가 얇아지고 과각질화, 건성화, 모세혈관 확장증과 조기 피부노화를 유발한다.

UVC는 200~290nm의 단파장으로 DNA변화를 초래하여 피부암을 유발하는 위험한 파장의 빛이지만 대기권에서 거의 흡수되고 인체에는 거의 영향을 미치지 않고 있다. 하지만 최근의 환경 오염에 의하여 대기권의 오존층의 파괴로 인하여 피부암 발생률이 놀아져 관심의 대상이 되고 있다.

자외선 노출 시 평소보다 더 많은 햇빛에 노출되는 봄과 여름, 바캉스, 등산, 스키장, 열대지방으로 여행 할 경우, 필링 후, 땀을 많이 흘렸을 때, 생리 전 기간, 임신 중, 연고제 사용 후에 특히 더 많이 주의하여야 한다. 시간대는 오전 11시~오후 2시 사이가 자외선 양이 가장 많을 시간이다.

나. 화장품

감광성 유발인자를 함유한 제품을 사용하거나 알러지 유발 화장품을 사용 후 홍반이 생기 후 색소침착 현상이 일어날 수 있다.

화장품에 사용되는 향에 의해 발생되는 리일 흑피증이나 버록 흑피증이 대표적인 현상이며, 특별한 경계가 없이 홍반현상이 사라지면서 광알러지 또는 광과민성 증상과 함께 색소참착이 생긴다. 원인 화장품의 사용으로 인하여 즉시 발생하기도 하지만 처음 몇 년간은 증상이 없다가 장기 사용 시 발생하기도 한다.

원인 물질로는 화장품의 향 성분과 색조 화장품의 붉은 색조, 아이 세도우의 강한 색조, Zinc Oxide가 다량 들어있는 파우더, Calamine lotion을 넓은 부위에 장기간 사용 했을 경우와 필링 제품 사용에 의해 발생된다.

다. 연고제

스테로이드제 연고의 장기 사용은 예민성 유발과 색소침착의 원인이 된다. 또한 과색소 처방 약품인 Bleaching 제품 사용 후에는 부분적으로 백반증이 나타나고 기미색소 뭉친 현상이 발생되어 피부가 얼룩이 지는 현상이 생긴다.

라. 깊은 필링이나 성형수술 후

깊은 필링이나 성형수술 후 관리를 소홀하게 하면 과색소 침착 현상이 생길 수 있으며 진피형 기미는 더 색이 진해질 수 있다.

② 내적인자

가. 호르몬 변화

임신기간, 경구 피임약 복용, 자궁 수술, 갑상선 기능 항진증, 생리 전, 심한 스트레스로 인하여 호르몬 변화가 생기면 기미와 같은 색소침착 현상이 생긴다. 얼굴의 좌우대칭으로 색소침착이 생기는 특징이 있고 콧등을 걸쳐 광대뼈 부위에 주로 발생되고 앞이마, 윗입술, 턱 부위에도 발생되는 경우가 있다. 많은 자녀 출산, 유산의 반복, 낙태, 입덧이 심할 경우, 산후 조리 부실로 인하여 발생 가능성이 높아진다. 여성 호르몬인 프로게스테론과 에스테론의 증가와 멜라닌 자극호르몬의 증가가 주요발생 원인이다.

나. 피임약(Birth control pills)

피임약 복용 중에는 임신한 상태와 같은 호르몬 변화가 일어나므로 기미와 임신성 기미와 같은 형태의 과색소 침착이 일어난다. 주로 윗입술 주변에 나타나는 특징이 있다.

다. 자궁수술 후

자궁적출 수술과 난소적출 수술을 받으면 과색소현상이 나타난다. 자궁과 난소는 여성호르몬과 깊은 연관성이 있으므로 기미가 나타나는데 주로 이마, 눈 주위에 나타나는 특징이 있다. 호르몬의 급격한 변화로 인한 문제이므로 관리가 어렵다.

라. 갑상선 기능 항진

갑상선 항진증은 신진대사가 비정상적으로 증가하고 피지분비가 많아지고 각질탈락주기가 빨라지는 특징이 있다. 피부의 변화로는 예민해지고 여드름이 발생되며 기미가 생긴다.

마. 스트레스

스트레스로 인하여 교감신경을 자극하여 아드레날린이 분비되고 멜라닌 자극호르몬이 증가되어 색소침착을 유발한다.

바. 내적 건강문제

간, 위장, 신장의 기능이 떨어지면 과색소침착 현상이 나타난다.

(3) 과색소 침착 피부 관리

- 미백성분이 함유된 제품을 사용하여 관리한다.

① 하이드로퀴논(Hydroquinone)

하이드로퀴논은 기미치료제로 가장 오랫동안 효과적으로 사용하여 왔던 성분으로 멜라닌 형성과정 중 티로시나아제의 활동을 차단하여 멜라닌형성을 억제한다. 다른 미백 성분들보다 뛰어난 미백효과가 있지만 장기간 사용 시 백반증을 일으키고 염증을 유발하는 독성이 있어 의사 처방에 의해서만 사용 가능하며 화장품에서는 사용되지 않는다.

② 알부틴(Albutin)

티로시나아제의 작용을 억제하여 멜라닌 합성을 억제시킨다고 알려져 있다.

③ 코직산(Kojic Acid)

곰팡이류의 신진대사의 부산물인 코직산은 티로시나아제의 활동을 억제하는 효과가 있다. 피부를 미백시키는 젤로서 효과적이지만 피부를 예민하게 만들고 접촉성 피부염을 유발하기도 한다.

④ 상백피 추출물(Mulberry Extract)

상백피 추출물은 코직산을 많이 함유하고 있어 미백효과가 뛰어나다. 페닐 플라본은 비타민P의 일종으로 비타민C와 함께 사용하면 항염효과와 피부의 기능을 도와주는 상승작용을 한다.

⑤ 비타민C

비타민C는 체내에서 활성산소를 제거하고 콜라겐을 합성하는 작용을 하여 피부노화를 완화시켜주는 역할을 한다. 또한 멜라닌합성과정에서 티로시나아제 작용을 억제하여 미백효과가 있어 피부미용에 중요한 성분으로 사용된다.

⑥ 기타 미백 성분

아젤릭산, 감초 추출물, 닥나무 추출물, 멜라토닌도 티로시나아제의 활성을 억제하여 멜라닌 생성을 막아주는 역할을 한다.

가. 꾸준한 필링을 한다.

필링을 통하여 각질세포 탈락을 유도하여 축적된 멜라닌 색소를 제거한다(4. 필링 참조).

나. 자외선을 차단한다.

색소침착의 주요한 원인은 자외선에 의한 것이므로 자외선차단을 하여 멜라닌생성을 억제한다. 외부활동을 자제하고 외출 시 모자, 양산, 선글라스를 착용하고 반드시 자외선 차단제를 사용하도록 한다.

다. 각질층 관리를 한다.

멜라닌 색소는 피부세포를 보호하기 위하여 생성되는 것이므로 각질세포가 건강하여 보호기능이 정상화되면 멜라닌 색소의 과도한 형성이 억제된다.

라. 내적 문제 관리를 한다.

멜라닌의 발생의 원인이 자외선뿐만 아니라 스트레스, 호르몬 변화와 내적 건강문제도 주요한 원인이기 때문에 피부관리만은 한계가 있다. 고객과 상담을 통하여 신뢰와 믿음을 얻고 내적 문제의 원인들을 파악하여 해결하도록 노력하여야 한다.

3) 모세혈관 확장 피부(Couperose skin) 관리

(1) 모세혈관 확장 피부의 특징

모세혈관 확장 피부는 모세혈관의 신축성이 떨어져서 혈관이 수축되지 않아 혈액이 고여 있거나 혈관이 파열되어 있는 상태의 피부를 말한다. 모세혈관 확장 피부는 피부가 얇아 모세혈관이 비춰보이고 자외선에 약하며 외부 자극에 반응이 빠른 특징을 가지고 있다. 모세혈관 확장 피부는 모공이 막히고 염증이 생기는 로사시아(Rosacea)피부로 발전되기도 한다.

(2) 모세혈관 확장 피부의 원인

모세혈관 확장증의 원인은 외부 자극에 의하여 발생되는 경우가 많다. 피부가 민감해 있는 상태에서 강한 마찰을 가했을 때, 급속한 온도의 변화, 과도한 필링, 장시간 자외선에 노출, 스테로이드 연고제의 장기간 사용이 원인이 된다. 또한 혈액순환 저하, 유전적으로 혈관이 약한 경우와 호르몬 불균형이 원인이 되기도 한다.

(3) 모세혈관 확장 피부 관리법

① 피부자극을 주지 말아야 한다.

가. 모세혈관 확장 피부는 민감피부로서 외부적인 자극을 최대한 줄여야 한다.

나. 클린징은 부드럽게 하고 너무 차갑거나 뜨거운 물은 사용하지 않는다.

다. 마사지를 강하게 하거나 석고 팩이나 파라핀 팩 등 열을 가하는 팩은 하지 않는다.

라. 온습포나 스티머 사용을 하지 않는다.

② 모세혈관을 강화시켜 주는 성분의 화장품을 사용한다.

모세혈관 강화에 도움이 되는 비타민K, 비타민P 성분이 들어 있는 화장품을 선택하여 사용하고 보습 성분인 알로에, 알라토인, 아줄렌, 하마멜리스가 등이 함유된 제품을 사용한다.

③ 필링을 하지 않는다.

모세혈관 확장 피부는 외부자극에 민감하고 각질층이 얇기 때문에 필링을 하지 않는다.

④ 자외선 차단제를 바른다.

자외선 차단제를 반드시 사용하여 자외선으로부터 피부를 보호해 준다.

4. 필링

1) 필링의 종류

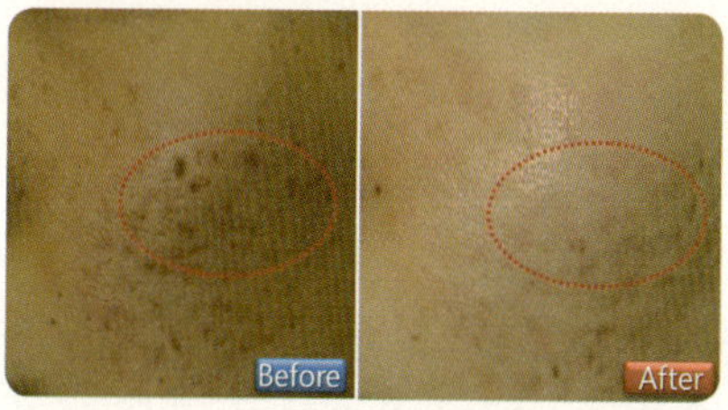

필링은 "벗겨내다" 라는 뜻으로 옛부터 깨끗한 피부를 위하여 다양한 방법으로 시도되어 왔다. 필링이 성공적으로 시행되면 주름살, 색소, 여드름, 흉터 등 여러 가지 문제들을 해결할 수 있지만 그 강도와 사후 관리의 소홀에 의해 기미, 민감성 피부, 건조, 주름, 피부염 등 부작용이 뒤따를 수 있어 주의를 요한다. 필링은 우리나라에서도 박피라는 이름으로 오랫동안 시술되어 왔지만, 그 후유증에 대한 반감에 의해 박피라는 단어는 최근에 깊이 필링하는 메디컬 필링에만 사용되고 필링, 스케일링 등의 용어로 바뀌어서 통용되고 있다. 필링의 그 깊이에 따라 가벼운 각질탈락만을 해주는 에스테틱 필링, 부작용을 최소화하여 바로 일상생활이 가능한 스케일링, 강한 박피로 자극적이나 효과를 빠르게 볼 수 있는 메디컬 필링으로 나눌 수 있다.

(1) 필링의 깊이에 의한 분류

① 에스테틱 필링(딥클렌징): 물리적인 필링-스크럽, 고마쥐생물학적 필링- 효소, 화학적 필링- AHA, BHA

② 스케일링: AHA 30~50%, 아미노산필, 살리실산 필 15~20%, 미세박피, 해초필

③ 메디컬 필링: Jessner's Peel, Resorcinol Peel, Salicylic Peel(BHA), Glycolic Acid 50~70%, TCA Peel, Phenol Peel, Laser Resurfacing, Dermabrasion

(2) 필링 원리에 의한 분류

① 물리적 필링: 스크럽, Dermabrasion

② 화학적 필링: AHA, BHA, 아미노산필, Jessner's Peel, TCA Peel, Phenol Peel

③ 레이저 필링: CO_2 레이저, Er- YAG 레이저

(3) 물리적 필링(Physical peel)

① 물리적 에스테틱 필링-스크럽, 고마쥐

에스테틱 필링은 죽은 각질과 최외곽 각질층의 1~2층의 탈락을 유도하여 피부자극을 최소화한다. 피부타입에 맞는 필링제 선택이 중요하며 잦은 필링은 건조, 민감성 피부, 홍반 등 부작용의 원인이 되므로 주2회 이상 사용하면 안 된다.

문질러서 물리적인 마찰에 의해 각질을 탈락시키는 것으로는 스크럽제가 대표적인데, 이것은 연마시술(Dermabrasion)의 기본권리가 된다. 스크럽 필링은 각질층이 두꺼운 노화된 피부에 적합하다.

고마쥐도 물리적인 힘에 의한 필링이 유도되지만 다른 필링 유도물질이 혼합된 형태로 제품화 되어 있는 경우가 많다. 고마쥐는 혈액순환을 유도하기 때문에 안색이 칙칙한 노화피부에 적합하다.

② 미세박피술(MicroDermabrasion)

미세박피술은 미세한 가루입자가 피부와 닿는 마찰에 의해 묵은 각질층을 제거하는 기기를 이용한 물리적인 필링방법으로 사용되는 파우더의 종류에 따라 크리스탈 필링(Crystal peeling)과 다이아몬드 필링(Diamond peeling)이 있다.

1990년대 중반에 산화 알루미늄(Aluminum oxide)을 이용한 크리스탈 박피술이 개발되면서 세계적으로 인기를 누리게 되었다. 그 원리는 미세한 크리스탈 가루 입자들이 강한 공기압에 의해 피부에 분사하여 부딪히면서 표피 최외곽의 죽은 각질을 제거하고 다시 흡입하여 미세한 박피를 유도하는 방법이다. 여기서 공기의 압에 박피의 강도를 조절할 수 있다. 그 후에 개발된 다이아몬드 필링은 파우더 입자를 다이아몬드로 교체하여 사용하는 것으로 그 원

리는 같다.

이는 피부를 매끄럽게 원하는 모든 환자에게 적용가능하며, 각질탈락 작용뿐만이 아니라 모공을 열어주는 효과도 있어 여드름 피부, 모공관리와 흉터에도 효과적이다.

(4) 화학적 필링(Chemical peel)

에스테틱에서는 AHA와 BHA가 화학적 필링제로 주로 사용되는데 AHA와 BHA의 유기산이 각질세포와 각질세포사이의 결합력을 감소시켜 각질탈락을 유도한다. AHA's는 과일에서 주로 추출되는 천연 물질로 그중 글리콜리 산이 입자가 작아 필링효과가 가장 좋으며 30% 이상은 의사들만 사용할 수 있다. BHA는 AHA와는 달리 지용성의 특성이 있어 여드름 피부에 더욱더 효과적으로 사용된다. 에스테틱에서는 AHA와 같이 저농도로만 사용 가능하다.

메디컬에서는 고농도의 AHA와 BHA를 사용하고 Jessner's Peel, TCA Peel, Phenol Peel을 사용한다. 화학적 필링은 깊이에 따라 표층, 중층, 심층으로 나뉜다. 표층 필링은 과립층에서 기저층에 이르는 표피층의 부분 또는 전층의 괴사를 초래하고, 중층 필링은 치료부위의 표피층가 유두진피층의 존층 또는 부분 괴사를 이룬다. 심층 필링은 시술 후 망상진피층까지의 괴사가 이루어지는데 레이저 피부재생술과 물리적 박피술이 대체되면서 화학필링은 표층과 중층 필링이 주로 시술되고 있다.

① AHA(Alpha hydroxy acid)

천연적으로 존재하는 복합체로 어디서 추출되었는지에 따라 글리코산, 젖산, 사과산, 타타르산, 구연산, 피틱산으로 구분된다.

가. 글리콜산(Glycolic acid): 사탕수수에서 추출

나. 젖산(Lactic acid): 발효 우유에서 추출

다. 사과산(Malic acid): 사과에서 추출

라. 타타르산(Tataric acid): 포도에서 추출

마. 구연산(Citric acid): 감귤류에서 추출

바. 피틱산(Phytic acid): 쌀, 곡류에서 추출

피부에 대한 주름 개선, 색소 감소, 항산화 효과로 레틴A의 선풍적인 인기 이후 그에 대한 부작용에 대한 대처방법으로 1980년대 후반에 AHA가 개발되었다. AHA의 효능은 대체로 레틴A와 유사하게 나타나는데 피부의 각질세포 사이의 세포간지질을 녹여 각질세포탈락을 유도한다. 그 외에 진피층에서의 콜라겐 합성, 무코다당류 증가와 섬유아세포 증식 효과도 있어 피부 노화를 감소시킨다는 연구 결과가 있다.

AHA 중에 글리콜산의 분자량이 가장 작아 피부 속으로 침투가 빠르고 필링의 효과도 제일 강하다. 글리콜산은 농도, 산도, 시간으로 그 강도를 다양하게 조절할 수 있다.

- 글리콜산의 필링 강도 조절: 농도, 산도(pH) 시간

글리콜산의 농도는 스케일링에 사용할 경우에는 30~50%로 사용하고, 홈케어용 화장품에는 아이케어용으로 3%, 클렌징 베이스로 7%, 크림 베이스로 8~10%로 사용된다.

글리콜산의 원액의 산도는 pH가 거의 1이하이고 pH가 높은 다른 성분과 배합(Buffering)하여 산도를 조절하여 사용한다. 의사들이 깊은 필링을 할 때 사용하는 글리콜산 농도 50~70%의 pH는 거의 1이하이고, 중간 필링, 즉 스케일링을 할 때 사용하는 글리콜산 30~50%의 pH는 2~3정도에 해당한다. pH3이하는 의사들만 사용 가능하고 화장품에서 사용되는 글리콜산은 3~15% 농도이며 pH는 반드시 3이상이여야 하는데 거의 대부분 화장품은 pH4~5정도로 제품화되어 있다.

글리콜산의 필링 강도는 바르고 있는 시간으로도 조절 가능한데, 피부타입이나 적용횟수에 따라 조절해야 한다. 피부가 예민하고 피부가 얇은 경우나 처음 사용하는 사람은 그 시간을 짧게 두어야 한다. 시간 조절은 필링작용을 정지시키기 위해 중화제를 사용하는데, 중화제로는 8~15% 베이킹파우더나 탄산나트륨과 같은 알칼리 용액제를 사용한다.

글리콜리산 외에 다른 AHA들은 필링효과는 글리콜산보다 떨어지지만 추출되는 곳이 달라 각각의 고유성분들이 있어 필링 외의 다른 부가적인 효능을 가지고 있다. 발효우유에서 추출되는 젖산은 피부의 천연보습인자(NMF)로 보

습능력이 있고, 포도에서 추출되는 타타르산은 포도당과 바이오플라보노이드(Bioflavonoids)가 함유되어 있어 보습과 예민피부에 좋은 효과를 볼 수 있다. 감귤류에서 추출되는 구연산도 비타민C와 바이오플라보노이드를 함유하고 있어 예민피부와 재생이 더딘 피부의 세포교체를 신속하게 해주는 효과가 있다.

② BHA(Beta Hydroxy Acid)

BHA는 살리실 산(Salicylic Acid)으로 예전부터 의사들이 20~30%의 고농도로 여드름 치료와 필링제로 오랫동안 사용해 왔다. 30~50%의 높은 농도는 깊은 박피를 위해 사용되며 필링의 강도는 pH에 의해 달려있다고 한다. 버드나무 수피, 윈터그린 나뭇잎과 자작나무에서 추출되는데, 최근에 AHA의 인기에 편승되어 베타 탄소에 하이드록실기가 있다 하여 Beta Hydroxy Acid의 약자 BHA로 불린다. 살리실 산은 AHA와 같이 각질분해 효과가 탁월하여 필링제로 사용되나 수용성인 AHA와 달리 친지성이라는 특성을 가지고 있어 모공입구의 각질을 탈락시키는 것은 물론이고 면포를 용해시키는 효과가 있어 여드름 피부와 두피관리에도 효과적으로 사용된다. 또한 각질층의 아라키돈 산(Arachidonic acid cascade)에 영향을 주어 항염효능이 있고 AHA보다 덜 자극적으로 느끼면서 부드럽게 필링이 되는 효과가 있다. 이러한 특성 때문에 염증성 여드름과 주사(Rosacea) 치료에 더욱 효과적으로 작용한다.

살리실 산이 AHA와 또 다른 장점의 하나는 중화시킬 필요가 없다는 점이다. 살리실 산은 세포와 반응하여 하얀 침전물을 남기는데(Frosting), 이것을 보고 골고루 도포되었는지를 확인할 수 있다. 휘발성이 강한 베이스를 사용할 경우 2분 안에 날아가기 때문에 더 이상 두어도 필링이 일어나지 않아 중화할 필요가 없고 이러한 편리성 때문에 등, 가슴과 같은 넓은 부위에도 사용한다.

살리실 산은 높은 농도와 넓은 부위에 너무 많이 사용하면 살리실리즘(Salicylism)이라는 독성을 있다는 단점을 가지고 있다. 그러므로 임산부, 수유부, 아스피린에 알러지가 있는 사람에게는 사용을 피한다.

③ 제스너 용액(Jessner's solution)

제스너 용액은 레소시놀, 살리실리 산, 젖산을 에탄올에 혼합한 것이라 Coombe's 용액이라고 불리기도 하며 Max Jessner에 의해 1940년 후반에 제조되었다.

- 제스너 용액의 구성
  - 레소시놀: 14g
  - 살리실리 산: 14g
  - 젖산: 14g
  - 에탄올: 100cc

이러한 혼합으로 인하여 각질제거 효과뿐만이 아니라 살리실리 산의 지용성 특성, 소염작용효과와 젖산의 보습효과를 더함으로 부작용을 최소화하고 지루성이나 염증을 동반한 피부에도 효과적으로 작용한다. 중화가 필요하지 않은 제스너 용액은 얕은 필링에 주로 사용하며, 레소시놀에 민감한 사람에게는 사용을 금하거나 레소시놀을 제외한 용액만을 혼합하여 사용하며 레소시놀과 살리실 산의 독성에 대한 우려로 넓은 부위의 사용은 금한다. 주사, 여드름 피부와 각질이 많은 피부에 효과적이다. 부작용으로는 염증, 과다 색소침착, 예민성, 알레르기를 유발할 수 있다.

④ 레소시놀 필링(Resorcinol)

레소시놀은 페놀의 유도체로서 메톡시페놀(methoxyphenyl), 메타디하이드록시벤젠(metadihydroxy benzene) 등으로 불리운다. 1982년 독일의 유명한 피부과 의사인 Paul Unna가 레소시놀 10%, 20%, 30%의 필링의 효과를 발표한 후 단일 필링제로 사용되고 있다. 레소시놀을 살균효과가 있어 항생제가 나오기 전에 넓지 않은 상처를 치료하는 데 사용되어 왔다. 레소시놀은 주로 연고형태로 사용되고 있고 케라틴의 수소결합을 와해시켜 각질탈락을 하게 한다. 여드름, 모낭염, 흉터, 광노화, 피부이상변색증에 사용된다.

레소시놀 필링 후 피부가 갈색으로 변하면서 건조하고 팽창감을 느끼며 두터운 각질 껍질층이 생기는데 이것은 10일 후면 다 떨어져 나간다. 시술 1주일 경과 후 피부톤이 맑아지고 섬유아 세포의 증식이 나타나며 4개월 후에도 여전히 진피층의 콜라겐이 두껍게 유지되는 것을 볼 수 있다.

주의사항으로는 껍질을 인위적으로 제거하면 흉터가 발생될 수 있으며, 햇볕에 노출 시 색소침착을 유발할 수 있으므로 자외선을 차단하여야 한다.

⑤ T.C.A(trichloroacetic acid)

T.C.A는 단백질을 응고시키는 작용을 하는 아세트산의 일종으로 무색이거나 톡 쏘는 냄새가 있다. 다량의 T.C.A증기를 흡입하게 되면 독성을 유발하게 되는데 메스꺼움, 구토와 두통의 증상이 생기고 더 높은 농도를 흡입하게 되면 현기증, 기관지염 및 폐렴이 유발될 수 있다. 그러나 이러한 독성은 산업재해들로 간혹 유발된 기록이 있으며 케미컬 필링으로 T.C.A를 사용한 경우는 이러한 독성이 알려진 바가 없다.

단백질을 응고시키는 T.C.A의 작용은 표피와 진피 상부를 괴사시키지만 2~3주 내에 표피세포와 진피세포를 재생시켜 흉터를 남기지 않는다. T.C.A의 침투력은 표피두께에 따라 다르게 작용하여 표피가 두꺼운 피부에서는 진피의 괴사가 경미하게 일어나지만 표피의 두께가 얇은 손상피부에서는 사용할 수 없다.

T.C.A의 침투력은 농도에 의해 크게 좌우되는데, 15~20%의 농도에서는 표피일부만 탈락시켜 피부표면이 매끄러워지고 잔주름과 기미색소문제를 해결하지만 주름개선의 효과는 없다. 흉터와 주름개선을 위해서는 더 높은 농도를 사용한다. 35%의 농도는 표피층과 진피의 유두층까지 괴사시키고 섬유아세포를 자극하여 여드름 흉터 완화, 일광손상 완화, 얕은 주름개선의 효과가 있고 더 깊은 흉터와 주름개선을 위해서는 45% 농도를 사용한다. 그러나 이것은 진피 내의 염증세포 침윤도 유발할 수 있기 때문에 매우 주의를 기울여야 하는데, 특히 백인보다 동양인의 경우는 과색소침착(PIH: post-inflammatory hyperpigmentation)의 위험이 더 높게 나타난다.

필링 시 피부에 T.C.A를 바르면 하얗게 침전물이 생기는 프로스팅이 생기는데 이것을 보고 필링의 완성을 알 수 있다. T.C.A 필링 후 표피 기저층의 멜라닌 색소량이 감소하고 표피가 두꺼워지고, 진피의 유두층이 두꺼워지고 질피의 기질과 교원섬유가 증가한다. 이러한 변화로 인하여 잔주름피부, 표피성 기미, 표피성 주근깨, 검버섯, 여드름 흉터에 효과가 있다.

주의 사항으로는 경구용 피임제를 복용하는 경우 멜라닌 생성이 증가할 수 있고, 켈로이드성 체질은 켈로이드가 생성될 수 있다. 또한 스테로이드제를 오랫동안 바르거나 복용한 경우 피부가 얇아져 T.C.A가 깊게 침투되므로 주의를 요한다.

부작용으로는 염증 후 색소침착, 홍반, 세균, 바이러스 감염, 비후성 반흔이 생길 수 있다.

⑥ 페놀(phenol)

5% 페놀용액은 신경마비와 국소마취특성이 있기 때문에 과거 의료적으로 소독제와 마취제로 광범위하게 사용해 왔었는데, 1903년 Mackee에 의해 여드름치료제의 목적으로 박피제로 사용되었다. 그 후 Baker와 Litton이 다른 약물과 혼합하여 Baker's formula를 만들어 피부질환 치료에 사용하였다. 페놀은 T.C.A보다 침투력이 강하고 필링의 깊이를 조절하기 힘들어 흉터를 남길 가능성이 높아 최근에는 레이저 필링으로 많이 대체하고 있다.

페놀 필링은 표피층의 각질형성세포 및 다른 살아있는 모든 세포들을 완전한 표리박리증(epidermolysis)으로 발생시키고, 기저층까지 융해된 후 각질세포의 라멜라구조를 더욱 균일하게 만들고 기저층의 구조를 재구성한다. 또한 진피층의 조밀한 콜라겐 섬유의 새로운층이 형성되며, 섬유아세포가 자극되어 기질, 콜라겐, 엘라스틴 등의 분비를 촉진하게 한다. 페놀은 주름 치료, 기미와 염증 후 과색소 침착, 주근깨, 악성흑자, 관선 각화증, 표재성 암, 여드름과 여드름 흉터치료에 사용된다.

페놀은 피부를 통하여 흡수되어 심장, 간장, 신장에 손상을 줄 수 있으며 부정맥을 일으킬 수 있으므로 주의하여 시술하여야 한다.

페놀은 인술린 의존형 당뇨병, 개화성 포진, 피부이상 변색증이 있는 경우, 선재성 심장 질환, 최근 외과적 수술로 인한 상처가 있는 경우, 임산부, 수유부, 면역결핍 환자 등에는 사용하지 않는다.

⑦ 기타

가. 생물학적 필링(Biological peel)

효소 필링제가 대표적인데 물리적 힘이 아닌 단백질분해 효소의 작용으로 각질세포 간 지질과 피지를 분해하여 각질 탈락을 유도하기 때문에 부작용이 거의 없다. 부작용이 거의 없기 때문에 노화피부, 민감피부, 여드름 피부 등 모든 피부에 사용가능하다. 열대과일에서 파파야에서 추출한 파파인, 파인애플에서 추출한 브로멜라, 소화효소인 펩신과 트립신을 주성분으로 사용하고 효소작용을 위하여 적당한 온도, 수분, 시간을 필요로 한다.

나. 해초필링(Sea herbal peel)

해초필링은 해초의 미세침 성분인 유기칼슘과 규산을 마사지를 통하여 물리적인 힘으로 피부를 연마시키고, 해초성분 속에 있는 여러 가지 효소를 이용한 복합 필링방법이다. 마사지 하는 강도, 시간, 압력에 의해 필링의 깊이를 조절할 수 있다. 해초필링은 여드름, 잡티, 기미, 늘어난 모공, 피부톤을 개선시키는 효과를 기대할 때 적용한다.

해초필링 시 약간의 통증을 느끼며 2~3일 동안 얼굴이 붉어지고 가피가 생기며, 4~5일 후부터 진정관리와 재생관리를 한다. 해초 필링 전 새우나 생선 알레르기가 있는 경우 패치테스트를 해야 한다. 임산부, 수유부, 알레르기성, 아토피성 피부, 켈로이드성 피부, 헤르페스 바이러스 보균자는 해초 필링을 하지 않는다. 해초 필링 시 콘택트 렌즈는 반드시 제거해야 하고 보톡스나 레스틸렌 등 성형주사를 맞은 사람은 4주가 지난 후 시술한다.

(5) 레이저를 이용한 필링(Laser resurfacing)

David가 1989년 일광각화증을 치료하기 위해 레이저를 사용한 이래로 수많은 레이저가 개발되어 왔다. 1990년대에 탄산가스 레이저, 어븀야그 레이저의 개발은 더욱 더 정밀하게 피부표면을 바꿔 줄 수 있는 효과를 주었다.

어븀야그 레이저나 고출력 탄산가스 레이저를 이용하여 얼굴 피부 표면을 깎아내는 시술은 주로 흉터나 주름제거를 위한 목적으로 사용된다. 어븀야그(Erbium YAG) 레이저는 YAG로드를 매질로 사용하여 발생되는 근적외선대에 속하는 레이저로, 파장이 2,940nm이어서 물에 CO_2레이저보다 약 10배 정도 잘 흡수되며 피부를 5~30nm씩 아주 얇게 깎아 내므로 정밀하게 필링시술을 할 수 있다. 1975년 러시아에서 처음 개발된 것으로 알려지며, 1996년 FDA의 피부박피술에 대한 승인을 받고 임상적으로 사용이 시작되었다.

CO_2레이저는 피부에 있는 물을 이용해서 조직을 태우는 레이저로 다른 레이저와는 다르게 조직을 위에서 아래로 제거하는 특징을 가지고 있어 필링뿐만이 아니라 주로 피부표면 위로 튀어나와 있는 피부병변의 제거에 이용된다. CO_2레이저는 물에 흡수가 잘 되는 성질을 지니고 있어 피부조직을 기화시키고 피가 응고되어 출혈을 일으키지 않고 조직을 제거할 수 있어 수술 시 수술칼 대신 수술메스로도 사용되기도 한다.

레이저 필링의 장점은 시술 후 붉은 기운이 빨리 사라지고 색소침착이 거의 되지 않으며 수술 후 표정이 자연스러우며 정교하게 필요한 부위만 시술할 수 있다.

이러한 레이저들을 이용하여 여드름 흉터 제거, 수두자국 제거, 검버섯, 색소침착, 기미, 점, 사마귀, 티눈, 쥐젖들을 제거할 수 있다.

다른 다양한 레이저가 개발되고 있으며 이 책에서 '5장 기기를 이용한 메디컬 스킨케어'에서 다른 레이저기기에 대한 설명이 제시되고 있다.

2) 필링의 부작용과 주의사항

깨끗하고 밝은 피부를 위하여 필링은 효과적인 시술이기는 하지만 그 깊이가 깊어질수록 여러 가지 부작용이 동반할 수 있다. 레이저의 보급과 화학박피의 대중화로 인하여 전 세계적으로 많은 사람들이 필링시술을 받고 있지만, 우리나라와 일부 동양인들에게는 백인들에게 나타나지 않는 과색소침착의 부작용도 나타나고 있다. 필링은 인종과 피부의 두께, 필링의 깊이에 따라 많은 후유증이 나타날 수 있는데, 메디컬 스킨케어의 도입으로 필링의 전과 후 관리를 통하여 후유증을 최소화하는 데 많은 도움이 되었다.

(1) 필링의 전과 후 관리

필링 전 Kligman formula의 사용은 필링 후 생길 수 있는 색소침착, 변색 등의 합병증을 줄이는 데 도움이 된다.

필링 후 피부건조증이 나타나므로 보습용 화장품을 사용해야 하며, 가피가 자연적으로 제거된 후에 미백관리와 재생관리를 한다. 자외선에 대한 피해가 커지므로 일정기간 동안 자외선을 피하고 반드시 자외선 차단제를 사용해야 한다. 필링 후 생기는 가피는 자연적으로 탈락될 때까지 절대로 인위적으로 제거하지 말아야 한다. 사우나 같은 습도와 열이 많은 곳은 피하고 땀이 많이 나는 운동과 매운 음식은 삼가한다.

(2) 필링의 부작용

① 홍반(Redness)

필링의 깊이에 따라 홍반의 정도는 다르지만 대부분이 필링 후에 홍반이 나타난다. 1~2주 일시적인 홍반은 정상적이나 1개월 이상 지속적으로 나타나는 경우는 그 자리에 색소침착이 나타나는 경우가 있다.

② 염증 후 과색소 침착(PLH: post inflammatory hyperpigmentation)

피부에 손상을 입으면 자외선으로부터 방어기전으로 멜라닌이 생성되는데, 필링으로 인한 각질제거도 우리 몸은 피부손상으로 인식하여 멜라닌을 생성하여 색소침착현상이 생긴다. 이것은 미백관리를 하면 1달이나 2달 후면 자연적으로 대부분 없어진다. 기미제거를 위해 필링을 한 경우 과색소침착이 더욱 심각하게 나타날 수 있다. 그러나 조급한 마음에 다시 필링을 시도하거나 미백연고를 사용하면 피부를 자극하게 되므로 피부가 충분히 진정될 때까지 기다려야 한다.

③ 건조

필링 직후 대부분의 사람들은 극심한 건조함으로 인해 당김을 느끼는데 이것은 피부 보호막이 생성되지 않았고 새로운 콜라겐과 세포재생으로 인한 것이다. 필링 후에는 충분한 보습제 사용으로 유수분의 밸런스를 맞추어 주고 자외선 차단제 사용으로 보호작용을 해 주어야 한다.

④ 단순 포진

필링 후 피부는 보호작용을 하지 못하여 감염의 위험에 가능성이 커진다. 필링 후 단순포진의 가능성은 일반적인 경우의 10배 이상 높아지고 증상이 심하며, 특히 흉터가 생길 가능성이 높아지므로 항 바이러스제를 복용하는 것이 좋다.

5. 기기를 이용한 메디컬 스킨케어

1) 레이저를 이용한 기기

(1) 레이저의 정의 및 발생원리

레이저(Laser)는 'Light amplification by stimulated emission of radiation'(빛의 강제유도방출에 의한 빛의 증폭)의 약자이며 1960년 루비레이저가 최초로 임상적으로 사용되었다. 원어의 첫 단어에서 알 수 있듯이 레이저는 특수한 성질의 빛(light)을 말하는 일반적인 단어이다. 레이저 빛은 한 가지 성질의 빛으로 구성되어 있다. 의학 분야에서 말하는 레이저는 이러한 레이저 광선을 이용하여 조직이나 세포를 파괴하는 각종 레이저 시술 또는 레이저 광선을 이용한 의료기기를 말한다.

레이저 광선의 높은 에너지를 이용한 파괴 작용이 의학 영역에 최초로 이용된 곳은 안과로서, 당뇨병 등으로 인한 안저망막출혈 지혈이 가능하게 되었다. 이후 레이저에 대한 발전과 개발이 거듭되어 외과, 피부과, 이비인후과 등 거의 모든 과에서 치료에 이용되고 있다.

피부는 붉은색의 혈액, 짙은 갈색의 색소세포와 멜라닌색소 그리고 그 밖의 투명한 조직으로 구성되어 있는데, 정상피부와 색깔이 달라 보이는 피부질환들은 이들 병변의 색깔에 잘 흡수되는 성질의 레이저 빛을 이용하면 선택적으로 원하는 조직을 파괴할 수 있기 때문에 여러 피부질환의 치료에 레이저 빛이 이용되고 있다.

치료효과를 결정하는 세 가지 중요한 요소로는 레이저 기기에서 나오는 빛의 파장, 빛의 에너지, 빛을 쪼여주는 시간(노출 시간)이 있다. 즉, 각 병변에서 파괴하고자 하는 목표의 색깔에만 선택적으로 흡수되는 파장을 가진 레이저의 선택이 중요하며, 또한 충분하면서도 지나치지 않는 에너지가 원하는 부위에 전달되어야 하며, 흉터를 남기지 않기 위해 적절한 시간동안 병변부에 쪼여져야 원하는 최상의 효과를 얻게 되는 것이다.

(2) 레이저의 종류

① 기체를 매질로 한 레이저 기기

가. 아르곤 레이저(Argon laser, Ar laser)

주로 488nm와 514nm의 파장을 갖는 청록색의 가시광선으로 혈색소와 멜라닌 색소에 흡수되어 화염상 모반, 모세혈관 확장증, 혈관종 등의 혈관성 질환과 색소성 질환의 치료에 이용되어 왔다. 아르곤 레이저는 빛의 산란과 열의 전도도가 높아 주위조직에 손상을 일으켜 비후성 반흔, 영구적인 저색소증, 피부가 위축되는 변화 등의 후유증이 생길 수 있어서 현재는 잘 사용되지 않고 있다.

나. 이산화탄소 레이저(Co_2 laser)

Co_2 레이저는 미국의 패텔이 1963년 처음으로 연속 발진에 성공하고 1970년대 초반부터 의료용으로 실용화 되기 시작해 현재는 전 세계적으로 의료용으로 가장 보급이 많이 된 레이저 기기로 치료 영역이 넓고 안정성 또한 아주 높은 레이저이다. Co_2레이저는 물에 흡수가 잘되는 성질을 지녔으며, 수분이 많은 조직을 증발시키고 탄화시켜 출혈이 일어나지 않게 시술할 수 있는 장점을 가지고 있다. 발진 방식에 따라 연속형, 펄스형, 슈퍼펄스형, 울트라펄스형 등의 여러 가지 형태로 나눌 수 있으며 최근에는 울트라 펄스형이 이용되는데 피부조직이 검게 탄화되지 않으며 주변 조직의 손상이 적게 되고 피부조직의 열손상을 최소화하고 정교하게 치료된다. 치료부위가 자연 소독되므로 감염의 위험이 없으며 흉터가 거의 없고 회복이 빠르다. 주로 사마귀나 점, 쥐젖, 티눈 제거 시 많이 사용된다.

다. 헬륨-네온 레이저(He-Ne laser)

헬륨-네온 레이저는 저출력 레이저로 필링이나 레이저 치료 후 재생을 촉진하려는 목적으로 사용된다. 헬륨-네온 레이저는 통증이 없고 치료 후 흉터가 없다. 피부재생, 통증완화, 치유 촉진, 혈행 촉진의 효과가 있다.

② 액체를 매질로 한 레이저 기기

색소레이저(Flashlamp-pumped pulsd dye laser)는 에틸렌 그리콜 등 유기용매에 녹은 유기색소를 레이저 발진 매체로 이용한 액체 레이저로 붉은색(혈관, 혈색소)에만 선택적으로 작용하며, 피부 표면에는 손상없이 혈관병변을 파괴시키는 레이저이다.

이전까지 치료가 불가능하였던 혈관병변들 즉, 화염상 모반, 모세혈관 확장증, 혈관종, 안면홍조 등을 비롯해서 붉은 여드름 자국 등의 치료에 가장 성공적인 레이저다.

③ 고체를 매질로 한 기기

가. 구리 증기(Copper vaper) 레이저

구리를 레이저의 매질로 사용하여 노란색의 578nm와 녹색의 511nm의 두 가지 파장의 빛을 방출한다. 혈관성 병변에는 578nm를 사용하고 색소성 병변에는 511nm를 사용하여 치료 범위를 넓힐 수 있다. 즉, 한 가지 레이저 기계로 색소성 병변을 함께 치료 할 수 있다는 장점이 있다.

나. 엔디 야그 레이저(ND YAG laser)

피부에 손상을 안입히면서 높은 에너지 출력을 사용함으로써 보다 효과적이고 높은 제모효과를 얻게 되었고, 보다 강력한 쿨링장치를 사용하여 제모에 효과적이고 피부 깊숙이 자리잡고 있는 생장기 털의 모낭을 파괴하므로 제모에 최대한 효과를 거두는 기기이다.

다. 루비레이저(Ruby laser)

색소침착의 대표적인 치료 레이저이며, 검정색, 청색, 갈색 등의 색소에 탁월하게 반응한다. 기미, 주근깨 치료에 효과적이며, 일반 레이저로 치료하기 어려운 선천성 색소질환과 후천성 오타모반, 문신제거에도 효과적이다.

라. 알렉산드라이트 레이저(Alexandrite laser)

주로 제모용으로 사용되지만 755nm의 파장을 이용하여 비교적 큰 직경의 깊은 다리의 정맥의 치료에 이용될 수 있다. 작은 직경의 혈관에는 효과가 떨어지는 경향이 있다.

마. 어븀야그 레이저(Erbium YAG laser)

어븀야그 레이저는 레이저 필링에 가장 많이 사용되는 레이저 중에 하나이다. 이산화탄소 레이저보다 10배나 물에 대한 흡수율이 높아 주변에 열 손상 없이 피부에 얇게 침투하여 피부를 정교하게 깎아낼 수 있다. 점, 검버섯, 주름, 흉터 제거에 효과적이다.

바. 반도체 레이저

1962년 미국 GE(제너럴 일렉트릭)에 의해 최초로 개발되었다. 반도체 레이저 발진을 시키는 방법으로는 PN접합에 대전류를 흐르게 하는 방법으로 쓰여져서 PN접합 다이오드를 레이저 다이오드라고도 부른다. 물이나 헤모글로빈에 흡수되지 않는 특징을 가지고 있어 피부 깊숙이(20~30μm)까지 침투가능하다. 안면홍조, 기미, 주근깨 치료에 사용된다.

2) 빛을 이용한 기기

(1) 타이탄(Titan)

타이탄은 기존의 고주파와는 다르게 물에만 흡수되는 빛과 접촉냉개방식의 피부표면 보호장치를 이용하여 피부의 화상의 위험성을 줄이면서 진피층의 콜라겐의 수축, 생성을 촉진하여 탄력을 증가시켜 주는 효과가 있다. 주름, 볼처짐, 목주름, 팔자주름 치료에 효과적이다.

(2) IPL(Intense Pulsed Light)

Bitter 박사가 Photorejuvenation(광회춘술)이라는 새로운 개념의 치료법을 고안했다. IPL은 복합적인 파장(515~1,200nm)의 빛을 방출한다는 점을 이용하여 여러 증상을 치료할 수 있다. 늘어난 혈관, 주근깨, 기미 등, 색소질환 늘어난 모공, 잔주름이 줄어들면서 피부에 탄력을 줄 수 있다. 최근에는 색소와 혈관에 흡수되지 않는 긴파장부분을 차단하는 Wather filter를 사용하여 부작용을 최소화하여 부작용이 거의 나타나지 않는다.

3) 고주파를 이용한 기기

(1) 써마지(Thermage)

써마지 치료법은 고주파를 이용해 진피와 피하지방층에 열을 가해 피부를 팽팽하게 해주는 방법이다. 피부 깊숙이 침투한 열이 노화된 콜라겐의 수축을 일으켜 탄력을 회복시킬 뿐만 아니라 새로운 콜라겐의 생성을 유도해 처진 주름과 잔주름뿐만 아니라 피부탄력을 개선한다. 2002년 미국 FDA 승인을 받았으며 2010년에 써마지 NST, 최근 써마지 CPT방식으로 발전되어 효과와 통증감소에 효과적이다. 치료원리는 피부 깊은 부위까지 높은 열 에너지를 전달해 노화된 콜라겐을 부분적으로 수축시키고 새로운 콜라겐을 생성시켜 피부를 탱탱하게 해주어 젊은 피부로 되돌리는 치료법으로 주사요법보다 효과기간이 길게 나타난다. 치료효과는 피부탄력증대, 이마와 눈꺼풀 처짐 현상, 입 주위 팔자주름, 목주름 등의 개선에 효과적이다. 써마지의 시술시간은 약 30분 정도 소요되며, 치료효과는 1개월에서 6개월에 걸쳐(보통 2~3개월 후) 효과가 나타나는데 이는 개인마다 콜라겐을 재생성시키는 시간이 다르기 때문이다.

(2) 인피니(Infini)

미세한 마이크로침을 통해서 피부속을 고주파로 자극하여 피부 진피층의 콜라겐과 엘라스틴의 재생을 유도하는 시술이다. 피부탄력, 염증성 여드름, 모공축소, 흉터, 피부톤 개선에 효과적이다.

(3) 인트라셀(Intracel)

인트라셀은 미세바늘(M.T.S)와 고주파(RF)를 이용한 기기이다. 미세바늘이 피부에 들어간 후에 피부 진피층 부위에 순간적으로 고주파를 직접 방사함으로써 노화되고 손상된 콜라겐을 파괴하고 새로운 콜라겐 재생을 극대화하는 것이다. 새로운 콜라겐의 생성을 극대화하도록 돕는 것으로 피부를 빈틈없이 채워 모공을 조여 주는 효과에 탁월하다. 표피 화상이나 통증의 우려 없이 핀포인트 RF 에너지의 세밀한 컨트롤이 가능한데, 깊이와 배열이 일정하여 모공의 정도나 주름의 깊이에 따라 원하는 깊이에 정확하게 삽입할 수 있다는 장점을 갖고 있다. 콜라겐이 촘촘하게 재배치되는 과정 중에서 피부탄력이 증대되고 모공이 촘촘히 조여지는 효과를 얻게 된다. 흉터, 깊은 주름, 화농성 여드름에 효과적으로 사용된다.

4) 초음파를 이용한 기기

(1) 체외 충격파 지방세포 파괴술

체외충격파 지방파괴술은 20KHz~1MHz 사이의 초음파를 이용해서 지방세포막을 파괴시킨다. 부분비만을 없애기 위한 치료법으로 지방세포를 제거하는 지방흡입술과 지방의 배열과 크기를 조절하는 주사와 레이저 치료법 등이 있는데, 수술요법과 레이저에 비하여 마취의 위험이 없고 시술이 간편하고 멍이 남지 않는 장점을 가지고 있다.

체외충격파 지방파괴술은 주로 복부 위주로 시술을 하지만 허벅지, 옆구리, 엉덩이 등 다른 부위도 시술이 가능하다. 우선 시술 부위에 50~60분 정도 마취연고를 발라 치료 부위의 감각을 얼얼하게 만든 후 시술을 받는다. 시술은 1~2시간 정도 걸리며, 시술 받는 동안 환자는 단지 따뜻하거나 약간 뜨거운 정도의 느낌만을 받는 것 이외에 아무런 통증을 느끼지 않는다.

파괴된 지방세포는 1개의 글리세롤과 3개의 지방산으로 분해되는데, 글리세롤은 체액이나 혈액림프순환계를 통해 간으로 전달되고, 지방산은 알부민과 결합해 간으로 전달된다. 이렇게 파괴되어 간으로 전달된 지방은 안전하고 정상적인 인체 생리과정을 거쳐 체외로 배출된다.

(2) 하이프 나이프(Hifu-Knife) 안면 성형술

Hifu는 High Intensity Focused Ultrasound의 약자로 고강도로 집약된 초점을 만드는 초음파 빔을 말한다. 고강도의 초음파에너지를 한곳에 모을 때 초점에서 발생하는 65~100℃의 고열을 이용해 칼이나 바늘을 사용하지 않고 전신마취가 필요 없이 몸속에 있는 병변을 치료할 수 있다. 피부과에서는 이러한 하이프 나이프의 열을 이용하여 초음파 에너지를 피부표면 아래 3~4.5cm 깊이에 초점을 맞추어 열에너지를 전달하면 열반응에 의해 섬유아세포가 자극을 받아 콜라겐과 엘라스틴이 증가되어 피부의 탄력이 증가되고 상처가 치유되는 효과가 있다. 주름, 흉터, 피부처짐 개선에 효과가 있다.

5) 기타

(1) 프락셀 레이저(Fraxel laser)

프락셀 레이저는 눈에 보이지 않을 만큼의 아주 미세한 구멍을 피부에 뚫으면서 피부 진피층까지 깊숙하게 열에너지를 전달하여 피부의 손상은 최소한으로 하면서 각종 피부질환을 치료하거나 미용효과를 높이는 레이저 종류를 총칭한다. 레이저로 인한 미세한 구멍은 아주 작고, 주위에 정상적인 피부조직으로 둘러싸여 있으므로 피부손상은 거의 없으면서 빠른 상처 치료반응이 나타난다.

구멍을 통해 전달된 레이저 에너지는 표피층에 있는 검버섯, 주근깨, 기미 등의 멜라닌 색소를 파괴시켜 색소성 질환에 효과가 나타나게 되고, 피부 깊숙하게 전달된 에너지는 피부진피 조직을 활성화하여 콜라겐합성을 증가시켜 주름, 흉터가 개선되어 탄력 있고 매끈한 피부가 만들어진다.

또한 모든 종류의 흉터(여드름흉터, 수두흉터, 화상흉터, 수술흉터, 튼살 등)에 사용가 능하다.

① 검버섯, 잡티, 주근깨, 기미 등의 칙칙한 피부
② 모공 및 눈가, 팔자, 목 등 피부노화로 인해 탄력이 떨어지고, 잔주름이 많은 피부

(2) 폴라리스(Polaris)

폴라리스는 고주파 900nm와 다이오드레이저가 동시에 나오는 레이저로 두 에너지의 장점만을 채택해 효과적으로 콜라겐을 생성한다. 진피층까지 에너지를 전달하여 콜라겐을 생성시켜 주름 치료에 효과적이며 폴라리스에 의한 콜라겐 합성은 수개월에 걸쳐 나타난다. 피부처짐, 리프팅, 모공축소, 다크써클 개선에 효과가 있다.

(3) 아포지 레이저(Apogee laser)

아포지 레이저는 제모에 특화된 레이저 기기로서, 레이저 에너지가 털의 멜라닌 색소에 흡수된 후 열에너지로 바뀌게 되면서 그 주변으로 확산되어 모발의 뿌리

라고 볼 수 있는 모낭과 모근, 또 그 주위의 멜라닌 색소를 가진 세포까지 모두 파괴함으로써 모발의 생성을 근본적으로 차단하게 된다.

(4) 레블라이트(Revlite)

레블라이트는 피부 조직의 손상 없이 기미 등의 색소질환뿐 아니라 피부톤까지 개선할 수 있는 레이저 시술이다. 레블라이트는 기존의 레이저토닝보다 안전하게 에너지 전달이 가능하기 때문에 그동안 레이저토닝 시술로는 얻어지지 않던 잡티와 잔주름, 탄력 효과까지 동시에 얻을 수 있다. 또한 출력이 높은 안정적인 레이저 빔으로 피부 조직에 노출되는 시간이 매우 짧기 때문에 피부조직 손상이 적어 일상생활에 지장이 없을 뿐만 아니라 기미, 색소침착에도 치료 효과가 좋다.

(5) 스타룩스(Star lux)

스타룩스 레이저는 스탬프 방식으로 도장을 찍듯이 치료하는 원리로 프락셀 레이저와 원리가 같고 1,540nm의 파장을 사용한다. 진피층까지 수직으로 작용하기 때문에 보다 정확하고 깊은 열에너지 전달이 가능하여 진피 깊은 곳의 손상된 조직의 재생을 도와준다. 이러한 특징 때문에 튼살 치료와 수술흉터에 효과적이다.

(6) 벤테이지(Vantage)

벤테이지는 1,064nm 파장을 사용하는 엔디 야그 레이저이다. 혈관 이상증과 제모에 사용되는데 에너지를 헤모글로빈과 모발의 멜라닌을 목표로 하여 혈관벽과 모근을 파괴한다. 모세혈관 확장증, 홍조, 제모, 탄력 저하 개선에 사용된다.

(7) 테라클리어(Thera clear)

테라클리어는 여드름 치료 전문 레이저로 흡입과 빛을 이용하는 기기이다. 흡입하는 힘으로 피부를 당겨서 모공 속의 각질과 피지를 제거시키고 빛을 이용하여 피지선을 제거한다.

(8) 펄레이저(Pearl laser)

펄레이저는 2,790nm의 어븀 YSGG(Yttrium Scandium Gallium Garnet) 방식을 이용한 박피레이저이다. 피부의 10~30μm를 제거하므로 회복시간이 짧고 부작용이 적으며 안전하고 효과적인 레이저이다. 노화피부, 잡티, 여드름 흉터, 잔주름, 피부결 개선에 사용된다.

(9) 프라미스 레이저(Promis laser)

프라미스 레이저는 피부 손상을 거의 주지 않고, 얼굴 전체와 목 주변까지 치료할 수 있는 레이저이다. 786nm의 파장을 이용하여 세포를 자극시킨 후 히아루론산을 침투시키는 방식으로 사용된다. 프라미스 레이저는 피부 침투력이 높은 나노 히아루론산을 피부에 깊숙이 침투되도록 돕는 동시에 콜라겐과 엘라스틴을 리모델링시키고 혈액순환과 수분 함유를 증가시켜 피부 수분도를 높여준다. 피부탄력, 얼굴주름, 목주름, 손주름, 늘어난 모공 치유에 효과적이다.

(10) 3뎁스 레이저(3 Depth laser)

3뎁스 레이저는 고주파 파장 변환기능으로 열침투를 조절한다. 3뎁스는 피부 깊은 곳에서는 에너지가 흡수되어 열발생이 떨어지는 다른 레이저나 고주파와는 달리 깊은 부위까지 열을 발생한다. 원하는 피부층에 선택적으로 에너지를 전달하여 콜라겐 생성과 피하지방을 융해하는 기능을 한다. 탄력과 지방 용해 기능을 동시에 할 수 있는 기기로서 얼굴과 바디관리 둘 다 가능하다. 피부탄력, 체지방 분해, 잔주름, 눈가 주름 관리에 효과적이다.

(11) 아콜레이드 레이저(Accolade laser)

색소 레이저로 알렉산드라이트 레이저의 단점을 보완하고 장점을 강화시킨 레이저이다. 색소만을 파괴하기 때문에 기미, 잡티, 점뿐만이 아니라 오타모반과 문신제거에도 효과적으로 사용된다.

(12) VLS 레이저

VLS 레이저는 정상피부에는 손상을 주지 않고 혈관만을 선택적으로 파괴하는 레이저로 585nm 파장의 빛을 발산한다. 모세혈관 확장증, 홍조, 주사 치료에 사용된다.

(13) 클리어 라이트(Clear light)

클리어 라이트는 여드름 치료에 주로 사용되는 레이저로 여드름 균인 혐기성 p.acnes는 생성하는 포르피린에 클리어 라이트를 조사하면 산소가 발생되어 p.acnes가 사멸된다. 407~420nm의 파장대로 청색의 빛을 가지고 있어 청색광선 요법(Blue light theraphy)이라 하며 광역동 요법(photodynamic therphy: P.D.T)이라 하기도 한다. 이는 구진형 여드름, 결절형 여드름 치료에 효과적이다.

(14) 쿨터치 레이저(Cool touch laser)

쿨터치 레이저는 1,320nm의 광에너지와 냉각자동시스템을 접목한 기기이다. 표피층에는 순간 냉각으로 인하여 열손상의 피해와 통증을 최대한 줄이고 진피층의 콜라겐과 섬유아 세포를 자극하여 여드름과 흉터를 치료한다.

(15) 바이옵트론(Bioptron)

바이옵트론은 400~2,000nm 파장대의 빛을 편광화시켜 안전성을 확보하는 동시에 피부표면에 발생하는 모든 종류의 이상에 대하 세포재생을 활성화시키고 증상을 완화하는 효과를 갖는다. 피부 2cm까지 침투하므로 피하조직까지 영향을 미치고 다른 치료방법과 함께 병행할 경우 치유효과를 증개시키는 효과가 있다. 감염이나 알러지에 의한 모든 질환에 적용가능하다.

(16) E-Max 리펌

E-Max 리펌은 기존의 적외선(IR)을 사용하는 장비의 기능에 폴라리스의 고주파(RF)기능이 결합된 기기이다. 적외선과 고주파 두 가지 에너지가 동시에 피부로 전달되어 진피층을 자극하며, 적외선은 진피의 상부층에, 고주파는

진피의 하부층에 열을 전달하므로 리프팅과 주름개선효과가 동시에 나타난다.

(17) 루메니스 원(Lumenis one)

루메니스 원은 기존의 IPL에 OPT(Optimal Pulsed Technology) 방식을 사용하여 기존의 IPL에 비해 낮은 에너지를 균일하게 방출하여 깊은 병변까지 효과적으로 도달하게 함으로써 색소침착의 부작용을 최소화하였다. 단일 파장의 레이저가 아니라 복합적인 파장의 빛을 방출함으로써 기미, 주근깨, 잡티, 여드름, 혈관, 모공 등의 증상을 한꺼번에 개선시키는 효과를 볼 수 있고 통증이 적고 시술 후 표피손상이 적어 일상생활이 바로 가능하다.

(18) 냉동치료

냉동치료는 액화질소를 이용해 -196.5℃로 시술부위 세포를 냉동시키는 시술이다. 보통 문신제거나 사마귀와 티눈을 제거할 때 많이 사용되며, 소독과 물 세척이 제한되는 레이저보다 시술 후 바로 딱지가 생기므로 간단한 샤워가 가능하여 편리하다.

6) 레이저 시술의 부작용

레이저 시술은 상대적으로 부작용이 적은 것으로 알려져 있지만, 레이저의 강도와 재생관리를 제대로 하지 않을 경우 부작용이 생기는 경우가 있다.

(1) 피부 백색화

흑인이나 검은 피부인 경우 피부색이 백색화되는 현상이 나타난다. 이 현상은 보통 10~14주가 지나면 사라지지만 일부 사라지지 않는 경우도 있다.

(2) 과색소 침착

대부분의 경우 레이저 시술을 받고 난 후 치료 부위의 색이 검어지는 과색소 침착의 현상이 생기는데, 일반적으로는 1~3개월이 지나면 사라지므로 자외선을 피하고 자외선 차단제를 1~3개월 동안은 꼭 바르고 다녀야 한다.

(3) 감염

일반적으로 문신, 사마귀제거 등 피부 깊은 층이나 넓은 부위의 시술을 받은 피시술자에게 많이 나타난다. 일부는 피부 깊숙이 감염되어 흉터를 남기기 때문에 시술 후 주의를 기울여야 한다.

(4) 알레르기 반응

레이저 시술을 받은 후 일부 드물게 알레르기 반응이 나타나는 경우가 있다. 그 원인은 아직 규명되지 않았으나, 피부가 가렵고 빨개지고 가려운 증상이 나타난다.

6. 성형수술 및 관리

1) 성형수술의 종류

(1) 눈 성형

눈은 일반적으로 가장 많이 하는 성형의 부위로 쌍꺼풀을 만들기 위하여 하는 수술로는 절개법, 매몰법, 부분절개법이 있다. 눈의 모양, 눈꺼풀의 두께와 눈 주위의 지방과 근육에 따라 그 방법이 정해진다. 최근에는 눈매를 크게 보이기 위해서 앞트임, 뒤트임, 밑트임 수술도 많이 시술하고 있다.

(2) 코 성형

얼굴 성형 중 쌍꺼풀 수술 못지 않게 많이하는 부위가 코 수술로 그 이유는 코는 눈과 함께 이미지를 결정하는 데 가장 중요한 역할을 한다. 코는 얼굴의 가장 가운데 위치하고 있고, 이목구비 중 가장 입체감이 강하며 얼굴의 중심선의 축이 되기 때문이다. 최근에는 낮은 코 성형뿐만이 아니라 복코성형, 매부리코 성형 등 그 요구가 다양하다. 재료로는 자신의 살이나 연골을 이용하기도 하고 자가지방, 실리콘, 고어택스 등의 삽입물을 사용한다.

(3) 안면 윤곽 성형

치아 교합과 관련 없이 얼굴 뼈 모양을 변형시켜서 얼굴형을 바꾸는 수술이다. 흔히 많이 하는 수술로는 광대뼈 축소술과 사각턱 수술, 턱 끝 수술 등이 있다. 광대뼈 축소술은 치아 교합은 정상이면서, 광대뼈가 상대적으로 돌출된 경우에 입 안이나 두피로 접근하여 광대뼈의 크기를 줄여주는 수술이다. 사각턱 수술은 치아 교합은 정상이면서, 아래턱이 상대적으로 돌출된 경우에 입 안 절개로 접근하여 아래턱의 크기를 줄여주는 수술이다.

(4) 양악수술

턱의 위치나 모양을 변형시키는 수술인 악(顎)교정술의 일종으로, 윗턱인 상악과 아랫턱인 하악을 함께 수술하는 경우 양악수술이라 칭한다. 부정교합이 있는 턱을 교정하기 위해서 수술되며 턱의 기능을 정상화시킬 뿐만이 아니라 외모를 정상화시키는 효과가 있어 미용에도 도움을 준다. 양악수술 방법은 상악과 하악의 뼈를 잘라서 2개로 분리한 다음, 정상 교합에 맞게 상악과 하악의 뼈를 이동시키고, 이동된 뼈를 고정하는 방법이다.

(5) 지방흡입 및 지방이식

지방흡입은 비만이나 불만족스러운 몸의 비율이나 병적으로 비정상적인 비율을 만족스러운 또는 정상적인 몸매의 형태로 교정하기 위한 수술방법이다. 축적된 피부 밑 지방층을 음압을 이용하거나 초음파를 이용하여 제거한다.

지방이식은 자신의 신체 일부에서 지방을 채취하여 볼륨이 필요한 부분이나 흉터, 주름 부분에 지방을 이식하는 방법으로 지방의 생착률을 높이기 위해서 원심분리를 하여 지방을 이식한다.

2) 성형수술 후 부작용과 관리

성형 후 부작용은 염증과 부종이 대표적이다. 염증 반응은 성형수술 후 수술부위에 상처 치유를 위해 혈액과 림프액이 많이 공급되기 때문에 부종을 동반하게 된다. 또 수술로 인한 모세혈관과 림프관의 손상으로 인하여 순환에 이상이 생기는 것이 부종의 원인이기도 하다.

성형수술 후 48시간 동안 부종 관리는 수술로 인하여 확장되어 있는 혈관을 수축시키는 냉찜질이 효과적이다. 그리고 일정한 시간이 지나면 붓기와 빠른 세포재생을 위하여 림프마사지, 초음파, 고주파 기기를 이용하여 관리를 하는데 강한 압이 들어가는 마사지는 피한다.

림프마사지는 림프관 기능을 활성화하여 부종액의 흡수를 촉진시키는 효과가 있다, 초음파 마사지기는 초음파 진동에 의하여 피부온도를 0.5~1℃ 상승시켜 혈액과 림프의 순환을 도와 부종액 흡수를 촉진시킨다. 그리고 수술 후 남아있는 지방조직을 고루 분포시키고 경화되어 있는 조직을 부드럽게 풀어주는 효과가 있어 수술부위의 울퉁불퉁한 느낌을 완화시키는 효과가 있다. 고주파 기기는 고주파가 피부조직 깊이 침투하여 온도를 상승시킴으로써 콜라겐 합성과 세포재생을 촉진시킨다. 또 경화되어 있는 조직을 풀어주고 통증과 부종을 완화시켜 주는 효과가 있다.

그리고 각 부위마다 수술 후 주의사항이 다르므로 충분히 숙지하고 따르도록 한다. 수술 부위의 테이프를 임의로 떼어내지 않도록 하고 제거할 시에는 피부가 벗겨질 수 있으므로 주의를 하여야 한다. 수술 상처 부위에 물이 닿지 않도록 하며, 실밥이 제거 되지 않은 상태에서 관리할 때에는 오일이나 젤이 상처 부위에 닿지 않도록 한다. 수술 후 수술 부위의 피부감각이 무뎌지므로 뜨거운 온찜질이나 고주파 관리 시 온도에 주의를 기울여야 한다.

휠링테라피

WHEELING THERAPY

chapter 07

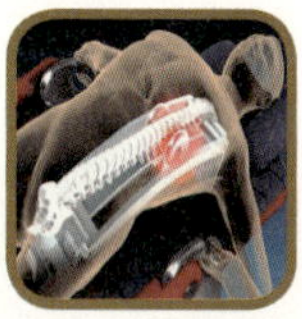

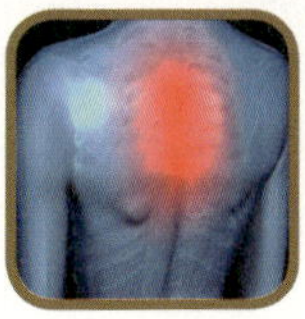

1. 휠링테라피의 정의
2. 휠링테라피의 원리
3. 척추 질환의 치료원칙(휠링테라피의 치료원리)
4. 척추 내장 반사를 활용한 치료사례
5. 질환에 따른 치료부위의 선택 방법

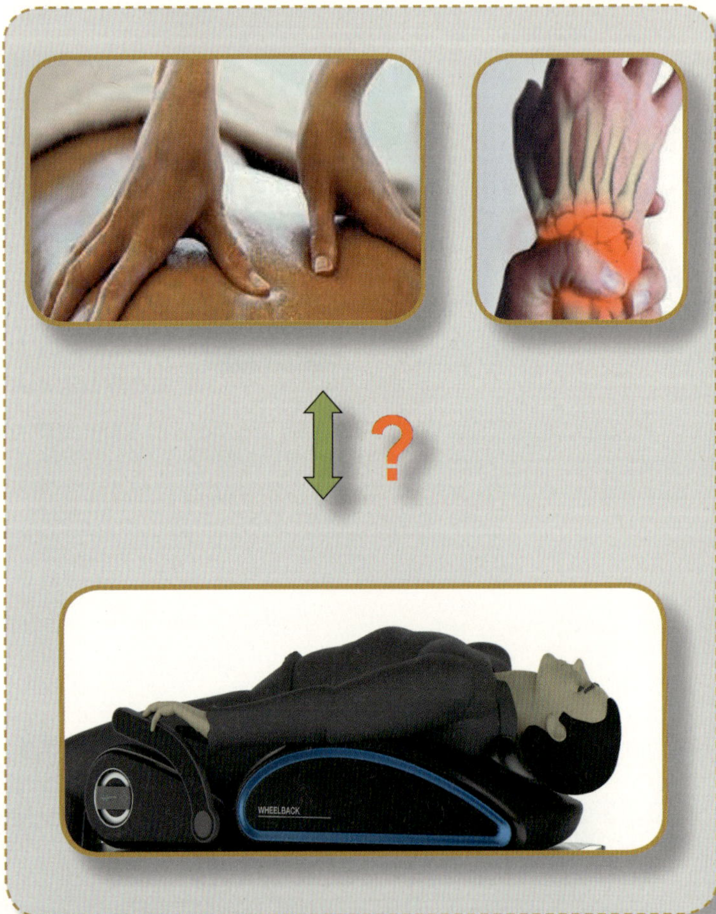
WHEELBACK

1. 휠링테라피의 정의

전동형 척추 운동기구(electronical instrument)인 WHEELBACK(휠백)을 활용하여 척추기립근 및 주변 연조직(soft tissue)의 순환을 활성화하고, 잘못된 척추의 자세(후만: kyphosis, 측만: scoliosis)와 척추유연성을 개선함으로써 각종 척추질환을 예방하고 척추로부터 빠져나오는 자율신경의 흐름을 원활하게 하여 인체 항상성을 회복시키고자 하는 건강보조운동 요법이다.

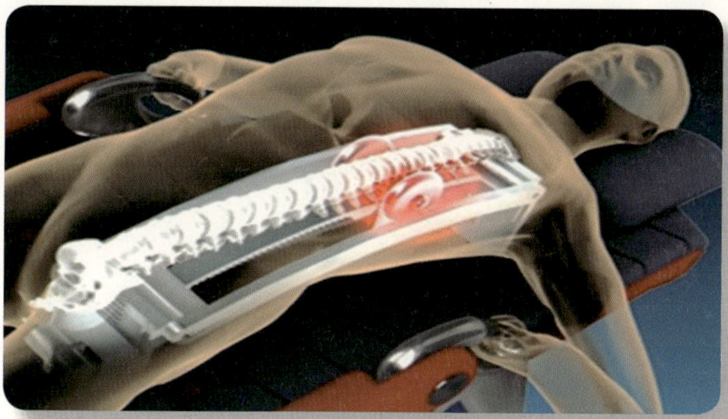

[그림 7-1] 척추운동기구 휠백의 구동부

1) 주의사항

휠링테라피는 의학적 처치나 치료적 목적이 아닌 건강보조요법으로서만 활용되어야 한다. 또한 모든 진단은 전문 의료인의 진단을 근거로 하여야 하며 의학적 처치의 보조요법으로 활용되어야 한다.

WHEELBACK

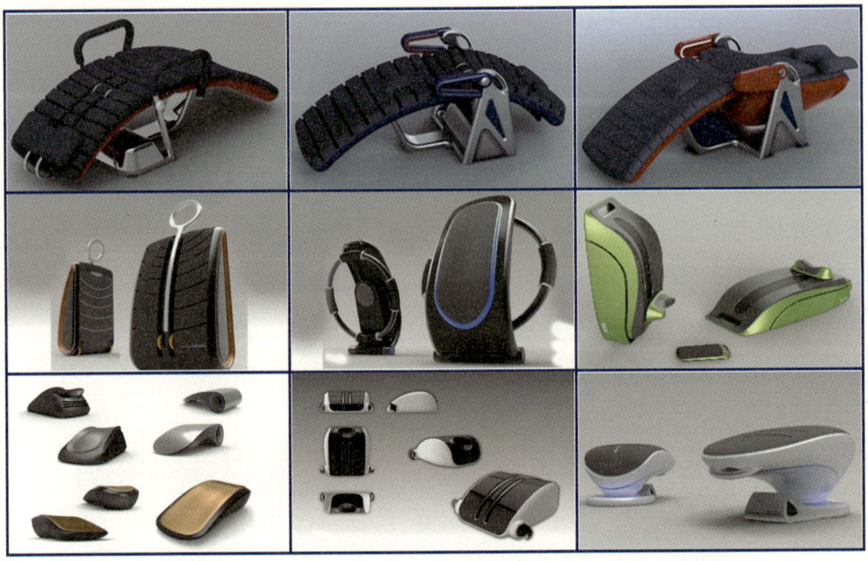

2) 용어해설

(1) 척추기립근

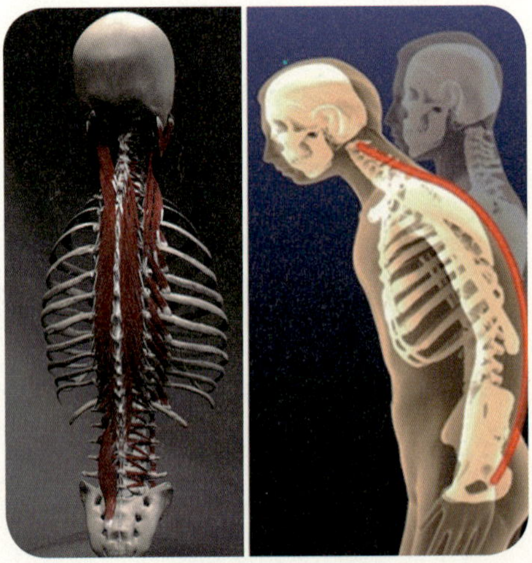

[그림 7-2] 척추기립근

척추의 양옆을 따라서 길쭉하게 뻗은 강한 근육으로 척추를 바로 세우는 역할을 한다.

(2) 연조직(Soft Tissue)

뼈와 내장을 제외한 인체의 조직들, 근육, 인대, 건, 혈관, 신경 등이 이에 속한다.

(3) 척추후만(Kyphosis)

정상적인 척추는 옆에서 바라보았을 때에 경추부(목쪽)와 요추부(허리쪽)는 앞으로 볼록 나온 모양(전만곡: lordosis)을, 흉추부(가슴쪽)와 천추부(엉덩이쪽)는 뒤로 휜 모양(후만곡: kyphosis)을 나타낸다. 그러나 추체, 추간판 및 주위 근육의 이상으로 인해 이러한 척추의 정상 모양이 아니고 흉부의 후만곡이 증가(excessive kyphosis)되어 있거나, 경부와 요부에서 전만 상실(loss of lordosis)이 보일 때를 척추후만증이라 부른다.

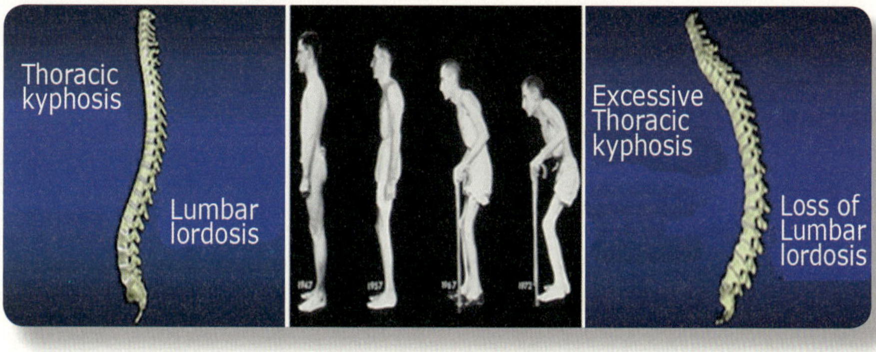

[그림 7-3] 척추후만증

① 원인

후만증의 가장 큰 원인은 자세가 나쁜 경우이며 이를 자세성 후만증이라고 한다. 그 외의 원인으로는 청소년기 후만증, 선천성 척추후만증, 원발성 혹은 전이성 종양, 노인성 척추후만증, 결핵성 척추후만증, 강직성 척추염, 요부 변성 후만증, 외상이나 광범위한 추궁판 절제술 등이 있다. 자세성 후만증은 청소년 급성장 시기의 불량자세가 그 원인이다.

청소년기 후만증은 아직 원인이 확실하게 밝혀지지 않았으나, 호르몬 이상, 유전적 성향, 영양부족, 골다공증, 물리적 요인 등이 원인으로 제시되고 있다. 또한 선천성 척추후만증은 척추의 선천성 기형으로 인해 나타난다. 특히 노인성 척추후만증의 원인은 척추의 퇴행성 변화로 인한 추간판의 변화와 등 근육의 근력 약화, 폐경 후 골다공증과 노인성 골다공증으로 인한 압박 골절이다.

결핵성 후만증은 결핵균이 추체(척추 뼈의 몸체가 되는 둥글납작한 부분)를 파괴시키고 붕괴시킴으로써 발생하게 된다.

요부 변성후만증의 원인은 아직 밝혀지지 않았으나, 쪼그리고 앉아서 일하는 생활 습관이 발병과 밀접한 관계를 가진다고 알려져 있다.

강직성 척추염의 원인 또한 불분명하나 HLA-27 항체와 밀접한 관계가 있다고 한다.

(4) 척추측만(Scoliosis)

정상적인 척추는 정면에서 보았을 때 일직선이며 옆에서 보았을 때에는 경추와 요추는 앞으로 휘고(전만곡) 흉추와 천추부는 뒤로 휘어(후만곡) 있다. 척추측만증은 척추가 정면에서 보았을 때 옆으로 휜 것을 지칭하나, 실제로는 단순한 2차원적인 기형이 아니라 추체 자체의 회전 변형과 동반되어 옆에서 보았을 때에도 정상적인 만곡 상태가 아닌 3차원적인 기형 상태이다.

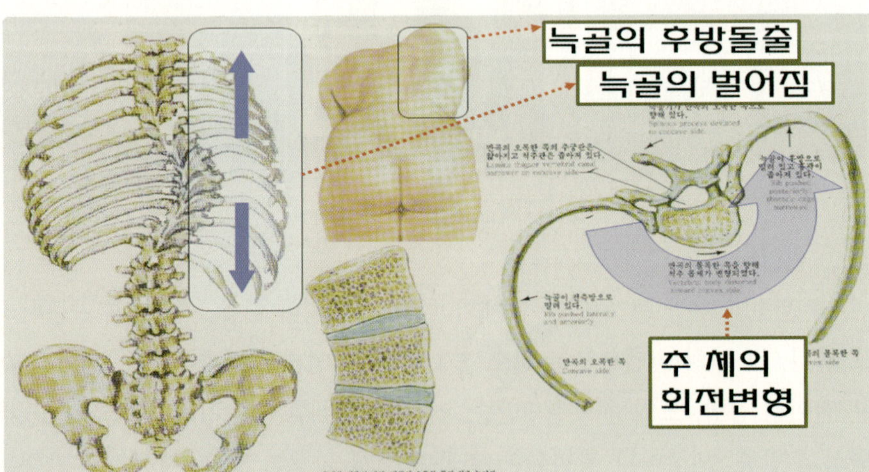

[그림 7-4] 척추측만

① 원인

대부분(85~90%)은 원인을 알 수 없으며, 이러한 경우를 특발성 척추측만증이라 한다(태아 때 척추 생성 과정에서 이상이 생겨 발생: 선천성 척추측만증, 중추 신

경계나 신경학적 이상으로 발생: 신경 근육성 척추측만증, 신경 섬유종)

② 증상

보통 아무 증상 없이 척추의 기형만을 호소, 드물게 증상이 있는 경우 요통이 가장 흔한 증상이다. 80˚측만에서 요통이 전혀 없을 수도 있고, 반대로 20˚ 측만에서 오히려 심할 수 있다. 요통을 항상 측만증과 연관시켜서는 안 된다.

③ 치료

특발성 척추측만증의 치료 목적은 정도가 크지 않은 측만은 더 이상 측만이 진행되지 않도록 하고, 중등도 이상의 측만인 경우 변형을 교정하고 유지하여 신체의 균형을 얻게 함으로써 기능 및 미용을 호전시키려는 것이다.

운동체조요법, 척추 교정술(카이로프랙티스), 침술 요법, 전기 자극 요법 등은 뚜렷한 효과가 없다.

④ 예방방법

척추 측만증을 예방할 수 있는 방법으로 알려진 것은 아직까지 없으며, 조기 발견이 가장 중요하다.

(5) 척추협착증(Stenosis)

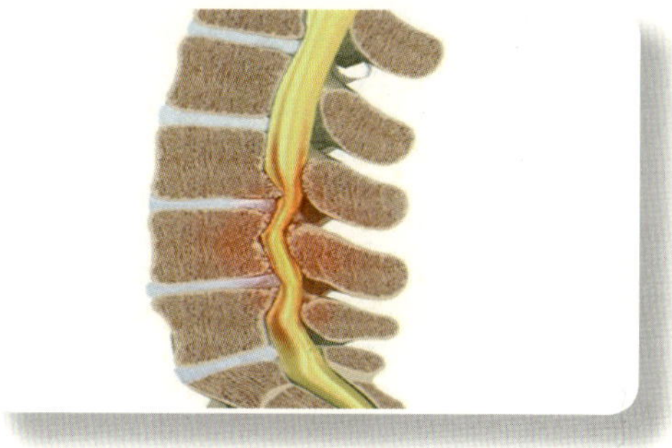

[그림 7-5] 척추협착증

어떤 원인으로 척추 중앙의 척추관, 신경근관 또는 추간공이 좁아져서 허리의 통증을 유발하거나 다리에 여러 복합적인 신경증세를 일으키는 질환을 말한다.

척추관이란 척추 가운데 관 모양의 속이 빈 곳, 아래위 척추에 의해 추간공이 생기며 가운데 관 속은 뇌로부터 팔다리까지 신경(척수)이 지나가는 통로가 된다. 관 모양은 타원형 또는 삼각형으로 경추 부위(목쪽)에서 가장 크며 흉추 부위(가슴 쪽)에서 좁아졌다가 요추부(허리 쪽)에서 다시 커진 후 하부로 갈수록 좁아지는 구조를 갖고 있다.

보통 척추관 협착증(척추강 협착증)은 요추 척추관 협착증(요추관 협착증)이 정확한 표현이다. 이러한 협착증이 경추 부위에 발생하면 경추 척추관 협착증(경추관 협착증)이라고 한다

(6) 자율신경계(ANS: Autonomic Nerve System)

① 정의

내분비기관과 함께 자율신경은 신체의 적절한 내부환경 유지에 필요한 세밀한 내적 조절기능을 한다. 자율신경은 교감신경과 부교감신경으로 구분되고, 들(入)신경세포(afferent), 연결신경세포, 날(出)신경세포(efferent)로 구성된다.

② 교감신경

신체가 갑작스런 심한 운동, 공포, 분노와 같은 위급한 상황에 대비, 반응한다.

③ 부교감신경

위장관의 분비와 꿈틀운동(연동운동)을 촉진하며, 소화와 흡수를 촉진하고, 에너지를 절약 및 저장한다. 이들은 대개 한 장기에서 서로 반대로 작용한다. 예를 들면, 교감신경은 심장박동을 촉진하지만, 부교감신경은 심장박동을 억제한다.

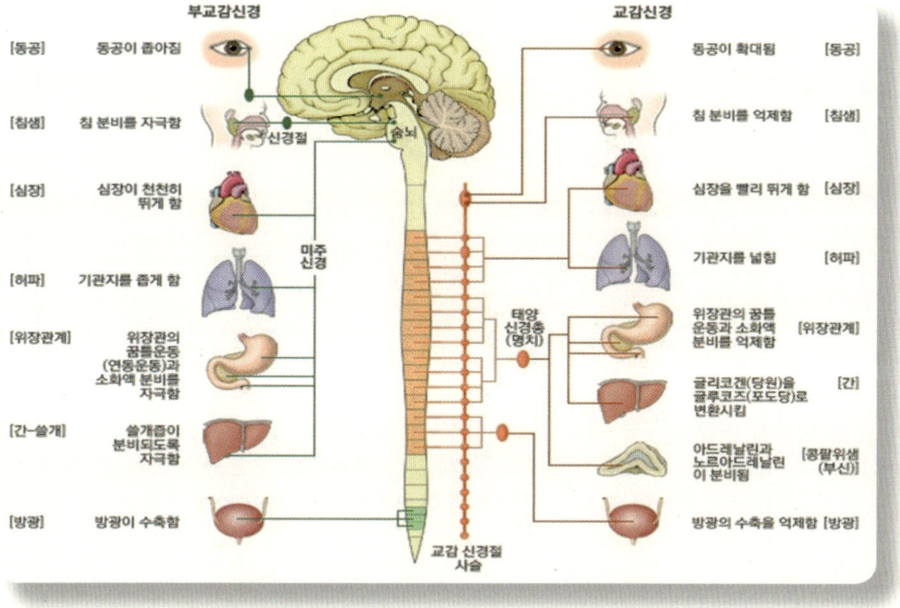

[그림 7-6] 교감신경과 부교감신경

(7) 항상성(Homeostasis)

자동정상화장치(自動正常化裝置)라고도 하며 Homeo(same)와 Stasis(to stand or to stay)의 합성어로서 외부환경과 생물체 내의 변화에 대응하여 순간순간 생물체 내의 환경을 일정하게 유지하려는 현상이며, 자율신경계와 내분비계(호르몬)의 상호협조로 이루어진다. 체온이 정상 이하이며 체열을 외부로부터 빼앗기지 않기 위해 땀구멍을 닫고, 몸을 움츠리게 하여 체온을 보호하고, 체온이 정상 이상이면 땀구멍을 열어 땀을 흘림으로써 체온을 정상수준으로 조절한다.

2. 힐링테라피의 원리

Tip 척추와 자율신경의 관계

1. 인체 외적 환경은 자율신경에 영향을 주게 된다.
2. 자율신경은 인체항상성을 조절한다.
3. 항상성이 파괴되면 질병의 상태가 된다.
4. 자율신경은 척추를 통과한다.
5. 바르지 못한 척추는 자율신경흐름에 영향을 줄 수 있다.
6. 척추를 바로잡고 유연성을 회복함으로써 자율신경의 흐름을 개선할 수 있다.
7. 자율신경의 흐름이 개선되면 인체 항상성유지에도 도움이 된다.

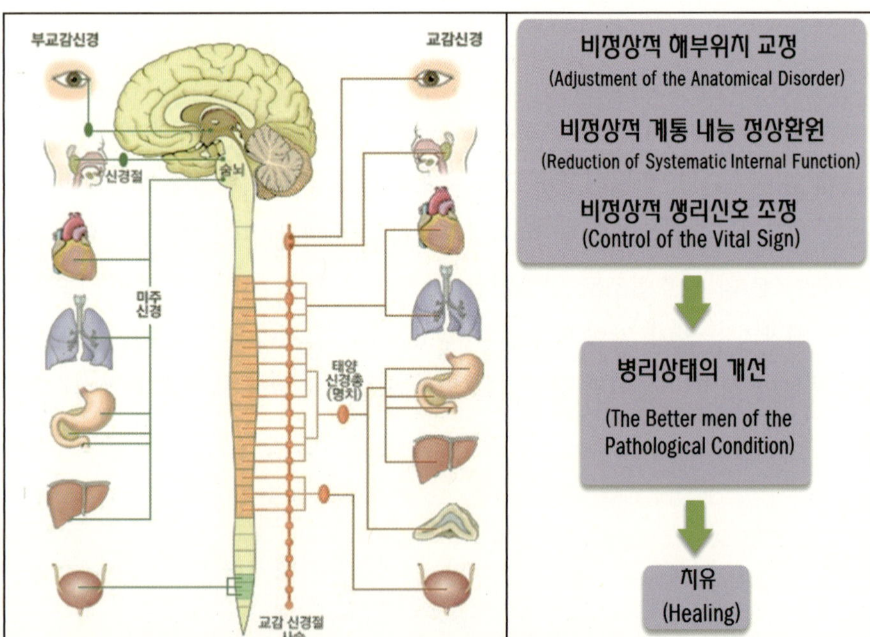

1) 척추는 왜 바른 자세를 유지하기 어려운가?

척추의 바른 자세를 유지한다는 것은 척추를 바로 세우는 것으로 이를 위하여는 볼링공(8lbs: 3.6kgs) 무게의 두개골을 들어 올리기 위한 척추기립근의 에너지가 필요하다. 우리가 척추를 바로세우고 있는 동안은 척추의 기립에너지가 소모된다. 또한 척추를 바로 세우기 위하여는 척추기립근이 수축되어야 한다.

[그림 7-7] 두개골의 무게

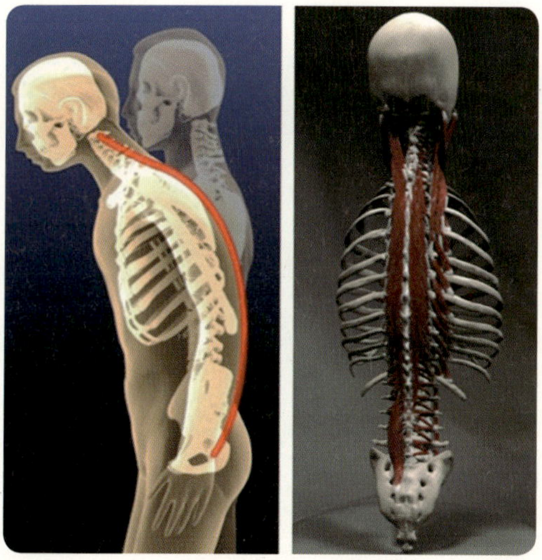

(1) 평소 무의식적으로 두개골의 무게와 척추기립 에너지를 줄이기 위한 자세를 취하게 됨.

이는 척추가 바른 자세를 잃고 변형을 일으키는 주요 원인이 된다.

[그림 7-8] 척추기립 에너지를 줄이기 위한 무의식적 자세들

(2) 각종 원인으로 인한 에너지 부족과 긴장은 척추의 바른 자세 유지를 어렵게 하고, 이는 등이 굽어지는 원인을 제공함.

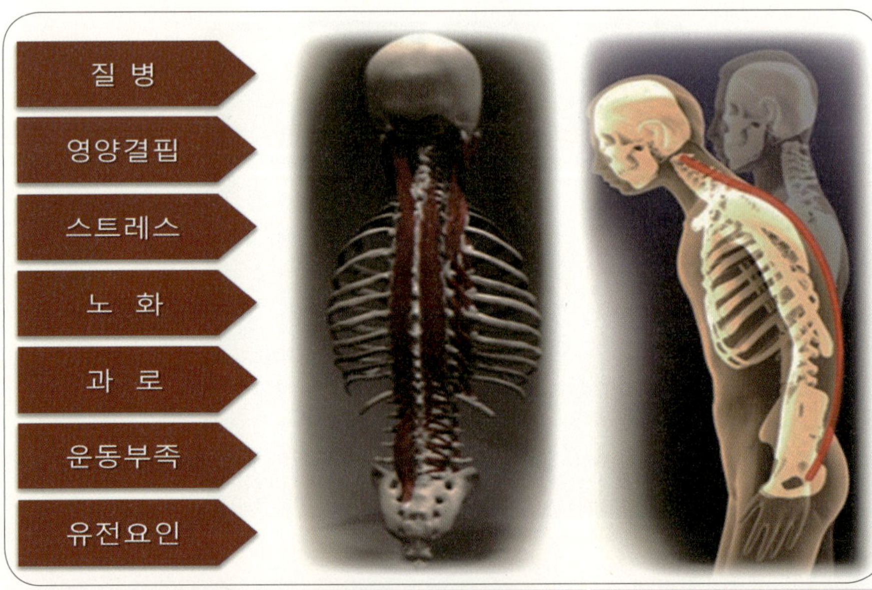

에너지 부족의 각종원인	척추기립근의 에너지 부족	등이 굽는 자세성 척추후만의 형성

2) 자세성 척추후만(Vetebral Kyphosis)은 우리 몸에 어떠한 영향을 주는가?

(1) 척추 주변 조직의 온도를 떨어지게 하여 조직 수축을 일으킨다.

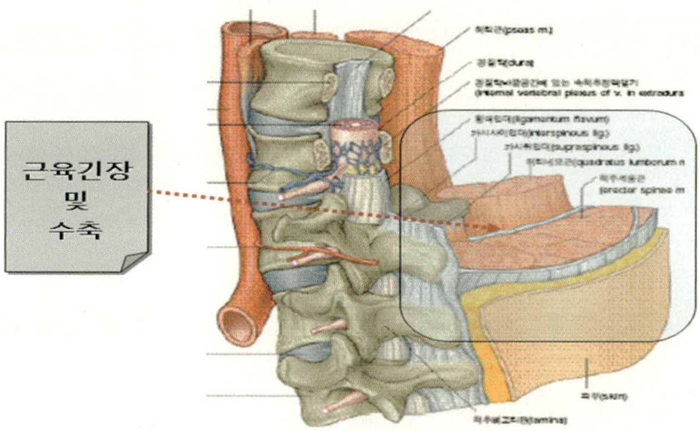

우리 인체의 근육은 정상적인 근 수축 활동을 통하여 열을 발생시킨다. 이는 정상적 체온유지에 필요하며 에너지 부족으로 척추기립근이 정상적 수축열을 발생시키지 못할 경우 척추기립근 및 주변 조직의 온도가 떨어진다. 이는 주변조직이 재차 수축되는 악순환의 원인을 제공한다.

(2) 지속적인 척추후만은 척추 후관절의 관절낭을 자극하여 주변 근육을 수축시키고 통증을 유발한다.

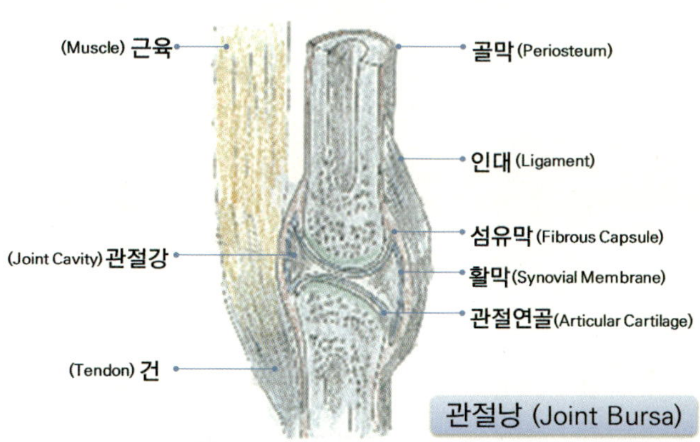

척추에는 척추 후관절(facet joint)이라는 척추균형에 필요한 조직이 있으

며, 이 후관절에는 관절을 둘러싸고 있는 관절낭이 존재한다. 한편 본 관절낭에는 통각신경이 분포하여 척추의 과다한 움직임을 제한한다. 척추의 지속적인 후만은 관절낭의 통각신경을 자극하여 척추 통증을 일으키고 척추의 유연성을 떨어트리는 원인이 된다. 또한 후관절 착위(facet joint subluxation)의 원인을 제공한다.

(3) 흉곽을 수축시켜 폐활량을 줄어들게 하고 조직으로의 산소 공급을 저하시킨다.

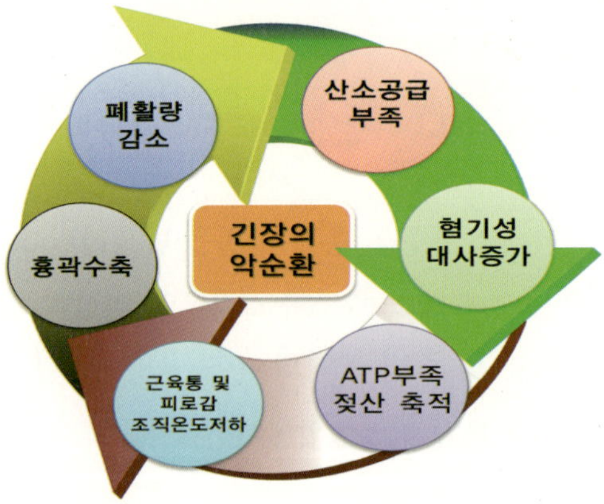

[그림 7-9] 긴장의 악순환

산소의 공급이 줄어들면 혐기성 대사량이 증가하여 에너지(ATP)생산량이 줄어들고 젖산의 축적이 늘어나게 된다. 이는 척추주변조직의 수축과 근육통 및 피로의 원인이 된다.

(4) 장기적인 자세성 후만은 영구성 척추후만의 원인이 된다.

장기적 척추후만은 척추골 자체를 쐐기형(Wedge Type)으로 변형시켜 척추를 영구적으로 후만 변형되게 한다.

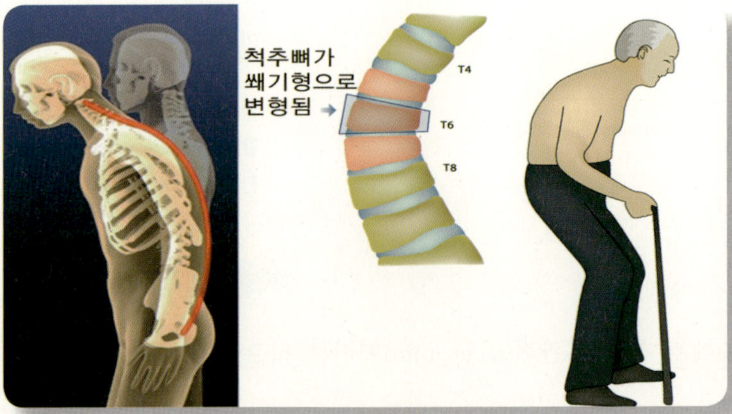

3) 척추주변 조직의 수축으로 인한 척추 병리조건의 형성

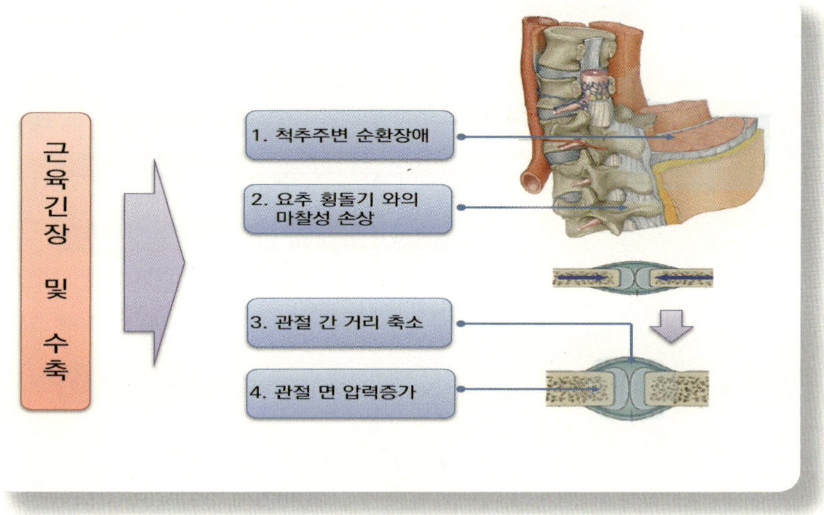

에너지 부족, 자세성 척추후만, 후관절 자극 등의 다양한 원인은 척추 주변 조직을 수축시켜 움직임이 많은 요추부의 경우 주변 연조직인 Soft Tissue(근육, 건, 인대, 혈관, 신경 등)와 마찰성 손상을 일으키며 관절 간의 거리가 좁아지게 하여 각종 관절 질환을 유발하는 요인이 된다.

4) 관절 간 거리 축소에 의한 병리기전

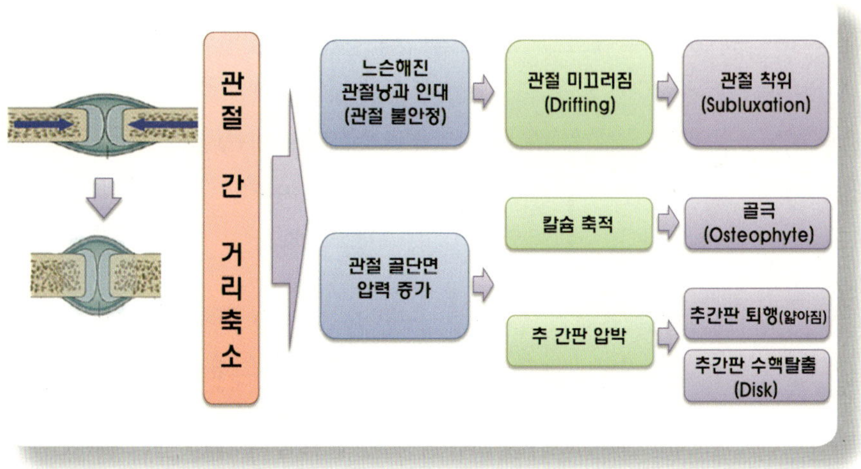

WHEELBACK

5) 근 수축으로 발생 가능한 척추 질환

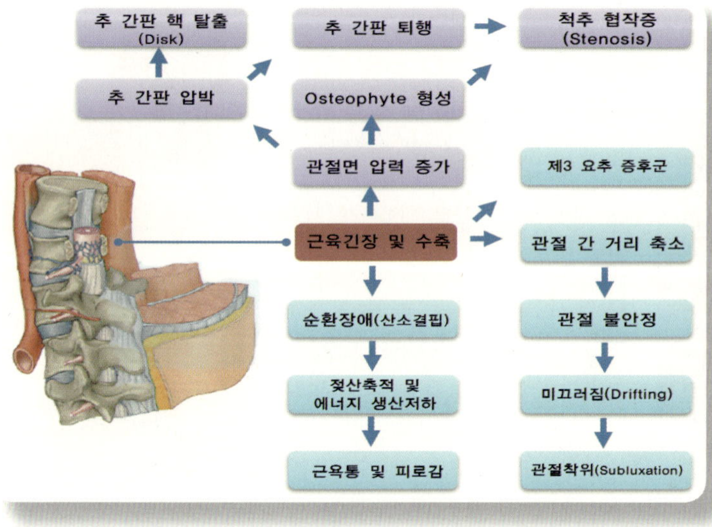

근 수축으로 발생 가능한 척추 질환은 다음과 같다.

① 제 3요추 증후군(L3 transverse process syndrome)

② 척추 디스크 탈출증(vertebral disk hernia)

③ 척추 협착증(spinal stenosis)

④ 면관절 착위(facet joint subluxation)

⑤ 근육통 및 피로감

⑥ 척추측만(scoliosis)

(1) 척추 주변 조직 긴장으로 인한 제 3요추 증후군 발병 기전

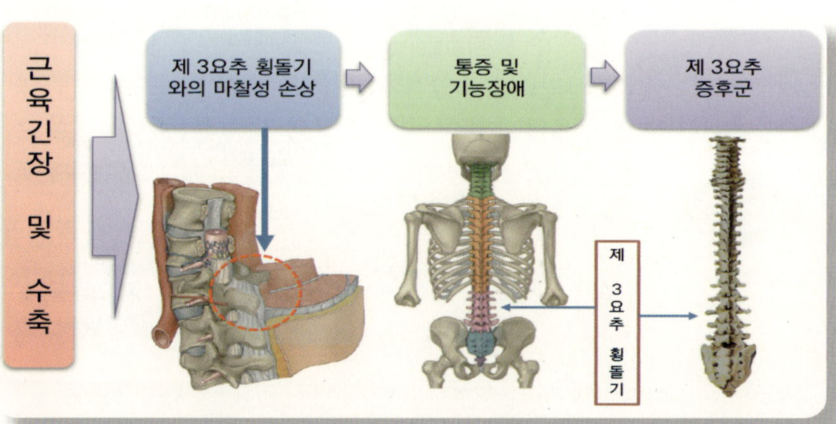

① 제 3요추(Lumbar 3)

가. 요부 만곡(lumbar lordosis)의 정점(the peak)에 위치

나. 요부 활동의 중심

② 제 3요추 횡돌기(L3 transverse process)

가. 횡돌기에는 크고 작은 근육들이 부착되어 있고, 양쪽 횡돌기에 부착되어 있는 근육들의 상호 협조 또는 길항작용에 의해 인체의 중심이 유지된다.

나. 제 3요추 횡돌기가 가장 길고 척추만곡의 정점에 위치하므로 허리를 움직일 때 받는 견납력(牽拉力: tension)이 최대이다.

③ 병리기전

외력(外力) 또는 수한(受寒) 등의 원인으로 요추부 일측의 근육과 근막이 긴장 수축되면 대측(對側)과 동측(同側) 모두 근육긴장의 작용 및 반작용에 의해 손상된다.

④ 임상표현

청장년에 다발하며 특히 체력노동자에서 다발한다. 주로 외상사(traumatic injury)가 있다. 일측 요둔부에 동통이 있으며 대퇴부로 방사될 수 있으나 무릎 이하로 내려가지는 않는다. 허리를 전굴하거나 선전하면 통증이 증가한다. 경한 경우 단순부종과 요통에 국한되나, 심한 경우 혈종과 근육경련 대퇴부로의 방사통이 나타난다.

(2) 척추압박에 의한 척추협착증과 추간판 탈출증의 병리기전

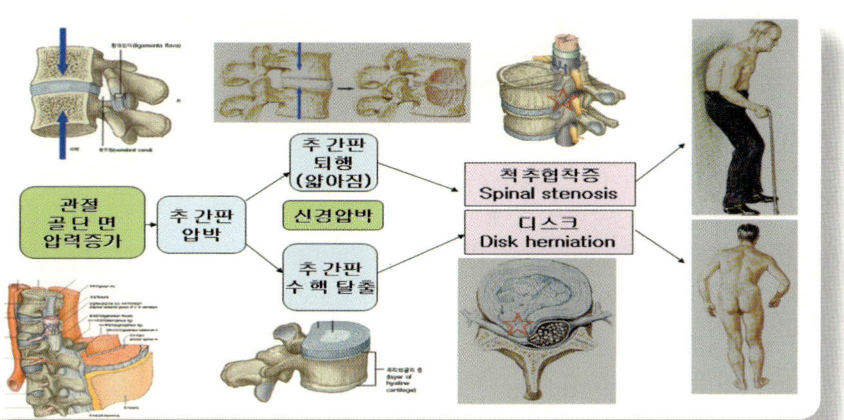

(3) 척추압박에 의한 추간판의 퇴행 및 디스크 발병기전

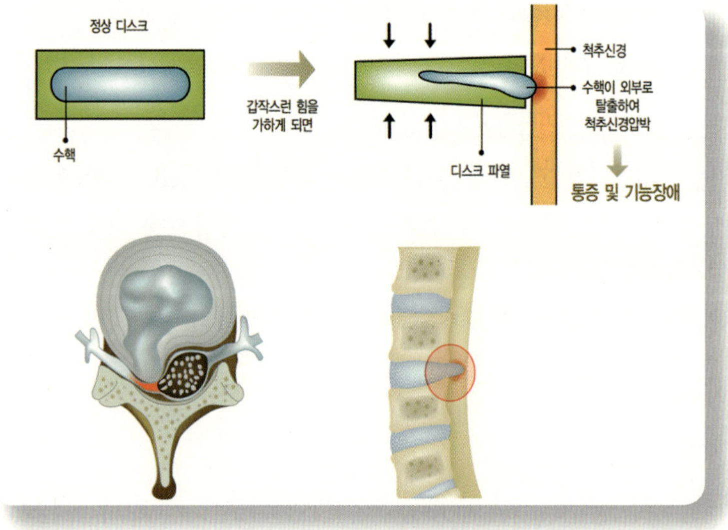

(4) 척추압박에 의한 Osteophyte(골극: 뼈돌기)의 형성

뼈는 장기간 압력을 받게 될 경우 압력을 받는 부위에 음전하가 생기게 되며 장력을 받는 부위에는 양전하가 형성된다. 뼈의 구성 성분인 칼슘은 양전하를 갖는 분자이므로 음전하를 형성하는 압력을 받는 부위에 서서히 침착하여 골 조직을 형성하게 된다. 이를 골극(骨棘) 즉, Osteophyte라 하며 척추 협착증의 원인을 제공하게 된다.

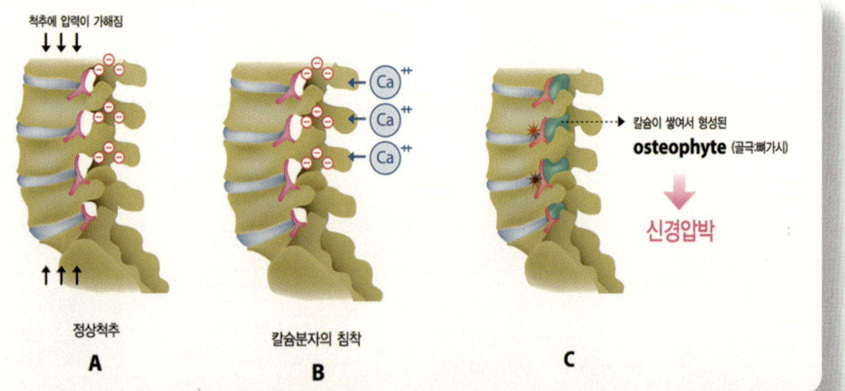

척추협착증에는 척수가 지나가는 척수통로가 좁아져 척수신경 압박증상이 나타나는 Spinal Stenosis와 척수신경이 빠져나오는 추간공(foramen)이 좁아져 증상이 나타나는 Foramen stenosis의 두 종류가 있다.

척추협착증의 전형적 증상은 신경성 간헐성 파행(Neurogenic Intermittent Claudication)으로 일정거리를 걸어가면 다리가 저리고 아프며 앉아서 쉬거나 앞으로 구부리면 증상이 완화된다.

(5) 면관절 아탈구(Facet Joint Subluxation)

근육의 수축으로 척추 면관절의 관절 간의 거리가 좁아지게 되면 마주보는 관절면이 미끄러지게(drifting) 되고, 이로 인하여 관절을 둘러싸고 있는 관절낭(joint capsule)의 통각신경이 자극을 받게 되어 근육의 반사성 수축과 함께 통증이 발생하게 된다.

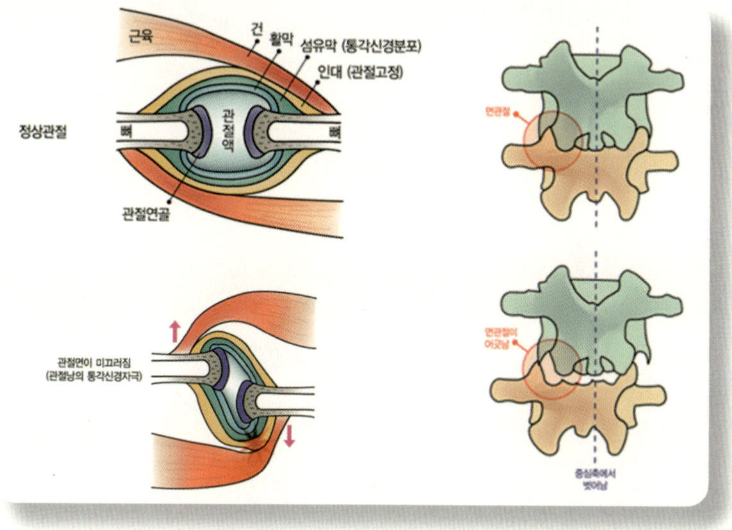

- 치료원칙: 아탈구(subluxation)된 척추의 위치를 교정한다.

3. 척추 질환의 치료원칙(휠링테라피의 치료원리)

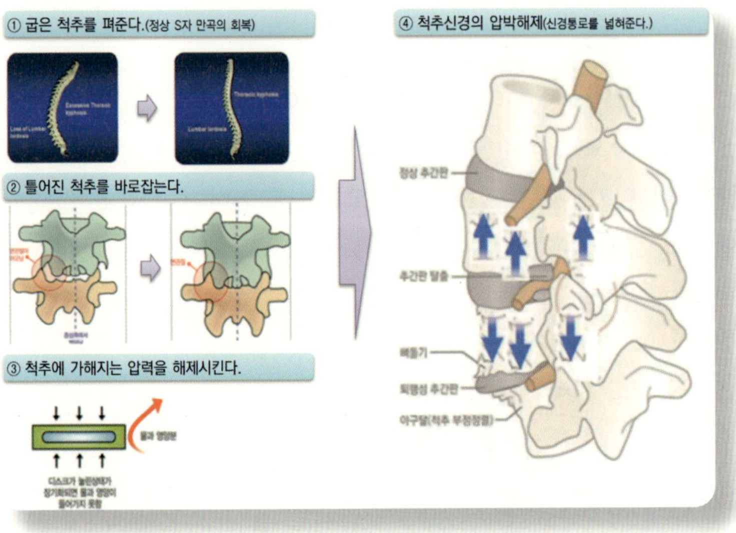

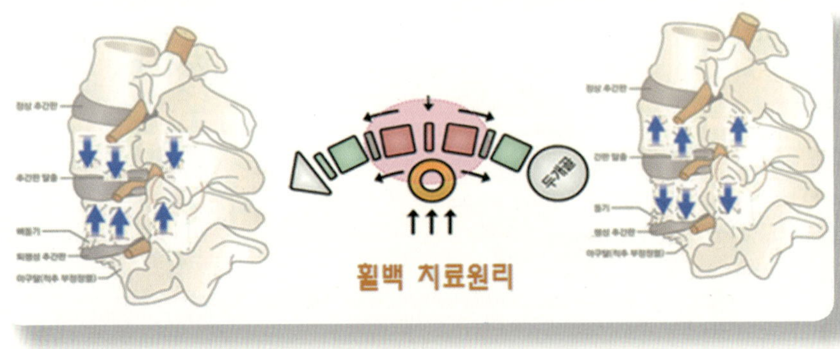

1) 척추를 바로잡기 위한 각종 교정요법들

[그림 7-10] 인도 요가운동기구 쿠룬타

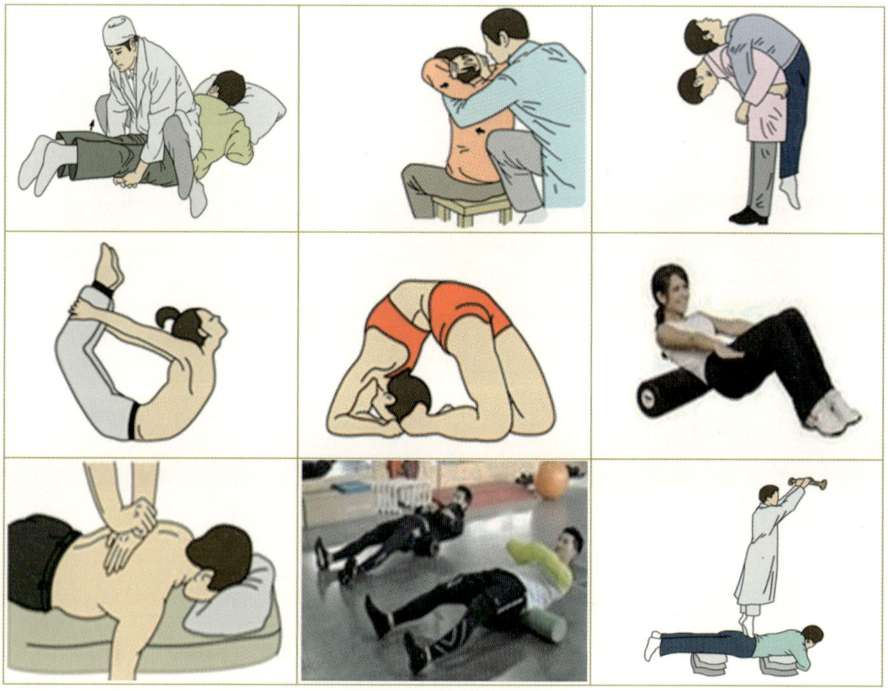

- 공통점: 후만된 척추를 바로 잡는다.(extension)

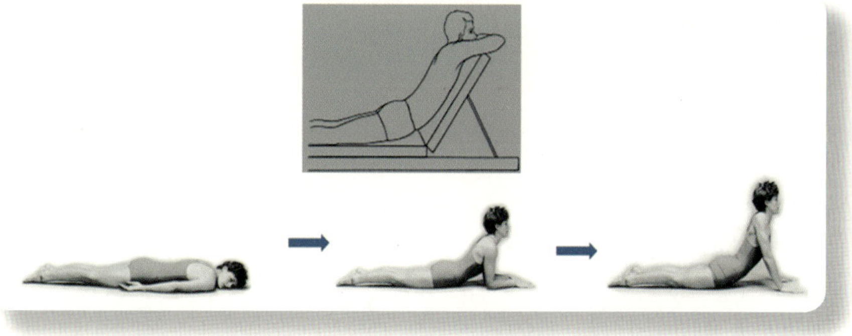

[그림 7-11] Mckenzie Extension Exercise(맥켄지 신전운동)

이는 호주의 물리치료사 맥켄지에 의하여 개발된 척추 신전(extension) 운동요법이다.

[그림 7-12] 척추건강에 좋지 않은 운동 및 자세

2) 휠백을 활용한 어깨질환의 치료

어깨통증의 경우 가장 많이 발생하는 질환은 회전근개 증후군과 오십견이다. 오십견은 대부분의 경우 자연 치유되며 회전근개 증후군(Rotator Cuff Syndrome)은 견관절의 회전에 관여하는 4개의 근육 즉, 극상근, 극하근, 견갑하근, 소원근의 수축에 의하여 발생하는 질환이며 이 중 특히 극상근에 의한 충돌증후군이 통증의 주요 원인이 되고 있다.

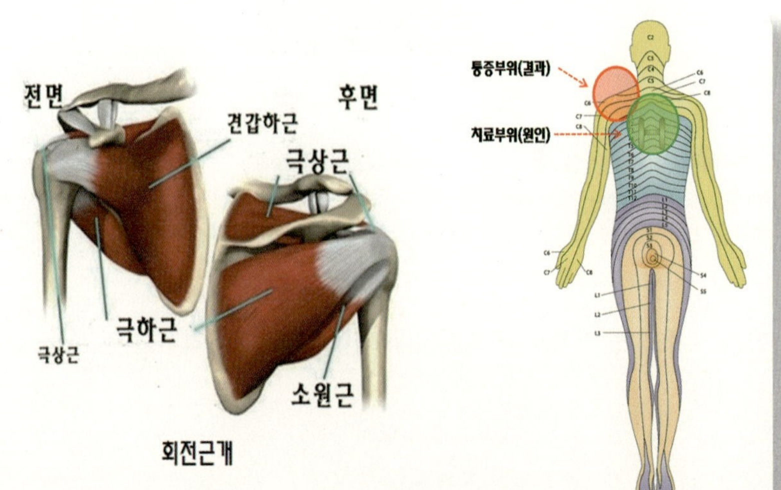

- Pain and stiffness of the shoulder(어깨통증과 강직) → 집중 치료부위 T1, T2, T3, T6
- 어깨질환에 왜 흉추(등)를 치료하는가? → 원인에 대한 접근
- 통증의 원인: 에너지 부족과 긴장에 의해 몸이 앞으로 굽게 됨
  척추후만과 함께 어깨(견관절)도 앞으로 굽게 됨

극상근의 경우 상완골두에 부착되어 있으므로 어깨가 굽게 되면 근육의 기시점과 정지점의 거리가 멀어지게 되며. 반면, 긴장과 온도저하는 근육을 수축하게 하여 근육의 길이가 짧아지게 된다. 이는 근육을 계속하여 잡아당기는 작용을 하게 되며 극상근 정지점과 기시점의 근건(tendon) 부위에도 장력으로 인한 손상(파열: tearing)을 주게된다. 따라서 자세교정을 통하여 기시점과 부착점의 거리를 짧게하여 주면 증상이 즉시 완화된다.

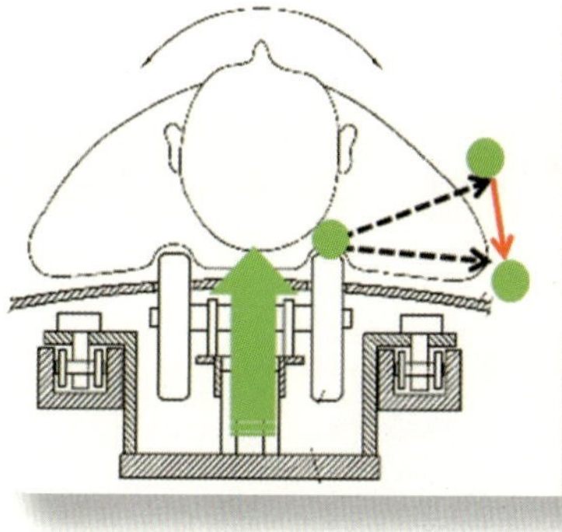

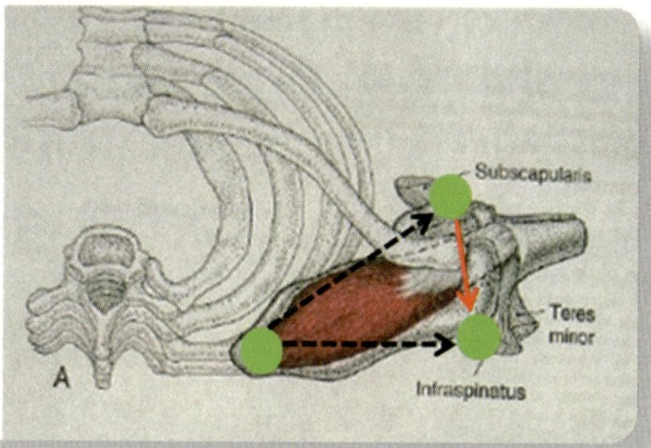

3) 척추의 체표내장 반사구역

인체는 자율신경에 의해 내장기능의 이상을 척추의 해당부위(반응점)에 다양한 형태(압통, 반점, 돌출물 등)로 나타내거나 또는 척추의 이상으로 내장기능의 병변을 나타내기도 한다. 이를 체표 내장반사 또는 내장 체표 반사라고 한다. 이러한 원리를 이용하여 척추를 통하여 내장기능의 이상을 진단하거나 척추를 다스림으로써 내장기능 병변을 치료한다. 휠백을 활용한 휠링테라피의 치료원리도 이와 같다.

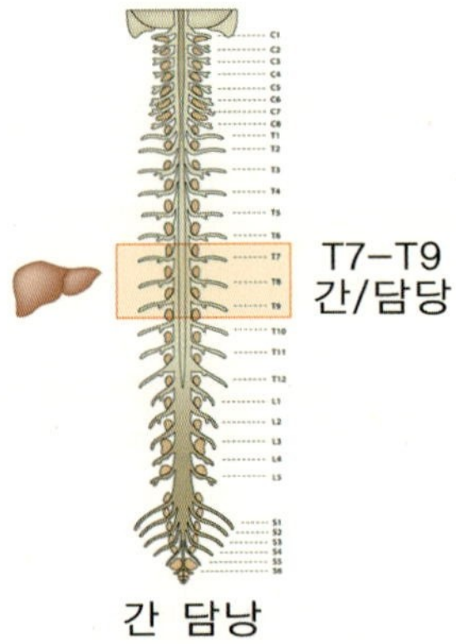

[그림 7–13] 간/담낭

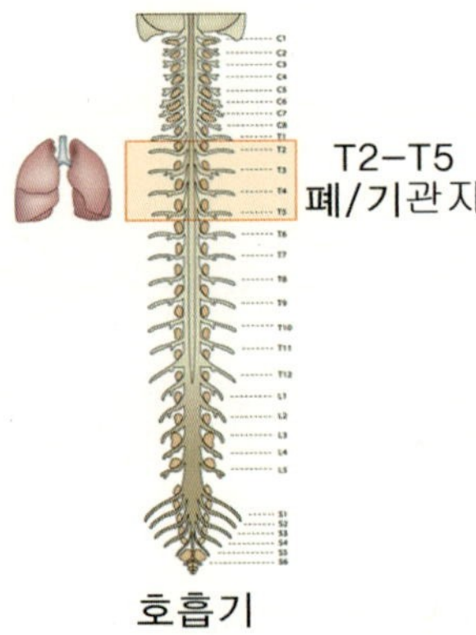

[그림 7–14] 호흡기

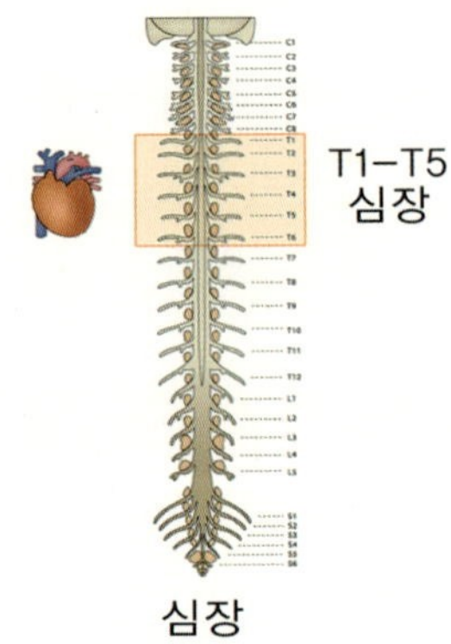

[그림 7–15] 심장

- 체표 내장 반사를 활용한 화타 협척혈
- 화타(AD 145~208)
  - 한말(漢末)의 전설적인 명의(名醫)

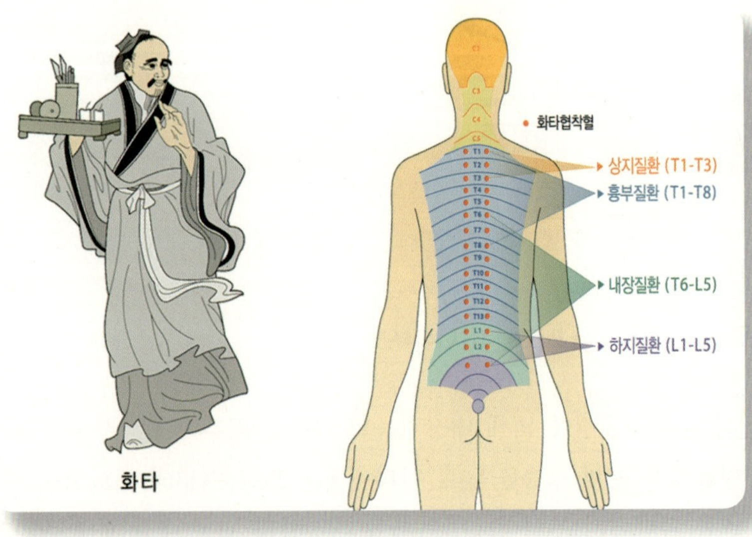

4. 척추 내장 반사를 활용한 치료사례

1) 위궤양(Gastric Ulcer)

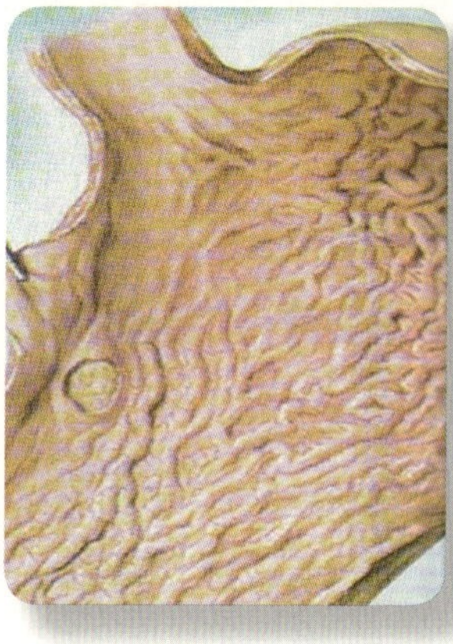

위장 점막이 흡연, 스트레스, 약제, 헬리코박터균의 감염, 악성종양 등에 의해 손상되어 가장 표면에 있는 점막층보다 깊이 패이면서 점막근층 이상으로 손상이 진행된 상태를 위궤양이라고 한다. 흔히 소화성 궤양과 동의어로 쓰이는데, 소화성 궤양은 점막을 보호하는 방어인자와 점막 손상을 유발하는 공격인자의 균형이 깨지면서 발생하는 궤양을 말하고 대개 재발과 자연적 치유를 반복하는 경과를 보인다. 십이지장 궤양과 달리 위궤양은 악성종양에서 나타나는 경우도 있으므로 위궤양을 단순 소화성 궤양으로 일반화하기에는 문제가 있다.

(1) 원인

식도를 통과하여 위장에 도착한 음식물은 위산에 의해 잘게 부숴진 형태로 소장으로 진행되어 영양분으로 흡수되므로, 필연적으로 위장은 위산, 각종 소화효소, 담즙, 복용한 약물, 알코올 등 세포를 손상시키는 공격인자에 노출되어 있다. 이러한 공격요인에 대해 생체 내에서 여러 단계의 방어요인이 갖추어져 있는데, 이러한 공격과 방어의 균형이 깨질 때 위장의 점막이 손상되고 궤양을 일으키게 된다.

양성 궤양인 소화성 위궤양의 원인으로는 헬리코박터 파일로리(헬리코박터균)의 감염, 진통제 복용, 흡연 등이 대표적이며, 이 중 헬리코박터균의 감염이 가장 흔한 원인이다. 십이지장 궤양에서는 위산분비가 많아져서 궤양이 발생하지만 위궤양에서는 위산분비가 증가하지 않아도 궤양이 발생하는 것이 보고되고 있다. 따라서 위산분비(공격인자)가 증가하는 것보다 위장 점막의 병적인 변화에 의한 방어인자의 감소가 위궤양 발생에 더 주요한 역할을 한다고 받아들여지고 있다.

또한 위장에서 십이지장으로 음식이 넘어가는 유문부위의 압력이 증가되어 공격인자(위산을 포함한 위 내용물)의 배출이 늦어지는 것도 발병에 주요한 역할을 한다고 보고되고 있다. 헬리코박터균은 주로 위장에 감염되는 세균이므로 이러한 병리 현상에 모두 관여하여 위궤양을 일으킨다.

진통제(해열, 진통, 소염제)에 의해 위궤양이 발생하는 기전은 약물이 위장점막에 직접 닿아서 자극을 일으키거나 또는 위장 점막 세포층의 재생과 기능을 조절하는 프로스타글란딘(prostaglandin)이라는 물질의 생성 과정이 진통제에 의해 차단되기 때문에 위장 점막이 손상되어 궤양이 발생하는 것이다. 또한 흡연은 위장 점막세포의 재생과 점막 하 조직의 혈액순환 등에 장애를 가져오므로 궤양을 일으킬 수 있다

(2) 증상

위궤양, 위염, 십이지장 궤양, 역류성 식도염 등 많은 질환에서 복통이나 심와부(명치) 통증이 나타나는데, 특별히 어떤 질환에 특징적인 복통은 없으므로 증상만으로 질환을 감별하는 것은 불가능하다. 대개 위궤양에서 나타나는 통증은 음식에 의해 악화된다고 알려져 있지만 그렇지 않은 경우도 많다. 위궤양은 메스꺼움, 체중감소 등이 나타나는 경우가 비교적 흔한데, 체중감소가 있는 사람에게 위궤양이 발견되면 악성 궤양인지를 반드시 감별 진단해야 한다. 위궤양으로 인해 장출혈, 토혈, 흑색변, 빈혈 등이 나타날 수 있으며, 만성적인 유문부 궤양은 십이지장 궤양처럼 장폐색이 나타나 구토, 체한 증상 등이 지속될 수 있다. 궤양 천공(장이 뚫림)이 생기면 급성 복통으로 나타나기도 한다.

(3) 치료

위궤양의 치료 목표는 먼저, 궤양과 연관된 통증이나 소화불량 등의 증상을 조절하고, 그 다음에는 궤양의 치유를 촉진하며, 궁극적으로는 위궤양의 재발을 방지하는 것이다. 위궤양의 증상은 궤양이 치유되면서 호전된다. 궤양에 대한 치료는 크게 세 가지 종류로 나누어 볼 수 있는데, 첫째, 위궤양의 치료, 둘째, 헬리코박터균에 대한 치료, 셋째, 위궤양의 합병증에 대한 치료이다.

(4) 경과 합병증

위궤양은 저절로 치유되는 경우도 있지만 헬리코박터균에 대한 치료를 하지 않는 경우에는 50~60%에서 재발하는 것으로 알려져 있다. 적절한 치료가 이루어진 경우에는 대개 4~8주 정도면 궤양이 치유되며, 헬리코박터균에 대한 치료를 시행한 경우에는 치료가 끝나고 4~6주 후에 검사를 통해 완전히 치유되었는지 확인한다. 적절한 치료 후에도 위궤양이 지속되는 경우에는 악성 종양이 숨어있는지 확인하는 검사가 여러 차례 필요할 수도 있다.

(5) 생활 가이드

위궤양으로 진단된 후에는 절대적으로 금연하여야 하며, 관절염 및 만성 통증으로 진통제를 먹어야 할 경우에는 반드시 점막 보호제를 함께 복용해야 한다. 위점막을 직접적으로 손상시키는 알코올이나 불필요한 약물 복용도 피해야 한다.

(6) 식이요법

위궤양에 대해서는 특별히 피해야 하거나 적극 섭취해야 하는 음식은 별로 없지만, 적절한 식사량을 유지하고 규칙적인 식사시간을 지키는 것이 매우 중요하다. 출혈이 있는 경우에는 지혈이 잘 되었는지 확인하기 위해 2~3일간 금식해야 할 수도 있는데, 이 경우에는 전문의의 지시를 따르는 것이 좋다.

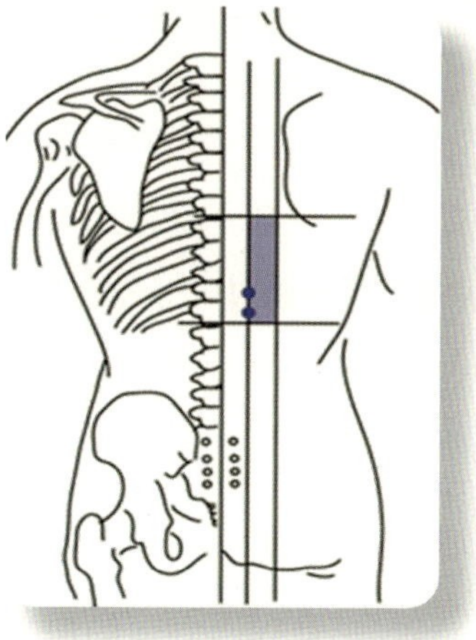

[그림 7-16] 휠링테라피 위궤양 적용부위(T7~T10)

2) 협심증(Angina Pectoris)

(1) 정의

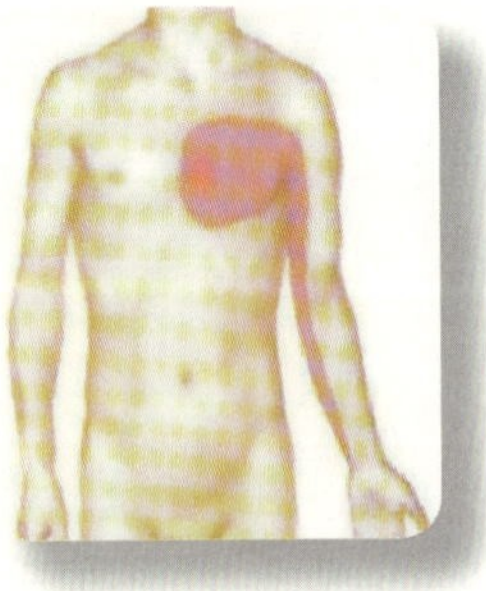

심장은 크게 3개의 심장혈관(관상동맥: Coronary Artery)에 의해 산소와 영양분을 받고 활동한다. 동맥경화증, 혈전증, 혈관의 수축 및 연축(spasm) 등의 원인에 의해 3개의 관상동맥 중 어느 한 곳에서라도 급성이나 만성으로 협착(수축 등의 원인에 의해 혈관 등의 통로의 지름이 감소하는 것)이 일어나는 경우, 심장의 전체 또는 일부분에 혈류 공급이 감소하면서 산소 및 영양 공급이 급격하게 줄어들어 심장근육이 이차적으로 허혈 상태에 빠지게 된다. 이러한 상황을 협심증이라고 한다.

(2) 증상

환자는 대부분 급성 통증 또는 운동이나 활동 시에 발생하는 통증을 호소한다. 대개 '가슴이 쥐어짠다', '가슴이 싸한 느낌이 든다'고 호소하며, 주로 가슴의 정중앙 또는 약간 좌측 부위에 통증을 호소하는 경우가 많다. 그러나 이러한 증상 없이도 '명치가 아프다' 또는 '턱끝이 아프다'라고 호소하는 경우도 있고, 전형적이지는 않지만 '속이 아프다', '가슴이 쓰리다'고 호소하는 환자도 있다.

흉통은 호흡곤란을 동반하는 경우가 많으며, 좌측 어깨 또는 좌측 팔의 안쪽으로 퍼지는(방사) 경우도 있다. 대개는 운동이나 활동을 할 때, 감정적인 스트레스를 받을 때 유발되는 경우가 많지만 관상동맥의 협착 정도가 아주 심하거나 급성으로 혈전이 생기는 경우에는 휴식 시에도 유발될 수 있으므로 이와 같은 경우는 특별한 주의가 요구된다.

흉통의 지속 시간은 대개 5분 이내이고, 30분 이상 지속되는 경우는 거의 없다. 또한 급성 심근경색증과는 달리 니트로글리세린 설하정을 혀 밑에 투여하면 통증이 호전되거나 소실되는 경우가 많다. 드물지만 경우에 따라서는 흉통을 호소하면서 갑작스런 실신이나 심장마비로 응급실에 내원하는 경우도 있는데, 이는 대부분 급성으로 광범위한 부위에 걸쳐서 심근 허혈이 발생했기 때문이다.

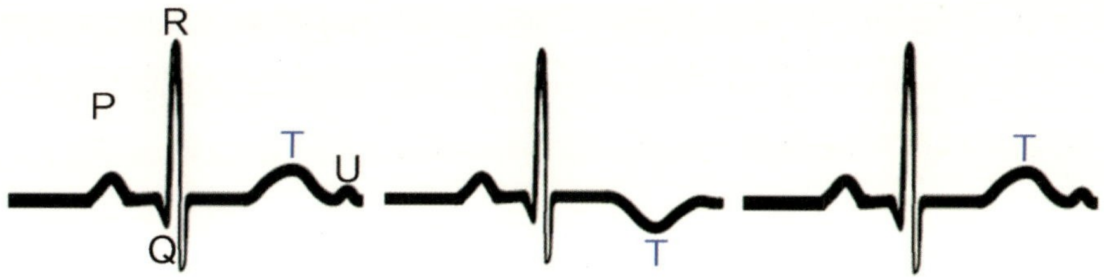

[그림 7-17] 정상 심전도 (Electrocardiogram)

[그림 7-18] 허혈에 의한 T파의 도 (Ischemia causes inversion of T wave due to altered reproduction)

[그림 7-19] 치료 후의 T파의 정상 환원 (Reduction of T wave after treatment)

(3) 치료

협심증의 치료는 크게 약물치료와 협착이 심한 혈관을 넓혀주는 관혈적 치료로 나뉜다.

(4) 경과/합병증

치료하지 않으면 안정형 협심증은 불안정형 협심증을 거쳐 심근경색증으로 진행될 수 있다. 그 이유는 안정형 협심증을 초래하는 동맥경화증이 점점 심해지면서 동맥경화반이 파열될 수 있는 위험성이 높아지기 때문이다. 때문에 협심증의 초기 단계부터 약물치료 및 필요 시 심혈관성형술이나 스텐트삽입술이 요구된다.

(5) 예방방법

앞에서 기술하였듯이 위험인자의 철저한 예방이 필수적이다. 매일 30~40분씩 운동하고 금연하는 건강한 생활습관이 예방에 많은 도움이 된다. 중요한 식습관으로는 저지방식이와 함께 신선한 채소와 과일을 섭취하는 것이 예방에 매우 좋다.

(6) 생활 가이드

심근경색증, 협심증을 비롯한 허혈성 심질환을 예방하는 것은 그 위험 인자를 관리하는 것이다. 즉, 고혈압과 당뇨병의 관리를 철저히 하고 금연하며 적절한 체중을 유지하는 것이 중요하다. 또한 고지혈증이나 고콜레스테롤혈증이 발견되면 의사를 방문하여 치료 여부를 판단하도록 한다. 이러한 위험 인자들은 약물치료뿐만 아니라 반드시 식이요법을 비롯한 생활습관의 관리가 필수적이다.

(7) 생활요법의 기본 3-3-3 원칙

① 식이요법은 소식, 채식, 저염식의 3요소가 있으며,

② 운동요법은 운동 전 3분 예방체조, 한번에 30분 이상, 일주일 3일 이상을 하는 것이 좋으며,

③ 생활철학은 금연, 이상적 체중 유지, 심리적 스트레스 해소의 3요소가 중요하다.

(8) 식이요법

심근경색증/협심증이 발견되는 환자들은 저염식과 저콜레스테롤식을 할 것을 권장한다. 하루에 염분 10g 이하로 줄이는 것이 좋은데 김치 등의 염장식품을 즐겨 먹는 한국인의 평균적인 식단에 20~25g의 염분이 포함되어 있다는 점을 감안하면 염분 섭취를 상당량 줄여야 한다. 저콜레스테롤식에는 기름기가 많은 고기(예: 삼겹살, 닭껍질, 조개류)와 튀김, 기름기가 많은 국이나 탕, 계란 노른자 등의 섭취를 줄이는 것이 포함된다.

생선, 특히 등푸른 생선은 콜레스테롤을 낮추는 불포화지방산의 함량이 상대적으로 높기 때문에 육류의 좋은 대안이 될 수 있다. 또한 신선한 채소와 과일은 칼로리 함량이 상대적으로 낮아서 체중 감량에 효과적일 뿐만 아니라 콜레스테롤을 낮출 수 있는 일석이조의 효과가 있기 때문에 권장된다.

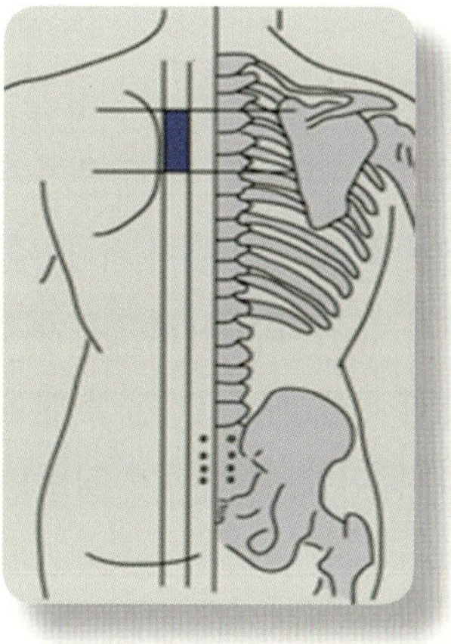

[그림 7-20] 협심증의 휠링테라피 적용부위: T2, 3, 4, 5 좌측 견갑골 내측 연

3) 당뇨병(Diabetes mellitus)

(1) 정의

당뇨병은 인슐린의 분비량이 부족하거나 정상적인 기능이 이루어지지 않는 등의 대사질환의 일종으로, 혈중 포도당의 농도가 높아지는 고혈당을 특징으로 하며, 고혈당으로 인하여 여러 증상 및 징후를 일으키고 소변에서 포도당을 배출하게 된다.

(2) 원인

당뇨병은 제1형과 제2형으로 구분되는데, 제1형 당뇨병은 '소아당뇨'라고도 불리며, 인슐린을 전혀 생산하지 못하는 것이 원인이 되어 발생하는 질환이다. 인슐린이 상대적으로 부족한 제2형 당뇨병은 인슐린 저항성(insulin resistance) 혈당을 낮추는 인슐린 기능이 떨어져 세포가 포도당을 효과적으로 연소하지 못하는 것을 특징으로 한다. 제2형 당뇨는 식생활의 서구화에 따른 고열량, 고지방, 고단백의 식단, 운동 부족, 스트레스 등 환경적인 요인이 크게 작용하는 것으로 보이지만, 이 외에 특정 유전자의 결함에 의해서도 당뇨병이 생길 수 있으며, 췌장 수술, 감염, 약제에 의해서도 생길 수 있다.

(3) 증상

약한 고혈당에서는 대부분의 환자들이 증상을 느끼지 못하거나 모호해서 당뇨병이라고 생각하기 어렵다. 혈당이 많이 올라가면 갈증이 나서 물을 많이 마시게 되고, 소변량이 늘어 화장실을 자주 가게 된다. 또한 체중이 빠지게 된다. 오랜 기간 고혈당 상태가 유지되면 신체에서 여러 합병증이 발생하는데, 대표적인 것이 망막병증(실명할 수 있음), 신기능장애(신기능 저하로 심할 경우 투석이 필요함), 신경병증(저림, 통증) 등이고, 심혈관계 질환의 위험이 높아지게 된다.

(4) 진단

혈액검사로 진단한다. 증상이 없는 경우 8시간 이상 금식 후에 측정한 혈당이 126mg/dL 이상이거나, 경구 당부하 검사 2시간 후 혈당이 200mg/dL 이상인 경우를 당뇨병이라 한다. 물을 많이 마시거나 소변이 많아지고 체중이 감소하는 동시에 식사와 무관하게 측정한 혈당이 200mg/dL 이상일 때도 당뇨병으로 진단한다.

(5) 검사

공복 혈당검사는 적어도 8시간 동안 금식한 후 행해져야 한다. 경구 당부하 검사는 75g의 포도당 용액을 마신 후 2시간 후에 채혈하여 포도당을 측정하며, 금식 상태에서 포도당 용액을 복용하게 된다.

(6) 치료

제1형 당뇨병의 경우에는 인슐린 치료가 필요하다. 제2형 당뇨병의 경우에는 생활습관 교정을 기본으로 하며 추가로 약물 투여가 필요할 수 있다. 먹는 약의 경우 하루 1~3회 복용하며 약의 작용 시간에 따라 먹는 시간이라든지 부작용 등이 조금씩 다르다.

먹는 혈당강화제는 크게 인슐린 분비 촉진제와 인슐린 감수성 개선제로 나뉜다.

(7) 경과/합병증

갑자기 몸 안에서 인슐린이 부족하게 되면 급성 합병증이 생길 수 있다.

급성 합병증은 당뇨병성 케톤산증(diabetic ketoacidosis)과 고혈당성 고삼투압 증후군(hyperglycemic hyperosmolar syndrome)으로 즉각적인 치료가 필요하며, 적절히 치료하지 않을 경우 치명적이다. 심한 경우 의식을 잃을 수 있고 사망에 이를 수도 있다.

만성 합병증으로는 미세혈관질환 합병증으로 망막병증, 신장병증, 신경병증 등이 있고, 대혈관질환 합병증으로는 관상동맥질환, 말초동맥질환, 뇌혈관질환 등이 있다.

(8) 예방방법

생활습관 교정을 통해서 체중을 5~7% 줄이게 되면 일부는 제2형 당뇨병의 발병을 늦추거나 예방할 수 있다. 100% 예방하는 것은 아니지만 가장 믿을 만하고 부작용이 없는 방법이므로 적극 권장된다.

(9) 생활 가이드

자신이 느끼는 증상만으로 혈당을 조절하는 것은 위험하며, 반드시 자가 혈당 측정기를 통해서 상태를 정확히 파악해야 한다. 체중이 많이 나간다면 체중을 줄이는 것이 필요하고, 적절한 운동 역시 반드시 필요하다.

(10) 식이요법

개개인에 따라 다르지만, 체중을 줄이기 위해 칼로리 제한이 필요하고, 지방을 적게 먹는 것이 좋다. 저지방우유 등이 대안이 될 수 있다.

(11) 힐링테라피

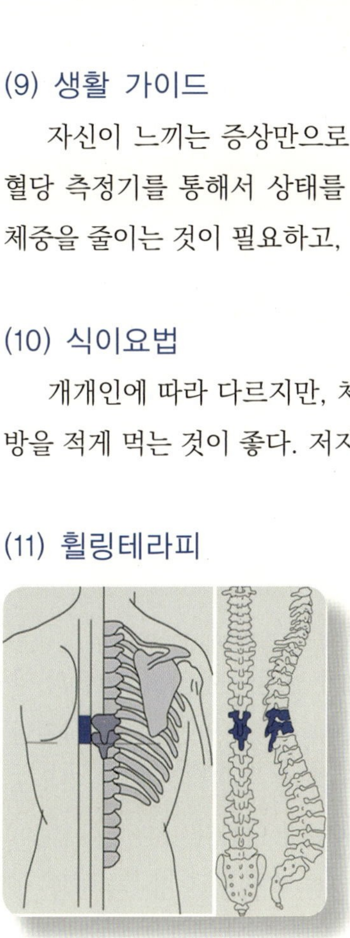

당뇨환자는 T7, 8 극돌기가 약간 틀어져(torsion) 있거나 압통을 느낌, 가족력이 있는 성인형 당뇨의 경우 당뇨가 발병하기 전 등쪽에 반응한다.

4) 담낭염(Cholecystitis)

(1) 정의

담석, 수술 후 협착, 종양 등의 원인으로 인해 완전 혹은 불완전한 협착(관이나 통로 등이 좁아지는 것)이 발생하여 혈류나 담관을 통해 장내 세균이 담즙 내에서 증식하면서 담낭(쓸개)에 염증을 일으키는 질환을 급성 담낭염이라고 한다. 담석이 지속적으로 담낭벽을 자극할 경우 만성 담낭염이 생길 수 있다. 급성 담낭염이 반복되어 만성 담낭염으로 변하는 경우도 있지만, 만성 담낭염 환자의 대부분은 급성 담낭염의 병력이 없고 비특이적 통증만 나타나거나 무증상이다.

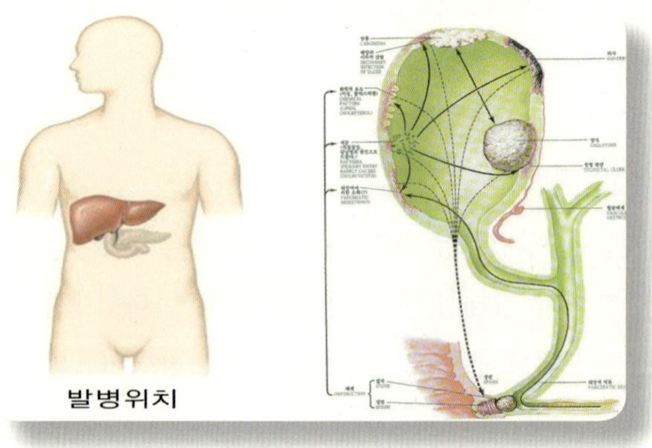

(2) 원인

담낭염의 90% 이상은 담석에 의해 발생하며, 그 외에 외상, 선천성 기형, 당뇨병, 기생충 등과 관계가 있다. 담석이 담낭관의 입구를 막으면 담낭벽에 염증이 시작되고 담즙이 정체되며, 이차적으로 세균이 감염되어 염증을 일으킨다.

급성 담낭염의 약 5~10%에서 수술상 담석이 발견되지 않고, 이들의 약 50%는 염증의 원인이 분명하지 않다. 급성 담낭염의 임상 양상이 나타나지만 담석이 증명되지 않는 경우가 많고, 다른 중증 질환을 동반하고 있는 경우도 흔하기 때문에 일반적인 담석증에 비해 진단과 치료가 어렵다.

(3) 증상

급성 담낭염 환자의 약 3/4은 과거에 담도산통(biliary colic)을 경험했던 병력이 있다. 급성 담낭염은 담도산통 증상으로 시작하여 시간이 지남에 따라 정도가 심해진다. 오른쪽 윗배에 국한되는 압통이 발생하고, 부분적으로 복막자극의 징후가 나타날 수 있다. 흔히 오심, 구토가 동반되고 미열이 발생하는데 고열과 오한도 드물지 않게 동반된다. 약 25%의 환자에서 담낭이 커져서 손으로 만져 지기도 한다. 특징적인 증상으로 머피징후(Murphy's sign)가 있는데, 이는 오른쪽 윗배의 갈비뼈 아래 경계부위를 가볍게 누른 상태에서 숨을 깊게 들이 마시면 갑자기 통증이 유발되어 숨을 더 이상 들이마실 수 없게 되는 현상이다. 만성 담낭염의 증상은 무증상에서부터 비특이적 통증, 담도산통, 급성 담낭염까지 다양하며, 갑자기 합병증으로 발현되기도 한다.

(4) 특장

① 상복부 민창감
② 식욕감퇴
③ 기름진 음식: 소화불량, 설사
④ 위부 작열감
⑤ 트림
⑥ 급성발작
⑦ 복부가 단단하게 굳어져 있음
⑧ 등이 굳어 있음
⑨ Murphy's test 양성(+)

(5) 진단

급성 담낭염의 특징적인 증상과 징후가 있는 경우에 진단이 가능하다. 특히 오른쪽 위쪽 복부의 압통과 발열, 백혈구 증가 등의 세 가지 징후가 나타나면 급성 담낭염으로 진단할 수 있고, 혈액검사 및 영상검사로 확진한다.

(6) 검사

혈액검사상 백혈구 증가증을 보이며, 약 절반에서 5mg/dL 이하의 과빌리루빈혈증이 동반된다.

(7) 치료

급성 담낭염의 치료는 금식 유지, 항생제 투여, 수액 보충 등으로 이루어지며, 가장 중요한 치료는 담낭절제술을 시행하는 것이다.

(8) 경과/합병증

급성 담낭염을 내과적으로 치료하면 약 75%의 환자에서 증상이 완화될 수 있다. 나머지에서는 합병증이 발생할 수 있고, 증상이 완화된 환자의 경우에도 약 25%는 1년 이내에 급성 담낭염이 재발하므로, 가장 좋은 치료법은 병의 초기에 수술을 하는 것이다.

(9) 담낭염의 휠링테라피

- 적용부위: T(흉추) 7-9

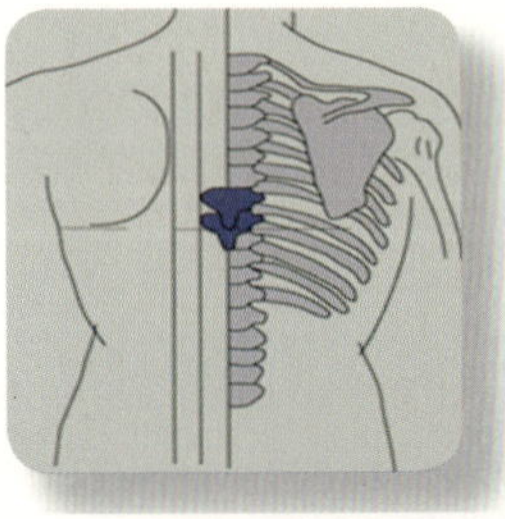

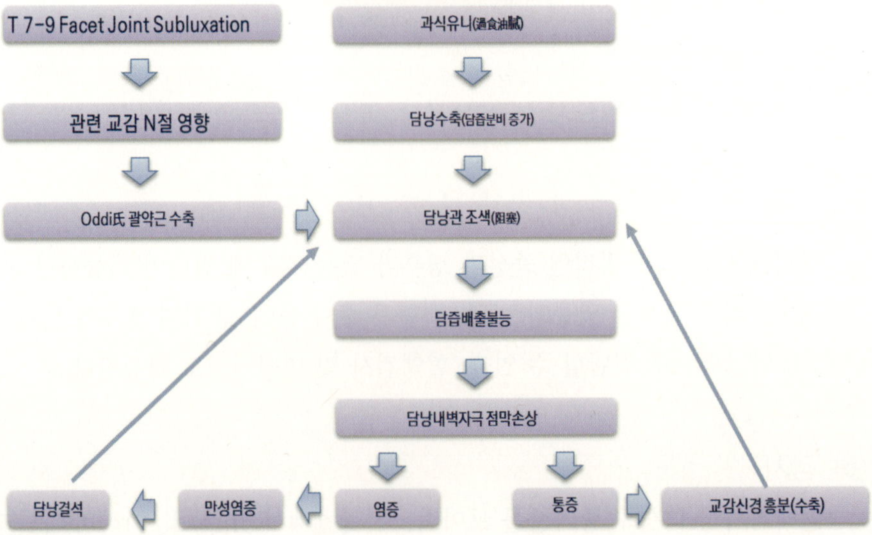

5. 질환에 따른 치료부위의 선택 방법

information					
name		sex	M	birth of date (AGE)	
address					
phone					
main complaint	stiffness and pain of the shoulder				
other symptoms	Headache Insomnia Stuffy chest Night sweating Cardiac pain				
Medical History	Diabetes				
medical diagnosis	Angina pectoris hypertension				

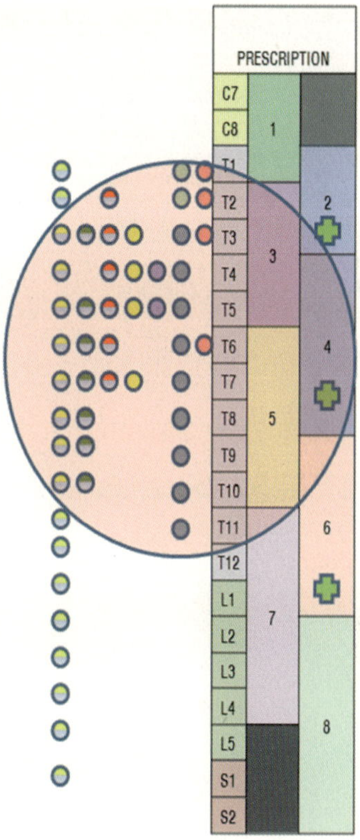

※ 문진을 통하여 질환별 치료부위를 선택한다.

※ 치료부위가 중복되는 부위를 집중 치료한다.

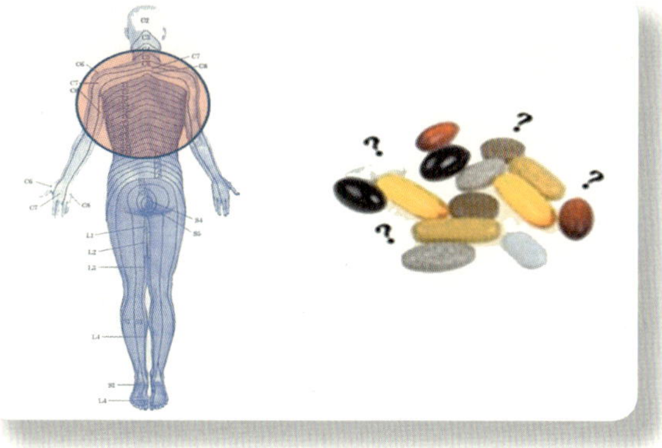

A		
Abdominal Distension	복창(腹脹)	T11 T12 L1 L3 L4 L5 S2
Abdominal Mass	적취(積聚)	L1
Abdominal Pain	복통	T10 T11 L1
Afternoon Fever	오후 조열(潮熱)	C7 T3 T7 T10
Angina Pectoris	협심증	T2 T3 T4 T5 T6 T7
Anorexia Nervosa	거식증, 신경성 식욕부진	T11 T12
Anuria, Oliguria	무뇨, 소변결핍, 핍뇨	T9 L2 L3 S2 S1 S2 S3 S4 S5
Asthma	천식(喘息)	C7 T3 T4 T5 T6 T7 L2 L3

1) 복창(Abdominal Distension)

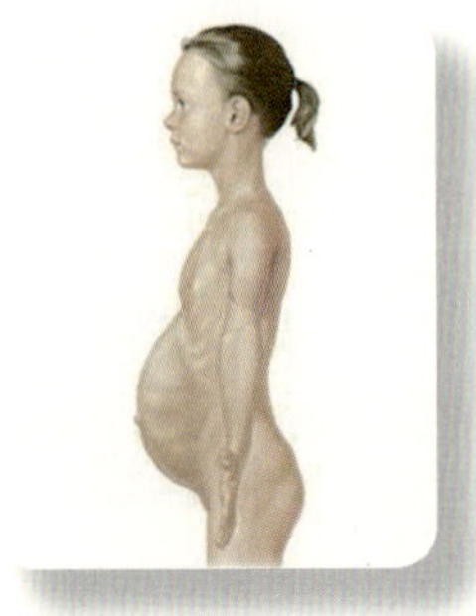

배가 더부룩하게 불러오는 병증이다. 단순히 가스가 차서 불러오는 증상 이외에 간경화로 인한 복수 또는 독성물질에 의한 소화기 중독 등 다양한 원인이 있으므로 반드시 전문의의 진찰을 요한다.

2) 적취(Abdominal Mass)

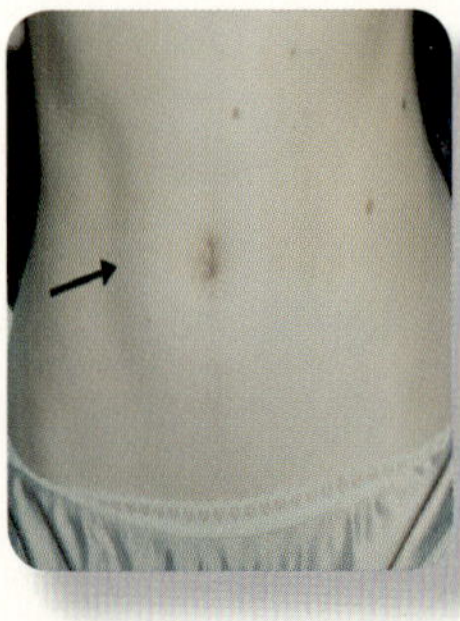

뱃속에 결괴(結塊: 덩어리)가 생겨 항상 배가 더부룩하거나 아픈 병증. 결괴가 생기는 원인 역시 다양하므로 전문의의 진찰을 요한다.

3) 조열(Afternoon Fever)

매일 일정한 시간이 되면 발열되어 체온이 상승하는 것이다.

① 음허조열(陰虛潮熱): 체내의 음액(陰液)이 부족한 경우로서, 밤이 되면 발열하고 도한(盜汗)이 있다.

② 습열조열(濕熱潮熱): 양기(陽氣)가 습사(濕邪)를 받음으로써 제갈(制渴)되어 오후에 발열한다.

③ 양명조열(陽明潮熱): 열사(熱邪)가 장(腸)에 응결되므로, 매일 오후에 발열한다.

4) 거식증(Anorexia Nervosa)

살을 빼려는 지속적인 행동, 체중 감소, 음식과 체중과 연관된 부적절한 집착, 음식을 다루는 기이한 행동, 살이 찌는 것에 대한 강한 두려움, 그리고 무월경 등이 주요 특징인 질환이다.

5) 무뇨, 핍뇨(Anuria, Oliguria)

- 핍뇨: 하루 소변량 500cc 미만(건강한 성인 하루평균 소변량: 남 1,500ml/여 1,200ml).
- 무뇨: 소변량이 전혀 없는 경우

① 탈수, 심부전의 원인, 신장으로 가는 혈액이 소변을 만들지 못하는 경우
② 신장 자체에 이상이 있어 소변을 만들어내지 못하는 경우
③ 소변은 생성되지만, 요도 및 방광이 막혀 소변 배설되지 못하는 경우

B		
Belching	트림	T7
Bitter Taste of Mouth	구고(口苦)	T10
Bloody Stools, Melena, Hematochezia	혈변(血便)	T11 S5
Blurring of Vision	시물모호(視物模糊)	T9 L2
Borborygmus	장명(腸鳴)	T10 T11 T12 L1 L2 L3 L4 S2
Chronic bronchitis	만성 기관지염	T1 T2 T3 T4 T5 T6 T7

6) 트림(Belching)

호흡 및 식이중 위로 섭취된 과다한 공기가 식도로 역류하여 배출되는 현상이다.

7) 구고 증상(Bitter taste of mouth)

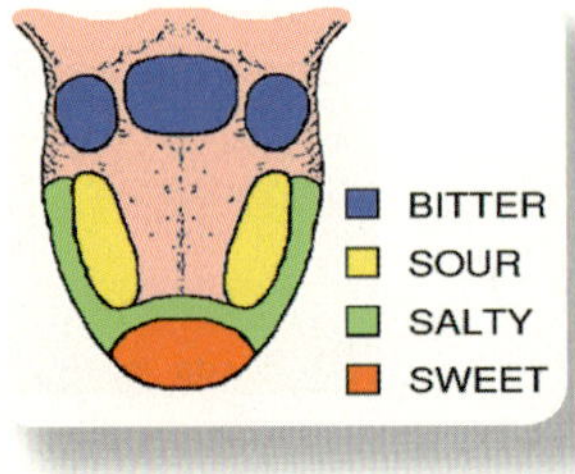

입에서 쓴맛이 나는 현상이다. 담(膽)에 열이 생겨 위로 넘쳐 올라와 일어난다.

8) 혈변(Bloody stools, melena, hematochezia)

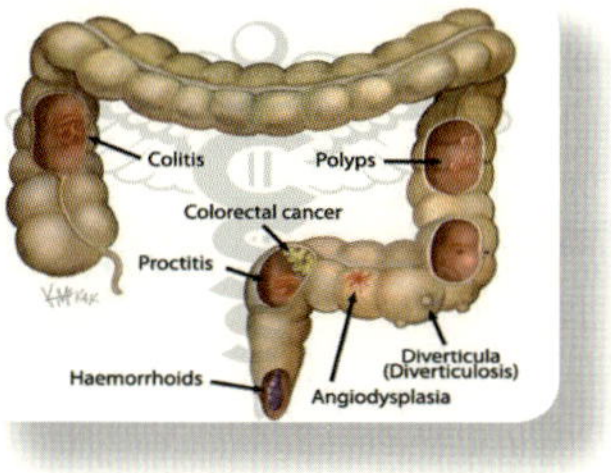

혈변은 대변에 선홍색의 피가 섞여 나오는 것을 말한다. 선홍색의 혈변은 소장, 대장이나 직장과 같은 하부 위장관의 출혈을 의미한다. 하부 위장관에 출혈이 발생한 경우 혈액이 위액과 섞이지 않기 때문에 대변의 색깔이 검지 않다. 출혈 부위가 항문에 가까울수록 대변에 섞여 나오는 혈액의 색깔이 선홍색을 띤다.

- 원인

가. 대장 질환: 대장암, 대장 용종, 궤양성 대장염, 허혈성 장질환, 이질, 혈관 이형성, 게실증

나. 직장 질환: 직장암, 직장 용종

다. 항문 질환: 치질(치핵), 치열, 치루, 항문열

- 혈변이 있을 때에는 다음과 같은 증상이나 증후가 있는지 살펴보아야 한다.

ⓐ 혈변의 색깔
ⓑ 피가 대변의 겉에 묻어 있는지 혹은 안에 있는지
ⓒ 변비 또는 설사의 유무
ⓓ 변이 묽어졌거나 배변 횟수가 증가하고, 변이 가늘어진 경우
ⓔ 변을 참지 못하거나 배변 후에도 시원치 않은 경우
ⓕ 복통, 체중감소, 또는 발열
ⓖ 배변 시 복통 또는 항문주위 통증
ⓗ 기타 배변습관의 변화가 있는 경우

9) 시물모호(Decreased Visual Acuity)

눈앞의 물체가 흐릿하게 보이는 현상이다. 이는 시각을 통해 사물을 인지하는 능력이 떨어지는 상태를 말한다. 시력 감소는 안구 자체의 이상 외에, 시신경이나 뇌의 시야 중추 이상으로도 발생할 수 있다.

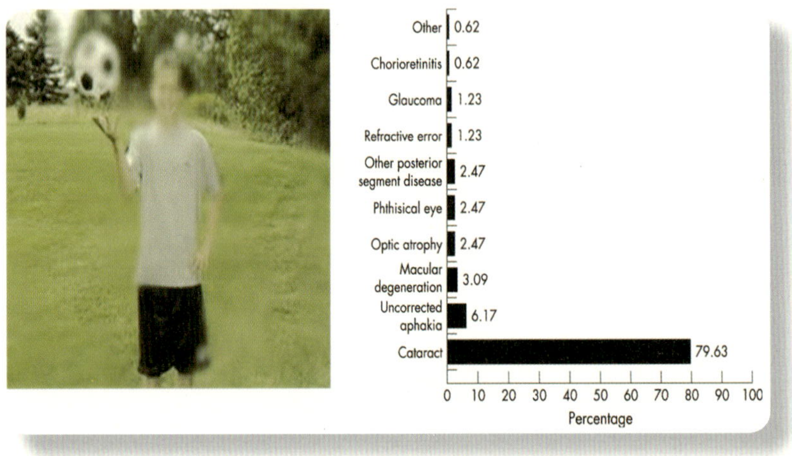

10) 장명(Borborygmus)

배에서 꾸루룩 소리나는 현상을 말한다.

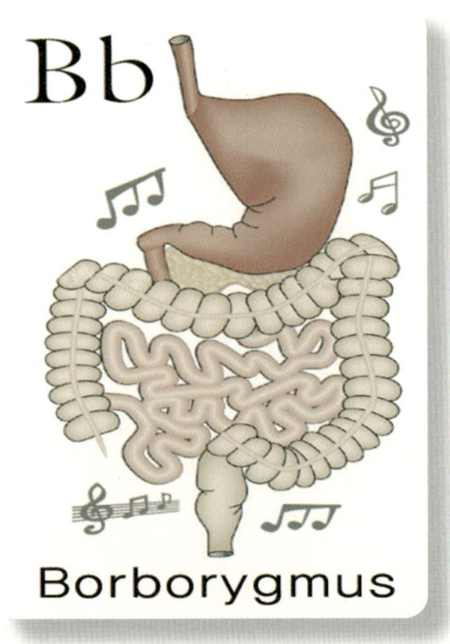

11) 만성 기관지염(Chronic bronchitis)

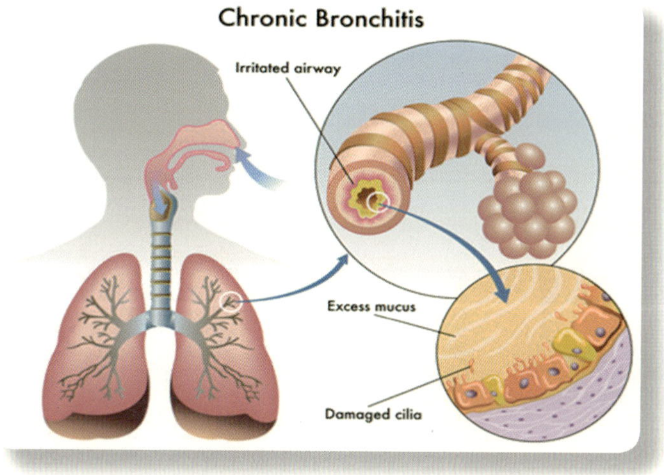

만성 기관지염이란 2년 연속, 1년에 3개월 이상 가래가 있고 기침이 지속되는 질환이다.(폐질환 또는 기도 질환에서도 가래가 있는 기침이 장기간 지속될 수 있다.)

이는 만성 기침, 가래, 운동 시 호흡곤란이 주 증상이다.

- 만성 폐쇄성 폐질환의 특징인 급성 악화가 있을 수 있는데, 급성 악화 시에는 수시간에서 수일 사이 호흡곤란이 빠르게 악화되고 가래의 양이 늘어나거나 가래의 성상이 점액성에서 화농성으로 변하면서 진한 노란색이나 푸르스름한 색을 띄게 되고 점도가 높아져 뱉어내기 힘들어진다.

C		
Chest pain	흉통(胸痛) 가슴의 통증	T3
Cholecystitis	담낭염	T7 T8 T9 T10
Chronic Pancreatitis	만성 췌장염	T11 T12 L1 L3 L4 L5
Common Cold	감기	C7 T1 T2 T3 T4 T5 T6 T7
Cough	기침	C7 T1 T2 T3 T4 T5 T6 T7
Constipation	변비	L1 L4 S1 S2 S3 S4 S5
Cor Pulmonale	폐성심, 폐심증	T1 T2 T3 T4 T5 T6 T7

12) 흉통(Chest pain)

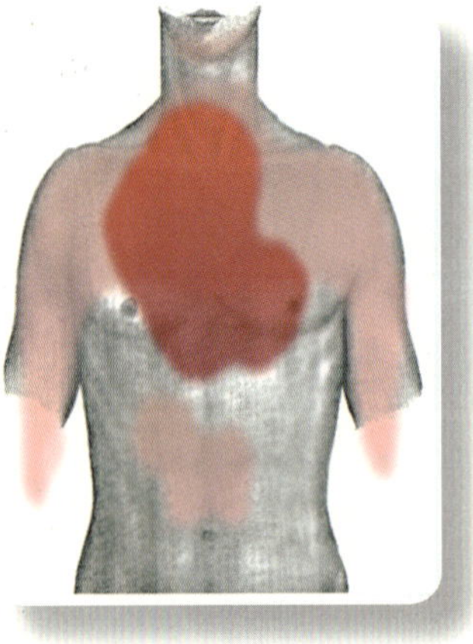

흉통이란 다양한 원인에 의해 가슴 부위에 나타나는 통증을 말한다.

Tip 종류별 관련 질환

① 심장 질환: 허혈성 심장질환, 대동맥 판막 질환(협착증, 폐쇄부전증), 급성 심낭염, 급성 심근염, 승모판 탈출증, 심근병증, 심내막염 등

② 대동맥 질환: 대동맥 박리, 대동맥벽 혈종, 대동맥벽 궤양, 대동맥류

③ 폐 질환: 폐동맥 색전증, 폐동맥 고혈압, 기관지염, 폐렴, 폐암

④ 식도 질환: 역류성 식도염, 식도경련, 말로리 와이스 손상(Mallory-Weiss tear), 식도 파열

⑤ 늑막 질환: 늑막염, 기흉

⑥ 흉곽 질환(근육, 뼈, 피부, 신경 등): 늑골 골절, 연골 및 관절 질환, 근육 손상, 대상포진, 경부수핵 탈출증(목디스크), 견부 혹은 척추 관절염, 척추 경막외 혈종, 종격동 질환

⑦ 소화기 질환: 과민성대장증후군, 담도질환, 췌장염, 위궤양

⑧ 기타: 공황장애

13) 담낭염(Cholecystitis)

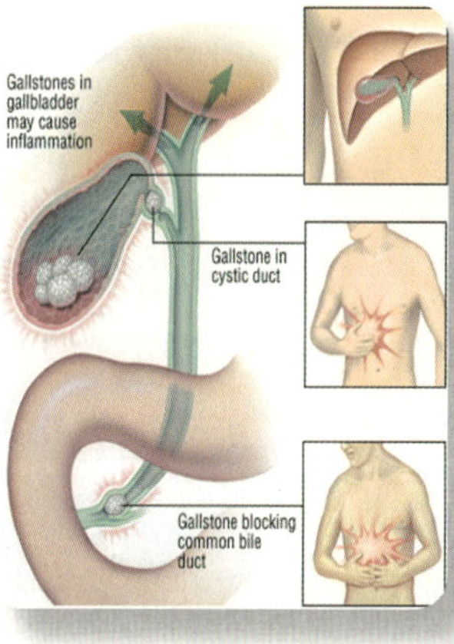

담석, 수술 후 협착, 종양 등의 원인으로 인해 완전 혹은 불완전한 협착(관이나 통로 등이 좁아지는 것)이 발생하여 혈류나 담관을 통해 장내 세균이 담즙 내에서 증식하면서 담낭(쓸개)에 염증을 일으키는 질환이다.

14) 만성췌장염(Chronic pancreatitis)

만성췌장염의 전통적인 정의는 만성 염증, 섬유화 및 외분비와 내분비 조직의 파괴를 동반한 영구적이고 비가역적인 손상을 의미한다.

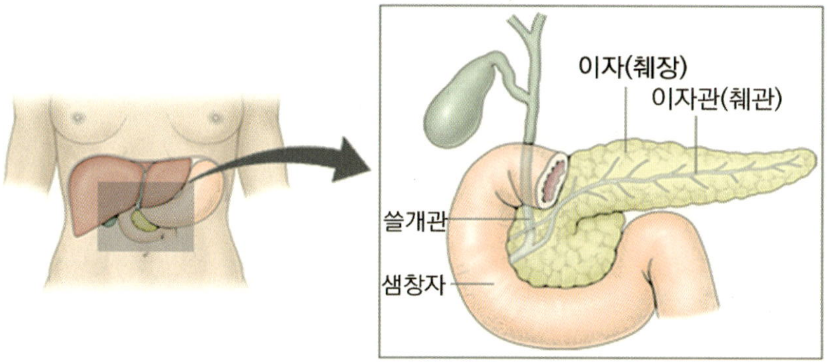

췌장의 위치 및 구조

(1) 원인

원인 중 가장 흔한 것은 음주, 유전적 차이, 고지방 고단백 식이, 음주와 식이습관, 항산화 물질이나 미량원소의 상대적인 부족, 흡연 등이다. 이 중 흡연이 음주로 인한 만성 췌장염의 발생에 상관관계가 가장 높은 것으로 알려져 있다. 흡연은 음주와 함께 만성 췌장염을 유발시키는 요인인 동시에 그 자체가 만성 췌장염의 발생 원인, 췌장염으로 인한 사망률 및 췌장암과도 상관관계가 있다고 알려져 있다.

(2) 증상

만성 췌장염 통증의 특징은 지속적으로 깊은 곳에서 느껴지며, 제산제 등을 투약해도 좋아지지 않고, 음주나 과식이 심해지면 마약성 진통제를 사용해야 조절이 될 정도로 심해지기도 한다. 통증이 없을 수도 있다는 점에서 급성 췌장염과는 차이가 있다. 이러한 통증은 전형적으로는 등으로 방사하는 심와부(오목가슴)의 통증, 우상부 등이나 좌상부, 상복부 전체, 전 흉부나 옆구리로 방사되기도 한다. 통증 외 증상은 체중 감소, 비정상적인 변, 영양분의 흡수장애, 당뇨가 발생할 수 있다.(전형적인 세 가지 징후는 췌장석회화, 지방변, 당뇨, 만성 췌장염 환자의 1/3에서만 세 가지가 모두 나타난다.)

(3) 진단

췌장의 분비기능평가(췌장기능검사법 참고)와 함께 복부 초음파나 CT, MRI, 내시경 역행성 담췌도조영술, 내시경 초음파 등의 영상 검사를 통해서 진단을 한다.

(4) 치료

가장 큰 문제점인 통증과 소화불량 및 지방변의 치료를 목표로 한다.

- 간헐적 통증을 호소하는 환자: 음주는 절대 피하고, 지방질이 많은 음식, 과식도 피해야 한다.
- 통증이 심할 경우: 마약을 흔히 사용, 통증 완화를 위한 여러 수술법이 개발되었다.
- 췌관에 협착: 부분 절제술이 통증을 완화시키고, 대부분 협착은 한 군데에 국한되어 있지 않다.
- 췌관폐쇄 및 확장: 췌관의 압력을 낮춰주는 시술이 통증 완화에 도움된다.
- 소화불량 및 지방변: 주로 췌장효소요법에 의존한다.

(5) 경과/합병증

가장 영향을 주는 요인은 복통과 과음이다.

사망률에는 지속적인 음주가 가장 큰 영향을 미치며, 사망의 원인은 췌장염 자체라기보다는 흡연, 과음, 췌장암, 수술과 같은 치료 후 합병증 등의 췌장염 외 다른 것들이라고 여겨진다.

- 합병증: 비타민 B12의 흡수 장애와 혈당 조절 능력의 이상, 비당뇨병성 망막 병증 역시 비타민A 또는 아연결핍에 의해 흔하게 발생한다(소화성궤양, 위염, 심이지장 침식 가성낭종, 췌장꼬리염증으로 정맥류파열에 의한 위장관 출혈, 황달, 만성쓸개즙폐쇄, 담즙성 간경변, 피하지방괴사, 팔다리 관절염증, 췌장암, 진통제사용에 의한 마약중독).

(6) 예방방법

과도한 음주 및 흡연과 고단백, 고지방 식이를 피하는 것이 유일한 예방이다.

(7) 생활 가이드

- 환자는 절대로 술과 담배를 삼가야 한다.
- 통증에 대해서는 가능한 비마약성 진통제로 조절해야 한다.

(8) 식이요법

너무 많은 지방 식이를 피한다.[적당한 지방(40% 내외), 고단백(20% 내외), 저탄수화물(40% 내외)]

15) 감기(Common Cold)

감기는 바이러스에 의해 코와 목 부분을 포함한 상부 호흡기계의 감염 증상이며, 사람에게 나타나는 가장 흔한 급성 질환 중 하나이다.

- 증상: 재채기, 코막힘, 콧물, 인후통, 기침, 미열, 두통 및 근육통 등
- 진단: 대개는 특별한 치료 없이도 저절로 치유된다.

16) 기침(Cough)

기침은 후두를 포함한 기도의 자극에 의해 반사적으로 발생, 연기, 먼지, 이물 등의 외부물질의 흡입에 의한 기도 자극, 가래나 콧물, 위산 등의 내부 분비물질에 의한 자극으로도 유발, 각종 기도의 염증 질환, 기도협착, 종양에 의한 기도침범이나 압박 등이 원인으로 유발한다. 귀의 고막 및 바깥쪽 귀의 자극에 의해서도 생길 수 있다.

(1) 원인

보통 3주 이내의 기침은 상기도 감염(감기, 급성 부비동염 등)이 가장 흔한 원인이고, 감염 후에 8주까지 기침이 지속될 수도 있다(만성기침). 만성 폐쇄성 폐질환, 폐암, 만성 부비동염(축농증), 위·식도 역류증, 역류성 후두염 등의 질환이 원인이 되며 이 외에도 다양한 약물복용이 만성 기침의 원인이 될 수 있다.

(2) 관련 신체기관: 후두, 외이도, 폐, 기관지

(3) 치료

대개의 기침은 몇 주 내에 저절로 없어진다. 3주 이상 특별한 원인 없이

기침이 멈추지 않는다면 반드시 병원을 방문하여 진료를 받는 것을 고려해야 한다. 가장 중요한 기침의 치료는 기침을 유발하는 원인의 제거, 환경적인 원인과 복용 중인 약물을 확인하여 기침을 유발하는 약제를 제거, 흉부, 부비동 X선 촬영, 폐 기능 검사, 객담 검사, 혈액 검사 등 원인 감별을 위한 검사를 시행한 뒤 진단에 따라 적절한 치료를 진행. 가래가 많이 나오는 경우 가래 배출을 막으면 폐렴으로 진행할 수 있어 주의한다.

다음과 같은 경우에는 병원을 방문하여 진료를 받도록 한다.

- 기침이 3주 이상 지속되고 좋아지지 않을 때
- 기침 시 변색된 가래나 피가 섞여 나올 때
- 흉통, 발열, 오한이 있거나 밤에 땀이 동반될 때
- 숨쉬기 곤란하거나 숨을 쉴 때 소리가 나는 경우
- 일정 계절에 기침이 유발되는 경우

(4) 관련 질병

후두암, 위식도 역류, 역류성 후두염, 역류성 식도염, 급성 편도염, 만성 편도염, 급성 후두염, 급성 인두염, 폐암, 식도암, 천식, 만성 기관지염, 급성 기관지염, 기도협착, 기도 이물, 폐렴, 폐결핵 등

17) 변비(Constipation)

배변 시 무리한 힘이 필요하거나 대변이 과도하게 딱딱하게 굳은 경우, 불완전 배변감(후중감) 또는 항문직장의 폐쇄감이 있는 경우, 일주일에 배변 횟수가 3번 미만인 경우 등을 말하며, 기질적(이차성) 원인이 없는 원인 미상(특발성)의 혹은 기능성 변비가 대부분을 차지한다.

(1) 원인

원발성 원인과 이차성 원인으로 구분할 수 있다.

- 이차성 원인: 기질적 국소성 질환, 전신적 질환, 약제 사용 등

- 원발성 원인: 이차성 원인에 기인하지 않는 대장의 운동기능 이상, 항문직장의 기능 이상(변비의 90% 이상이 이차성 원인이 밝혀지지 않는 원발성 원인에 의한 변비: 기능성/특발성 변비)

(2) 관련 신체기관: 소화관(대장, 직장), 중추신경계, 자궁

(3) 치료

변비를 앓고 있었던 기간, 증상의 정도, 유발 인자, 연령, 환자의 기대치 등에 따라, 일반적으로는 고 섬유소 식사요법, 행동요법, 약물요법 등을 병용한다.

- 첫 번째: 식이요법병행, 대변의 부피를 늘이는 설사제
- 두 번째: 대변완화제, 과삼투압 설사제, 염성하제
- 세 번째: 자극성설사제 폴리에틸렌 글라이콜용액, 장운동촉진제(장기간 사용금지)
- 기능성 출구폐쇄(골반저기능이상증후군)성 변비: 바이오피드백(생체되먹이기요법)이 적절한 치료법

(4) 관련 질병

① 국소적 기질적 원인: 대장 종양, 대장협착, 허혈성 대장염, 게실염, 염증성 장질환 등

② 전신적 기질적 원인: 전신성경피증, 복합성결합조직질환, 피부근염, 샤가스병, 당뇨병, 요독증 등

③ 원발성 원인: 대장 통과시간 지연, 골반저기능이상, 과민성장증후군

18) 폐성심(Cor Pulmonale)

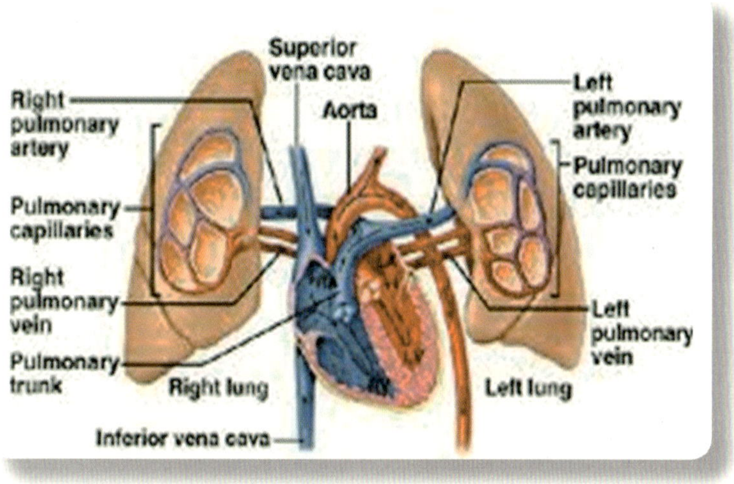

폐질환 때문에 폐동맥의 혈관저항이 증대하여 혈액의 흐름이 나빠져 우심실의 기능부전을 일으킨 상태이다.

- 급성은 폐색전·폐경색에 의한 것이다.
- 만성은 폐기종, 기관지천식, 폐결핵, 규폐(珪肺), 만성기관지염, 기관지확장증 등 만성 폐질환이 원인이 된다.

(1) 증세

호흡곤란, 심계항진, 기침, 담(痰), 치아노제, 안면부종, 간종대 등을 볼 수 있다.

(2) 치료

- 기관절개, 산소흡입을 실시하고 강심제, 이뇨제를 투여한다.
- 만성인 경우: 평소부터 기관지확장제나 객담용해효소를 사용하여 병의 악화를 예방한다.

D		
Dementia	치매	T5 ~ T12
Depressive Disorder (menopause)	폐경기, 갱년기 증후군	T5 ~ T12
Diabetes	당뇨병	T3 T5 T6 T7 T8 T9 T10
Diarrhea	설사	T10 T12 L1 L2 L4 L5 S1 S2 S3 S5
Difficulty in Swallowing	음식불하	T7 T11
Dysfunctional Uterine Bleeding	기능성 자궁출혈, 질출혈	T7~S5
Dysmenorrhea	생리통	L3 S1 S2

19) 치매(Dementia)

치매는 정상적으로 생활해오던 사람이 다양한 원인에 인해 뇌기능이 손상되면서 이전에 비해 인지 기능이 지속적이고 전반적으로 저하되어 일상생활에 상당한 지장이 나타나고 있는 상태이다.(인지 기능: 기억력, 언어 능력, 시공간 파악 능력, 판단력 및 추상적 사고력 등 다양한 지적 능력을 가리키는 것으로 각 인지 기능은 특정 뇌 부위와 밀접한 관련이 있다.)

(1) 원인

의학 용어를 사용한다면 특정 증상들의 집합인 하나의 '증후군'에 해당되는 것으로 이러한 치매라는 임상 증후군을 유발하는 원인 질환은 세분화할 경우 70여 가지에 이른다. 다양한 치매 원인 질환들 중에서 가장 많은 것은 '알츠하이머병'과 '혈관성 치매'이지만, 그 밖에도 루이체 치매, 전측두엽 퇴행, 파킨슨병 등의 퇴행성 뇌질환들과 정상압 뇌수두증, 두부 외상, 뇌종양, 대사성 질환, 결핍성 질환, 중독성 질환, 감염성 질환 등 매우 다양한 원인 질환에 의해 치매가 발생할 수 있다.

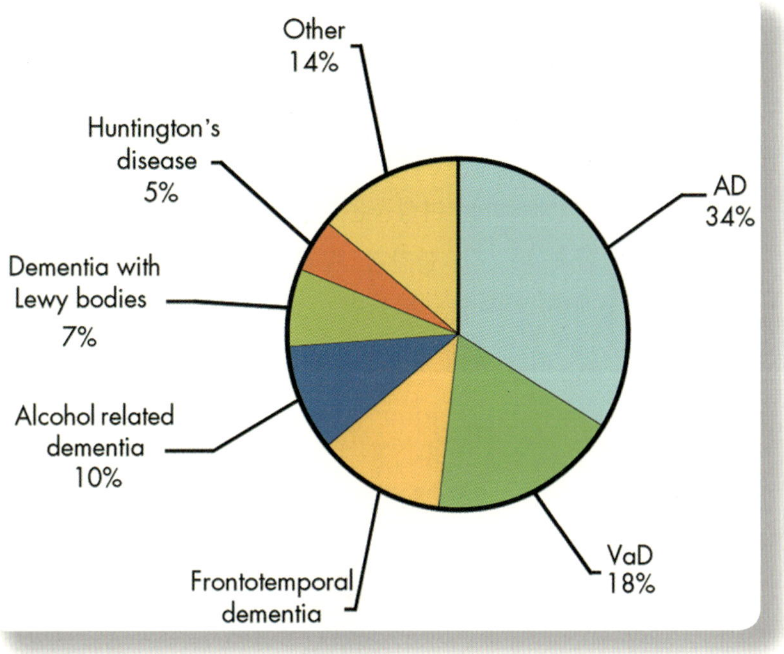

(2) 하위 질병

노인성 치매, 알츠하이머병, 혈관성 치매, 루이체 치매, 전측두엽 치매, 파킨슨병 치매, 헌팅턴병 치매, 정상압 뇌수두증에 의한 치매, 두부 외상으로 인한 치매, 물질로 유발된 치매 등

20) 갱년기 증후군(Menopause)

여성이 나이가 들면서 난소가 노화되어 기능이 떨어지면 배란 및 여성호르몬의 생산이 더 이상 이루어지지 않는데, 이로 인해 나타나는 현상이 바로 폐경이다. 대개 1년간 생리가 없을 때 폐경으로 진단한다. 이러한 변화는 대개 40대 중·후반에서 시작되어 점진적으로 진행되는데, 이때부터 생리가 완전히 없어지는 폐경이 나타난 이후의 약 1년까지를 폐경이행기, 더 흔히는 갱년기라고 하며 그 기간은 평균 4~7년 정도이다.

(1) 증상

폐경이행기에 가장 흔하게 나타나는 증상은 생리가 불규칙해지는 것이다. 또한 여성호르몬 결핍에 의한 증상이 나타나는데, 우리나라 여성의 50% 정도는 급성 여성호르몬 결핍 증상(안면홍조, 발한 등)을 경험하는 것으로 알려져 있다. 그리고 약 20%에 해당하는 여성들은 갱년기 증상이 좀 더 심하게 나타나는데, 안면홍조와 함께 피로감, 불안감, 우울, 기억력 장애 등이 동반되기도 하고, 주로 밤에 증상이 나타나는 경우에는 수면 장애를 겪기도 한다. 급성 여성호르몬 결핍 증상은 폐경 약 1~2년 전부터 시작되어 폐경 후 3~5년간 지속될 수 있다.

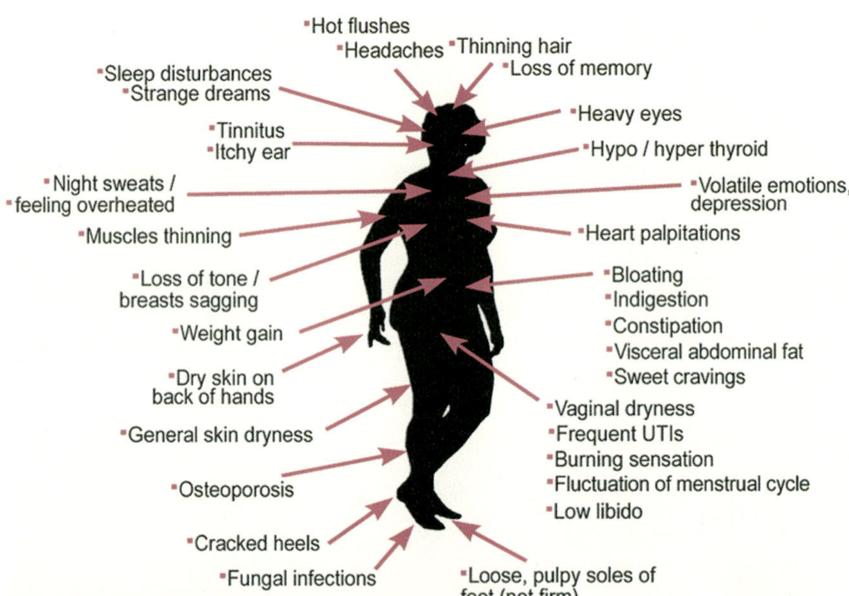

(2) 원인

만성적으로 여성호르몬이 결핍되면 비뇨생식기계의 위축에 따른 증상(질 건조감, 성교통, 반복적인 질 감염과 요로계 감염으로 인한 질염, 방광염, 배뇨통, 급뇨), 정신적 불안정(집중장애 및 단기 기억장애, 불안과 신경과민, 기억력 감소, 성욕 감퇴), 피부관절계 변화(피부 건조와 위축, 근육통, 관절통), 골다공증의 진행으로 인한 골절의 증가 등이 발생할 수 있다. 이 중 질 건조증과 이로 인한 성교통(dyspareunia: 성교 시의 통증)은 부부관계를 기피하게 하고 성욕저하를 유발하는 원인이 되고 있다.

(3) 치료

① 호르몬 치료

폐경으로 결핍된 여성호르몬을 외부에서 보충해 주는 것을 의미한다. 가장 이상적인 치료 시기는 폐경이 임박한 시기, 갱년기 증상이 나타날 때, 폐경 초기이다.

② 호르몬 대체 요법

ⓐ 안면홍조를 치료하고 숙면을 돕는다.

ⓑ 정신적 증상이 호전된다.

ⓒ 근골격계, 비뇨생식기계 질환을 예방 및 치료한다.(요실금 및 위축성 질염 등의 증상을 호전시키고 질점막의 탄성을 유지시켜 준다.)

ⓓ 피부 및 유방의 탄력을 유지시켜 준다.

ⓔ 골다공증을 예방하며 초기 폐경기에 호르몬 요법을 시행함으로써 효과를 극대화한다.

ⓕ 폐경 수년 후에 치료하면 골소실이 더 이상 발생하지 않도록 할 수 있다.

ⓖ 대장 및 직장암의 발생을 감소시키는 것으로 알려져 있다.

(4) 여성호르몬 치료의 부작용

① 유방암과의 관계

기존의 연구 결과들을 분석해보면, 아직 의견의 일치가 이루어진 것은 아니지만 잠정적인 결론에 의하면 호르몬 치료를 5~10년 이상 장기적으로 시행한 경우 유방암 발병률이 경미한 정도로 증가하는 것으로 관찰되고 있다. 그러나 여성호르몬과 유방암의 상관성에 대해서는 아직 체계적이고 장기적인 연구가 미흡한 상태이다. 또한 여성호르몬을 사용하는 사람들에게서 발견되는 유방암은 대개 조기이며 악성의 등급이 낮아 치료를 했을 때 결과가 좋은 편이며, 자연적으로 발생된 환자에 비해 사망률이 낮은 것으로 알려져 있다. 한국 여성의 유방암 발생 빈도는 미국 여성의 1/5 정도에 불과하며, 그중 2/3는 폐경 전에 발생한다. 따라서 이전에 유방암 병력이 없는 사람의 경우 매년 정기적으로 유방암 검진을 받는다면 호르몬 사용을 주저할 필요가 없다.

② 자궁내막암과의 관계

여성호르몬을 단독으로 사용하는 경우에는 자궁내막암 발생률이 증가하지만, 황체호르몬과 함께 사용하는 경우에는 오히려 암 발생률이 감소하는 것으로 보고되고 있다.

③ 고혈압과의 관계

여성호르몬 보충요법은 일반적으로 혈압에 영향을 주지 않거나 감소시킨다. 소수의 여성에게서 고혈압이 발생할 수 있다는 보고가 있지만, 실제 고혈압 환자가 여성호르몬을 사용했을 때 혈압이 상승되는 경우는 많지 않다. 따라서 고혈압 환자도 여성호르몬을 사용할 수 있다.

④ 심혈관 질환과의 관계

이에 대해서는 앞으로 계속 연구가 진행되어야 하는 상황이다. 최근까지의 연구 결과들을 분석해보면 폐경 이후 오랜 시간이 경과하였거나 심혈관 질환의 위험 인자가 있는 여성에게 호르몬 치료를 새롭게 시작하는 것은 심혈관 질환의 위험을 높일 수 있지만, 폐경기 초기의 호르몬 치료는 장기적으로 보았을 때 심혈관 질환의 발생을 오히려 감소시키는 것으로 추정되며 이를 증명하기 위한 대규모 비교 연구가 시행되고 있다.

⑤ 경과/합병증

폐경이란 난소의 노화에 의해 나타나는 자연적 현상이다. 급성 여성호르몬 결핍 증상은 폐경 약 1~2년 전부터 시작되어 폐경 후 3~5년간 지속될 수 있지만, 대체로 폐경 후 약 1~2년 정도면 호전된다. 이 증상을 치료하지 않는다고 하여 신체적인 질병이 유발되는 것은 아니지만 사회적 활동에 제약을 받을 수 있고, 야간에 증상이 주로 발생할 경우 수면장애가 나타나고 이로 인한 피로감, 기억력 장애와 우울감 등의 심리적 문제가 야기될 수 있다.

여성호르몬이 만성적으로 결핍되면 비뇨생식기계의 위축에 따른 증상(질 건조감, 성교통, 질염, 방광염)이 반복적으로 발생할 수 있고, 골밀도 감소에 의해 골감소증 및 골다공증으로 진행되어 골절이 발생할 확률이 높아진다. 이 중 질 건조증과 이로 인한 성교통은 부부관계를 기피하게 하고 성욕저하를 유발하는 원인이 되며, 원만한 부부관계에 있어 문제가 되는 경우가 많다.

(5) 예방방법

폐경 이행기 증상 중 안면홍조증은 규칙적인 운동으로 어느 정도 감소시킬 수 있다. 또한 운동으로 인한 근력의 강화는 골밀도를 증가시키므로 골밀도 감소에 의한 골절의 예방에도 도움이 된다. 폐경 이후의 생식기 위축증 및 이에 따른 성교통이나 비뇨생식기 감염 등에 대해서는 국소적 호르몬제제를 간헐적으로 투여하는 것으로 예방 효과를 기대할 수 있다.

(6) 생활 가이드

폐경은 여성이 살아가면서 자연스럽게 거쳐가는 신체적 변화의 한 과정이며, 질병이 아닌 자연 현상이므로 걱정하거나 두려워하기보다는 담담하게 받아들이는 태도가 필요하다.

(7) 식이요법

갱년기 증상의 조절에 식물성 에스트로겐이 도움이 될 수 있다는 보고들이 있다. 그러나 이 경우 약효를 얻기 위해 섭취해야 하는 음식의 양이 과도하게 많아질 수 있고, 채식 위주의 식단에 의해 영양 불균형이 초래될 수 있으며, 유방의 자극에 대한 안정성이 보장된다고 할 수 없으므로 바람직한 식사법으로 권장되기는 어렵다. 현재 안면홍조의 증상을 호전시킬 수 있는 식물성 에스트로겐이 약제로 만들어져 약국에서 판매되고 있고, 의사의 처방을 받아 복용할 수도 있으므로 전문의와 상의하여 복용 여부를 결정할 수 있다.

21) 설사(Diarrhea)

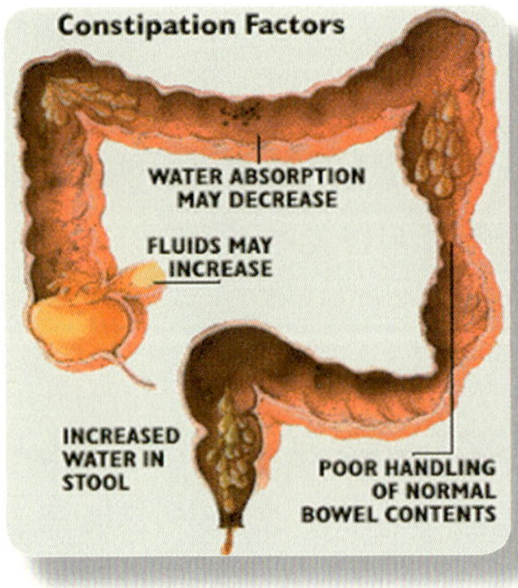

배변 횟수가 하루 4회 이상, 또는 하루 250g 이상의 묽은 변이 나올 때 설사라고 한다. 성인에서 2~3주 이상 지속되는 설사를 만성 설사라고 하고, 그 이하를 급성 설사라고 정의한다. 설사는 가성설사나 대변실금과는 구별해야 한다. 가성설사는 하루 3~4회 이상 배변하지만 전체 배변량이 정상 범위 내에 속하는 것이며, 과민성장증후군, 직장염, 갑상선기능항진증 등에서 나타날 수 있다. 배변실금은 항문직장 또는 골반근육의 이상으로 인한 수의적 배변 조절이 불가능하여 본인의 의사와 관계없이 자주 배변하는 증상이며, 대변의 양 자체가 250g을 넘지 않아 설사와 구분된다.

(1) 원인

① 장관 내 흡수가 안 되는 물질에 의한 삼투성 설사

② 장점막의 구조적 손상 없이 세균성 독소, 담즙산, 지방산, 설사제 등의 분비촉진제에 의한 분비성 설사

③ 염증성 장질환, 허혈성 장질환 등 장점막의 구조적 손상에 의한 점막 손상성 설사

(2) 관련 신체기관

소화관(대장, 직장), 중추신경계, 갑상선

(3) 치료(3단계)

① 설사에 의해 야기된 수분 및 전해질 이상을 교정하고,

② 설사의 증상을 완화하기 위한 대증요법을 시행하며,

③ 설사를 일으킨 원인에 대한 치료를 시행한다. 대개 설사의 정확한 원인을 규명할 수 없는 경우가 많으므로 증상을 완화하기 위한 치료만 시행되는 경우가 많다.

(4) 관련 질병

일반적으로 알려져 있는 설사의 흔한 원인은 다음과 같다.

① 병원성 생물체 또는 그 독소: 콜레라, 살모넬라, 바이러스 등

② 약제: 완하제, 제산제, 항생제, 콜린성 약물, 알코올 등

③ 만성 염증성 장질환: 궤양성 대장염, 크론병(Crohn's disease), 방사선 장염 등

22) 음식불하(Difficulty in Swallowing)

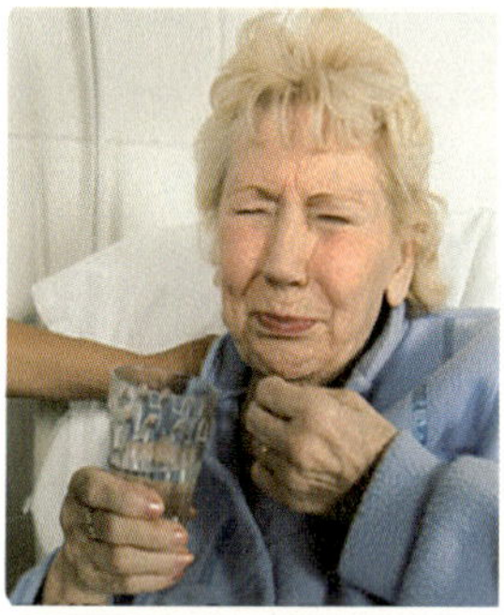

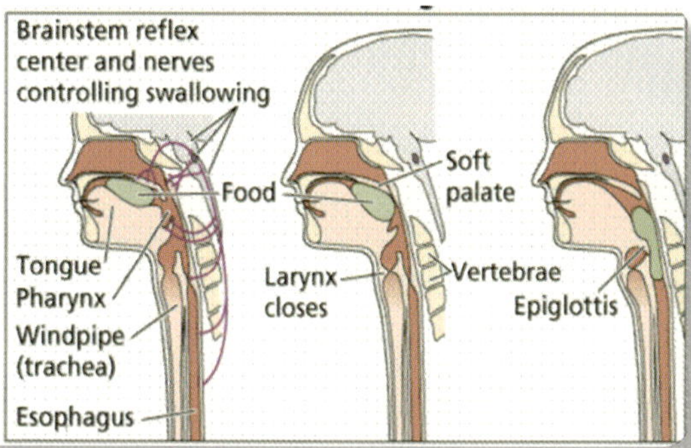

음식을 삼키지 못하는 증상을 뜻한다.

23) 자궁출혈(Dysfunctional Uterine Bleeding)

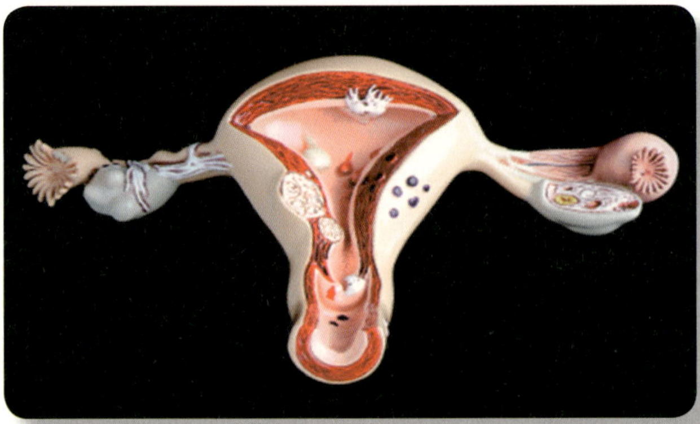

(1) 정의

질 출혈은 속옷이나 생리대에 피가 묻거나 소변을 볼 때 피가 보이는 경우 쓰이는 말이다. 질 출혈은 주로 여성 생식기(자궁 및 자궁경부, 질, 나팔관, 난소)에서 기인한 출혈을 모두 통칭한 말이지만, 방광 및 요도에서 기인한 출혈이 질 출혈로 나타나는 경우도 있다.

가장 흔한 질 출혈은 월경이다. 정상적 월경의 양상은 21~35일 사이의 주기를 가지며, 월경 기간은 2~7일 정도이다. 정상 월경 기간 중 출혈량은 대개 하루 30ml를 넘지 않는다. 정상적인 월경을 제외하고 질 출혈이 있는 경우 비정상 질 출혈이라고 할 수 있다. 비정상 질 출혈의 원인을 나이에 따라 구분해 보면 다음과 같다.

① 신생아: 에스트로겐 관련
  - 초경 전: 이물질, 외상, 성폭력, 감염, 요도 탈출, 난소낭종, 사춘기 조숙증

② 초경 초기: 무배란, 출혈소인, 스트레스, 임신, 감염

③ 가임기: 무배란, 임신, 암, 폴립, 자궁근종, 자궁선근증, 감염, 내분비 기능 이상(갑상선, 다낭성난소증후군 뇌하수체 선종), 출혈소인, 약물 관련(피임약 등)

④ 폐경 이행기: 무배란, 폴립, 자궁근종, 자궁선근증, 암

⑤ 폐경기: 위축성, 암, 에스트로겐 치료

(2) 관련 신체기관

자궁 및 자궁경부, 질, 나팔관, 난소, 질, 외음부, 방광, 요도 등의 비뇨생식기 등이다.

(3) 치료

다양한 원인에 따라 치료도 각각 다르다.

① 기능성 자궁 출혈: 경구용 복합 호르몬 제제, 내과적 치료 실패 또는 금기인 경우 자궁내막 절제 등의 수술적 치료
② 자궁근종, 자궁경부 폴립, 자궁내막 폴립 등: 수술적 제거
③ 내분비 기능 이상(갑상선, 다낭성 난소 증후군 뇌하수체 선종) 및 출혈성 질환: 각각의 내과적 문제 해결
④ 감염(자궁내막염 등): 원인균에 대한 항생제 치료
⑤ 자궁경부암, 자궁내막암: 각각의 질환에 대한 치료

(4) 관련 질병

① 자궁체부: 폴립, 자궁내막증식증, 자궁선근증, 자궁근종, 자궁내막암, 자궁육종, 자궁내막염, 무배란성 질 출혈
② 자궁경부: 폴립, 외반증, 자궁내막증, 자궁경부암, 전이성암(자궁암, 융모막암), 감염(경부염)
③ 외음부: 콘딜로마(condyloma), 혈관각화증, 피지선 낭종, 외음부암, 성병
④ 질: 가드너씨관 낭종(gartners duct cyst), 폴립, 선증식증, 질암, 세균성 질염, 성병, 위축성질염
⑤ 나팔관, 난소: 나팔관암, 난소암, 골반감염증
⑥ 임신 관련: 절박유산, 태반박리, 전치태반
⑦ 외상성: 성교, 성폭력, 질 및 자궁 내 이물질, 교통사고 등 사고
⑧ 약물 관련: 피임약, 여성호르몬 치료, 항응고제, 타목시펜(tamoxifen), 스테로이드, 항암제
⑨ 전신 질환 관련: 외음부를 침범한 크론병, 베체트 병(Behcet disease), 펨피구스(pemphigus), 펨피고이드(pemphigoid), 미란성 편평태선, 임파선암, 폰 빌레브란트병(von Willebrand disease), 혈소판 이상증, 백혈병, 진행성 간질환, 갑상선 질환, 유즙분비호르몬 과다증, 신장질환, 스트레스, 흡연
⑩ 비뇨기계: 요도염, 방광암

24) 생리통(Dysmenorrhea)

(1) 정의

월경통은 가임기 여성의 약 50%에서 나타나는 흔한 부인과적 증상이다. 월경통은 골반 내 특별한 이상 징후 없이 월경 시에 주기적인 통증을 보이는 일차성 월경통과 골반 내의 병리적 변화와 연관되어 나타나는 이차성 월경통으로 나누어진다. 일차성 월경통은 대개 배란이 규칙적으로 일어나기 시작하는 초경 후 1~2년 이내에 처음 발생하고, 대부분 10~20대의 여성에게서 흔히 나타나는 증상이지만 40대까지도 지속될 수 있다. 이차성 월경통은 대개 초경 후 수년 이내에 발생하기 시작하고, 배란과 무관하게 나타날 수도 있다.

(2) 원인

일차성 월경통은 자궁내막 내 프로스타글란딘(prostaglandin) 생성 증가로 인한 증상이다.

프로스타글란딘은 배란 전 자궁내막(proliferative endometruim)보다 배란 후 자궁내막(secretary endometrium)에서 더 높은 농도로 발견되는 물질이다. 배란 직전 황체호르몬(progesterone)의 농도가 감소하면 사이클로옥시지네이즈(cyclooxygenase, COX)라는 효소가 활성화되면서 자궁 세포 내에서 프로스타글란딘이 생성되어 세포 밖으로 유리된다. 이 물질은 월경 시 자궁근육의 강한 수축을 일으켜 통증을 유발하며, 이는 출산 시 발생하는 산통과 유사하다. 따라서 일차성 월경통은 프로스타글란딘을 생성하는 효소인 COX를 억제함으로써 치료가 가능하며, 이것이 바로 월경통에 사용하는 진통제(NSAIDs: Nonsteroidal Anti-Inflammatory Drugs, 비스테로이드성 항염증제)의 작용 원리이다.

이차성 월경통은 골반강 내 이상 징후와 관련되어 나타나는 주기적인 월경통이다. 대개 초경 후 수년 이내에 생기지만, 발생 연령은 진단과는 무관하다.

이차성 월경통을 일으킬 수 있는 골반강 내 이상 소견은 다음과 같으며 이

중 가장 흔한 원인은 자궁내막증이고, 다음으로는 자궁선근증, 자궁 내 장치 등의 순이다.

① 자궁내막증(endometriosis)
② 자궁 혹은 질 기형(uterine or vaginal anomalies with obstruction of menstrual flow)
③ 자궁 내 유착(Asherman's syndrome)
④ 자궁 내 폴립 혹은 자궁 내 피임장치(endometrial polyp or intrauterine device)
⑤ 자궁근종(uterine leiomyoma)
⑥ 자궁선근증(adenomyosis)
⑦ 골반 울혈증후군(pelvic congestion syndrome)
⑧ 잔류 난소증후군(ovarian remnant syndrome)
⑨ 만성 기능성 낭종 형성(chronic functional cyst formation)

(3) 증상

일차성 월경통은 치골 부위 위쪽에서 월경이 나타나기 수시간 전 혹은 직전에 시작되어 2~3일간 지속될 수 있다. 일차성 월경통의 원인은 자궁 근육의 과도한 수축이므로 출산 시 산통과 유사하다. 꼬리뼈(요추천추) 부위의 통증이 동반되거나 앞쪽 허벅지까지 통증이 뻗어갈 수 있으며, 동시에 구토, 메스꺼움, 설사 등의 증상이 나타날 수 있고, 드물게 실신에 이르는 경우도 있다. 일차성 월경통에서 나타나는 통증은 복강 내 염증 등에 의한 통증과는 달리 쥐어짜는 것 같은(colicky) 양상이며, 흔히 골반부위의 마사지, 신체 활동 등에 의해 호전될 수 있다. 월경 수시간 전 혹은 직전에 통증이 시작되어 2~3일간 지속되는 일차성 월경통과 달리, 이차성 월경통은 월경 시작 1~2주 전부터 시작되어 월경 출혈이 끝난 후에도 수일간 지속될 수 있다.

이차성 무월경의 원인이 다양한 만큼 통증이 발생하는 메커니즘 역시 다양하지만, 대개는 골반강 내의 이상 징후에 의해 자궁경부가 막히거나, 자궁 내에 혹이 생기거나, 이물질로 인한 반응으로 자궁근육이 강하게 수축하면서 프로스타글란딘의 생성이 증가한 것이 원인이 된다. 이차성 월경통을 가진 여성은 골반강 내 이상이 있으므로 일차성 월경통과 달리 일반적인 진통제(NSAIDs)나 먹는 복합 피임제에 잘 반응하지 않는다.

(4) 치료

일차성 월경통은 진통제를 사용하여 효과적으로 치료할 수 있다. 진통제로는 자궁수축을 일으켜 통증을 유발하는 물질인 프로스타글란딘의 생성을 억제하는 비스테로이드성 항염증제(NSAIDs)를 사용한다. 진통제는 월경통 시작 직전 혹은 시작된 후 복용하기 시작하여 6~8시간마다 규칙적으로 복용하여 지속적으로 프로스타글란딘의 생성을 차단한다.

진통제 복용은 월경 기간의 초기 며칠간은 복용을 지속하도록 한다. 비스테로이드성 항염증제에 효과가 없다고 결론을 내리기 위해서는 적어도 4~6번의 월경 주기 동안 복용한 후 판단하게 된다. 초기 표준용량 투여 시 진통에 효과가 없다면 용량을 늘리거나 제제를 변경하게 된다. 비스테로이드성 항염증제는 위장관 내에 궤양이 있거나 아스피린에 의한 기관지 과민성이 있는 사람에게는 투여를 금하며, 흔히 알려진 부작용으로는 메스꺼움, 소화불량, 설사, 피로감 등이 있다.

호르몬 치료가 가능하고 피임 효과까지 원하는 환자에게는 먹는 복합 피임약도 일차성 월경통의 치료제가 될 수 있다. 복합 피임제는 배란을 억제하고, 자궁내막의 증식을 억제하는 효과가 있고, 자궁내막을 프로스타글란딘 농도가 가장 낮은 초기 증식기 내막(배란 전 자궁내막) 상태로 만들어주기 때문에 일차성 월경통에 효과적이다.

만약 위와 같은 통상적인 치료에 반응이 없을 경우, 하이드로코돈(hydrocodone)이나 코데인(codeine) 등의 마약성 진통제를 추가로 사용해 볼 수 있지만, 투여하기 전 진단복강경검사 등을 통해 골반 내에 다른 이상이 없는지 혹은 심리적인 문제는 없는지 등을 확인해야 한다.

일차성 월경통의 비약물성 치료에는 침이나 경피적 전기신경 자극술(Transcutaneous Electrical Nerve Stimulation, TENS)도 유용한 것으로 알려져 있다. 침은 세로토닌(serotonin)이나 엔도르핀(endorphins)과 같은 매개물질을 유도하여 통증 신호를 차단시킬 수 있다. 경피적 전기신경 자극술 역시 자궁수축 자체를 줄일 수는 없지만 통증에 대한 체내의 인지를 변화시킬 수 있는 것으로 알려져 있다. 한 연구에서는 30%의 여성에서 경피적 전기신경 자극술 후 통증이 현저하게 감소하였음을 느꼈고, 60%에서는 중등도의 감소, 10%에서는 효과가 없는 것으로 보고되었다. 확립된 것은 아니지만 또 다른 치료법으로는 척추신경에 대한 처치, 복강경적 자궁신경 절제술(ablation), 천추 전신경절제술(presacral neurectomy) 등이 있다.

이차성 월경통은 근본적으로 골반강 내의 병적인 변화와 연관된 통증이므로 진통제가 주가 되는 일차성 월경통과는 달리 문제가 되는 골반강 내의 병리적 증상을 치료하는 것이 치료법이 된다.

E		
Edema	부종, 수종	T3 T11 L1 L2
Enuresis	야뇨증	L2 L5 S1 S2 S4
Epigastric pain	심와부(상복부) 통증	T6 T9 T10 T11 T12
Epistaxis	코피, 비출혈	T9

25) 부종(Edema)

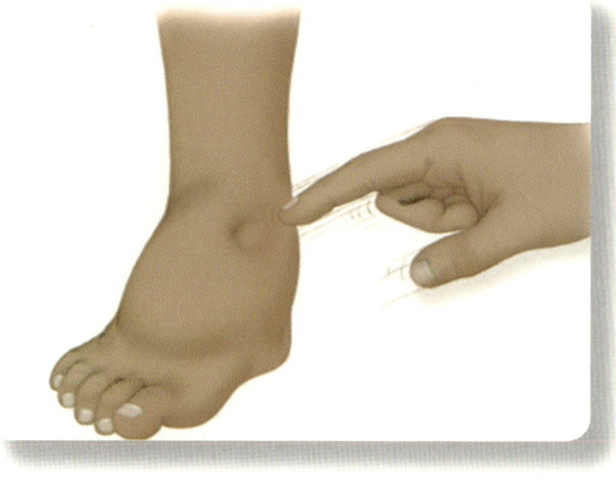

(1) 정의

부종은 조직 내에 림프액이나 조직의 삼출물 등의 액체가 고여 과잉 존재하는 상태를 의미하는 용어이다. 피부와 연부 조직에 부종이 발생하면 임상적으로 부풀어 오르고, 푸석푸석한 느낌을 갖게 되며, 누르면 피부가 일시적으로 움푹 들어간다.

(2) 관련 신체기관

피부, 점막, 뇌, 폐, 심장, 신장 등 전신

(3) 치료

원인 질환에 따른 근본적인 치료가 중요하다. 전신적인 부종의 경우 증상 치료로 이뇨제 사용과 염분 섭취 제한을 할 수 있다.

(4) 관련 질병

① 전신 부종(전신적으로 몸이 부은 상태): 심장 질환(울혈성 심부전, 교착성 심낭염, 제한성 심장 근육 병증), 간경변, 신장질환(신부전, 신증후군)

② 국소 부종(피부와 연부 조직의 일부가 부은 상태): 피부와 연부 조직의 염증성 질환(봉소염 등), 국소 손상(화상, 벌레물림, 세균감염 등), 정맥이나 림프관의 환류 장애(정맥류 등)

26) 야뇨증(Enuresis)

(1) 정의

야뇨증이란 5세 이상에서 비뇨기계에 뚜렷한 이상이 없고 낮 동안에는 소변을 잘 가리다가 밤에만 오줌을 지리는 것을 말한다. 야뇨증은 태어날 때부터 지속되는 원발성과 최소 6개월 이상 야뇨증이 없는 기간이 있다가 발생한 속발성으로 분류한다. 또한 빈뇨, 요절박, 절박성 요실금 등 다른 증상을 동반한 경우 다증상성 야뇨증으로 분류하고, 다른 배뇨 증상 없이 야뇨증만 있는 경우 단일증상성 야뇨증으로 분류한다.

(2) 원인

야뇨증의 원인으로는 기능적 방광용적의 감소, 무억제성 방광수축, 유전적 소인, 수면 시 각성장애, 정신장애나 행동장애, 신경계통의 성숙지연, 알레르기 반응, 요로감염, 항이뇨호르몬 분비 변화 등이 제시되었으나 아직까지 확실한 원인은 밝혀진 바 없다. 야뇨증은 가족력이 있다고 알려져 있어 부모 모두 야뇨증이 있었던 경우 자녀의 77%, 한쪽만 있었던 경우 자녀의 44%, 부모가 모두 야뇨증이 없었던 경우 자녀의 15%에서 야뇨증이 발생한다. 항이뇨호르몬은 야간에 상승하여 밤에 소변을 만드는 것을 감소시키는 것이 정상이다. 그러나 야뇨증이 있는 소아의 경우 야간에 항이뇨호르몬의 분비가 증가하지 않아 밤에도 소변이 많이 만들어지고, 이 때문에 야뇨증이 발생한다는 이론이 최근에 널리 받아들여지고 있다. 또한 야뇨증이 정신적인 문제로 인해 생긴다기보다는 야뇨증 때문에 정신적인 문제가 이차적으로 발생한다는 의견이 더 많다.

(3) 치료

경보장치가 달린 패드를 부착하여 패드가 소변에 젖으면 경보를 울려 잠에서 깨도록 하는 자명종 치료가 있다. 그 외에 데스모프레신(desmopressin) 같은 항이뇨제를 경구로 복용하거나 콧구멍에 뿌리는 방법이 있다. 이미프라민(Imipramine)은 많이 사용되는 경구약제이다. 그 외에 항우울제나 부교감신경 억제제 등을 사용하기도 한다. 전기자극치료나 방광훈련 등도 시도되고 있다.

(4) 경과/합병증

야뇨증의 유병률은 5세에 15%의 빈도를 보이고 시간이 경과함에 따라 증상이 저절로 소실되어 12세가 되면 1~2%로 감소한다. 남아가 여아보다 발생빈도가 높고, 우리나라의 경우 5~12세 남아의 16%, 여아의 10%가 일 년에 한 번 이상 야뇨증을 겪는다고 보고되었다.

(5) 생활 가이드

치료를 하겠다는 의지를 갖는 것이 중요하다. 아이를 안심을 시키고 오줌을 지린 아이가 죄책감을 갖지 않도록 하는 것이 바람직하다. 자기 전에 소변을 미리 보도록 유도하는 것이 좋은 방법이지만, 자는 아이를 깨워서 소변을 보게 하는 것은 역효과가 나므로 삼간다. 달력에 오줌을 싸지 않은 날을 표시할 수 있도록 스티커를 붙여주고 칭찬하고 격려하는 것도 좋은 방법이다.

(6) 식이요법

기본적으로 저녁식사 후에는 마실 거리를 제한한다. 카페인이 든 탄산음료는 소변을 만드는 이뇨작용을 상승시키므로 피하는 것이 좋다.

27) 비출혈(Epistaxis)

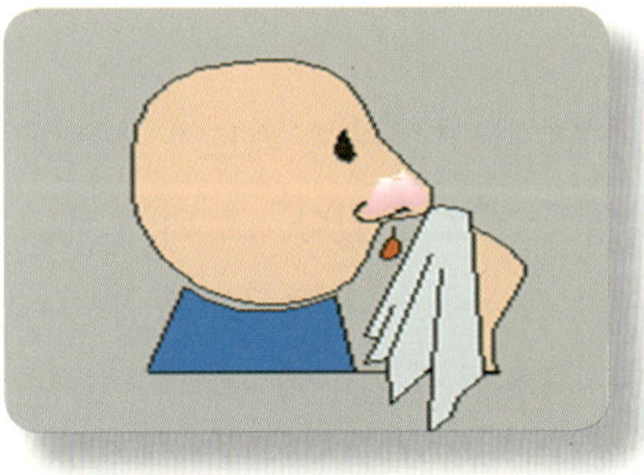

(1) 정의

비출혈이란 말 그대로 코에서 피가 나는 것을 말한다. 코피는 여러 가지 원인에 의해 발생하는데, 신체의 국소적 원인으로는 기계적 외상, 비중격 및 비강질환, 염증, 종양, 동맥류, 기압 변화 등이 있으며, 신체 전반에 걸친 원인으로는 혈액응고 장애, 동맥경화증, 유전성 출혈성 모세혈관확장증, 대상월경(월경이 없거나 그 양이 매우 적을 경우, 자궁의 출혈을 대신하여 코나 허파, 위장, 유방 따위에서 출혈이 일어나는 일) 등이 있다.

출혈의 대부분은 비중격의 앞부분에 위치한 키셀바하 부위(Kiesselbachs area)에서 발생하고, 외상이 비출혈의 가장 흔한 원인이다. 특히 습관적으로 코를 후비는 행동은 어린이에게 가장 흔한 비출혈의 원인이다.

(2) 관련 신체기관: 코, 비중격

(3) 치료

비출혈은 주로 비중격의 전방부(Kiesselbachs plexus, 키셀바하 혈관총)에서 발생하지만, 드물게 비강의 후반부에서 발생하기도 한다. 전방부 출혈, 특히 어린이에게 자주 발생하는 재발성 비출혈은 이 부위의 외상으로 발생하게 된다. 후반부 비출혈은 비강의 후방부에 위치한 혈관의 손상에 의한 경우가 많으며, 이는 고혈압, 혈액응고 장애 등의 전신 질환이 있을 경우 자주 발생하는 것으로 알려져 있다.

전방부 비출혈은 연고를 발라 점막 재생을 촉진하여 재발을 막을 수 있고, 출혈 시에는 거즈 삽입, 전기소작(electrocautery) 등으로 지혈시킬 수 있다. 후방부 비출혈은 위치 확인이 어려운 경우가 많고, 수술실에서 지혈이 필요한 경우도 있다.

(4) 관련 질병

코피, 고혈압, 비중격 만곡증, 혈액응고 장애

F		
Fever	발열	C7 T1 T2
Frequent urination	빈뇨	L2 L4 L5 S2

28) 발열(Fever)

(1) 정의

시상하부의 체온 조절 중추의 작용으로 인해 체온이 정상 범위 이상으로 상승하는 상태를 말한다. 일반적으로 구강 체온이 37.8℃ 이상이거나 직장 체온이 38.2℃ 이상이면 발열이 있다고 말할 수 있다. 이와는 달리 고체온증은 체온 조절 기능이 원활하지 못해 체온이 상승하는 경우를 말한다.

(2) 관련 신체기관: 전신

(3) 치료

발열의 원인은 대단히 많다. 발열 자체가 인체에 해로울 경우 우선 열을 떨어뜨리는 것이 필요하며, 이와 동시에 발열의 원인을 찾아 해결하는 것이 가장 중요하다. 열을 떨어뜨리기 위해 해열제를 복용할 수 있으며, 미지근한 물을 스폰지에 적셔 몸을 문질러 주는 방법을 사용해 볼 수 있다. 발열이 있으면 땀이 나서 탈수가 되기 쉽기 때문에 충분히 물을 마시는 것이 좋다. 만일 세균 감염에 의해 발열이 발생하는 것이라면 항생제를 사용하게 된다. 염증이 장기간 지속되어 열이 발생한다면 소염제를 사용하게 된다.

(4) 관련 질병: 감염, 염증, 손상, 암 등

29) 빈뇨(Frequent Urination)

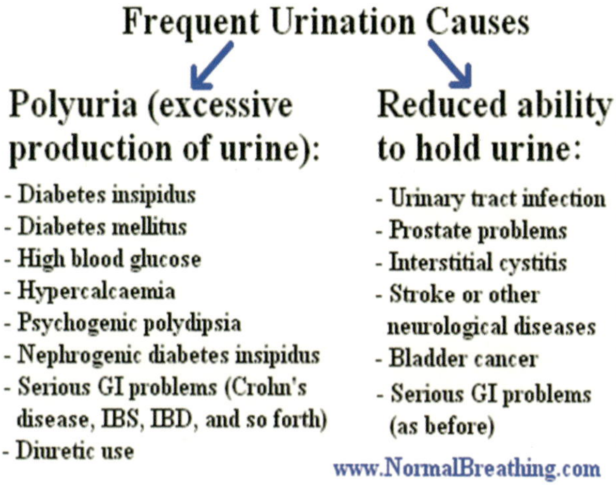

(1) 정의

보통 성인은 낮에 깨어있는 동안 4~6회, 밤에 자는 동안 0~1회, 많아도 하루 총 10회 이내로 배뇨하는 것이 정상인데, 이 범위를 넘어 배뇨 횟수가 비정상적으로 증가하는 경우를 빈뇨라고 한다.

빈뇨는 방광의 염증에서 흔히 볼 수 있는 증상이며, 전립선 비대증이나 요도협착증 등에 의해 하부 요로가 폐색된 경우에서도 나타난다. 드문 원인으로는 방광 결핵이나 방사선 치료에 의한 방광염, 간질성 방광염 등 만성 염증으로 방광이 섬유화된 경우가 있다.

주간에만 빈뇨가 있는 것을 주간 빈뇨, 야간에만 있는 빈뇨를 야간뇨 혹은 야뇨라고 하며, 야간뇨는 신장 기능이 저하되어 요농축을 하지 못하는 만성신부전 환자나 하부 요로 폐쇄성 질환 환자에서 흔히 볼 수 있다. 그러나 이러한 원인 없이 정상인이라도 저녁에 다량의 수분을 섭취하거나 커피나 알코올성 음료를 섭취했을 때 야간뇨가 나타날 수 있다. 야간뇨 없이 주간 빈뇨만 보이는 경우에는 신경성 긴장을 의심해 볼 수 있다.

(2) 관련 질병

방광염, 방광결석, 전립선 비대증, 만성 신부전

G		
Gastroptosis	위하수증	T6 T9 T10 T11 T12

30) 위하수증(Gastroptosis)

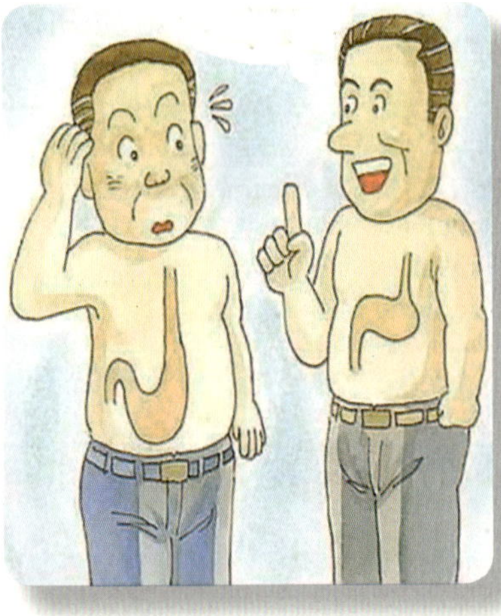

(1) 정의

정상적인 위의 아래끝은, 배꼽부위 또는 이보다 2~3cm 아래에 있는데, 위하수는 X선 검사로 보면 섰을 때 위각부(胃角部)가 위의 운동과는 관계없이 배꼽 부위 아래로 처진 것을 말한다. 이것을 1, 2, 3도로 나누는 경우도 있는데, 1도는 위각이 제3요추 위쪽 끝에서 제4요추 아래쪽 끝에 위치하는 것, 2도는 그 아래 제5요추 아래쪽 끝까지의 것, 3도는 그보다 더 아래의 것이다. 대개의 경우 장하수(腸下垂)를 수반하며, 간·지라·신장 등의 하수를 볼 때도 있고, 이와 같은 것을 내장하수라고 한다. 일반적으로 여성에게 많으며 원인은 여러 가지이다. 내장하수체질·복벽근이완(腹壁筋弛緩)·개복수술·출산 등 복강압(腹腔壓)의 저하로 인한 경우들이다.

위하수만으로는 대개 대단한 증세는 일어나지 않는 것이 보통인데, 때로는 심와부통(心窩部痛)을 호소하는 경우가 있으며, 이때 위를 위쪽으로 밀어올리면 동통은 사라진다. 위하수에 위아토니가 합병되면 여러 가지의 증세를 나타낸다. 위부팽만감·압박감이 특히 식후에 일어나며, 또한 식욕부진·변비 등도 생긴다. 위염을 합병하면 가슴이 따갑고 쓰리거나 트림과 함께 동통도 증가한다. 그 밖에 신경질로 두통·어지러움·불면 등을 호소하는 일이 적지 않다. 경과는 만성이고 예후는 나쁘지 않다. 진단은 X선 투시법이 확실하다.

(2) 치료

치료는 원인을 확인한 다음, 치료가 가능한 것은 원인치료가 선결이다. 체질적인 것은 되도록이면 개선하는 것이 바람직하나, 먼저 중요한 것은 정신적·육체적 안정이며, 이를 위해 입원을 필요로 하는 경우도 있다. 식사는 조금씩 여러 번으로 나누어 단백질·탄수화물·비타민 등을 고루 섭취하도록 하고, 식후는 안정하는 것이 좋으며, 때로는 오른쪽으로 눕는다. 위하수대는 때로 큰 효과를 얻을 수 있으나 결정적인 효과는 없고, 도리어 고통이 더 심해졌다고 호소하는 환자도 있으므로 환자에게 적합한 위하수대를 착용시켜야 한다. 약물요법으로는 건위제·소화제·진정제 등을 투여한다. 매우 심한 위하수에 대해서는 외과적 요법을 쓰는 경우도 있다.

H		
Headache	두통	T1 T2
Hhematuria	혈뇨	S1
Hypertension	편측마비, 반신불수	T9 ~T12
Hiccup	딸국질	T7
Hypertension	고혈압	T1~S1

31) 두통(Headache)

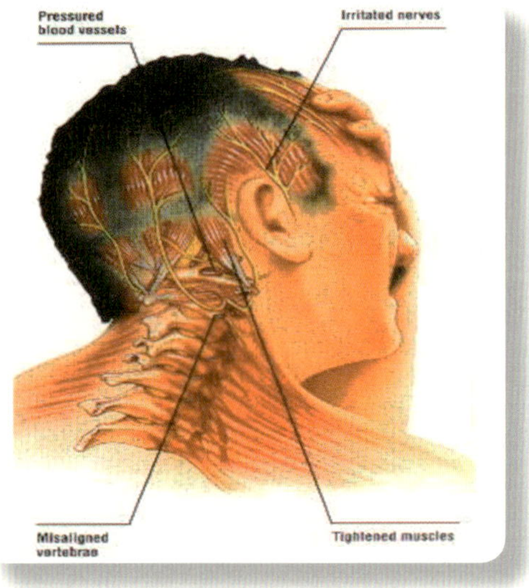

(1) 정의

두통은 사실상 모든 사람들이 일생 동안 한두 번 이상은 경험하는 증상이다. 두통은 환자에 따라 표현하는 방식이 다르며, 이차적 원인이 발견되지 않는 일차성 두통의 경우 의사의 임상적인 진단 이외에 특이적인 진단 방법이 없으므로 진단과 치료에 다소 어려움이 있다. 적절한 치료를 한다면 두통이 일상 생활에 미치는 영향을 차단할 수 있으며, 대부분의 일차성 두통은 심각한 신경학적 후유증을 남기지 않고 치료된다. 그러나 일부 환자의 경우에는 각종 검사가 필요할 수 있다. 이는 일차성 두통과 유사한 증상을 보이는 이차성 두통을 감별하기 위해서이다. 다음의 경우에는 이차성 두통이 의심되므로 두통을 유발하는 두개골 내부 또는 외부의 다양한 원인을 찾아내기 위한 검사가 필요할 수 있다.

① 과거에 경험한 적이 없는 두통이 갑자기 시작한 경우

② 어린이, 중년 이후의 성인, 암환자, 면역억제상태환자, 임산부에게 새로 발생한 두통

③ 운동, 성교, 숨을 참고 힘을 주는 행위, 누웠을 때보다 서 있을 때 악화되는 두통

④ 평소 두통이 있던 환자라도, 두통의 빈도가 갑작스럽게 증가하거나 강도가 심해지고 두통의 양상이 이전과 다르게 변화한 경우

⑤ 의식 소실이나 간질 발작이 두통과 동반된 경우
⑥ 두통이 발생한 반대쪽 신체에 마비, 감각 저하 등이 나타난 경우
⑦ 안구 주위나 두개골 위에서 잡음이 들리는 경우
⑧ 동반되는 증상이 일반적인 전조가 있는 편두통인 조짐편두통에 부합하지 않는 경우

이 경우 컴퓨터단층촬영(CT)이나 자기공명영상촬영(MRI)을 시행하여 출혈성 뇌졸중이나 뇌종양 또는 뇌정맥혈전증 등을 감별할 수 있다. 거미막밑출혈의 경우 극히 소량의 출혈만 있다면 CT에서 발견되지 않을 수도 있다. 이 경우에는 뇌척수액검사를 통하여 출혈 여부를 더욱 민감하게 진단할 수 있다. 뇌척수액검사는 뇌염, 뇌수막염 등의 진단을 위해서 사용되기도 한다.

자세한 검사에서도 특별한 원인이 발견되지 않는 일차성 두통에는 편두통, 긴장성두통, 군발두통이 있고, 비교적 흔하게 발생하는 이차성 두통에는 측두동맥염, 근막동통증후군, 약물과용두통 등이 있다. 치명적일 수 있는 이차성 두통으로는 뇌종양, 뇌출혈, 뇌압상승, 뇌염, 뇌수막염 등에 의한 두통이 있다.

(2) 관련 신체기관

머리, 두피, 두피의 혈관, 뇌, 목과 안면의 근육

(3) 치료

일차성 두통에 해당하거나 이전에 일차성 두통으로 진단되어 치료를 받았던 환자에서 두통이 발생하였을 때는 대부분 크게 걱정할 필요가 없다. 스트레스, 피로, 수면부족 등의 원인이 있는 상태에서 발생한 가벼운 두통(두통이 있지만 일상 생활을 수행할 수 있는 정도의 강도)은 일반적으로 처방전 없이 약국에서 살 수 있는 진통제로도 증상이 어느 정도 경감되며 피로 등의 원인 요소가 사라지면 두통도 함께 사라지는 편이다. 하지만 편두통, 군발두통 등의 일차성 두통은 일반적인 진통제보다 해당 두통에 맞는 특별한 치료제를 사용할 때 치료 효과가 더욱 좋은 편이다. 그러나 노인에게서 새롭게 발생한 두통과 같이 이차성 두통을 시사하는 증상이 있거나 지속적으로 나타나는 두통의 경우

에는 병원을 방문하여 두통을 유발할 수 있는 다양한 원인 유무에 대해 진료를 받을 필요가 있다.

(4) 관련 질병

편두통, 긴장성두통, 군발두통, 측두동맥염, 근막동통증후군, 약물과용 두통, 뇌종양, 뇌출혈, 뇌압상승, 뇌염, 뇌수막염 등에 의한 두통

32) 혈뇨(Hematuria)

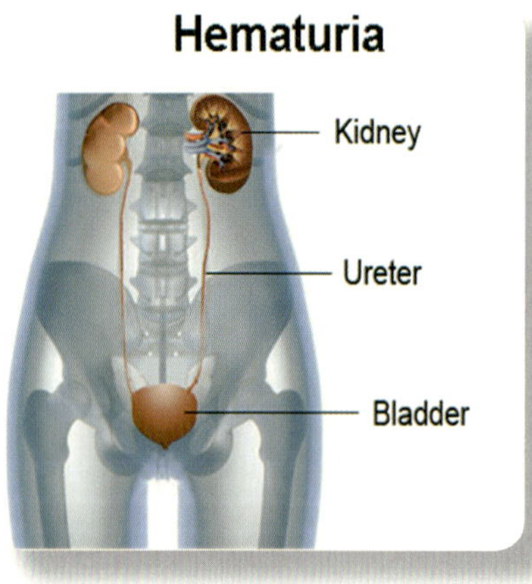

(1) 정의

혈뇨는 소변에 비정상적인 양의 적혈구가 섞여 배설되는 것으로, 약물이나 음식의 영향으로 단순히 소변이 붉게 보이는 현상과는 다르다. 눈으로 색깔 변화를 알아볼 수 있을 정도의 혈뇨를 육안적 혈뇨, 현미경으로만 보이는 것을 현미경적 혈뇨라고 한다.

적은 양의 혈뇨가 한 번 있었다고 해서 이상이 있다고 할 수는 없다. 일시적인 혈뇨는 흔한 증상으로 생리, 감염, 알레르기, 운동 및 외상에 의해 나타날 수 있다. 따라서 지속적인 혈뇨가 있거나 혈뇨의 양이 많을 때 그 원인에 대한 정밀 검사가 필요하다.

혈뇨는 신장에서 외요도구에 이르는 요로 중 어느 한 부분에서 출혈이 있음을 의미하며, 출혈 부위가 어디인지 확인하는 것이 중요하다. 이를 찾기 위해 상황에 따라 여러 가지 소변검사와 혈액검사, 신장 초음파와 컴퓨터단층촬영(CT) 등의 검사를 진행하게 되는데, 그 결과에 따라 신장에서 출혈이 있는 경우, 요로에서 출혈이 있는 경우로 나누어 추가 검사 및 치료를 한다. 신장 출혈인 경우에는 원인이 되는 신장 질환을 찾기 위해 혈액검사 및 단백뇨에 대한 검사뿐 아니라 신장 조직검사를 해야 하는 경우도 있다. 요로 출혈인 경우, 특히 노인에게 육안적 혈뇨가 있거나 흡연자인 경우에는 암에 대한 정밀

검사를 받는 것이 중요하다.

이 외에도 소변으로 칼슘이나 요산 등이 과다하게 배설되는 경우에도 혈뇨가 발생할 수 있다. 일반적인 혈뇨의 원인은 요로감염, 요석, 외상, 전립선염, 종양 등이다.

그러나 여러 가지 검사에도 불구하고 출혈의 원인을 잘 알 수 없는 경우도 15% 가량 되는데, 이 경우에는 정기적인 외래 진료를 받으며 다른 이상 징후가 나타나지 않는지 관찰하는 것이 좋다.

(2) 관련 신체기관: 방광, 요도, 전립선, 신장

(3) 치료

증상을 유발하는 원인에 따라 각각 다른 치료가 이루어지며, 칼슘이나 요산의 과다 배설로 인한 혈뇨의 경우는 식이조절만으로 혈뇨가 호전될 수 있다.

(4) 관련 질병

요로감염, 요석, 전립선염, 사구체신염, 방광암, 신장암

33) 편측마비, 반신불수(Hemiplegia)

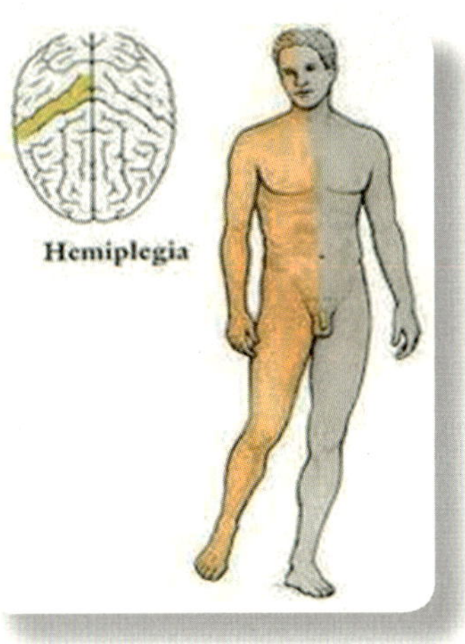

얼굴의 반쪽과 같은 쪽 팔·다리 모두에 운동마비가 일어난 상태를 말한다. 반신마비(半身痲痺) 또는 편마비(片痲痺)라고도 한다.

수의운동(隨意運動)을 지배하는 추체로(錐體路)가 대뇌의 피질(皮質)·피질하(皮質下), 내포(內包), 뇌간(腦幹)의 어느 부위에서건 장애를 받아도 일어난다. 마비는 연수(延髓)와 척수(脊髓)의 경계부에서 척수로가 대부분 교차되므로 장애 쪽과는 반대 쪽에서 일어난다.

급성으로 발생한 뇌 속의 순환장애, 특히 내포(內包) 부근의 출혈·연화(軟化) 등에 의해 일어나는 경우가 많다. 원인질환

으로서는 뇌출혈을 비롯하여 뇌연화·뇌종양·동맥염·당뇨병·요독증 등을 들 수 있다. 초기에는 이완성(弛緩性) 마비로 시작되어, 수 시간 내지 수 일 후에는 경련성 마비가 온다. 마비가 온 쪽의 얼굴은 이완되어 건강한 쪽으로 수축되면서 당겨지고, 혀도 마비가 온 쪽으로 굽어져서 언어가 명확하지 못하다. 팔은 팔꿈치의 관절이 굽어져 몸통 가까이로 붙는 모양이 되고 다리는 늘어나서 바깥쪽으로 돌아가 뒤틀리는 모양을 나타낸다.

완전마비일 때는 팔·다리가 모두 전혀 움직이지 않는다. 불완전마비의 경우는 뇌의 상해(傷害) 정도에 따라 다르지만 일반적으로 손가락의 섬세한 운동이나 걸을 때 발의 운동에 장애가 나타난다.

치료는 원인질환을 치료하며 동시에 적당한 시기에 마비된 쪽을 마사지하고 운동·온욕요법(溫浴療法)·전기요법 등으로 근육의 위축을 막아 운동기능을 회복하도록 한다.

34) 딸꾹질(Hiccup)

(1) 정의

불수의적인 횡격막 수축에 의하여 숨을 쉬고자 하나 갑자기 성문이 닫혀 특징적인 소리는 내는 것을 딸꾹질이라 한다. 보통은 경과가 양호하며 저절로 호전되는 성가심 정도에 불과하지만, 오랫동안 지속될 경우에는 심각한 질환의 증상일 수 있다. 인공호흡기로 치료 중인 환자에서 딸꾹질은 전체적인 호흡 순환의 이상을 초래하여 호흡성 알칼리증을 유발할 수 있다.

딸꾹질의 유병률은 알려져 있지 않다. 딸꾹질은 인간뿐만 아니라 다른 포유류에서도 나타나는 현상이다. 인간의 경우 심지어 태어나기 전에 자궁 안에서도 발생한다. 딸꾹질은 미숙아나 신생아가 유아, 소아, 성인에 비해 더 흔하다. 유아와 소아의 딸꾹질인 경우에는 특별한 원인이 발견되는 경우는 드물며, 특발성인 경우가 대부분이다. 유아가 성숙하면서 딸꾹질의 빈도는 점차 감소한다. 그러나 이유는 알려져 있지 않지만 지속적이며 재발하는 딸꾹질은 성인에서 더 흔하다. 일시적인 딸꾹질의 남녀 차이에 대해 알려진 바는 없으나, 지속적이며 재발하는 딸꾹질은 남성에서 더 흔한 것으로 보고되고 있다. 딸꾹질의 인종적, 지역적, 사회경제학적 차이에 대해서는 문헌에 고찰된 바가 없다.

경과가 양호하여 저절로 호전되는 딸꾹질은 위의 팽창(탄산음료, 공기 삼킴, 과식)과 급격한 기온 변화(더운 환경에서 찬 음료, 더운 환경에서 찬 샤워), 음주, 고양된 감정 상태(흥분, 스트레스, 웃음)로 생긴 경우이다. 반면 재발하며 지속적인 딸꾹질의 원인은 100여 가지가 넘으며 그중 몇가지 중요한 것을 나열하면 아래와 같다.

① 심리적인 원인: 심한 스트레스/과도한 흥분, 전환장애/애도반응, 신경성 식욕부진, 인격성 장애, 히스테리성 신경증

② 기질적인 원인: 중추신경성, 종양, 다발성경화, 뇌수종, 척수공동증, 뇌경색, 뇌출혈, 동정맥기형, 경막혈종/경막하혈종, 두신경염, 뇌외상/뇌진탕, 말초신경성, 심낭염, 갑상선종, 목의 종양/낭종, 중격동림프질환, 고막의 자극, 흉부외상, 폐종양/폐부종, 심근경색, 심낭염, 폐렴, 기관지염, 폐농양, 천식, 식도폐색, 식도염, 위염, 위궤양, 위암, 췌장염, 췌장암, 장폐색, 염증성 장질환, 담석, 담낭염, 신질환, 간질환

(2) 관련 신체기관: 횡격막, 성대

(3) 치료

딸꾹질을 멈추는 데 다음과 같은 방법을 시도해 볼 수 있다.

① 혀를 잡아당기면서 비인후부 자극, 티스푼으로 목젖 들어올리기, 비인후부에 대한 카테터 자극, 1티스푼의 설탕 먹기

② 숨 참기, 재채기, 갑자기 놀래키기, 비닐봉지에 내신 숨을 재호흡하기

③ 경동맥 마사지, 미주신경 자극하기

④ 양 무릎을 가슴에 붙여서 횡격막 자극하기
⑤ 위의 팽창을 감소시키기 위해 트림을 하거나 비위관을 삽입한다.
⑥ 클로프로마진, 페니토인, 카바마제핀, 로자레팜, 디이아제팜 등의 약물들로 치료를 시도할 수 있다.

급성 딸꾹질은 저절로 호전되며 딸꾹질에 대한 요법을 시도해 볼 수 있다. 그러나 자주 재발하며 지속적인 딸꾹질은 심각한 질환의 소견일 수 있으므로 담당 주치의와 상담 받아야 한다.

(4) 관련 질병

심리적 요인 및 원인 불명의 중추신경계의 감염, 뇌종양, 요독증, 폐렴, 폐종양, 심낭염, 횡격막하 농양, 간염, 췌장염, 췌장암 등

35) 고혈압(Hypertension)

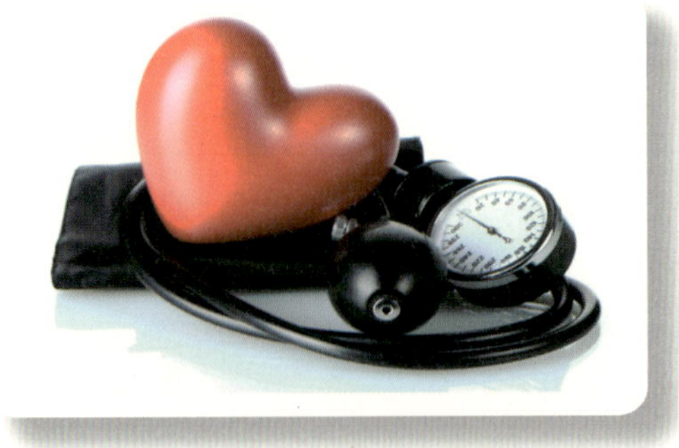

(1) 정의

혈압이란 혈액이 혈관 벽에 가하는 힘을 말한다. 혈압을 읽을 때에는 수축기 혈압(최고혈압)과 확장기 혈압(최저혈압)으로 나누어서 읽는다. 수축기 혈압은 심장이 수축하면서 혈액을 내보낼 때 혈관에 가해지는 압력이고, 확장기 혈압은 심장이 확장(이완)하면서 혈액을 받아들일 때 혈관이 받는 압력이다.

고혈압은 18세 이상의 성인에서 수축기 혈압이 140mmHg 이상이거나 확장기 혈압이 90mmHg 이상인 경우를 말한다. 고혈압은 크게 두 가지로 분류할 수 있는데, 원인 질환이 밝혀져 있고 이에 의해 고혈압이 발생하는 경우

를 이차성 고혈압이라고 하며, 원인 질환이 발견되지 않는 경우를 본태성(일차성) 고혈압이라고 한다. 전체 고혈압 환자의 약 95%는 본태성 고혈압이다. 본태성 고혈압이 생기는 근본적인 이유는 명확하지 않지만, 심박출량(cardiac output: 심장에서 1분 동안 박출하는 혈액의 양)의 증가나 말초 혈관저항의 증가에 의한 것으로 생각된다. 고혈압과 관련된 위험 인자에는 고혈압의 가족력, 음주, 흡연, 고령, 운동 부족, 비만, 짜게 먹는 식습관, 스트레스 등의 환경적, 심리적 요인이 있다.

(2) 하위 질병

본태성 고혈압(일차성 고혈압), 속발성 고혈압(이차성 고혈압), 임신성 고혈압, 고혈압 응급증, 고혈압 긴급증

I		
Impotence	양위, 발기부전	L2 L4 S1 S2 S5
Indigestion, dyspepsia	소화불량	L1 L2
Infertility	불임	T7 T9 T11 T12 L1~S4
Insomnia(primary)	일차성 불면증	T3 T4 T5 T6 T7 T8 T9 T10 T11
Irregular menstruation, menstrual irregularity	생리불순	T6 T9 L2 L3 L4 S1 S2 S4 S5

36) 양위, 발기부전(Impotence)

(1) 정의

발기부전은 성생활에 충분한 발기가 되지 않거나 유지되지 않은 상태를

의미한다. 일반적으로 이러한 상태가 3개월 이상 지속되었을 경우 발기부전으로 정의한다.

(2) 원인

발기부전의 원인은 고령, 흡연, 음주, 당뇨, 고혈압, 뇌혈관질환 등이다. 그 외에 호르몬제제, 고혈압 치료제 중 일부, 향정신성 약물 등도 발기부전의 원인이 되며, 뇌와 척수, 골반의 수술 및 손상도 발기부전을 야기할 수 있다. 만성질환으로는 다발성경화증(뇌, 척수, 시신경을 포함하는 중추신경계에 발생하는 만성 신경면역계 질환), 기타 신경계 질환, 우울증, 만성 신부전 및 간부전증, 만성 폐쇄성 폐질환, 피부경화증(피부가 굳어져 탄력이 없어지는 질환) 등이 발기부전의 원인이 될 수 있다. 이러한 신체적 원인 없이 정서적 스트레스, 우울증이나 불안장애 등 심리적 요인도 발기부전을 일으킬 수 있다. 또한 당뇨, 고혈압, 비만, 고콜레스테롤혈증과 같은 지질대사 이상, 흡연과 운동을 하지 않는 습관에 의한 심혈관계질환 등이 발기부전의 위험 인자로 작용할 수 있다.

(3) 경과/합병증

심인성 원인인 경우에는 증상이 갑자기 발생하고 경과가 다양하게 나타난다. 특정 상대에 따라 간혹 발기가 가능하고 아침에 기상 시 발기가 되기도 한다. 그러나 기질적 원인인 경우에는 증상이 서서히 진행되고 항상 발기가 불가능하며, 점차적으로 악화되는 경향을 보인다. 입으로 투여하는 약물은 심인성 발기부전 환자의 60~80%에서 효과적이고, 해면체내 주사요법은 비혈관성 발기부전의 경우 80~90%에서 효과가 나타난다. 음경 보형물은 이론적으로는 증상을 100% 완치할 수 있지만, 보형물로 인한 합병증이 생기거나 기계고장 등이 발생할 수 있다.

(4) 예방방법

발기부전의 예방을 위해서는 과다한 음주와 흡연을 줄이고, 적절한 운동과 식이요법을 병행하면서 규칙적인 성생활을 하는 것이 정상적인 발기를 유지하는 데 도움이 된다. 충분한 수면과 적극적인 삶의 자세도 중요하다.

(5) 생활 가이드

발기부전 환자의 경우 적절한 치료 외에 규칙적 운동을 하고 고혈압, 당뇨와 비만에 대한 치료를 병행해야 한다.

(6) 식이요법

당뇨, 고혈압, 고지혈증 등은 발기부전의 주요 원인이므로 이러한 질환을 예방하기 위해 지방의 섭취를 줄이고 채소와 신선한 과일을 많이 섭취하는 것이 좋다. 인스턴트 식품도 피하는 것이 좋다.

37) 소화불량(Indigestion, Dyspepsia)

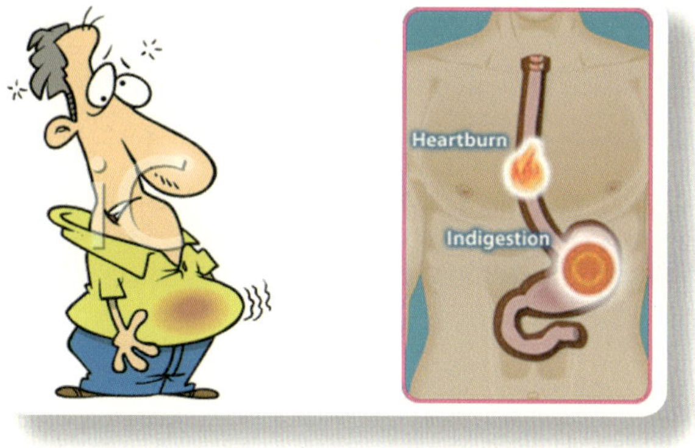

(1) 정의

소화불량은 소화기관의 기능장애와 관련하여 주로 상복부 중앙에 소화 장애 증세가 있는 경우를 말한다. 한 가지 증상만 일컫는 것이 아니며, 속쓰림, 조기 포만감, 만복감, 상복부 팽만감, 구역(또는 오심) 등의 여러 증상을 포함한다. 조기 포만감이란 식사를 시작한 뒤 먹은 음식의 양에 비하여 지나치게 빨리 위가 가득 찬 느낌이 들어 식사를 계속하지 못하는 경우를 말하고, 만복감이란 식사 여부와는 관계없이 위장 내에 음식이 계속 남아있는 듯한 불쾌감이다. 상복부 팽만감이란 상복부가 팽팽하게 팽창된 듯한 느낌이다. 구역은 토할 것처럼 느끼는 증상을 말한다. 기능성 소화불량은 기질적인 원인 없이 상복부 불쾌감이나 통증이 반복되거나 혹은 지속되는 경우를 말하며, 매우 흔한 질환이지만 아직 병태 생리가 확실히 밝혀져 있지 않다.

(2) 관련 신체기관

소화관(식도, 위, 소장, 대장), 담도(담낭, 담관), 췌장, 심장, 정신적 문제

(3) 치료

대부분의 소화불량증은 대개 증상이 심하지 않으며 간헐적으로 나타난다. 우선 증상을 유발하거나 악화시키는 음식, 정서적 사건, 또는 환경적 요인들을 밝혀내고 이를 피하도록 한다. 생활습관이나 식이를 조절하여도 증상이 좋아지지 않으면 약물요법을 시도한다. 약물요법에는 운동기능 항진제, 제산제, 히스타민 H2 수용체 길항제, 프로톤 펌프 억제제(Proton Pump Inhibitor, PPI) 등이 사용되는데, 약물을 투여하여 효과가 있더라도 그 약물을 장기적으로 투약하는 것은 바람직하지 않다. 대개 한두 달 정도 투약하고 증상이 호전되면 투약을 중단하였다가, 증상이 재발하면 다시 단기간 동안 투약하도록 한다.

헬리코박터 파일로리(Helicobacter pylori)라는 세균이 위염이나 소화성 궤양의 중요한 발병 원인으로 밝혀졌지만, 비궤양성 소화불량에서의 역할은 아직 증명되지 않았기 때문에 소화불량을 치료하기 위한 헬리코박터 파일로리 제균요법은 아직 논란이 많다.

(4) 관련 질병

기능성 소화불량증, 위식도 역류질환, 만성 위염, 위 및 십이지장 궤양, 담낭염, 췌장염

38) 불임(Infertility)

(1) 정의

불임이란 피임을 시행하지 않은 부부가 정상적인 부부관계에도 불구하고 1년 이내에 임신에 도달하지 못한 경우로 정의한다. 이는 다시 이전에 한 번도 임신을 경험하지 못한 경우를 일차성 불임으로, 이전에 분만에 이르지 못했더라도 임신을 했던 적이 있었던 경우를 이차성 불임으로 세분할 수 있다.

(2) 원인

남성 또는 여성의 생식세포(정자 또는 난자)의 발생부터 정자와 난자의 수정, 수정된 배아의 발달, 배아의 자궁 내 착상까지 전 과정 중 어느 한 단계에서라도 이상이 있으면 불임이 될 수 있다. 불임의 주요 원인에는 다음과 같은 것들이 있다.

① 남성 요인(male factor)
② 난소 기능 저하(decreased ovarian reserve)
③ 배란 장애(ovulatory disorder)
④ 난관 손상, 결찰(매듭), 또는 난관주위 유착(tubal injury, blockage, or paratubal adhesions)
⑤ 자궁경관 또는 면역학적 요인(cervical and immunologic factors)
⑥ 자궁인자(uterine factors)
⑦ 면역학적 이상(immunologic aberration), 감염(infection), 심한 전신적 질환(serious immunologic illnesses)
⑧ 원인 불명(unexplained): 난관, 난관주위 유착을 동반하지 않는 자궁내막증 포함

(3) 관련 질병: 골반염 , 자궁내막증

39) 불면증(일차성 불면증)(Primary Insomnia)

(1) 정의

일차성 불면증이란 수면의 시작이나 수면 유지의 어려움, 또는 원기 회복이 되지 않는 수면을 호소하는 수면장애로, 내과 질환, 우울장애 등 타 정신과적 장애나 약물 등의 요인이 원인이 아닌 불면증을 말한다.

(2) 원인

일차성 불면증은 정신과적 문제나 내과적 또는 신경과적 문제, 약물의 사용이나 사용 중지 등에 의하여 생긴 것이 아닌 불면증을 말한다. 과도한 각성이 원인이라 생각되고 있으며, 상향망상체 형성계(ascending reticular formation system)의 활동이 수면 시에도 과도하게 활동하고 있는 것으로 보고 있다. 수면에 대한 부정적인 조건이 형성되면 일차성 불면증, 특히 정신생리적 불면증을 발생시킨다고 생각되고 있다. 이는 잠자기 힘든 부정적 경험들이 반복되고 학습되어 불면증을 발생시킨다는 것이다.

(3) 증상

수면의 시작과 수면의 유지에 문제가 있고, 자고 일어나서 원기 회복이 되지 않는다. 일차성 불면증 진단을 위해서는 적어도 1개월 이상 증상이 지속되어야 하며, '일차성'이라는 말이 의미하듯 다른 내과적, 정신과적 장애로 인한 불면증이 아니어야 한다. 일차성 불면증은 잠들기 어렵고 반복해서 깨는 것을 주 증상으로 하는 경우가 흔하다. 잠자리에 들기 전에 생리학적, 심리학적 각성이 증가하고 수면에 대한 부정적 조건화(negative conditioning for sleep)가

뚜렷이 나타난다. 환자들은 보통 충분한 수면을 취하는 데에 몰두되어 있다. 그러나 자려고 애를 쓰면 쓸수록 잠은 달아나고 좌절감과 고통만 더 커진다.

(4) 생활 가이드

① 수면 위생(sleep hygiene)

② 매일 같은 시각에 일어날 것(Arise at the same time daily)

③ 수면 장애가 일어나기 전에 평소 하루에 침대에서 보내는 시간을 제한할 것(Limit daily in-bed time to the usual amount present before the sleep disturbance)

④ 중추신경계를 자극하는 약물을 끊을 것-카페인, 니코틴, 알코올, 자극제들(Discontinue CNS-acting drugs-caffeine, nicotine, alcohol, stimulants)

⑤ 치료로서 낮잠을 자는 경우는 제외하고 낮잠은 피할 것(Avoid daytime naps(except when sleep chart shows they induce better night sleep)

⑥ 오전 중에 활동적인 운동의 단계적 프로그램을 이용한 신체운동을 할 것(Establish physical fitness by means of a graded program of vigorous exercise early in the day)

⑦ 저녁에 자극적 행동을 피할 것, 대신 라디오나 마음을 편하게 해주는 텔레비전 프로를 볼 것(Avoid evening stimulation: substitute radio or relaxed reading for television)

⑧ 잠자기 전 따뜻한 물로 20분 정도 샤워할 것(Try very hot, 20-minute, body temperature-raising bath soaks near bedtime)

⑨ 매일 규칙적인 시간에 식사할 것, 잠자기 전 많이 먹는 것은 피할 것(Eat at regular times daily: avoid large meals near bedtime)

⑩ 저녁에 이완 운동을 할 것(Practice evening relaxation routines, such as progressive muscle relaxation or meditation)

⑪ 안락한 수면 조건을 유지할 것(Maintain comfortable sleeping conditions)

(5) 관련 질병: 수면장애

WHEELBACK

40) 생리불순(Menstrual Irregularity)

(1) 정의

생리불순이란 일반적으로 불규칙한 생리를 일컫는 용어이다. 의학적으로 정확히 대응되는 용어는 없으며, 무배란 및, 희소배란에 의해 나타날 수 있는 증상으로 본다.

(2) 관련 질병

희소 배란 또는 무배란을 일으킬 수 있는 질환들: 다낭성 난소 증후군, 스트레스나 섭식 장애(거식증 또는 폭식증)로 인한 배란 장애, 뇌하수체 종양, 부신 종양, 골반내 양성 종양, 악성 생식기 종양, 갑상선기능항진증, 갑상선기능저하증, 고프로락틴혈증 등과 같은 내분비 질환 등

J		
Jaundice	황달	T7 T9 T10 T11

41) 황달(Jaundice)

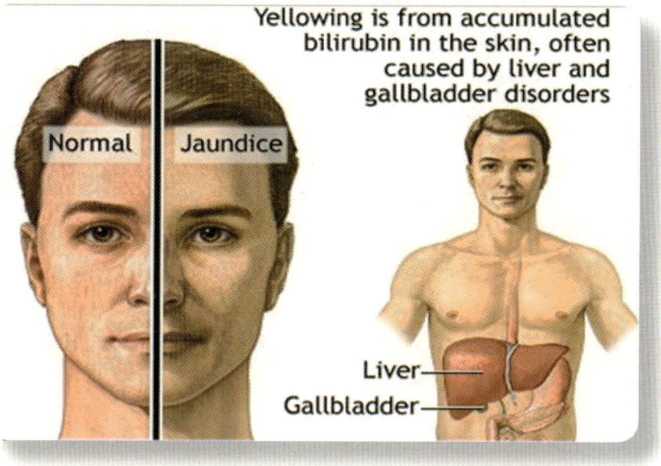

(1) 정의

황달은 혈색소(헤모글로빈)와 같이 철분을 포함하고 있는 특수 단백질이 체내에서 분해되는 과정에서 생성되는 황색의 담즙색소(빌리루빈)가 몸에 필요 이상으로 과다하게 쌓여 눈의 흰자위(공막)나 피부, 점막 등에 노랗게 착색되는 것을 말한다. 빌리루빈은 체내에 들어온 물질이 분해되는 과정에서 생성되는 독성 물질이며, 보통은 간에서 해독작용을 거친 후 담즙으로 배설된다.

황달이 발생하는 원인은 다음과 같다.

① 빌리루빈이 체내에서 필요 이상으로 과다하게 생성되거나,

② 생성된 빌리루빈이 몸 밖으로 제대로 배출되지 못하기 때문이다.

또한 황달이 발생했을 때 가장 먼저 나타나는 증상은 소변의 색깔이 짙어지는 것이다. 이는 혈액으로 넘쳐 나오는 빌리루빈이 소변으로 배설되기 때문이며, 빌리루빈으로 인해 소변이 진한 갈색을 띠게 된다. 이후 피부에 색소 침착이 시작되면 가장 먼저 눈의 흰자위(공막)가 황색으로 변하는 것이 발견된다. 가끔 당근이나 오렌지를 많이 섭취하여 손발이 노랗게 변하는 경우가 있는데, 이는 비타민 A의 전구물질인 카로틴(carotene)이 피부에 침착되어 나타나는 증상이다. 이 경우에 피부는 황색을 띠고, 각막이나 소변색은 보통 정상이므로 황달과 쉽게 구분할 수 있다.

황달 시 경우에 따라 대변 색이 연해지기도 하는데, 이는 담즙이 배출되는 통로가 막혀 배설이 제대로 이뤄지지 않아 담즙이 대변에 섞여 나오지 않기 때문이다. 대변에 흰색 물감이나 비지 같은 물질이 섞여 나오는 경우도 있는데, 이는 담즙이 전혀 분비되지 않고 있다는 것을 알 수 있는 손쉬운 방법이다. 황달이 생기면 경우에 따라 피부 가려움증을 동반하기도 한다. 이 경우에는 빌리루빈 자체가 원인은 아니고 담즙으로 배설되어야 할 어떤 화학물질이 피부의 신경말단을 자극하여 발생한다고 추정되며, 증상 완화를 목적으로 하는 치료를 시행할 수 있지만 근본적으로 황달이 호전되어야 증상이 좋아질 수 있다. 모유가 원인이 되어 황달이 생기는 경우도 있는데, 이때는 모유 수유를 잠시 중단하는 것이 좋다. 이런 경우는 신생아의 간기능이 아직 완전히 성숙되지 못해 일시적으로 나타나는 증상이므로 대부분은 특별한 합병증 없이 완치된다.

정상적인 신생아에게 생기는 황달을 생리적 황달이라고 하는데 보통 태어난지 24시간이 지난 후에 생기며 3일째에 가장 심하고 대개 1~2주 정도 지나면 거의 사라진다. 황달 증상은 정상아에 비해 미숙아인 경우 더 오래가고 심하게 나타난다. 생리적 황달에서는 소변이나 대변의 색깔은 정상이다. 생리적 황달은 생후 24시간 이내에는 나타나지 않으며, 생후 24시간 이내에 나타나는 황달은 대부분 용혈성 황달이다. 또한 아주 예외적 경우가 아니면 생후 2주 후에 나타나는 황달 역시 생리적인 것이 아니라 감염과 같은 병적인 상태가 원인이 되어 발생하는 것이다. 따라서 황달이 생후 24시간 이내에 발생하거나, 생후 2주 후에도 지속되는 경우에는 반드시 그 원인을 규명해 보아야 한다.

질병에 의한 병적 황달을 생리적 황달로 오인하여 방치하였을 경우 심해져서 청력장애를 일으킬 수 있고, 더 심한 경우에는 핵황달(kernicterus; 혈액 속에 돌아다니는 빌리루빈이 뇌세포에 침착되어 발생하는 신경증후군)로 진행하여 사망하거나 뇌성마비가 나타날 수도 있다.

황달이 피로감, 식욕부진, 구역질 등의 증상과 동반되는 경우는 급성 간염을 시사한다. 복통, 발열 등과 함께 황달이 나타난다면 염증(담도염)을 의심해 볼 수 있으며 전신쇠약, 체중감소와 함께 서서히 황달이 나타나는 경우에는 간이나, 주위 장기에 종양의 발생 가능성을 고려해 보아야 한다.

(2) 원인

① 정상 신생아
② 적혈구 수명 단축
③ 감염
④ 약물의 부작용
⑤ 갑상선 기능저하
⑥ 선천성 담도폐쇄
⑦ 조기 수유
⑧ 장운동 저하

(3) 관련 신체기관

피부, 공막, 점막, 간, 담낭, 담도, 췌장, 췌관

(4) 식이요법

황달 환자는 원인 질환이 무엇인가에 따라 추천하는 식이요법이 달라질 수 있다. 일반적으로 탄수화물을 위주로 하는 저지방 식이를 권장하는데, 이는 담즙이 원래 지방질의 소화흡수를 돕는 물질이므로 황달이 오면 담즙분비의 장애로 인한 지방 소화장애가 동반될 수 있기 때문이다.

(5) 예방

황달은 그 원인이 되는 질환을 예방하는 것이 중요하다. 특히 바이러스성 간염, 알코올성 간염, 약물에 의한 담즙 정체는 예방이 가능한 질환이며, 바이러스성 간염의 경우 간염 바이러스 감염 여부와 항체 여부를 검사하고 필요한 경우에 예방접종을 받아야 한다. 간염 바이러스 보유자는 규칙적으로 검진을 받아 바이러스 활성화 여부를 관찰하는 것이 중요하다. 체액으로 또는 상처를 통해 간염 바이러스에 감염될 수 있으므로 문란한 성생활을 피하고 칫솔이나 면도기는 공유하지 않는 것이 좋다. 귀를 뚫거나 문신을 할 때는 소독한 바늘을 사용하여 위생적으로 시술하여야 한다. 과음은 하지 않는 것이 좋으며, 검증되지 않은 건강식품이나 동식물 추출물 등을 함부로 복용하지 않도록 한다. 의사의 처방에 따라 올바르게 약물을 복용하는 것도 중요하다.

(6) 관련 질병

① 간 질환: 약물에 의한 독성 간염, 바이러스성 간염, 알코올성 간염, 자가면역성 간염, 원발성 담즙성, 간경변증, 간경변증, 윌슨병(Wilson's disease), 간암, 질베르 증후군(Gilbert's syndrome), 듀빈-존슨 증후군(Dubin-Johnson syndrome), 로터 증후군(Rotor's syndrome)

② 간 주위 장기 질환: 만성 췌장염, 약물에 의한 담즙 정체, 경화성 담관염, 세균성 담관염, 담관 폐쇄, 담관낭종(10세 내외), 담관암, 췌장암, 담낭암, 팽대부 주위암, 담관내돌, 담석

③ 이외의 질환: 용혈성 빈혈, 만성납중독, 패혈증

L		
Leukorrhea	백대, 냉	T11 L2 S1 S2 S3 S4 S5
Loss of memory, Memory impairment	건망증, 기억장애	T4 T5 T11
Low back pain	요통	L3 L4 S1 S5
Lower abdominal pain and distension	하복부 통증 및 복창	T10 T11 T12 L1 L3 L4 L5 S2

42) 냉(Leukorrhea)

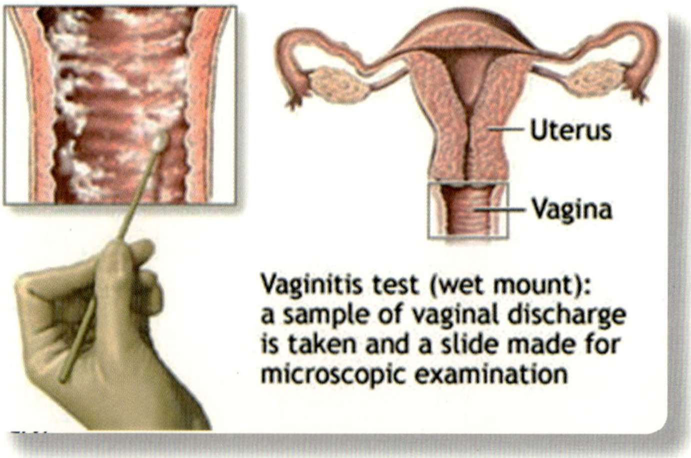

(1) 정의

냉이란 질 분비물을 이르는 말로, 냉이 많을 경우 대하증이라고 하기도 한다. 냉은 여성에게 나타나는 정상적인 생리적 현상이며, 개인에 따라 다르게 나타난다. 생리적인 냉은 대개 에스트로겐 자극에 의해 나타나며, 질 내 환경의 화학적 균형을 맞추려는 현상으로도 나타날 수 있다. 개인에 있어 냉의 양상이 달라지는 이유는 주로 감염, 악성 질환, 호르몬 변화 때문이다. 병 때문에 생기는 냉은 매우 다양한 원인에 의해서 생기고, 그 증상도 다양하여 질 분비물 증상만으로는 어떠한 질병인지 진단하기 힘들다. 냉은 질이나 자궁경부에 염증이 있는 경우에 많이 생기며, 세균성질염의 경우 질 분비물은 누런 색이나 회색을 띠고 생선 냄새가 나는 경우가 많다. 트리코모나스 감염에 의한 질 분비물은 양이 매우 많고 악취가 나며 종종 외음부 가려움을 동반한다. 칸디다 감염증인 경우는 질 분비물이 흰색을 띠고 질 주위가 가렵거나 따가운 증상이 함께 생긴다.

냉은 세균성질염과 같은 감염에 의해 생기는 경우가 많지만, 자궁경부암과 같은 비감염성 원인에 의해서도 발생한다. 자궁경부암에 동반된 냉은 악취가 심하고 피가 같이 섞여 나오는 경우도 있지만, 단순히 냉의 양이 많아지는 경우도 있다. 폐경 여성에서도 간혹 냉을 호소하는 경우가 있는데, 이 경우는 대개 위축성 질염으로 인해 화농성 질 분비물이 생긴 경우이다.

(2) 치료

냉의 색이 누렇게 변하거나 기분 나쁜 냄새가 나는 경우에는 세균감염이나 성병의 증상일 수 있으므로 의사를 방문하여 진단을 받고, 원인 질환에 맞는 치료를 받기를 권한다.

(3) 관련 질병

자궁경부 염증, 세균성질염, 트리코모나스 질염, 칸디다 질염, 자궁경부암, 위축성 질염

43) 건망증, 기억장애(Loss of memory, Memory impairment)

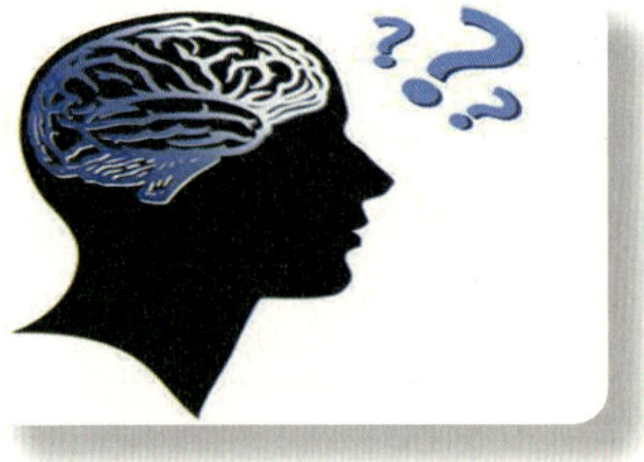

(1) 정의

기억장애란 새롭게 알게 된 사실을 기억하지 못하거나, 사물이나 사람의 이름을 기억할 수 없거나, 과거의 경험을 생각해내는 일이 어렵거나 불가능한 상태를 말한다. 인간의 기억 체계는 감각 기억, 단기 기억(작업 기억), 장기 기억으로 구분될 수 있으며, 장기 기억은 서술 기억(의미 기억, 일화 기억)과 비서술 기억(절차기억, 내재기억)으로 나눌 수 있다. 작업 기억장애는 기억장애를 보이는 정보의 내용이 매우 국한되어 나타나며, 잠시 동안 정보를 유지하는 데 장애를 보이나 장기 기억은 보존되는 특징을 갖는다. 의미 기억장애는 장기적 의미정보가 선택적으로 소실되는 것이 특징이며, 변연계 손상에 의해 발생하는 것으로 보인다. 알츠하이머병, 혈관성 치매, 간질(뇌전증), 폭음 상태 등 다양한 질환에서 기억장애가 나타날 수 있다.

(2) 관련 신체기관: 전신

(3) 관련 질병

알츠하이머병, 혈관성 치매, 간질(뇌전증), 폭음 상태 등

44) 요통(Low back pain)

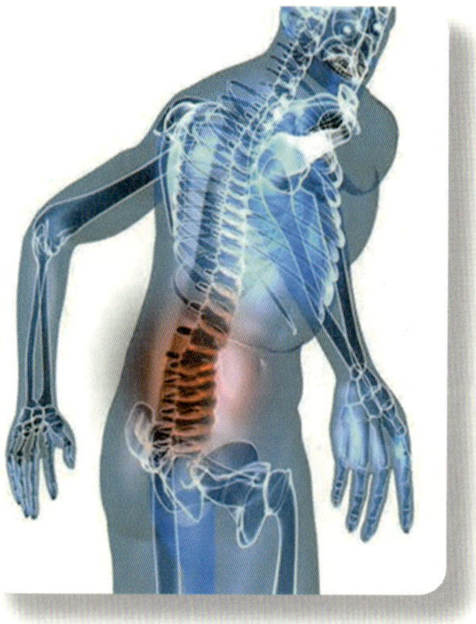

(1) 정의

요통은 척추뼈, 추간판(디스크), 관절, 인대, 신경, 혈관 등의 기능 이상 및 상호 조정이 어려워짐으로써 발생하는 허리 부위의 통증을 말한다. 평생 살아가면서 60~90%의 사람이 요통을 겪게 되고, 1년간 발생률은 5% 정도 된다. 이 중 40~50% 정도는 치료 없이도 1주일 이내에 좋아지는 것으로 알려져 있다. 호발 연령에 대한 정보는 연구자에 따라서 다르나, 나이가 증가할수록 요통의 빈도가 높아지고, 50~60대에서 가장 많이 발생한다고 알려져 있다. 경노동자에 비해 중노동자에서 더 많고, 특히 약 11kg 이상의 물건을 반복적으로 들어올리는 직업에서 흔하고, 흡연자에서 더 빈번하며, 규칙적인 운동을 하는 사람에서 적게 나타나는 것으로 조사되어 있다.

요통은 허리에만 통증이 있는 경우가 가장 많으나 환자에 따라서는 하지의 통증을 함께 호소하거나 하지의 근력 약화, 감각 저하가 함께 나타나는 경우도 있다. 대개 디스크 질환의 경우 허리를 앞으로 숙일 때 증상이 심해지는 양상이고, 척추관 협착증이나 추간관절 증후군의 경우 허리를 뒤로 젖힐 때 증상이 심해지는 경우가 많다.

(2) 관련 신체기관

척추, 인대, 근육, 척수, 요부 척추 신경근, 추간판, 척추후관절

(3) 치료

요통은 근골격계의 역학적 요인에 기인하는 경우가 많으므로 치료는 그 역학적 장애를 교정하는 방향으로 추진되어야 하고, 기타 원인의 경우에도 그에 해당하는 원인의 제거에 치료 목적을 둔다. 급성 요통의 경우 치료 목적은

통증을 완전히 없애주는 것으로, 약물요법을 비롯해서 다양한 시술이나 수술을 시행할 수 있다. 만성 요통의 경우 치료 목적은 통증의 강도와 빈도를 줄이고 사용하는 약의 양을 줄이며 어느 정도 필요한 운동을 시키고 육체적 정신적으로 안정적인 상태를 유지하도록 하는 것이다.

① 보존적 요법

수술 요법이 아닌 모든 치료 방법을 말한다. 급성 통증인 경우 대부분이 이 범주의 치료에 효과적이다. 약물 투약, 침상 안정, 물리 치료, 견인, 보조기 착용, 경피적 전기 신경자극(TENS), 근근막 통증 유발점 주사, 근육내 자극술, 신경 차단, 경막외 차단 및 스테로이드 주입 등의 방법이 있다. 또한 척추 수술 후 발생한 요통이 있는 환자와 같이 경막외 유착이 원인이 되는 경우에는 경막외 유착 제거술이나 경막외 내시경을 통한 유착 제거술을 시행할 수도 있고, 레이저 치료, 근육 운동 및 자세에 대한 교육 등을 시행한다.

② 수술 요법

(3) 관련 질병

① 척추 내인성 원인

가. 역학적 요인: 외상에 의한 골절이나 염좌, 추간판 이상(추간판의 변성, 탈출, 돌출), 척추 이상(척추 협착증, 척추 분리증, 척추 전방전위증, 후관절증, 척추측만증)

나. 기질적 요인: 종양(양성, 악성), 감염(강직성 척추염, 결핵, 곰팡이/기생충/매독 감염), 퇴행성 관절염, 골다공증

② 척추 외인성 원인

- 내장인성 원인, 심인성 원인, 혈관성 원인, 근육성 원인

45) 하복부 통증 및 복창(Lower abdominal pain and Distension)

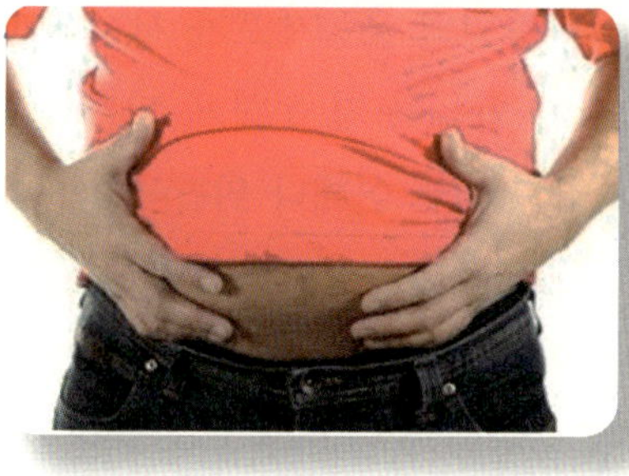

(1) 관련 질환

복벽 및 복부근육의 긴장, 충수돌기염(맹장염), 요석, 장결핵, 과민성 대장염(설사, 변비 등), 직장암, 요로결석, 부고환염, 여성은 난소질환, 월경불순, 자궁 외 임신 등

M		
Muscular atrophy of lower limb	하지 근위축증	L3 L4 S1 S2 S5

46) 근위축증(Muscular atrophy of lower limb)

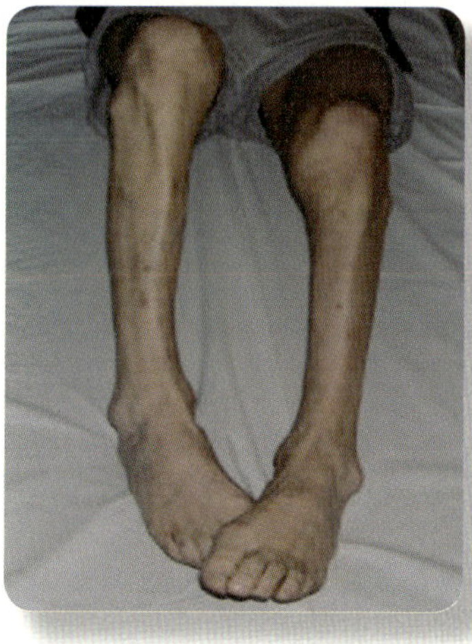

(1) 정의

사지의 근육이 거의 좌우대칭적으로 점점 위축되어 가는 것으로 여러 형태가 있다. 가장 많은 것은 근위축성 측삭경화증(側索硬化症)과 척수성진행성근위축증이다. 다 같이 척수에 있는 운동신경섬유 및 세포의 진행성 변성에 의한 것이지만 원인은 불명하다.

근위축성 측삭경화증은 19세기 말 유럽에서 처음으로 보고된 이래 원인이 아직 밝혀져 있지 않은 불치병이다. 영국의 천문학자 스티븐 호킹이 이 병을 앓고 있어 잘 알려져 있으며, 미국 메이저리그 선수

루게릭이 이 병으로 사망하였다고 하여 '루게릭병'이라고도 부른다.

이 병은 척수신경이나 간뇌의 운동세포가 서서히 파괴되어 이 세포의 지배를 받는 근육이 위축되어 힘을 쓰지 못하게 되는 병이다. 보통 상지말단의 근군(筋群)에서 위축이 시작되는데, 어깨나 위팔에서 시작하는 경우도 있다.

점차로 연수에까지 변성이 미쳐서 연수증세(球痲痺)를 일으켜 호흡곤란·연하장애 등으로 생명을 잃는다. 40~60대에 많이 발생하며, 남자가 여자보다 발병률이 2배가 높다. 말기에는 걷거나 숨 쉬는 것조차 힘이 들어 인공호흡기를 달기도 한다. 확증이 되면 대개 5년 이내에 사망한다.

척수성 진행성근위축증은 추체로의 변성이 없고, 척수 전각세포의 변성이 만성으로 진행한다.

듀센 아란형은 중년 이후의 남성에 많은데, 양손의 근육부터 위축되기 시작한다. 상하지·구간(軀幹)의 골격근이 모두 침해당한다. 그 결과 5~10년이면 사망한다. 특별한 치료법은 없다. 측삭경화증과의 사이에 이행성이 있는 것이 있어서 본질이 같다는 견해도 있다.

이 밖에 드물지만 가족성으로 젊어서 걸리는 형과, 유아의 베르드니히-호프만병이라는 것이 있다.

N		
Nausea	역, 오심, 메스꺼움, 욕지기	T12 T9
Neurasthenia	신경쇠약	T5~T12
Night blindness	야맹증	T9
Night sweating	도한증(수면 다한증)	T3 T4 T5 T7
Nocturnal emission, Night pollution	몽정	T4 T5 T6 L2 L4 S1 S2
Numbness of the elbow and arm	주완관절 감각이상	T1 T2 T3

47) 구역, 오심(Nausea)

(1) 정의

구역이란 구토가 급박한 느낌을 말하며, 보통 구토가 오기 전 먼저 나타나거나 혹은 구토에 동반되어 나타난다. 이것은 보통 위의 기능적 활동이 떨어지거나(근력 저하, 연동 저하, 분비 저하), 소장의 운동변화(근력 증가, 십이지장의 역류성 연동)와 관련된다. 보통 식욕부진도 함께 나타난다.

구역과 구토는 다양한 질환에서 흔히 나타나는 증상이므로 이 자체만으로 증상을 유발하는 원인 질환을 진단할 수 없으며, 추가적인 증상이나 징후를 함께 고려해야 한다. 오심과 구토의 원인을 기전에 따라 분류하는 것은 어렵다. 일반적으로 알려져 있는 오심 및 구토의 흔한 원인은 다음과 같이 분류할 수 있다.

① 급성 복부 응급 질환
② 소화관 질환
③ 감염성 질환
④ 중추신경계 질환
⑤ 심장질환
⑥ 암
⑦ 대사성 및 내분비 질환
⑧ 약제 및 화학약품에 의한 부작용

(2) 관련 신체기관

소화관(위, 소장), 중추신경계

WHEELBACK

(3) 치료

구역의 일차적인 치료는 그 기저 질환 및 질환의 중증 정도를 밝혀내고, 합병증을 방지하기 위해 즉각적인 치료를 시행하는 것이다. 치료 방법으로는 원인 질환에 대한 특이적인 치료, 음식물의 조절, 진토제 혹은 위운동 촉진제의 사용 등이 있다.

48) 신경쇠약(Neurasthenia)

이는 1869년 G.M.비어드에 의하여 이름지어졌으며, 원인은 신체적·정신적 과로에 의한다고 하여 한때 대단히 유행했던 말이지만, 현재는 과로에 의한 신경쇠약증세는 곧 회복되는 것으로 보아 대부분의 의학자는 비어드의 설에 부정적인 생각을 가지고 있다. '신경질'이 주로 체질성인 것을 가리키는 데 대하여 '신경쇠약'은 획득성(獲得性)인 것을 뜻한다.

불면·두통·피로·견통·현기증·귀울음·건반사항진(腱反射亢進)·지각과민·주의집중불능·기억력장애와 피자극성 항진 및 손가락·눈꺼풀의 떨림 등의 정신적·신체적 장애의 호소가 많고, 과장적이고 정세(精細)하지만 타각적인 것에 해당하는 소견이 인정되지 않는다. 신경쇠약은 자극성선약(刺戟性腺弱)에 있으며, 선천성과 후천성으로 나눈다. 급만성 전염병·기생충병·소화기질환·신진대사질환의 환자 등에서도 볼 수 있으나, 여러 가지 정신병·뇌병의 전구증세(前驅症勢)로 나타날 때가 있다.

49) 야맹증(Night Blindness)

(1) 정의

정상적으로는 밝은 곳에서 어두운 곳으로 들어갈 때 처음에는 보이지 않던 것이 적응이 되면서 보이게 되는데, 이는 망막의 시세포의 변화에 의해 이루어진다. 처음에는 감도가 높아진 망막의 원뿔세포에 의해, 이후에는 막대세포에 의해 어두운 곳에 적응이 되는 것이다. 그러나 야맹증은 밝은 곳에서 어두운 곳으로 들어갈 때 적응을 하지 못하거나, 희미한 불빛 아래 또는 어두운 곳에서 사물을 분간하기 어려운 증상을 말한다.

(2) 증상

밤에 가로등 주변이나 길거리의 불빛이 있는 상황에서는 정상적으로 볼 수 있으나, 달빛이나 별빛 같이 더 어두운 상황에선 사물을 분간하기 어렵다. 그러나 심한 경우 어두운 곳에서 주위의 불빛이 있더라도 사물을 인식하는 데 문제가 있어 저녁 무렵 외출 자체가 어렵거나, 밤에 조금만 조명이 어두워도 실내 생활조차 어려울 수 있다. 또한 밤에 운전할 때 다른 차의 헤드라이트 불빛에 적응하기가 어렵거나 터널을 통과할 때 적응하기 어려울 수 있다.

(3) 경과/합병증

야맹증을 일으키는 질환은 다양한 임상 경과를 보인다. 선천성 비진행성 야맹증은 더 악화되지는 않으나, 망막색소변성은 점진적으로 증상이 악화되어 시력이 나빠지고 시야는 좁아진다. 망막색소변성이 중심부까지 침범하면 중심시력까지 손상을 받으며 청각장애, 백내장, 망막부종 등이 동반될 수 있다. 망막색소변성을 유발하는 질환 중 뇌회형맥락망막위축은 약간의 지적 능력 저하나 골격근의 이상을, 레프섬병은 다발성 말초신경병, 소뇌조화운동불능, 청각 장애를, 무베타단백지방혈증은 지능 저하, 운동 장애 등을 동반할 수 있다.

(4) 예방방법

적절한 식사를 통해 비타민 A를 충분히 섭취한다면 비타민 A의 부족으로 인한 야맹증은 예방할 수 있으나 선천성 야맹증, 망막색소변성 등의 질환을 예방할 수 있는 방법은 현재까지는 없다.

(5) 생활 가이드

망막색소변성의 진행을 막기 위해 외출할 때 색안경을 쓰거나 모자를 써서 자외선을 차단하는 것이 좋다.

(6) 식이요법

일상적인 식사를 통해서도 비타민 A는 충분히 섭취될 수 있으므로 야맹증을 예방하기 위해 비타민 A를 보충할 필요는 없다. 녹황색채소(당근, 시금치, 토마토, 호박 등)가 비타민 A를 많이 함유하고 있다. 망막색소변성을 일으키는 일부 질환은 식이요법이 필요한 경우도 있다. 뇌회형맥락망막위축은 아르기닌(arginine) 섭취를 제한하고, 레프섬병은 피탄산(phytanic acid)을 함유한 버터나 치즈, 고기의 섭취를 제한하며, 무베타단백지방혈증에서는 비타민 E 복용 등이 도움이 될 수 있다. 그러나 대부분의 망막색소변성이나 선천성 야맹증 등에서는 특별한 식이요법이 알려져 있지 않다.

50) 도한증(수면 다한증)(Night sweating)

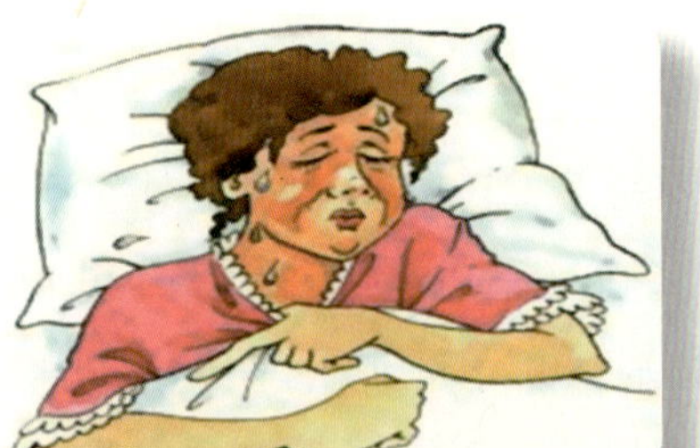

현대의학의 다한증(Hyperhidrosis)과는 구별되는 동양의학 용어이며, 인체의 음액부족에 의한 현상이다.

51) 몽정(Nocturnal emission, Night pollution)

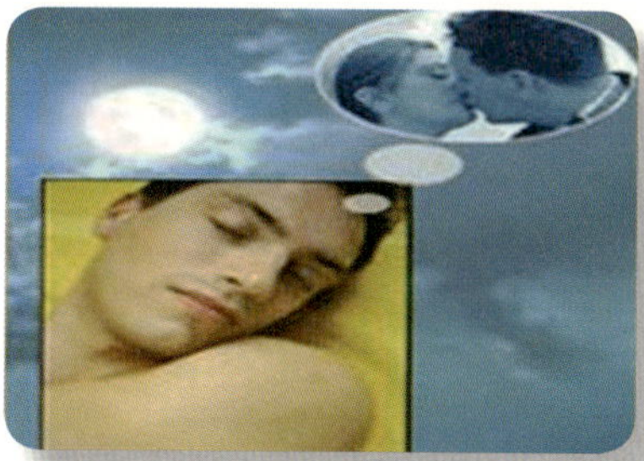

의학상으로는 야간유정(遺精)이라고 한다. 이것은 성욕의 생리조절현상이며, 미혼일 경우 한 달에 2~3회 정도는 걱정할 필요가 없다. 그러나 가벼운 성적 자극으로 쾌감이 따르지 않거나 또는 발기되지 않고 사정하는 것은 주간유정 또는 각성유정(覺醒遺精)이라 하는데, 이것은 병적인 것이다. 이것은 후부요도(後部尿道)·전립선(前立腺)·직장(直腸)·척수(脊髓) 등의 질환이나 과로에 따르는 경우도 있으나 지나친 자위(自慰)·성적 신경쇠약·공포 등에 의한 경우가 많다.

배뇨(排尿) 또는 배변(排便) 시의 누정(漏精)도 넓은 의미의 유정에 속한다. 병적인 경우는 치유가 어렵다. 횟수가 잦을 경우에는 성적 자극이 강한 잡지나 영화 같은 것을 멀리 하는 등 원인요법을 쓰고, 술·담배·커피 등 자극물을 피하고 적당한 휴양을 한다. 생리적일 때는 적당한 운동도 좋으며 전지(轉地) 요양이 효과가 있는 경우도 있다.

52) 주완관절 감각이상(마목감)(Numbness of the elbow and arm)

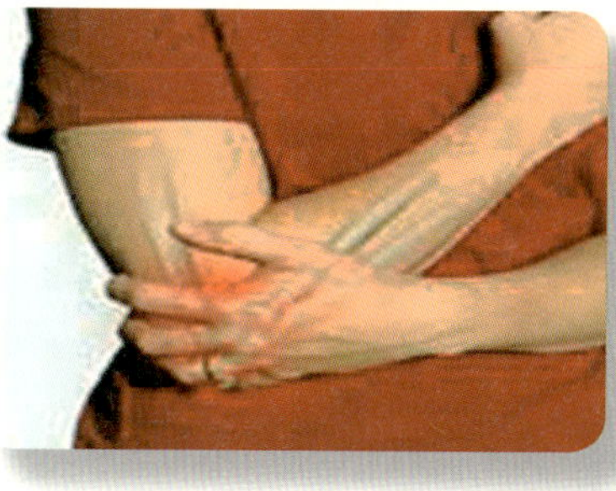

이는 손목과 팔목의 감각이 둔해지는 현상을 뜻한다.

O		
Obesity	비만	자동 L1~L5
Oesophageal stenosis	식도 협착증	T1~S1

53) 비만(Obesity)

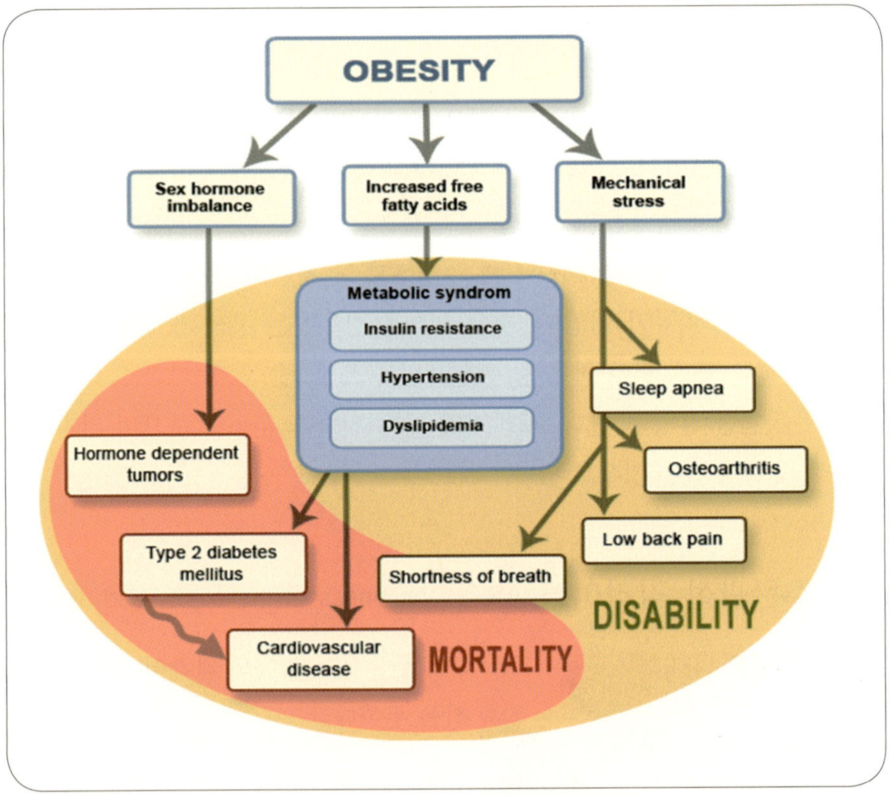

출처: WWW. ObesityModel. com

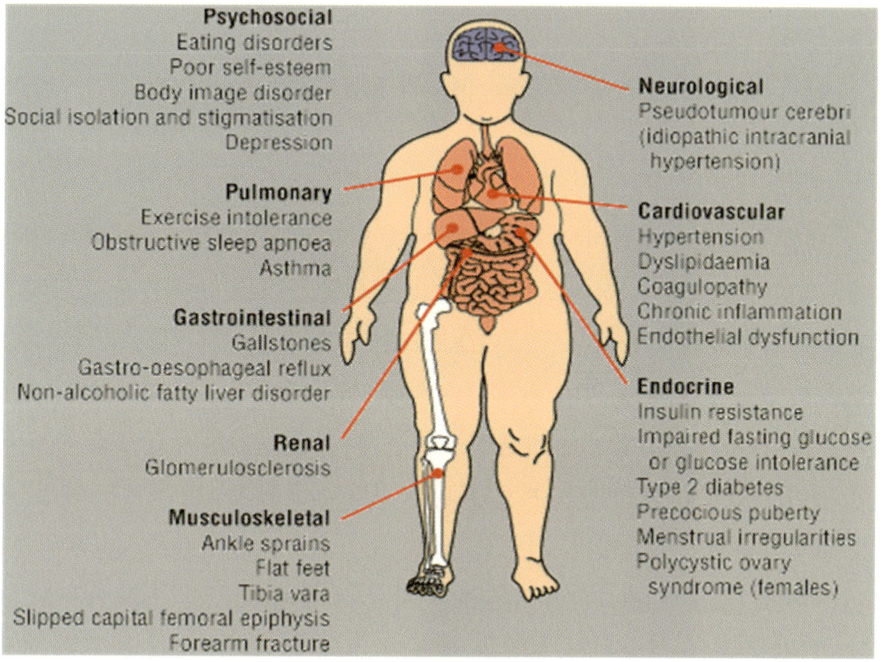

(1) 정의

비만인 경우 일반적으로 체중이 많이 나가지만, 비만이 아니더라도 근육이 많은 사람은 체중이 많이 나갈 수 있기 때문에 체내에 지방조직이 과다한 상태를 비만으로 정의한다. 진단 시 신체비만지수 체질량지수, Body mass index에서 체중(kg)을 신장(m)의 제곱으로 나눈 값이 25 이상이면 비만으로 정의한다(서양인은 30 이상이며, 인종간의 차이를 고려하여 우리나라에서는 25 이상을 비만으로 정의함). 혈장으로부터 지방세포로 유입된 지방산과 포도당이 에스테르화하여 주로 중성지방의 형태로 축적된다.

(2) 원인

오랜 기간에 걸쳐 에너지 소비량에 비해 영양소를 과다 섭취할 경우 에너지 불균형에 의해 비만이 유발된다.

(3) 진단

신체 비만지수(또는 체질량 지수, Body mass index)가 25 이상일 때 비만으로 진단한다(서양인의 경우 30 이상).

(4) 검사

신체 비만지수는 몸무게(kg)를 키(m)의 제곱으로 나눈 값이다.

(5) 치료

생활 습관을 개선하여 식사량을 줄이고 운동량을 증가시키는 것과 더불어 행동요법이 필요하다. 식이요법은 칼로리 섭취를 줄이는 것이 가장 중요한데, 평소에 섭취하던 열량보다 500~1000kcal 정도를 덜 섭취하도록 권장하고 있으며, 최근에는 식사 중의 영양소 조성에 따라 체중 감소 효과에 차이가 있다고 알려지고 있다. 운동은 체중이 줄어든 후 다시 증가하지 않도록 하기 위한 것이므로 매우 중요하다. 치료 효과가 나타나기 위해서는 적어도 매일 30분 정도의 운동이 필요하다.

이러한 생활 습관 개선 이외에도 약물을 통해 비만을 치료하기도 한다. 비만 치료에 사용되는 약물의 종류는 크게 식욕억제제와 지방의 흡수를 저해하는 약으로 나눌 수 있고, 장기간 사용이 허가된 약물은 시부트라민(sibutramine)과 오르리스타트(orlistat) 두 가지가 있다.

(6) 경과/합병증

비만으로 인해 당뇨병 및 고지혈증이 생길 가능성이 높아지고, 성기능 장애, 관절염, 심혈관계 질환의 발병 위험이 커진다. 담석증이 생길 수 있으며 일부의 경우 암의 발생과도 연관이 있다.

(7) 예방방법

생활 습관을 개선하는 것이 비만 예방에 가장 중요하다. 비만은 개인의 생활 습관 문제뿐만 아니라 사회환경(패스트푸드, 대중교통 발달, 좌식생활 증가 등)의 영향도 있으므로, 국가적 차원에서 이에 대한 관심이 필요하다.

(8) 생활 가이드

운동을 위해 특별히 시간을 내기 어려운 경우에는 일상생활을 하는 동안 활동량을 최대한 늘리도록 한다. 예를 들면 가까운 거리는 걸어 다니고, 승강기 대신 계단을 이용하는 것 등이 가능하다. 식이요법과 운동요법을 강화하기 위해 몇 가지 실천사항을 정하여 꾸준히 실행하는 행동요법도 필요하다. 예를 들어, 매일 체중을 측정하면서 의욕을 다지고 과식을 피하기 위해서 작은 접시를 사용하거나 텔레비전 앞에서 간식을 먹지 않는 것 등이 모두 행동요법의 일종이다.

(9) 식이요법

하루 총 섭취 칼로리에서 500kcal를 줄이면 체중이 1주일에 약 0.5kg 감소할 수 있다. 섭취하는 열량을 줄이기 위해 저칼로리 식사를 하는 것이 좋다.

(10) 관련 질병

소아비만, 고지혈증, 당뇨병, 담석증

54) 식도 협착증(Oesophageal stenosis)

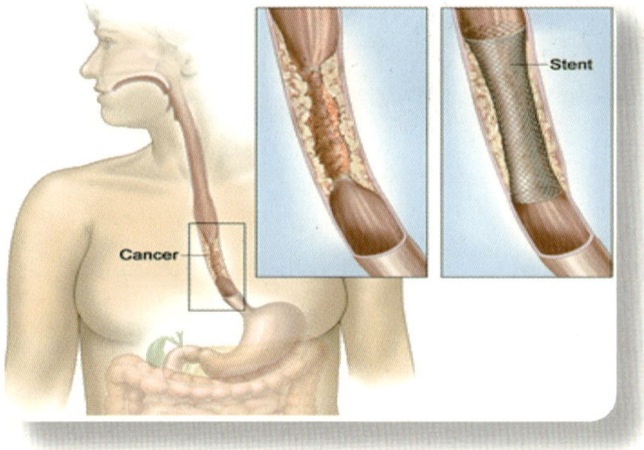

식도의 일부가 좁아져서 음식물을 삼키기 곤란한 증상이다. 선천성인 것과 후천성인 것이 있다. 선천성 식도협착은 포유기보다도 생후 6~12개월 후 이유기로 이행하는 무렵에 발견되는 일이 많다. 막양협착과 원주상 협착이 있다. 또 후천성 식도협착은 식도암, 식도염 등에 의한 것과 산, 알칼리 등이 강한 약물부식에 의한 반흔성 협착이 있다. 후자는 잘못 마시거나 자살을 목적으로 복용한 후에 생긴다.

R		
Rear neck pain & rigidity	경항부 강통	C7 T1 T5 T6
Redness of the eye	안구충혈	T9
Reflux esophagitis	역류성 식도염	T7

55) 경항부 강통(Rear neck pain & Rigidity)

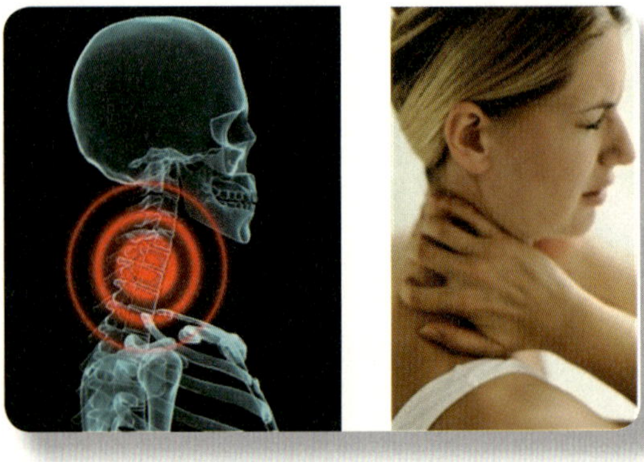

(1) 정의

경항부 강통을 일으키는 원인으로는 경추 디스크 탈출증과 경추의 골극생성에 의한 Spondylosis, 그리고 단순 근육긴장에 의한 Spasm 등이 있다.

이 모든 질환의 원인은 경추 주변 근육의 수축에 기인하며 근육을 수축시키는 원인은 피로, 에너지 부족, 긴장, 노화, 자세불량 등이다.

(2) 치료

초기에는 약물치료와 물리치료를 적절히 시행하면서 증상의 완화를 관찰한다. 본 방법에 효과가 없을 경우 침습적인 치료를 시행한다. 수술적 치료 전에 흔히 뼈 주사라고 하는 신경 차단술을 시행하기도 한다. 신경 차단술은 통증을 유발하는 신경에 주사를 통해 직접 약을 주입하는 방법으로 이는 근본적으로 병을 치료한다기보다는 통증 완화, 염증 완화에 목적을 둔 치료 방법으로 효과는 일시적이며 필요 시 추가로 시술이 가능하다. 그러나 스테로이드를 사용하는 경우 3개월에 한 번 정도만 시술이 가능하다.

수술적 치료는 앞으로 목을 절개해서 해당 디스크를 제거하고 뼈를 하나로 유합하는 방법, 인공 디스크를 삽입하는 방법이 있으며, 최근에는 내시경을 이용해서 빠져 나온 수핵만을 제거하는 내시경 수술 방법이 개발되어 있다.

56) 안구충혈(Redness of the eye, Hypermia)

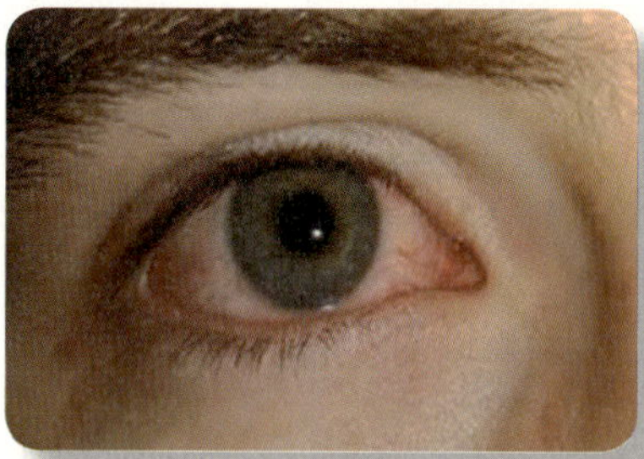

동맥혈이 증가하여 국소의 혈량이 증가하는 혈액의 분포 이상으로 국소가 선홍색을 띠는 현상, 발적(發赤)에서 염증이 생기는 한 증세이기도 하다. 눈의 충혈은 주로 결막이 발적한 상태를 말한다. 결막은 외계의 물리화학적 자극에 의하여 쉽게 충혈하며, 또 세균·바이러스의 감염, 알레르기 등으로 결막염을 일으켰을 때 볼 수 있다. 단순한 결막충혈 외에 안구 전반부 조직 내에 염증이 일어난 경우는 모양충혈(毛樣充血)이라 하며, 각막 주위가 강하게 적자색이 된다. 이것은 중증인 경우도 있으므로 주의해야 한다.

57) 역류성 식도염(Reflux Esophagitis)

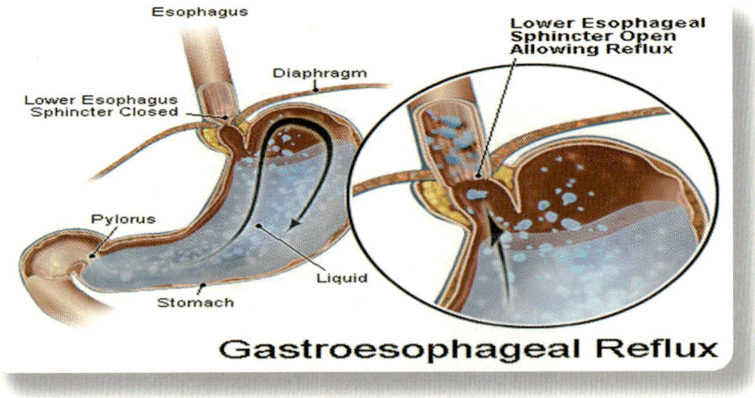

(1) 정의

위의 내용물이나 위산이 식도로 역류하여 발생하는 식도의 염증으로 일반적으로 그와 관련하여 발생하는 여러 불편감을 총칭하여 일컫는다. 일반적으로 이야기되는 식도염은 대부분 이에 속하며 비만, 음주, 흡연 등이 악화 요인으로 작용할 수 있다.

(2) 원인

정상적인 경우 위식도 경계 부위가 닫혀 있어 위의 내용물이 식도로 역류하지 않으나 조절 기능의 약화로 경계 부위가 완전히 닫혀 있지 않아 위의 내용물이나 위산이 식도로 역류함으로써 이에 따른 불편감이 나타난다. 이와 같은 현상이 지속되는 경우 만성적인 역류가 발생하여 위산에 의해 식도염이 발생한다.

(3) 증상

위산이 식도로 역류함으로써 가슴 쓰림, 가슴의 답답함, 속쓰림, 신트림, 목에 이물질이 걸린듯한 느낌, 목 쓰림, 목소리 변화, 가슴 통증 등이 발생한다.

(4) 진단

가슴 쓰림, 신트림 등의 특징적인 증상이 나타나며 내시경 검사로 진단이 이루어진다.

(5) 치료

위산 분비 억제제 투여로 치료한다.

(6) 경과/합병증

대개 만성적인 경과를 밟으며 합병증이 발생하는 경우는 매우 드물지만 수십 년 이상 식도염이 지속되는 경우 식도암의 위험이 높아질 수 있다.

(7) 생활 가이드

역류성 식도염의 위험인자에는 비만, 흡연, 음주 등이 있으며 이 경우 증상이 악화될 수 있다. 따라서 이와 같은 것들을 피한다. 음식을 먹고 눕는 것이 악화시킬 수 있다고 알려져 있으나 실제로 식사 후 눕는 것을 피한다 할지라도 증상이 개선되는 경우는 많지 않다.

(8) 식이요법

기름진 음식, 과식, 취침 직전의 음식 섭취, 카페인 음료, 탄산 음료 등은 질병을 악화시킬 수 있으므로 피한다.

(9) 관련 질병

식도암, 위-식도 역류 질환

S		
Sciatica	좌골신경통	L1 L2 L3 L4 L5 S1 S2 S3
Spitting of blood	토혈	T3 T4 T5 T7 T9
Stiffness and pain of the Shoulder	어깨 통증 및 강직	T1 T2 T3 T6
Stomach ulcer	위궤양	T7 T8 T9 T10 T11
Stuffy chest	흉민	T4 T5

58) 좌골신경통(Sciatica)

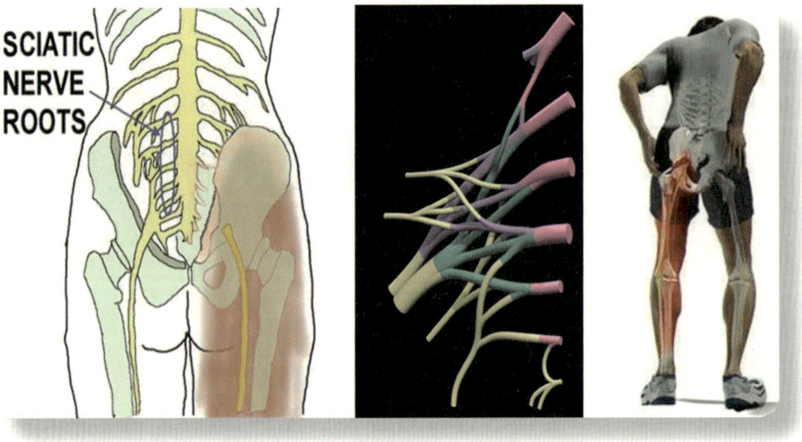

(1) 정의

좌골신경에 발생한 압박, 손상, 염증 등으로 인해 좌골신경과 관련된 부위(대퇴부, 종아리, 발 등)를 따라 나타나는 통증을 말한다. 좌골신경과 관련된 통증은 엉덩이에서부터 아래쪽으로 대퇴부와 다리까지 통증이 있을 수 있고 발과 발가락의 통증을 동반할 수도 있다.

좌골신경통은 평생유병률이 13~40% 정도 되는 것으로 보고되고 있고, 발생은 남녀 간에는 차이가 없다고 알려져 있다. 20대 이전 연령에서는 거의 없지만 나이가 많을수록 발병률이 증가해 40대에서 가장 많고, 50대 이후부터는 빈도가 감소하는 것으로 알려져 있다. 요통, 대퇴부 뒤쪽의 통증, 종아리나 발의 통증이 있을 수 있고, 통증과 함께 화끈거리거나 저린 느낌이 나거나 감각이 둔해지고 다리에 힘이 빠지는 등의 증상이 있을 수 있다. 이러한 증상은 종양이나 좌골신경이 지나가는 근육 등의 구조물에 의해 좌골신경이 눌리거나 좌골신경 자체의 손상이나 염증에 의해서 발생할 수도 있다. 좌골신경은 요추 4번, 5번 신경과 천추 1번, 2번, 3번 신경이 모여서 형성되는데, 이들 요천추신경과 관련된 추간판 탈출증이나 척추관 협착증이 증상의 원인이 되기도 하며 이상근의 긴장이 그 원인이 되기도 한다.

단순히 엉덩이 부분이나 대퇴부 뒤쪽이 아픈 것을 좌골신경통이라고 하나 상당수는 '좌골신경'과는 관계 없는 근육통이나 근근막통증 증후군에 의한 경우가 많아 진정한 '좌골신경통'이 아닐 때가 종종 있다.

(2) 관련 신체기관

좌골신경, 요부, 엉덩이, 대퇴, 종아리, 발

(3) 치료

침상 안정만으로도 상당수의 환자에서 증상이 호전될 수 있고, 약물치료를 통해 증상을 완화시킬 수 있다. 또 좌골신경 차단술을 통해 증상의 호전을 가져올 수 있으며, 좌골신경이나 신경근의 압박이 있을 경우 압박하고 있는 디스크 질환이나 척추관 협착증의 경우 경막외 차단술, 요천추신경근 차단술로 증상을 개선시킬 수 있고 하지에 힘이 빠지는 등 증상이 심할 경우 수술적 치료가 필요할 수 있다. 또 종양이나 혈종에 의해 신경근이나 좌골신경이 압박을 받고 있을 경우 이들을 제거하면 통증을 치료할 수 있다. 또 좌골신경이 지나가는 이상근(piriformis muscle)에 발생한 근근막통증 증후군이나 이상근이 좌골신경을 압박해 발생하는 이상근 증후군과 같은 질병에서는 이상근에 대한 주사요법으로 좌골신경의 압박이 치료될 수 있다.

요통과 함께 하지의 통증이 함께 있을 경우 이의 원인이 무엇인지 잘 감별하고 질환에 따라 치료하는 것이 중요하다. 신경 압박 증상이 있음에도 치료를 받지 않고 지낼 경우 하지의 감각 소실, 근력 약화와 함께 근육 위축 등의 증상이 발생할 수 있으므로 전문가를 찾아 증상을 이야기하고 적절한 치료를 받는 것이 중요하다.

(4) 관련 질병

추간판 탈출증, 이상근 증후군, 종양, 근근막통증 증후군, 임신, 혈종, 감염성 질환, 외상 등

59) 토혈 위장관 출혈(Spitting of blood, Hematemesis)

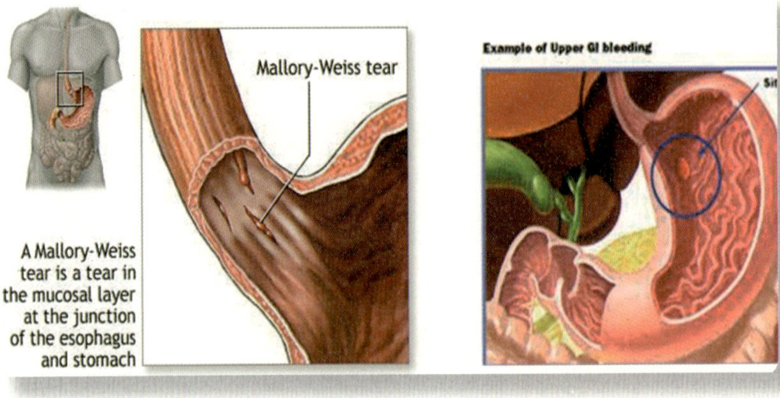

(1) 정의

토혈이란 소화관 내에서 대량의 출혈이 발생하여 피를 토하는 경우를 말하며, 십이지장 상부의 위장관 출혈을 암시하는 증상이다. 많은 경우가 위에서의 혈액 토출이며, 때로는 식도, 십이지장으로부터 토혈되는 경우도 있다.

폐, 기관지의 출혈을 객혈이라고 하여 토혈과 구분한다. 출혈 직후에 토하면 선명한 붉은색을 띠지만, 시간이 경과하면 색이 진해지고 갈색이나 검정색을 띠기도 한다.

60mL 이상의 출혈이 있으면 흑색변을 동반하게 되는데 이때는 변의 색이 검은 것뿐만 아니라 변이 풀어져서 흔히 자장면 소스 같은 양상을 보이게 된다. 출혈량이 500mL 이하인 경우에는 다른 전신적인 증상이 동반되지 않는 경우가 많다. 짧은 시간에 많은 출혈이 있으면 기립성 저혈압(갑자기 앉았다가 일어날 때 저혈압이 오는 것)을 동반할 수 있고, 머리가 띵하고 어지럽거나 메스꺼움, 식은땀 등이 동반되기도 한다. 전체 혈액의 25% 이상의 출혈이 있으면 맥박이 빨라지고 혈압이 떨어지는 응급상황이 생길 수 있으며, 이때 피부는 창백하고 차가워진다.

(2) 관련 질병

① 상부 위장관 출혈

② 위 및 십이지장 궤양

③ 식도나 위 정맥류
④ 식도 하부 점막 열상

60) 어깨통증 및 강직(Stiffness and pain of the shoulder)

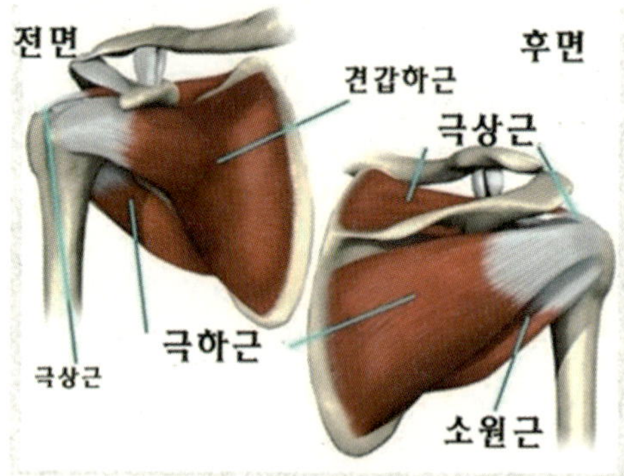

회전근개

어깨통증의 경우 가장 많이 발생하는 질환은 회전근개 증후군과 오십견이다. 오십견은 대부분의 경우 자연 치유되며 회전근개 증후군(rotator cuff syndrome)은 견관절의 회전에 관여하는 4개의 근육 즉, 극상근, 극하근, 견갑하근, 소원근의 수축에 의하여 발생하는 질환이며 이 중 특히 극상근에 의한 충돌증후군이 통증의 주요 원인이 되고 있다.

61) 위궤양(Stomach ulcer, Gastric ulcer)

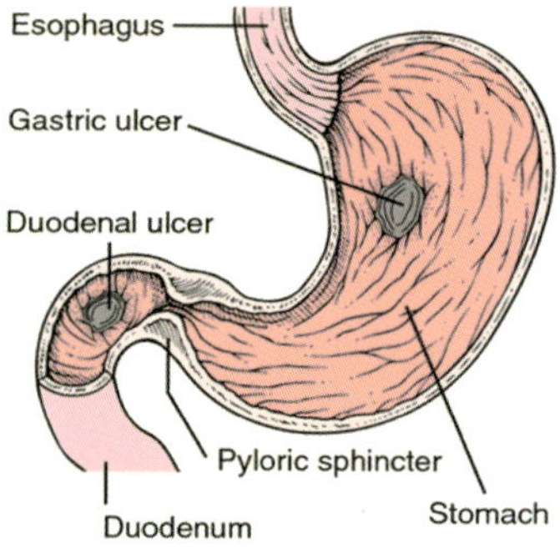

(1) 정의

위장 점막이 흡연, 스트레스, 약제, 헬리코박터균의 감염, 악성종양 등에 의해 손상되어 가장 표면에 있는 점막층보다 깊이 패이면서 점막근층 이상으로 손상이 진행된 상태를 위궤양이라고 한다. 흔히 소화성 궤양과 동의어로 쓰이는데, 소화성 궤양은 점막을 보호하는 방어인자와 점막 손상을 유발하는 공격인자의 균형이 깨지면서 발생하는 궤양을 말하고 대개 재발과 자연적 치유를 반복하는 경과를 보인다. 십이지장 궤양과 달리 위궤양은 악성종양에서 나타나는 경우도 있으므로 위궤양을 단순 소화성 궤양으로 일반화하기에는 문제가 있다.

(2) 원인

식도를 통과하여 위장에 도착한 음식물은 위산에 의해 잘게 부숴진 형태로 소장으로 진행되어 영양분으로 흡수되므로, 필연적으로 위장은 위산, 각종 소화효소, 담즙, 복용한 약물, 알코올 등 세포를 손상시키는 공격인자에 노출되어 있다. 이러한 공격요인에 대해 생체 내에서 여러 단계의 방어요인이 갖추어져 있는데, 이러한 공격과 방어의 균형이 깨질 때 위장의 점막이 손상되고 궤양을 일으키게 된다.

양성 궤양인 소화성 위궤양의 원인으로는 헬리코박터 파일로리(헬리코박터균)의 감염, 진통제 복용, 흡연 등이 대표적이며, 이 중 헬리코박터균의 감염이 가장 흔한 원인이다. 십이지장 궤양에서는 위산분비가 많아져서 궤양이 발생하지만 위궤양에서는 위산분비가 증가하지 않아도 궤양이 발생하는 것이 보고되고 있다. 따라서 위산분비(공격인자)가 증가하는 것보다 위장 점막의 병적인 변화에 의한 방어인자의 감소가 위궤양 발생에 더 주요한 역할을 한다고 받아들이고 있다.

또한 위장에서 십이지장으로 음식이 넘어가는 유문부위의 압력이 증가되어 공격인자(위산을 포함한 위 내용물)의 배출이 늦어지는 것도 발병에 주요한 역할을 한다고 보고되고 있다. 헬리코박터균은 주로 위장에 감염되는 세균이므로 이러한 병리 현상에 모두 관여하여 위궤양을 일으킨다.

진통제(해열, 진통, 소염제)에 의해 위궤양이 발생하는 기전은 약물이 위장 점막에 직접 닿아서 자극을 일으키거나 또는 위장 점막 세포층의 재생과 기능을 조절하는 프로스타글란딘(prostaglandin)이라는 물질의 생성 과정이 진통제에 의해 차단되기 때문에 위장 점막이 손상되어 궤양이 발생하는 것이다.

흡연은 위장 점막세포의 재생과 점막하 조직의 혈액순환 등에 장애를 가져오므로 궤양을 일으킬 수 있다.

(3) 증상

위궤양, 위염, 십이지장 궤양, 역류성 식도염 등 많은 질환에서 복통이나 심와부(명치) 통증이 나타나는데, 특별히 어떤 질환에 특징적인 복통은 없으므로 증상만으로 질환을 감별하는 것은 불가능하다. 대개 위궤양에서 나타나는 통증은 음식에 의해 악화된다고 알려져 있지만 그렇지 않은 경우도 많다. 위궤양은 메스꺼움, 체중감소 등이 나타나는 경우가 비교적 흔한데, 체중감소가 있는 사람에게 위궤양이 발견되면 악성 궤양인지를 반드시 감별 진단해야 한다. 위궤양으로 인해 장출혈, 토혈, 흑색변, 빈혈 등이 나타날 수 있으며, 만성적인 유문부 궤양은 십이지장 궤양처럼 장폐색이 나타나 구토, 체한 증상 등이 지속될 수 있다. 궤양 천공(장이 뚫림)이 생기면 급성 복통으로 나타나기도 한다.

(4) 예방방법

위궤양의 발생을 처음부터 차단하기 위해 헬리코박터균을 치료하지는 않는다. 다만 위궤양이 한 번이라도 발생했던 사람에게서 재발하는 것을 예방하기 위해 헬리코박터균에 대한 치료를 시행한다.

(5) 생활 가이드

위궤양으로 진단된 후에는 절대적으로 금연하여야 하며, 관절염 및 만성 통증으로 진통제를 먹어야 할 경우에는 반드시 점막 보호제를 함께 복용해야 한다. 출혈 합병증이 있는 환자의 경우 항혈전제, 혈전용해제 등의 약물을 복용하면 출혈이 악화될 수 있으므로, 약물 복용 전 반드시 담당의사와 상의해야 한다. 위점막을 직접적으로 손상시키는 알코올이나 불필요한 약물 복용도 피해야 한다.

(6) 식이요법

위궤양에 대해서는 특별히 피해야 하거나 적극 섭취해야 하는 음식은 별로 없지만, 적절한 식사량을 유지하고 규칙적인 식사시간을 지키는 것이 매우 중요하다. 출혈이 있는 경우에는 지혈이 잘 되었는지 확인하기 위해 2~3일간 금식해야 할 수도 있는데, 이 경우에는 전문의의 지시를 따르는 것이 좋다.

(7) 관련질병: 위염

62) 흉민(Stuffy Chest)

가슴이 답답한 증. 중초(中焦)에 습열(濕熱)이나 습담(濕痰)이 막히고 사기가 가슴 속을 어지럽혀 일어난다.

T		
Tenesmus	이급후중(裏急後重)	S4
Tinnitus & Deafness	이명 & 이롱	L2

63) 이급후중(裏急後重)(Tenesmus)

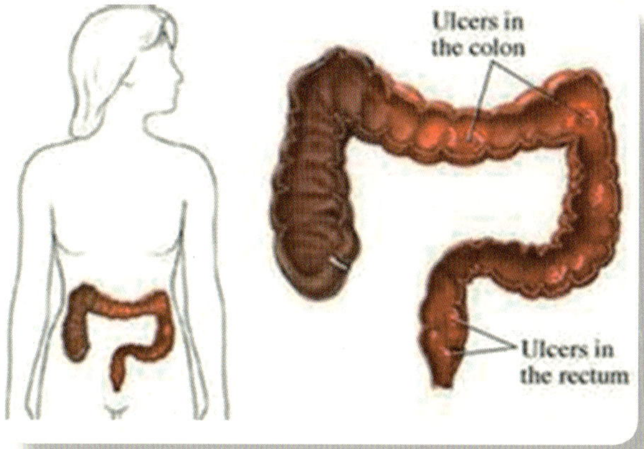

정상상태에서 직장은 보통 공허하고 변괴가 직장으로 보내지면 직장벽을 신전해 내압이 높아지고 변의를 일으켜 반사적으로 직장연동이 일어나 내외 항문의 괄약근이 이완해서 배변이 이루어진다. 그러나 직장에 염증이 있으면 직장벽이 신전되지 않아도 배변 반사가 빈발해 변의를 일으키고, 배변의 내용이 거의 없음에도 불구하고 몇 번이고 화장실에 가게된다. 이것을 이급후증이라고 한다.

64) 이명과 이롱(Tinnitus & Deafness)

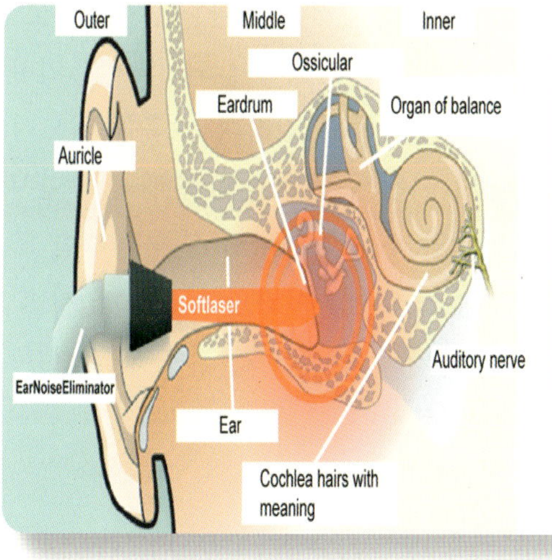

(1) 정의

이명이란 귀에서 들리는 소음에 대한 주관적 느낌을 말한다. 즉, 외부로부터의 청각적인 자극이 없는 상황에서 소리가 들린다고 느끼는 상태이다. 완전히 방음된 조용한 방에서는 모든 사람의 약 95%가 20dB(데시벨) 이하의 이명을 느끼지만 이는 임상적으로 이명이라고 하지 않으며, 자신을 괴롭히는 정도의 잡음이 느껴질 때를 이명이라고 한다.

(2) 관련 질병

감각신경성 난청, 혈관성 종양, 동정맥기형, 정맥성 잡음, 근수축이명, 지속적 이관개방

U		
Upper back pain	척배통	T5 T7 T9 T10 T12 L3 S2

65) 척배통(Upper back pain)

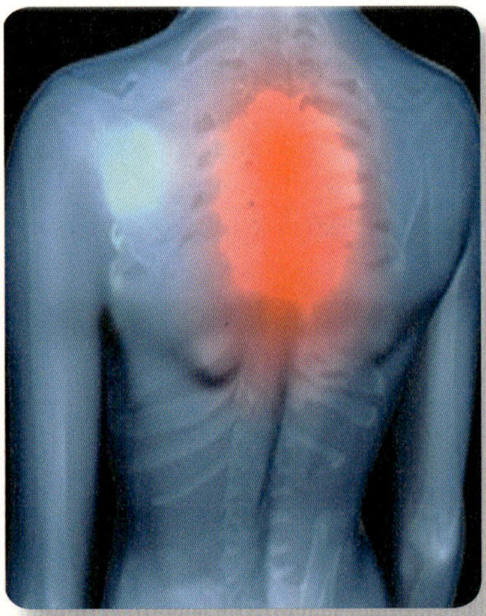

등부위의 통증으로 장기간의 잘못된 자세와 에너지부족에 의한 증상이다. 장기간의 과도한 척추후만(hyper kyphosis)의 형성은 등의 척추 면관절을 형성하고 있는 관절낭을 자극하게 되며, 이로 인하여 연관 근육들의 긴장과 수축을 일으키게 되며 이는 주변 조직의 순환을 악화시켜 젖산의 부족과 에너지 부족에 의한 조직의 온도저하를 유발한다. 이로 인하여 등이 아프고 뻣뻣해지는 척배통이 발생하게 된다.

V		
Vomitting	구토	T4 T7 T9 T11 T12 L1

66) 구토(Vomitting)

(1) 정의

구토는 소화관의 내용물을 입으로 강하게 배출하는 것을 말하며, 반추증(되새김질) 또는 헛구역질과는 구분되어야 한다. 반추증이란 식도하부괄약근의 압력이 약화되어 나타나는 현상으로 식사 후에 위가 수축운동을 할 때 음식물이 구강 내로 다시 올라와 되새김되는 것을 말한다. 헛구역질은 호흡근과 복근의 심하고 규칙적인 수축에 의해 나타나는 증상이다.

(2) 원인

구역과 구토는 다양한 질환에서 흔히 나타나는 증상이므로 이 자체만으로 증상을 유발하는 원인 질환을 진단할 수 없으며, 추가적인 증상이나 징후를 함께 고려해야 한다. 오심과 구토의 원인을 기전에 따라 분류하는 것은 어렵다. 일반적으로 알려져 있는 오심 및 구토의 흔한 원인은 다음과 같이 분류할 수 있다.

① 급성 복부 응급 질환
② 소화관 질환
③ 감염성 질환
④ 중추신경계 질환

⑤ 심장질환

⑥ 암

⑦ 대사성 및 내분비 질환

⑧ 약제 및 화학약품에 의한 부작용

⑨ 정신 질환

Tip 주의사항

▶ 휠링테라피를 시술해서는 안되는 경우

❶ 세균성 질환
❷ 화농균, 결핵균으로 인한 운동 기관의 질환
❸ 암(癌)증의 국부
❹ 출혈성 질환
❺ 파괴된 피부, 화상부위
❻ 임산부의 요천부(lumbar & sacral)이하
❼ 기아, 식후, 피로, 만취, 극렬한 운동 후
❽ 심각한 심장 질환자(catheter 삽입환자 등), 응급환자

▶ 휠링테라피를 시술 중 나타날 수 있는 증상(명현 반응)

❶ 어지러움
❷ 몸살과 통증(병변부위의 통증 심화)
❸ 피로감
❹ 졸음

▶ 명현반응에 대한 대처방법

❶ 테라피 후로 즉시 일어나지 않는다(3분간 안정을 취한 후 서서히 일어난다).
❷ 어지러움이 발생하였을 시 따뜻한 꿀물이나 설탕물을 마시고 안정을 취한다.
❸ 카페인(커피, 홍차, 녹차, 콜라) 등과 차가운 음료, 자극적인 음식 등을 삼가한다.
❹ 사용 시 어지러움을 많이 느끼는 사용자의 경우 휠백 사용 전 따뜻한 전해질 음료 등을 마신다.
❺ 통증이 심해질 경우 통증이 가라앉은 후 사용한다.

참고문헌(References)

chapter 1 한방약초테라피

김규열, 배병철 저, 한의학개론(韓醫學槪論).

김나연 외 11인, 한방미용학개론, 청구문화사.

김상현 저, 한방화장품학(韓方化粧品學).

김소영 저, 김소형의 귀족피부 만들기, 넥세스BOOKS.

김효철, 오경동 저, 한방미용학(韓方美容學).

chapter 2 로터스테라피

ANGELO et al., THOMSON. MILADY'S STANDARD COMPREHENSIVE TRAINING FOR ESTHETICIANS,

한국해부생리학교수협의회편, 사람해부학, 현문사, 2009.

김광옥 외, 피부미용학, 청구, 2008.

김계숙 외, 림프&아로마 관리학, 군자, 2006.

김남연 외, 한방미용학개론, 청구, 2008.

김명숙 저, 림프&아로마 관리학, 훈민사, 2006.

김수환, 쉬운방약합편, 정도, 2009.

김원 외, 해부생리학, 현문사, 2010.

두정신 외, 중약본초학, 발건, 1998.

이병국, 인체칼라해부도, 현대, 2002.

이병국, 경혈도해, 현대, 2005.

장문정 외, 피부과학, 형설, 2002.

전현정, 한방미용경락, 정담미디어, 2006.

한말란 외, 미용경락학, 청구, 2006.

chapter 3 아로마테라피

김명자, 조순희, 김진경, 한선희, 남은숙, 허명행, 이명화, 임상아로마요법, 정문각, 2005.

고현정 외, 홀리스틱 테라피스트를 위한 아로마 테라피, 군자, 2006.

박형배 편저, 스마트 브레인, 노보, 2004.

이애란, 피부미용을 위한 에선셜 오일의 적용방법, 코리아뷰티디자인학회지, 2009.

이세희, 향유를 이용한 여성건강 미용 아로마테라피. 홍익재, 1995.

이현화, 김현주, 고혜정, 림프, 아로마 관리학, 청구, 2003.

최승완, Essential Aromatherapy(개정판), 청문각, 2011.

하혜정, 김희숙, 강희선, 제인버클의 임상아로마테라피, 현문사, 2003.

Aeran Lee, Aplication Oils for Skin Care, Journal of the Korea Beauty Design Society, 5-2, 2009. 8.

Arnould-Raylor, WE,Aromatherapy for the Whole Person(Leckhampton: Stanley Thornes, 1981.

Adrian(ED), Brewer's Dictionary of Phrase and Fable, 15th edion, London: Cassell, 1997.

An introductory Guide to Aromatherapy, Louise Tucker, General Editor Jane Foulston, 2000.
by J. Michael Beasley. -1st U.S. ed. Advanced aromatherapy, Healing Arts Press,1995.
Clinical aromatherapy/Jane Buckle, -2nd ed.
Catty Suzanne, Hydrosols, Healing Arts Press, 2001.
Davis, Health Professionals Edinburgh; Ehurchill Living stone, 1995.
Diane Stein, The Remedy Book for Women, the crossing Press, 1998.
English version published by the C.W. Daniel Company Limited, Great Britain, 1964.
Franccesca Gould, Aromatherapy for Holistic Therapists, Nelson Thornes: 2nd Rev. ed, 2005.
Ingrid Martin.Aromatherapy for Massage Practtitioners, Lippincott Williams &Wikins, 2007.
ITEC(International Therapy Examination Council) Syllabus.
Joanna Hoare, The Complete Aromatherapy Tutor, Otopus Publishing Group Ltd, 2010.
Kurt Schnaubelt, Medical Aroamatherapy Healing.
with Essential Oils, Berkeley, California, 1999.
Kathi Keville, Aromathera; y for Dummies, Wiiey Publishing,Inc, 1999.
Kathi Keville and Mindy Green, aromatherapy A complete guide to the healing art, 2009.
Kurt Schnaubelt; translated from the German.
Karen Gilmour, Clinical Aromatherapy, Elsevier Science.
Louise Tucker, An Introductory Guide to Aromatherapy, Holistic Therapy Books, 2004.
Lawless, Julia, The Encyclopaedia of Essential oils Shaftesbury: Element, 1992.
Maury M. Marguerite Maury's guide to aromatherapy: The secret of life and youth, First published in French as Le Capital Jeunesse in 1961.
M. Foldi. R. Strobenreuther, Foundations Manual Lymph Drainage, 2003.
Potterton D. Culpeper's colour herbal. W, Foulsham & Company Limited, UK, 1983.
Room,adrian(ED), Brewer's Dictionary of Phrase and Fable, 15th edition, London Cassell, 1997.
Ray sahelian M. D, A Guide to Natural Supplements.
Schnaubelt K. Essential Oils- Viable wholistic phar-maceutical for the futurem In Proceedings of the 13th Interantional Congress of Flavours, Fragrances and Essential Oils, 1995: 269-279.
Schaubelt K.Medial aromatherapy, Frog Ltd, USA, 1999.
The practice of Aromatherapy, Jean valnet,M.D.Edited by Robert Tisserand.Healing Arts Press Rochester, Vermant, 1990.
That Enhance your mind, Meomry And Mood, 2000.
Valerie Ann Worweed, Aromatherapy for the Healthy child, 2000.
http;//cafe.naver.com/clinicalaromatherapy 국제아로마테라피임상연구센터.

chapter 4 하이드로테라피

강수경 외, SPA / 스파테라피 서비스 산업프로(중급)을 위한, 지구문화사, 2008.
김기연 외, 피부관리학, 수문사, 1993.
김춘자, 미용기기학, 훈민사, 2001.

채순님 외, 피부미용기기학, 정담미디어, 2004.
하병조, 에스테틱 월드, 학술이론, 2003.
한영숙 외, 피부미용기기 관리학, 정담미디어, 2003.

chapter 5 스톤테라피

김기연 외, 뷰티테라피, 현문사, 2010.
김봉인 외, 스파뷰티테라피, 정담미디어, 2006.
김은주 외, 응용뷰티테라피(에스테티션을 위한), 훈민사, 2011.
고혜정 외, 홀리스틱 테라피스트를 위한 뷰티테라피, 군자출판사, 2008.
박정현, 스톤테라피 방법을 이용한 복부비만관리 효과에 관한 연구, 한남대학교 석사논문, 2008.
반소정, 스톤마사지 테라피가 복부비만의 감소에 미치는 영향, 서원대학교 석사논문, 2012.
장선일 외, 뷰티테라피, 군자출판사, 2008.
하나솔 www.hanhazor.co.kr
bi http://ibeauty114

chapter 6 메디컬스킨테라피

김광옥, 피부과학, 청구문화사, 2006.
김문주 외, 메디컬 스킨케어, 청구문화사, 2007.
김봉인 외, 메디컬 에스테틱, 메디시언, 2012.
김영미, 메디칼스킨케어 I, II, 도서출판 임송. 2003.
김주덕, 최신 화장품학, 광문각, 2011.
권혜영 외, NEW 피부과학, 메디시언, 2012.
나현숙 외, 메디컬 스킨케어, 수문사, 2010.
이한우 외, 현대 피부학, 광문각, 2008.
지제근, 지제근 의학용어사전, 도서출판 아카데미아, 2006.
화장품을 연구하는 피부과 의사의 모임. 코스메틱 피부과학, 정담미디어, 2004.
한국미용학회, 미용학사전, 신광출판사, 2003.

chapter 7 힐링테라피

Arthur Vander: James Sherman, Dorothy Luciano Human Physiology, Thw
Chinese acupuncture and moxibustion, 1990, 外文出版社, 中國.
D. H. Kang, Physiology, 4th edition ,Shin Kwang publishing, inc, Seoul, Korea
두산백과사전.
Emmanuel Rubine John L., Farber, Pathology, 3rd edition Lippincott-Raven publishers, Philadelphia, NewYork.
mechanism od body function.
PM handbook, pain manipulationk, 2007.
推拿學, 上海科學技術出版社, 1984, 中國.

이동자(로터스테라피)

원광보건대학교 허브테라피향장과 교수
중국 요녕중의약대학교 중의미용전공
의학박사
중앙대학교 의약식품대학원 향장학석사
로터스테라피협회 회장

김명심(한방약초테라피)

서울종합예술학교 뷰티예술학부 교수
중국 요녕중의약대학교 중의내과전공
의학박사
예미원 원장
김포시 보건진료소 보건진료소장 역임

김은애(하이드로테라피)

안산대학교 뷰티아트과 교수
숙명여자대학원 향장미용석사
장안대학교 뷰티디자인과 교수 역임
이루마 뷰티 아카데미 원장 역임

김주리(메디컬스킨테라피)

장안대학교 뷰티디자인과 교수
숙명여자대학교 향장학석사
동국대학교 일반대학원 법학박사과정 수료
명지전문대학 뷰티아트과 겸임조교수 역임

박장호(힐링테라피)

WHEELBACK KOREA 대표이사
고려대학교 및 동대학원 졸업(생명공학)
ROYAL UNIV OF AMERICA
(USA: Alternative medicine)
GUANGZHOU UNIV
(CHINA: Chinese medicine)
통증전문서 PM handbook 출간

이애란(아로마테라피)

서경대학교 미용예술학과 교수
뉴질랜드 뷰티테라피컬리지 졸업
영국 ITEC, IFA 아로마테라피스트
힐링아로마테라피 전문가 협회장
LEE AE RAN 홀리스틱테라피연구소 소장

최성임(스톤테라피)

성결대학교 뷰티디자인학부 교수
미용건강 전공 이학박사
한국미용건강학회 고문
사) 한국피부미용사회중앙회 부회장 역임

에코힐링을 위한 **뷰티응용테라피**

2013년 9월 10일 1판 1쇄 인쇄
2013년 9월 15일 1판 1쇄 발행

공저자 | 이동자·김명심·김은애·김주리·박장호·이애란·최성임
발행인 | 김 동 규
발행처 | 교육과학사

경기도 파주시 교하읍 문발리 파주출판문화정보산업단지 514-5
전화 : (031) 955-6956~8 FAX : (031) 955-6037
Home-page : www.kyoyookbook.co.kr / E-mail : kyoyook@chol.com
등록 : 1970년 5월 18일 제2-73호

ISBN 978-89-254-0737-1

정가 28,000원

잘못 만들어진 책은 바꾸어 드립니다.